·人工智能技术丛书·

因果推断导论

俞奎 王浩 梁吉业 编著

Introduction to Causal Inference

机械工业出版社
CHINA MACHINE PRESS

图书在版编目（CIP）数据

因果推断导论 / 俞奎，王浩，梁吉业编著 . —北京：机械工业出版社，2023.5
（人工智能技术丛书）
ISBN 978-7-111-73107-8

I. ① 因…　II. ① 俞… ② 王… ③ 梁…　III. ① 因果诊断法　IV. ① TP277.3

中国国家版本馆 CIP 数据核字（2023）第 076174 号

机械工业出版社（北京市百万庄大街 22 号　邮政编码 100037）
策划编辑：李永泉　　　　　　　责任编辑：李永泉
责任校对：梁　园　　卢志坚　　责任印制：郜　敏
三河市宏达印刷有限公司印刷
2023 年 8 月第 1 版第 1 次印刷
186mm×240mm・15.25 印张・331 千字
标准书号：ISBN 978-7-111-73107-8
定价：79.00 元

电话服务　　　　　　　　　　网络服务
客服电话：010-88361066　机　工　官　网：www.cmpbook.com
　　　　　010-88379833　机　工　官　博：weibo.com/cmp1952
　　　　　010-68326294　金　　书　　网：www.golden-book.com
封底无防伪标均为盗版　　机工教育服务网：www.cmpedu.com

FOREWORD

推荐序

理解对象或事件之间的因果关系是人类认知的基石，是人类具有“举一反三”和“知其然，知其所以然”能力的核心基础。受人类因果认知能力的启发，人工智能技术中由数据驱动的因果推断的核心任务是推断数据中变量之间的因果关系，揭示数据产生机制，发现数据背后存在的稳定数据分布。

近年来，以深度学习为代表的人工智能技术在语音识别、机器视觉、自然语言处理、智慧医疗、智能推荐、自动驾驶等应用领域取得了重大进展，掀起了新一轮的人工智能热潮。但是当前的深度学习技术擅长分析数据中的关联关系而不是因果关系，从而无法理解数据的产生机制，使得这些技术在数据分布变化时存在鲁棒性不足、可解释性差、容易受到对抗样本的攻击等问题，从而难以在自动驾驶、医疗诊断等高风险人工智能新兴产业完全落地应用。发展融入因果推断的深度学习技术有助于构建可解释性强和更稳健的深度学习模型，该观点已经获得学术界的广泛认可。

作为人工智能的前沿领域，数据驱动的因果关系推断模型与方法的研究及其在机器视觉、自然语言处理、智慧医疗、智能推荐等领域的落地应用已经取得了重要进展，有极大的潜能促进高风险人工智能新兴产业技术的落地应用。

本书系统地整理了潜在结果模型和结构因果模型的知识体系，循序渐进、通俗易懂地介绍了潜在结果模型、结构因果模型以及因果推断的主要方法，使读者能够系统性、条理性和全面性地理解当前主流的因果推断模型与方法。因此，这是一本内容丰富、全面、深入介绍因果推断的书籍，是高年级本科生、研究生以及对因果推断感兴趣的科学家、工程师很好的参考书。相信这是一本值得大家阅读的书。强烈推荐！

李久永
计算机科学教授
南澳大学

PREFACE

前　言

因果关系是事物之间的本质关系，在揭示事物的发生机制、指导干预行为等方面具有不可替代的作用。自然科学、人文科学等学科和研究领域需要探索事物之间的因果关系和因果作用，以便更深层次地理解和认知自然现象和社会现象的规律，推动学科和研究领域的发展。例如，在人工智能与计算机科学领域，当前以数据驱动的深度学习技术可以使机器发现数据中的相关关系，但是忽略了数据中固有的因果关系，使得现有机器学习算法在面临数据分布发生变化时表现出泛化能力弱且缺乏可解释性等问题，难以适用于开放、动态、真实的应用场景。图灵奖获得者 Judea Pearl 教授在其专著《为什么：关于因果关系的新科学》中指出“如果要真正解决科学问题，甚至开发具有真正意义智能的机器，因果关系是必然要迈过的一道坎”。图灵奖得主 Yoshua Bengio 教授在 *Nature* 杂志 2019 年 4 月的专访中认为人工智能下一步发展的关键要素是对因果关系的理解。2017 年 7 月，国务院发布的《新一代人工智能发展规划》中明确指出，因果模型是建立新一代人工智能前沿基础理论的重要组成部分。

本书是面向高年级本科生或研究生的因果关系推断的入门参考书，主要介绍数据驱动的因果推断模型，以因果推断中混杂偏差的识别与修正问题为核心内容，首先从 Rubin 的潜在结果模型框架开始，详细介绍因果推断的基本概念、假设、方法，然后从潜在结果模型引入 Pearl 的结构因果模型框架。本书以 Pearl 的结构因果模型框架为主，详细介绍 Pearl 因果推断框架下的 do 演算、混杂偏差、选择偏差、反事实、中介效应、因果结构学习方法等基于图模型的因果推断的基本概念、理论、方法。

本书包括 13 章内容。第 1 章介绍了因果关系推断的基本概念。第 2 章和第 3 章介绍了 Rubin 的潜在结果模型，包括潜在结果模型的基本概念、假设，以及因果效应估计方法。第 4 章介绍了 Pearl 结构因果模型框架下的 do 演算、因果贝叶斯网络、结构因果模型的基本概念。第 5 章介绍了混杂偏差的图形化定义与识别、后门准则和前门准则。第 6 章介绍了图形化定义的选择偏差与计算方法。第 7 章和第 8 章分别介绍了反事实和中介效应。第 9 章介绍了图形化定义的工具变量的基本概念和计算方法。第 10 ～ 12 章介绍了从观测数据中学习因果结构的基本概念与方法。第 13 章介绍了因果结构未知情形下的因果效应估计方法。

SYMBOL TABLE

符号表

符　号	含　义
$\{\cdots\}$	集合
$\|\{\cdots\}\|$	集合 $\{\cdots\}$ 中元素个数
$\mathcal{V}=\{V_1,V_2,\cdots,V_N\}$	内生（可观测）变量集
$\mathcal{U}=\{U_1,U_2,\cdots,U_N\}$	外生（不可观测、噪声）变量集
$\mathcal{F}=\{f_1,f_2,\cdots,f_N\}$	函数集
$\mathcal{X}=\{X_1,X_2,\cdots,X_N\}$	协变量集
Z，z	条件变量集，调整变量集
$\mathbf{R}$	实数集
$\mathbf{R}^d$	d 维实数空间
$\mathfrak{R}$	一维表征空间
$\mathfrak{X}$	协变量空间
$\mathfrak{Z}$	协变量表征空间
$\boldsymbol{A}$	邻接矩阵
$\boldsymbol{W}$	参数矩阵
$\boldsymbol{D}$	数据矩阵（数据集）[㊀]
$\boldsymbol{V}$	内生变量组成的向量
$\boldsymbol{U}$	外生变量组成的向量
$\boldsymbol{X}$	协变量组成的向量
$\boldsymbol{Z}$	条件变量、调整变量组成的向量
$\boldsymbol{C}$	混杂变量组成的向量
$\boldsymbol{I}$	单位矩阵
$\mathcal{N}e^G(\cdot)$，$\mathcal{N}e(\cdot)$	（图 G 中）变量的邻居节点集合
$\mathcal{P}a^G(\cdot)$，$\mathcal{P}a(\cdot)$	（图 G 中）变量的父节点集合
$pa^G(\cdot)$，$pa(\cdot)$	（图 G 中）变量的父节点的取值集合
$\mathcal{A}n^G(\cdot)$，$\mathcal{A}n(\cdot)$	（图 G 中）变量的祖先节点集合

㊀ 数据集是一个行和列表示的矩阵。

（续）

符　号	含　义
$\mathcal{De}^G(\cdot)$，$\mathcal{De}(\cdot)$	（图 G 中）变量的后代节点集合
$\mathcal{MB}(\cdot)$，$\mathcal{CMB}(\cdot)$	马尔可夫毯，候选马尔可夫毯
$\mathcal{PC}(\cdot)$，$\mathcal{CPC}(\cdot)$	父子变量集合，候选父子变量集合
$\mathcal{SP}(\cdot)$，$\mathcal{CSP}(\cdot)$	配偶变量集合，候选配偶变量集合
T，t	处理变量，处理变量的取值
Y，y	结果变量（目标变量），结果变量的取值
U，u	外生变量，外生变量的取值
$\mathcal{J}$	匹配邻居（集合）
$\mathcal{Tg}$	处理组（集合）
$\mathcal{Cg}$	对照组（集合）
G	图结构
G^*	图 G 的等价类
G^m	G 的道德图
N	图中节点数量
n	样本（个体）数量
ChComp$(\cdot)$	变量的局部结构
sup	上确界
$\mathbb{E}$	期望
$P(\cdot)$	（原始）概率分布
$P_m(\cdot)$	干预概率分布
$p(\cdot)$，$q(\cdot)$	概率密度函数
$P(Y\|\text{do}(T))$	因果效应
$\cdot\perp\cdot\|\cdot$，$\neg\cdot\perp\cdot\|\cdot$	条件独立，条件不独立

CONTENTS

目录

第三部分 Pearl因果图模型与方法

第四部分　因果结构学习方法

第五部分　因果结构未知情形下的因果效应估计

第一部分

因果推断基础

CHAPTER 1

第1章

因果关系推断的基本概念

1.1 因果关系推断

因果关系描述两个事件之间引起与被引起的关系，反映了系统内部的机制与规律[1-3]。例如，脑血管病变是导致血管性痴呆病的原因，因为预防和控制脑血管病变可以有效防止血管性痴呆病的发生。不同于因果关系，相关关系只局限于事件之间存在的统计相关性。例如，牙齿上的黄色烟渍与肺癌是一对相关关系，黄色烟渍可以作为预测肺癌的一个重要因素，但是其不能作为解释肺癌产生的原因，因为清洗牙齿上的黄色烟渍并不能治疗肺癌或降低肺癌的发病概率。

因果关系严格区分了原因变量和结果变量，在揭示事件发生机制、指导干预行为等方面具有相关关系不能替代的重要作用[4-6]，因此探索事件之间的因果关系是哲学、自然科学和社会科学等众多学科的重要研究方向之一。例如，2011 年朱迪亚·珀尔（Judea Pearl）因通过发展概率和因果推理演算对人工智能做出的基础性贡献荣获图灵奖。2021 年麻省理工学院的乔舒亚·D. 安格里斯特（Joshua D. Angrist）和斯坦福大学的吉多·W. 因本斯（Guido W. Imbens）因对因果关系分析的方法论贡献而被授予诺贝尔经济学奖。

因果关系推断的核心任务主要包括因果关系学习与因果效应评估。因果关系学习是识别事件或变量之间的因果关系。例如，广告推销是否为商品销量提高的原因？教育投入与个人收入是否具有因果关系？因果效应评估是计算原因变量对结果变量的影响程度，例如计算广告推销对商品销量的影响程度以及教育投入对个人收入的影响程度。但是因果关系推断一直是一项困难的任务。首先，因果关系一直没有一个统一的定义或定量化的数学描述。目前因果关系的定义基本上遵循哲学上的描述：如果一种现象引起另一种现象的变化，那么一种现象被称为原因，另一种现象被称为结果。因此，因果关系定义的不统一与模糊性给因果关系识别带来了巨大挑战。其次，在计算给定原因变量对结果变量的因果效应时，混杂因子给因果效应计算带来的混杂偏差问题，一直是因果推断领域的核心研究问题之一[1-5]。

1.2　混杂与辛普森悖论

什么是混杂因子（Confounder）？我们先看一个例子。假设研究人员测量不同年龄段的研究对象每周锻炼量对其胆固醇水平的影响[4,6]。如果研究人员把研究对象按照年龄段分组，发现每个年龄组的人锻炼得越多，胆固醇就越低，如图 1-1a 所示。显然积极锻炼对降低胆固醇水平是有益的。但是如果研究人员把研究对象不按年龄段进行分组，即把所有年龄段的研究对象放到一起分析，他们得出一个相反的结论：人们锻炼的时间越长，胆固醇越高，如图 1-1b 所示。这个结论显然是错误的。

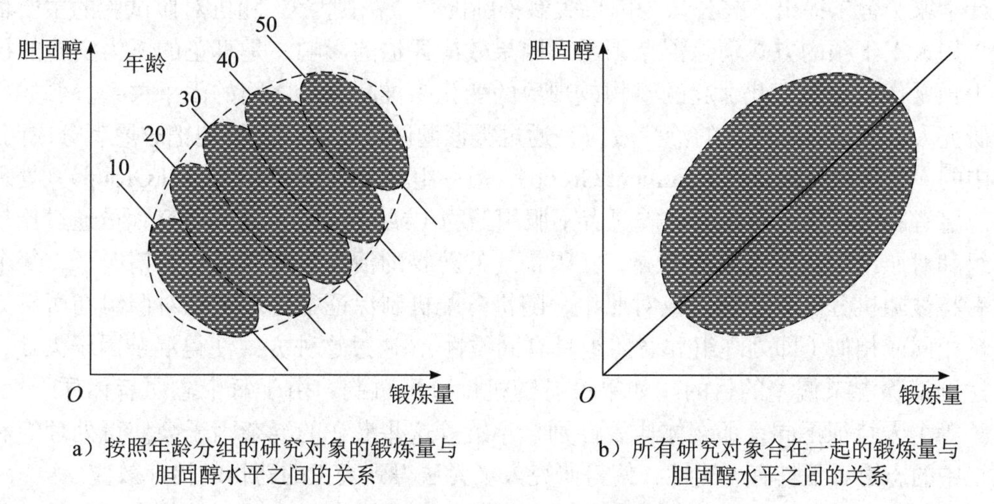

a）按照年龄分组的研究对象的锻炼量与胆固醇水平之间的关系

b）所有研究对象合在一起的锻炼量与胆固醇水平之间的关系

图 1-1　锻炼量与胆固醇水平之间的关系[4,6]

这个例子表明存在一种类型的数据，从不同的角度分析该数据，研究人员可能获得不同的结论。这就是著名的辛普森悖论。从这个例子中，我们可以看出年轻人无论运动时间多少，他们胆固醇的平均水平都会比较低，而老年人无论锻炼与否，他们胆固醇的平均水平都会比较高。如果数据中没有关于年龄的信息，我们可能无法计算出运动量对胆固醇水平的真实影响。由于年龄同时影响锻炼量和胆固醇水平，因此年龄被认为是产生辛普森悖论的混杂因子。

因此，在这个实验中，为了计算锻炼量对胆固醇水平的真实影响，我们首先需要考虑年龄这个混杂因子，然后把研究对象按照年龄进行分组，从而保证每个分组内的研究对象所有方面（除了每周锻炼量）都相同或相似；其次评估每个年龄组中同龄人的每周锻炼量对胆固醇水平的影响，最后对所有分组的结果进行加权求平均，这样就不会得出锻炼量大的人其胆固醇水平反而升高的错误结论。

一般来说，当一个变量同时影响到原因变量和结果变量时，这个变量被称为混杂因子，如锻炼量 - 胆固醇水平例子中的年龄被认为是混杂因子[1-2,7]。如果计算原因变量对结果变量的因果效应时没有考虑混杂因子，就会产生混杂偏差（Confounding Bias），从而产生错误的因果效应。在因果推断领域，混杂因子的识别是处理混杂偏差的关键。如图 1-1 所示，如果我们考虑年龄这个混杂因子，那么我们就可以获得锻炼量对胆固醇水平的真实影响。但是，如何判断年龄是锻炼量 - 胆固醇水平例子中的混杂因子是一个比较困难的问题。混杂问题（即混杂因子识别和混杂偏差修正）一直是因果关系推断领域的核心研究问题之一[3]。为解决现实中的因果关系推断问题，研究者分别从试验性研究方法和数据驱动的研究方法两个角度提出了相应的因果关系推断模型与方法。

1.3 随机对照试验

随机对照试验（Random Control Trial，RCT）是因果关系推断的试验性研究方法，由统计学家费舍尔提出，被公认为因果关系推断的黄金法则[2-3]。随机对照试验的主要目的是采用人工干预的方式消除混杂因子对因果效应评估的影响，是真正的人为实施的控制与干预操作，观测由此引起的事物或现象的变化来推断变量之间的因果关系。例如，假设研究人员测试一种药物的治疗效应，通过类似抛硬币的方式随机地把志愿者分成两组，其中的一组称为处理组（Treatment Group），另一组称为对照组（Control Group）。处理组的志愿者服用药物，对照组的志愿者不服用药物（或安慰剂），最后研究人员通过比较处理组和对照组的治疗效果的差异，获得最终的药物的治疗效应。在理想情况下，每个志愿者将被随机分配到处理组或对照组，随机分配机制保证了处理组和对照组在所有方面尽量相同或相似（即处理组和对照组具有同质性），通过这种方式使得混杂因子失效，从而达到消除混杂偏差的目的。如果没有随机性分配机制，由于每个志愿者体质、性别、年龄等个人特征不同，那么体质、性别、年龄等这些潜在的混杂因子会使得处理组和对照组中的志愿者不具有可比性，使得研究人员无法得到真正的药物的治疗效应。

然而，在多数情况下，由于随机对照试验的代价高，或者受到其他客观条件、伦理道德等因素的限制，因此不具有可行性。例如，估计孕妇怀孕期间吸烟对婴儿出生体重的影响，我们不能强迫孕妇在孕期吸烟。随着数据收集手段的提高，研究人员收集了大量的观测数据，在随机对照试验不可行的情况下，研究人员试图从观测数据中推断因果关系。但是仅仅依靠观测数据真正区分因果关系与相关关系是一项复杂且困难的任务。因此如何实现在不需要真正实施人为干预的情况下，直接从观测数据中进行因果关系推断已成为因果推断领域的主流研究方向。

1.4 数据驱动的因果推断模型

为了能够利用观测数据进行因果关系推断，研究者们开发了数据驱动的因果推断模型，其中最为著名的是潜在结果模型（Potential Outcome Framework）[2] 与结构因果模型（Structural Causal Model）[1]。这两个模型在不同的领域都有不同侧重的应用，例如社会科学、计量经济学、流行病学等领域主要采用潜在结果模型，而人工智能与计算机领域更多地采用结构因果模型。

潜在结果模型（在第 2 章详细介绍）由哈佛大学著名统计学家 Donald Rubin 教授提出，是因果关系推断最重要的理论模型之一[2]。潜在结果模型研究的核心问题是混杂变量的控制。潜在结果模型主要在“可交换性 / 可忽略性”（Exchangeability/Ignorability）假设下保证处理组和对照组的可比性或同质性，以实现对混杂因子的控制和对混杂偏差的修正。“可交换性”假设要求对照组在干预或不干预情况下的结果和处理组在同样的干预或不干预情况下的结果保持一致，保证处理组和对照组在所有方面尽可能相同或相似。那么在“可交换性”假设下，研究人员如何选择一组合适的变量（即混杂因子）用于构造两个所有方面都相同或相似的处理组和对照组呢？在潜在结果模型框架下，研究人员已经发展了许多经典的方法，我们将在第 3 章详细介绍。

结构因果模型（在第 4 章详细介绍）由图灵奖获得者 Judea Pearl 教授提出，是贝叶斯网络模型的延伸和扩展[1]。结构因果模型通过因果图（有向无环图）与赋值方程表示因果关系。因果图是因果关系的图形化定性表示，而赋值方程是因果关系的定量表示。结构因果模型可以表示多维复杂变量之间的因果关系。Pearl 结合结构因果模型与 do 演算发展了一套完整的理论与方法来识别混杂因子和修正混杂偏差，这也是本书的重点内容。结构因果模型的核心是因果图，有向无环图（Directed Acyclic Graph，DAG）是因果图的主要表示模型。基于有向无环图，Pearl 给出了混杂因子的图形化定义，利用有向无环图（因果结构）学习算法，Pearl 解决了在数据驱动的因果效应计算中的混杂因子的识别问题。因此，如何从数据中学习准确的因果结构（有向无环图）是结构因果模型实现因果效应评估的关键。

1.5　图模型

1.5.1　有向无环图

图 $G=\{\mathcal{V},\mathcal{E}\}$ 由节点（或变量）集 $\mathcal{V}=\{V_1,V_2,\cdots,V_N\}$ 和边集 $\mathcal{E}$ 组成，其中 N 为节点个数，如图 1-2 所示。在图 G 中，对于任意的节点对 $V_i,V_j\in V(i\neq j)$ 由一条有向边 $V_i\rightarrow V_j$（或 $V_i\leftarrow V_j$）或者一条无向边 $V_i - V_j$ 连接。边集 $\mathcal{E}$ 是图 G 中节点之间的边的集合。如果集合 $\mathcal{E}$ 中所有的边都是无向边，则称 G 是一个无向图（Undirected Graph），如图 1-2a 所示。如果 $\mathcal{E}$ 中所有的边都是有向边，则称 G 是一个有向图（Directed Graph），如图 1-2b 和图 1-2c 所示。一条从节点 V_i 到另一节点 V_j 的路径 p 是由从 V_i 开始到 V_j 为止、依次有边相连、中间无重复节点的有向边或无向边组成的，如图 1-2a 中的路径 $A - C - E - Q$ 和图 1-2b 中的路径 $A\rightarrow C\rightarrow E\leftarrow Q$。如果路径 p 上所有边的方向都是朝向 V_j，即 $V_i\rightarrow V_k\rightarrow\cdots\rightarrow V_j$，则称路径 p 是从 V_i 到 V_j 的有向路径，其中 V_i 是 V_j 在图 G 中的祖先节点（Ancestor），而 V_j 是 V_i 的子孙（或后代）节点（Descendant）。例如，图 1-2c 中的有向路径 $A\rightarrow C\rightarrow E\rightarrow Q$，其中 A 和 C 是 Q 的祖先节点，而 Q 是 A 和 C 的子孙节点。$V_i\rightarrow V_j$ 表示 V_i 是 V_j 在图 G 中的父节点（Parent），而 V_j 是 V_i 的孩子节点（Child），例如，图 1-2c 中的 A 是 C 的父节点，C 是 A 的孩子节点。一条从 V_i 到 V_j 以

及再从 V_j 到 V_i 的有向路径称为一个有向环，例如，图 1-2b 中的 $E \to F \to Q \to E$ 是一个有向环。一个没有环的有向图称为有向无环图，例如，图 1-2c 是一个有向无环图。有向无环图是因果关系表示的最重要的图模型。如果赋予有向无环图中的有向边因果语义，即如果存在有向边 $V_i \to V_j$，则称 V_i 是 V_j 的直接原因，V_j 是 V_i 的直接结果，那么有向无环图被称为因果图或因果结构。

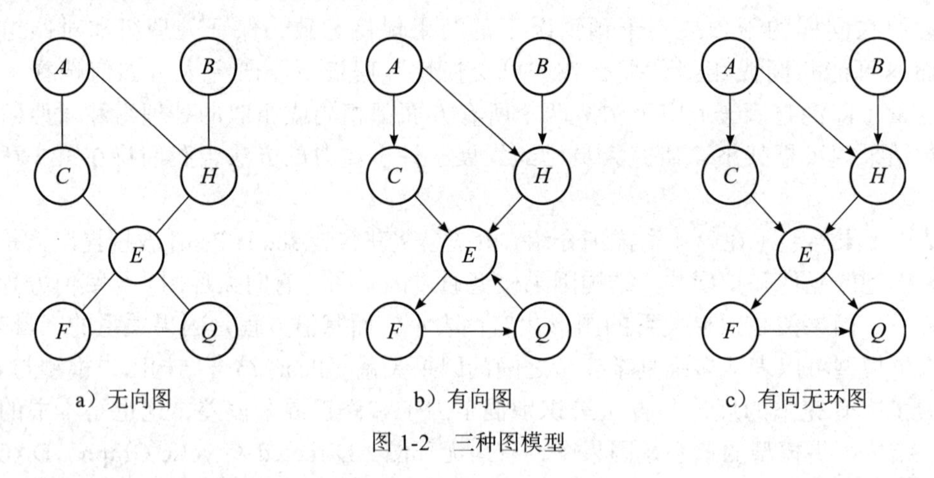

图 1-2　三种图模型

有向无环图由三种基本结构组成：链结构（Chain）、叉结构（Fork）、对撞结构（V- 结构，V-Structure）（在第 4 章详细介绍），如图 1-3 所示。

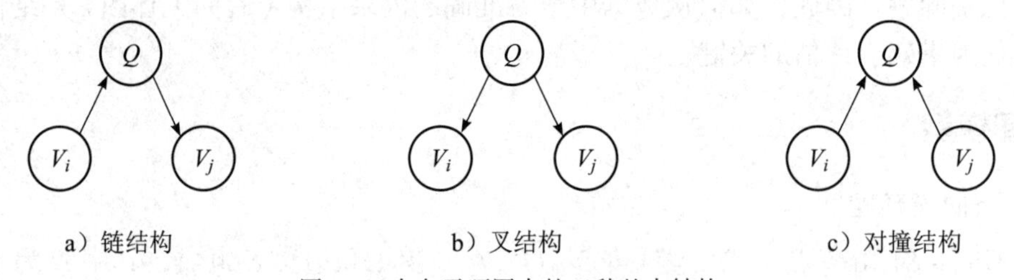

图 1-3　有向无环图中的三种基本结构

在一个有向无环图中，如果变量 V_i 和 V_j 之间存在一条单向路径，如 $V_i \to Q \to V_j$ 或 $V_i \leftarrow Q \leftarrow V_j$，这种类型的结构被称为链结构。叉结构为 $V_i \leftarrow Q \to V_j$ 且 Q 是 V_i 和 V_j 的父节点或共同原因。如果 Q 是 V_i 和 V_j 的共同孩子节点且 V_i 和 V_j 之间无有向边连接，即 $V_i \to Q \leftarrow V_j$，该结构被称为对撞结构（或 V- 结构），节点 Q 被称为对撞节点。基于这三种基本结构，下面我们介绍有向无环图中的重要概念：d- 分离。

定义 1-1　阻断路径（Blocked Path） 在有向无环图 G 中，如果以下两个条件满足任意一个，则节点 V_i 与 V_j 之间的一条路径 p 被条件集 Z（可能为空集）阻断：

（1）路径 p 中存在链结构 $V_i \to Q \to V_j$ 或叉结构 $V_i \leftarrow Q \to V_j$，且 Q 在 Z 中；

（2）路径 p 中存在对撞结构 $V_i \to Q \leftarrow V_j$，Q 且 Q 的子孙节点都不在 Z 中。

在图 1-4 中，路径 $B \to S \leftarrow X$ 是一个对撞结构，S 是对撞节点，根据定义 1-1，由于 S 不能出现在条件集 Z 中，因此，条件集 Z 为空集时，这条路径被 Z 阻断。

$B \leftarrow Y \rightarrow X$ 是叉结构，X 和 B 之间的路径被 Y 阻断，条件集 Z 为 $\{Y\}$。路径 $Y \rightarrow B \rightarrow S$ 和路径 $Y \rightarrow X \rightarrow S$ 分别被 B 和 X 阻断。由于路径 $Y \rightarrow X \rightarrow N \leftarrow S$ 中有对撞结构，当条件集 $Z=\{X\}$、$Z=\{X,N\}$ 或 Z 为空集时，该路径被 Z 阻断。

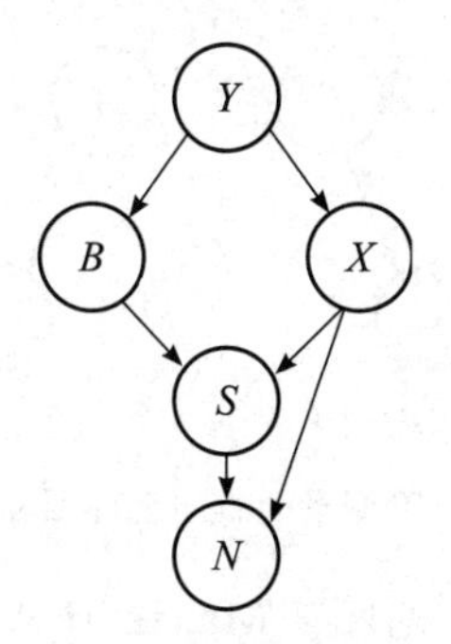

图 1-4　有向无环图与 d- 分离示例

定义 1-2　d- 分离（有向分割，Directed Separation） 如果两个节点 V_i 与 V_j 之间的所有路径都被集合 Z 阻断，则 V_i 与 V_j 被集合 Z "d- 分离"。

如果 V_i 与 V_j 之间存在一条路径没有被集合 Z 阻断，那么 V_i 与 V_j 被 "d- 连接"（d-Connection）。d- 分离体现了数据中变量之间的条件独立与条件依赖关系，同时它蕴含着图结构背后的数据生成机制，因此 d- 分离是有向无环图中最重要的概念之一。

在图 1-4 中，X 和 B 之间共有三条路径：（1）$B \leftarrow Y \rightarrow X$；（2）$B \rightarrow S \leftarrow X$；（3）$B \rightarrow S \rightarrow N \leftarrow X$。根据定义 1-1，当条件集 $Z=\{Y\}$ 时，路径 $B \leftarrow Y \rightarrow X$ 被 Z 阻断；当条件集 Z 为空集时，路径 $B \rightarrow S \leftarrow X$ 被 Z 阻断。由于路径 $B \rightarrow S \rightarrow N \leftarrow X$ 中有对撞结构，当条件集 $Z=\{S\}$、$Z=\{S,N\}$ 或 Z 为空集时，该路径被 Z 阻断。由于三条路径中有两条路径包含对撞结构，因此，综合这三条路径的条件集信息，X 和 B 被 Y "d- 分离"。B 和 N 之间共有四条路径：（1）$B \leftarrow Y \rightarrow X \rightarrow S \rightarrow N$，当 Z 为集合 $\{S,X,Y\}$ 中任意不为空集的子集时，该路径被阻断；（2）$B \leftarrow Y \rightarrow X \rightarrow N$，当 Z 为集合 $\{X,Y\}$ 中任意不为空的子集时，该路径被阻断；（3）$B \rightarrow S \rightarrow N$，当 $Z=\{S\}$ 时，该路径被阻断；（4）$B \rightarrow S \leftarrow X \rightarrow N$，当 $Z=\{X\}$、$Z=\{\varnothing\}$ 或 $Z=\{X,S\}$ 时，该路径被阻断。根据定义 1-1，综合这四路径的条件集信息，条件集 $\{S,X\}$ 阻断了 B 和 N 之间所有四条路径，因此，B 和 N 被集合 $\{S,X\}$ "d- 分离"。

1.5.2　最大祖先图

当观测变量集 $\mathcal{V}$ 中没有隐变量时，我们一般称 $\mathcal{V}$ 满足因果充分性假设，见定义 1-3。

定义 1-3　因果充分性（Causal Sufficiency） 当观测变量集 $\mathcal{V}$ 中任意两个或多个变量的直接原因都存在 $\mathcal{V}$ 中时，则 $\mathcal{V}$ 满足因果充分性假设。

如果观测变量集不具有因果充分性，那么这个变量集中含有未观测到的变量，即存在隐变量。当观测数据中出现未观测到的隐变量时，有向无环图将难以有效表示这些隐变量。例如，图 1-5a 是一个由四个可观测变量 $\{A,B,C,H\}$ 和一个不可观测变量

（隐变量）L 构成的因果图。根据 d- 分离，图 1-5a 涉及了三种依赖关系：$A \perp H \mid B$、$A \perp H \mid C$ 和 $\neg A \perp H \mid \{B,C\}$。其中 $\perp$ 表示条件独立，$\mid$ 表示条件依赖。显而易见，这三种依赖关系无法使用一个有向无环图表示。

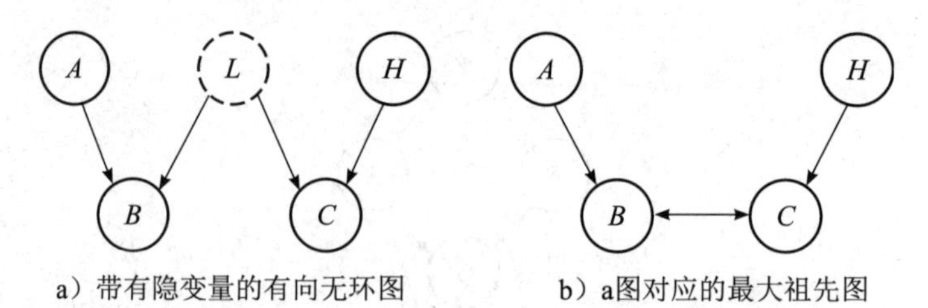

a）带有隐变量的有向无环图　　b）a图对应的最大祖先图

图 1-5　具有隐变量的有向无环图和最大祖先图

Richardson 等提出了最大祖先图（Maximal Ancestral Graph，MAG）模型[8]。最大祖先图在有隐变量的情况下具有表示观测变量之间关系的能力。引入了最大祖先图的概念后，我们可以用图 1-5b 来表示图 1-5a 中存在的条件依赖关系。在介绍最大祖先图之前，我们先介绍混合图（Mixed Graph）和祖先图（Ancestral Graph）的概念。

定义 1-4　混合图　混合图由三种基本类型的边组成：有向边（→或←）、双向边（↔）和无向边（—）。

例如，图 1-6 为定义在变量集 $\mathcal{V}=\{A,B,C,H,E,F\}$ 上的混合图。如果两个变量之间存在一条边，则称这两个变量是邻接的。在混合图中，一条路径是指不同顶点 $\{V_1,V_2,\cdots,V_k\}$ 的一个序列，对于任意 $0<i<k$，V_i 和 V_{i+1} 是邻接的。如果给定一条路径，$0<i<k$，都有 $V_i \rightarrow V_{i+1}$，则称这条路径为有向路径。在图 1-6 中，$\{A,H,E,F\}$ 就是一条路径，而 $\{A,H,B\}$ 是一条有向路径。

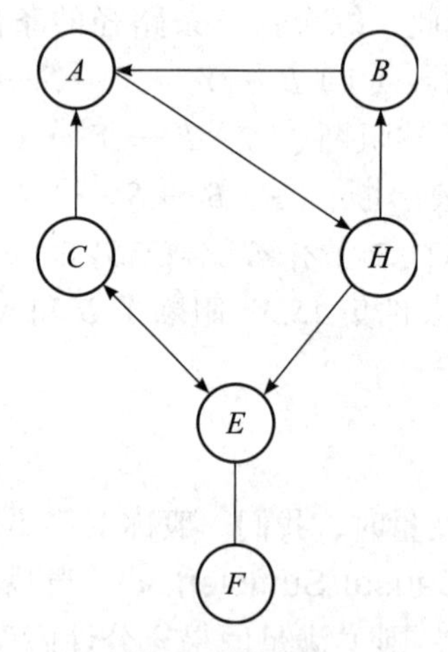

图 1-6　混合图

在混合图中，如果存在 $V_i \rightarrow V_j$，则 V_i 是 V_j 的父节点，V_j 是 V_i 的孩子节点；如果存在 $V_i \leftrightarrow V_j$，则 V_i 是 V_j 的配偶节点，V_j 也是 V_i 的配偶节点；如果存在 $V_i – V_j$，则 V_i 是 V_j

的邻居节点，V_j 也是 V_i 的邻居节点；如果存在一条从 V_i 指向 V_j 的有向路径，则 V_i 是 V_j 的祖先节点。在图 1-6 中，H 是 B、E 的父节点，C 是 E 的配偶节点，F 是 E 的邻居节点，A 是 E 的祖先节点。

令 $\mathcal{An}(V_i)$ 表示 V_i 的祖先节点集合，如果混合图中 $V_j \to V_i$ 和 $V_i \in \mathcal{An}(V_j)$ 同时存在，则混合图中存在一个有向环。在图 1-6 中，满足 $B \to A$ 且 $A \in \mathcal{An}(B)$，所以该混合图中存在一个有向环。如果混合图中 $V_j \leftrightarrow V_i$ 和 $V_i \in \mathcal{An}(V_j)$ 同时存在，则混合图中存在一个几乎有向环（Almost Directed Cycle）。在图 1-6 中，满足 $E \leftrightarrow C$ 且 $C \in \mathcal{An}(E)$，所以该混合图中存在一个几乎有向环。

定义 1-5　祖先图　如果一个混合图满足下列条件，则该混合图被称为祖先图：

（1）混合图中不存在有向环；

（2）混合图中不存在几乎有向环；

（3）对于任意的无向边 V_i–V_j，V_i 和 V_j 在混合图中不存在父节点和配偶节点。

在祖先图中，$V_i \to V_j$ 表示 V_i 是 V_j 的一个原因（或祖先），而 V_j 不是 V_i 的一个原因（或祖先）。$V_i \leftrightarrow V_j$ 表示 V_i 不是 V_j 的一个原因，而 V_j 也不是 V_i 的一个原因，V_i 和 V_j 之间存在一个隐变量。如图 1-7 所示，在图 1-7a 中不存在有向环，不存在几乎有向环，也不存在无向边，所以该图是一个祖先图，而在图 1-7b 中存在 $H \leftrightarrow F$ 且 $F \in \mathcal{An}(H)$ 这个几乎有向环，因此该图是一个非祖先图。

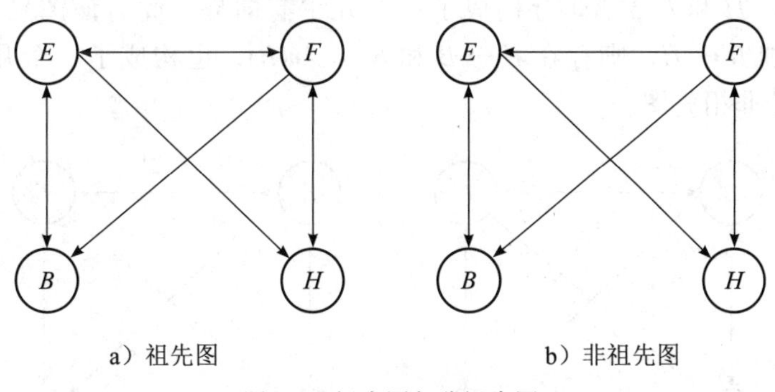

a）祖先图　　b）非祖先图

图 1-7　祖先图与非祖先图

定义 1-6　对撞节点和非对撞节点（Collider and Non-Collider）　在祖先图中，给定一条路径 π 和节点 V_i，如果 π 存在 $* \to V_i \leftarrow *$，其中 $*$ 表示任意的边缘标记 > 或 –，则称 V_i 为**对撞节点**；否则称 V_i 为**非对撞节点**。

在祖先图中，三元组 $V_i \to V_j \leftarrow V_k$、$V_i \leftrightarrow V_j \leftrightarrow V_k$、$V_i \leftrightarrow V_j \leftarrow V_k$ 和 $V_i \to V_j \leftrightarrow V_k$ 中 V_j 都是**对撞节点**。例如在图 1-5b 中，$A \to B \leftrightarrow C$、$B \leftrightarrow C \leftarrow H$ 中 B 和 C 都是**对撞节点**。

定义 1-7　对撞结构或 V- 结构　在祖先图中，给定三元组 $\{V_i,V_j,V_k\}$，如果 V_i 和 V_j 是邻接的，V_j 和 V_k 是邻接的，但是 V_i 和 V_k 不是邻接的，则称该三元组构成非封闭的三元组。在一个非封闭的三元组 $\{V_i,V_j,V_k\}$ 中，如果 V_j 是对撞节点且 $\exists\ Z \subseteq V \backslash \{V_i,V_j,V_k\}$ 满足 $V_i \perp V_k | Z$ 且 $\neg\ V_i \perp V_k | \{Z \cup V_j\}$，则三元组 $\{V_i,V_j,V_k\}$ 构成 V- 结构。

类似于 DAG 中的 d- 分离，祖先图通过一种称为 m- 分离的图形标准来表示变量之间的条件独立关系。

定义 1-8 m- 分离（m-Separation） 在祖先图中，给定一条路径 π，如果条件集 Z 满足如下两个条件之一，则 π 被 Z 阻断：

（1）π 中存在一条子路径 $\{V_i,V_j,V_k\}$，V_j 是一个非对撞节点且 $V_j \in Z$；

（2）π 中存在 $V_i{*}\rightarrow V_j \leftarrow{*}V_k$，$V_j \notin Z$ 且 Z 中不存在 V_j 的子孙节点。

在祖先图中，节点 V_i 和 V_j 被变量集 $Z \subseteq V\backslash\{V_i,V_j\}$ m- 分离，当且仅当 V_i 和 V_j 之间的所有路径都被 Z 阻断。

定义 1-9 最大祖先图（Maximal Ancestral Graph，MAG） 如果一个祖先图 G 满足条件：对于图中每对不邻接的节点 X 和 Y 存在一个集合 Z，使得 X 和 Y 在 Z 上是 m- 分离的，则称该祖先图 G 为最大祖先图。

在最大祖先图中，每对不邻接的节点都对应一个条件独立性关系。由定义 1-9 可知，并不是所有祖先图都是最大祖先图。

例如，在图 1-8a 中，节点 B 和 H 不邻接，但并不存在一个变量集合 Z，使得 B 节点和 H 节点在 Z 上是 m- 分离的，所以它不是一个最大祖先图。如果在节点 B 和 H 之间添加一条双向边↔使得节点 B 和 H 邻接，得到图 1-8b，此时图中所有节点都是邻接的，因此该图是最大祖先图。如果添加单向边 $B \rightarrow H$，虽然所有节点也是相邻的，但是同时存在 $F \leftrightarrow H$ 和 $F \in \mathcal{An}(H)$ 构成了一个几乎有向环，此时该图是一个非祖先图。同理，如果添加 $B \leftarrow H$，则存在 $E \leftrightarrow B$ 和 $E \in \mathcal{An}(B)$，也构成了一个几乎有向环，此时该图也是一个非祖先图。

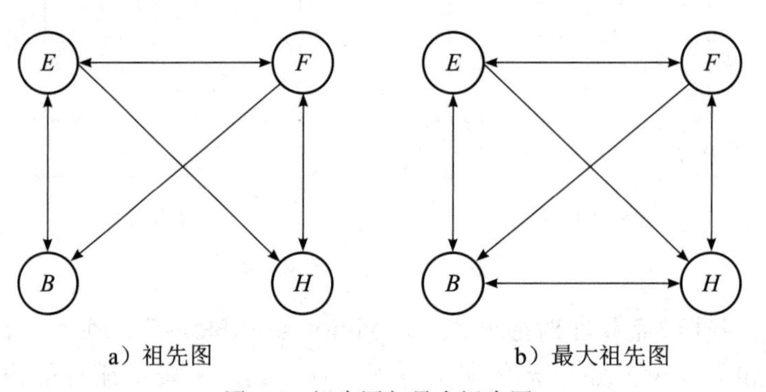

a）祖先图　　b）最大祖先图

图 1-8 祖先图与最大祖先图

众所周知，满足同样条件独立性和具有相同对撞结构的 DAG 对应同一个马尔可夫等价类。同理，隐变量和观测变量的独立性关系可能与多个 MAG 一致。MAG 的等价类由部分祖先图表示。

定义 1-10 部分祖先图（Partial Ancestral Graph，PAG） 在一个 PAG 中，一条边的两端可能有三种类型端点：

（1）不变箭头，记为“>”，表示等价类中的所有 MAG 在该端点处有一个箭头；

（2）不变尾部，记为“-”，表示等价类中的所有 MAG 在该端点处都有一个尾部；

（3）可变端点，记为“o”，表示等价类中的某些 MAG 在该端点处有箭头，而其他 MAG 在该端点处有一个尾部。

在 PAG 中，边“o→”表示等价类中的 MAG 在该位置可能有→或↔的边；边“o–o”表示等价类中的 MAG 在该位置有一条→、←、↔或 – 的边；边“–”表示是在所有等价的 MAG 中该边的方向是“–”。如图 1-9c 所示，部分祖先图中存在边 $Q\text{o}\rightarrow S$，那么它的等价类中的所有 MAG 在该位置可以有 $Q\rightarrow S$ 和 $Q\leftrightarrow S$ 的边，同理，图 1-9c 中存在边 $I\text{o–o}S$，那么它的等价类中的所有 MAG 在该位置可以有 $I\rightarrow S$、$I\leftarrow S$、$I\text{–}S$ 和 $I\leftrightarrow S$ 的边。图 1-9c 中存在边 $H\text{–}L$，那么它的等价类中的所有 MAG 在该位置都应该存在边 $H\text{–}L$，因此，图 1-9a 和图 1-9b 都是部分祖先图 1-9c 的等价类最大祖先图。

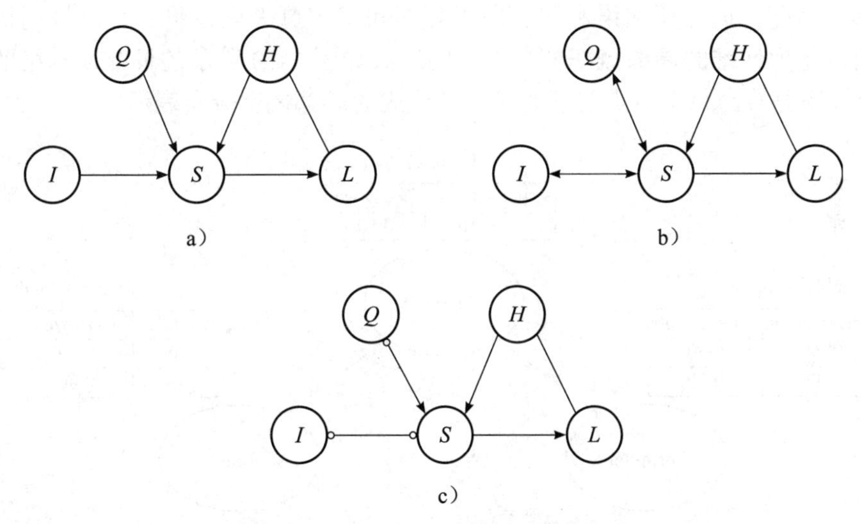

图 1-9 等价类最大祖先图和部分祖先图

1.6 贝叶斯网络

假设图 G 表示变量集 $\mathcal{V}$ 的有向无环图，$P(\mathcal{V})$ 表示变量集 $\mathcal{V}$ 的一个联合概率分布，在介绍贝叶斯网络定义之前，我们首先定义贝叶斯网络中的马尔可夫假设，如定义 1-11 所示。

定义 1-11 马尔可夫假设（Markov Condition） 在图 G 中，对于任意的节点 $V_i\in\mathcal{V}$，在给定其父节点的条件下，V_i 和它的非子孙节点条件独立。

例如，在图 1-4 中，Y 是 S 的非子孙节点，给定 S 父节点集 $\{X,B\}$ 的条件下，Y 和 S 条件独立。

定义 1-12 贝叶斯网络 [9-10] 如果三元组 $<\mathcal{V},G,P(\mathcal{V})>$ 满足马尔可夫假设，则称三元组 $<\mathcal{V},G,P(\mathcal{V})>$ 为贝叶斯网络。

贝叶斯网络由有向无环图 G 和一个联合概率分布 $P(\mathcal{V})$ 构成，如图 1-10 所示的贝叶斯网络由四个节点构成的有向无环图和相应的条件概率分布表构成。一个满足马尔可夫假设的贝叶斯网络蕴含了一系列条件独立性假设，变量间的依赖/独立性关系可以由一个仅包含有向边的有向无环图 G 表示。贝叶斯网络的核心是有向无环图 G，其节点为实践领域中的随机变量（属性或特征）。根据马尔可夫假设，贝叶斯网络所蕴含的条件独立性关系可将联合概率分布 $P(\mathcal{V})$ 分解为

$$P(\mathcal{V})=\prod_{i=1}^{N}P(V_i\mid \mathcal{P}a(V_i)) \tag{1-1}$$

$\mathcal{P}a(V_i)$ 表示节点 V_i 的所有的父节点集合。式（1-1）表示贝叶斯网络所蕴含的条件独立性假设将分布 $P(\mathcal{V})$ 分解成一系列局部的条件概率分布，它是一个复杂高维概率分布的低维表示。式（1-1）的每个局部概率因子表示一个变量在网络中给定父节点时的条件概率。因此，贝叶斯网络利用有向无环图和马尔可夫假设将一个高维的概率分布估计问题转化为低维的局部概率分布估计问题。如图 1-10 所示的贝叶斯网络的四个节点的联合概率分布由每个节点与它的父节点构成的局部概率分布表示。

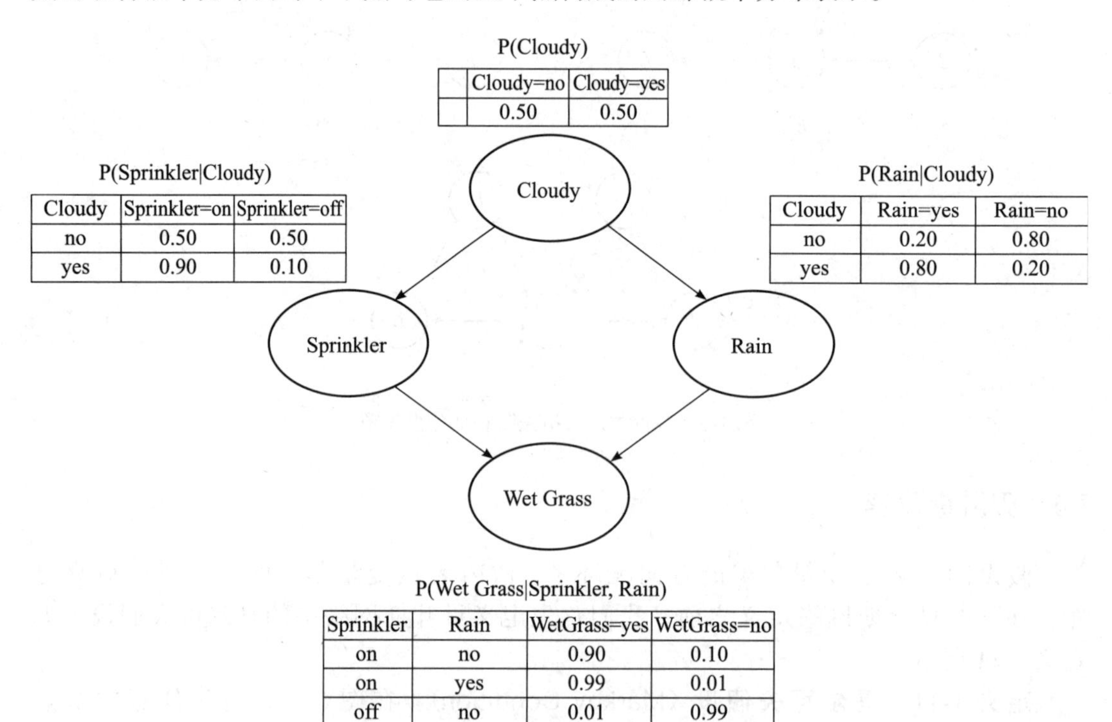

P(Cloudy)

	Cloudy=no	Cloudy=yes
	0.50	0.50

P(Sprinkler|Cloudy)

Cloudy	Sprinkler=on	Sprinkler=off
no	0.50	0.50
yes	0.90	0.10

P(Rain|Cloudy)

Cloudy	Rain=yes	Rain=no
no	0.20	0.80
yes	0.80	0.20

P(Wet Grass|Sprinkler, Rain)

Sprinkler	Rain	WetGrass=yes	WetGrass=no
on	no	0.90	0.10
on	yes	0.99	0.01
off	no	0.01	0.99
off	yes	0.90	0.10

图 1-10　一个简单的带有条件概率分布表的贝叶斯网络

下面我们介绍贝叶斯网络如何利用有向无环图和马尔可夫假设分解一个高维的联合概率分布。对于定义在 N 个二元随机变量上的联合概率分布 $P(\mathcal{V})=P(V_1,V_2,\cdots,V_N)$，确定这个分布需要 2^N-1 个独立参数，因此直接计算联合概率分布 $P(\mathcal{V})$ 相当困难。假定 $(V_1,V_2,\cdots,V_N)$ 是 $\mathcal{V}$ 中的变量相对于有向无环图 G 的一个拓扑序列，一般使用概率的链式

法则可以把 $P(\mathcal{V})$ 进行如下分解：

$$P(V_1,\cdots,V_N)=P(V_1)\prod_{i=2}^{N}P(V_i\,|\,V_1,\cdots,V_{i-1}) \tag{1-2}$$

当 N 较大时，使用链式法则进行联合概率分布 $P(\mathcal{V})$ 分解，式（1-2）仍然很难计算。根据式（1-1），假设每个节点在图 G 中最多有 k 个父节点，那么所需要的独立参数的个数将少于 $N\times 2^k$。在很多实际应用中，k 往往远小于 N，使得贝叶斯网络中的参数个数指数级地小于联合概率分布参数的个数。例如，对于式（1-2）中的概率因子 $P(V_i|V_1,\cdots,V_{i-1})$，如果所有 V_i 的父节点都在集合 $\{V_1,\cdots,V_{i-1}\}$ 中，此外，该集合中不存在 V_i 的子孙节点且 $\mathcal{An}(V_i)$ 为 V_i 的祖先节点集，即 $\{V_1,\cdots,V_{i-1}\}=\mathcal{Pa}(V_i)\cup\mathcal{An}(V_i)$。根据马尔可夫假设，$P(V_i|\mathcal{An}(V_i),\mathcal{Pa}(V_i))=P(V_i|\mathcal{Pa}(V_i))$，即 $V_i\perp\mathcal{An}(V_i)|\mathcal{Pa}(V_i)$。因此，联合概率分布 $P(\mathcal{V})$ 可分解写成式（1-1）。例如，图 1-11 中贝叶斯网络的联合概率分布 $P(X,Y,Z,W)=P(X)P(Y|X)P(Z|Y)P(W|Z)$。对于离散数据，我们不需要创建一个联合概率表，只需要为四个局部概率分布 $P(X)$、$P(Y|X)$、$P(Z|Y)$、$P(W|Z)$ 创建四个条件概率表，如图 1-11 所示。

X=1（有雪）	X=0（无雪）
0.2	0.8

Y	X=1（有雪）	X=0（无雪）
1（结冰）	0.8	0.1
0（无冰）	0.2	0.9

Z	Y=1（结冰）	Y=0（无冰）
1（打滑）	0.7	0.01
0（不打滑）	0.3	0.99

W	Z=1（打滑）	Z=0（不打滑）
1（摔跤）	0.8	0.05
0（没有摔跤）	0.2	0.95

图 1-11　利用贝叶斯网络和式（1-1）估算联合概率分布的例子

图 1-11 是一个 4 个节点的贝叶斯网络，令 X 代表有雪 / 无雪，Y 代表路面结冰 / 路面无冰，Z 代表路面打滑 / 路面不打滑，W 代表摔跤 / 没有摔跤。虽然只有 4 个变量，但是根据人类的经验直接估计 P(无雪，路面无冰，路面打滑，摔跤）的概率比较困难。

根据马尔可夫假设，P（无雪，路面无冰，路面打滑，摔跤）可以分解为 P（无雪）P（路面无冰 / 无雪）P（路面打滑 / 路面无冰）P（摔跤 / 路面打滑）4 个局部概率。根据天气常识，P（无雪）的概率比较高，比如 0.8。同样，P（路面无冰 / 无雪）的概率也相当高，比如 0.9。P（路面打滑 / 路面无冰）的概率很小，比如 0.01。但 P（摔跤 / 路面打滑）的概率应该很高，比如 0.8。于是根据所有这些数据，大概估算 P（无雪，路面无冰，路面打滑，摔跤）的概率为 $0.8\times 0.9\times 0.01\times 0.8$=0.005 76。

图模型中的 d- 分离与数据分布中的条件独立性是两个不同的概念，那么如何实现图模型与其生成数据的交互？下面我们介绍贝叶斯网络中另一个重要假设——忠实性假设（Faithfulness Assumption），如定义 1-13 所示。

定义 1-13　忠实性假设　给定一个贝叶斯网络 $<\mathcal{V},G,P(\mathcal{V})>$，对于 $\mathcal{V}$ 中任意两个节点 V_i 和 V_j，以及 $Z \subseteq \mathcal{V} \setminus \{V_i,V_j\}$，如果给定条件集 Z，V_i 和 V_j 条件独立与 V_i 和 V_j 在 G 中被 Z “d- 分离”一一对应，即 $X \perp_G Y|Z$ 与 $X \perp_P Y|Z$ 相互等价，则称 $P(\mathcal{V})$ 忠实于 G 同时 G 忠实于 $P(\mathcal{V})$。

在定义 1-13 中，符号 $X \perp_G Y|Z$ 表示在给定 Z 的条件下，X 与 Y 在图 G 中被 d- 分离；符号 $X \perp_P Y|Z$ 来表示在给定 Z 的条件下，X 与 Y 在联合概率分布 $P(\mathcal{V})$ 上条件独立。

忠实性假设使得图模型中的 d- 分离与数据分布中的条件独立性相互等价。因此，这个假设使我们可以从数据集中学习产生这个数据集的图模型成为可能。d- 分离蕴含着图模型背后的数据生成机制，即数据中蕴含的条件独立性关系。如果数据 $\boldsymbol{D}$[1] 由图 G 生成，d- 分离将告诉我们数据 $\boldsymbol{D}$ 中的哪些变量在哪些变量的条件下是条件独立关系。同时我们也可以从数据 $\boldsymbol{D}$ 中利用条件独立性检验方法检验图 G 中哪些变量在哪些变量的条件下是 d- 分离关系。图 G 作为数据 $\boldsymbol{D}$ 的生成机制，如果 G 中的两个变量 X 和 Y 被变量 Z “d- 分离”，那么在数据 $\boldsymbol{D}$ 中，给定 Z, X 和 Y 应该条件独立。如果 X 和 Y 条件独立不成立，那么数据 $\boldsymbol{D}$ 不是由图 G 生成。因此，如果图 G 中的所有 d- 分离条件均与数据 $\boldsymbol{D}$ 中的条件独立性一致，那么可以认为图 G 精确地生成了数据 $\boldsymbol{D}$。

因此，忠实性假设不仅使我们可以从一个图模型出发生成一个数据 $\boldsymbol{D}$，也可以从一个数据 $\boldsymbol{D}$ 出发反推出因果图模型，这也是数据驱动的因果结构学习方法奏效的关键假设。

贝叶斯网络与结构因果模型都是在贝叶斯网络理论的基础上发展与演化而来的，因此贝叶斯网络的所有概率性质与在其基础上发展起来的概率推理算法在因果关系推理与因果效应计算中仍然有效。贝叶斯网络的概率推理任务是在给定一个变量集合 Z 的观测值（证据）时，计算出另一个被查询的变量集合 Q 的后验概率分布，即条件概率查询 $P(Q|Z)$。例如，在图 1-11 中，条件概率查询 P(Wet grass=no|Cloudy=yes)) 表示观测到多云天气（Cloudy=yes）时，草地没有湿（Wet grass=no）的概率，其中 Cloudy=yes 是观测到的值或证据，而 Wet grass=no 是需要被查询的后验概率。

给定一个贝叶斯网络，研究者提出了一系列的条件概率查询算法。变量消元（Variable Elimination）法是一个经典的贝叶斯网络概率推理算法，绝大多数的概率推理算法都是变量消元法的推广和发展，例如桶消元法和联合树算法。变量消元法利用贝叶斯网络的联合概率分布的模块化性质将联合概率分布分解为每个节点给定其父节点的条件概率的乘积，然后通过改变求和与乘积运算的次序对联合概率分布的变量进行边缘化，实现联合概率分布中的变量消除。我们通过图 1-12 给出一个消元推理的例子。求解 $P(J,Y,M)$ 的联合概率分布，需要对联合概率分布公式中的变量 C,Z,L 进行求和，从而实现消元。

[1] 文中的数据 $\boldsymbol{D}$ 为数据矩阵。

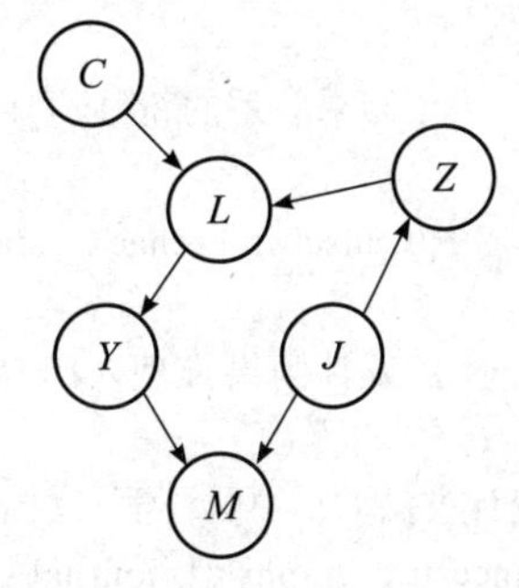

图 1-12　贝叶斯网络与消元推理

根据图 1-12 和式（1-1），可得联合概率分布：

$$P(C,Z,L,J,Y,M)=P(C)P(Z\mid J)P(L\mid C,Z)P(J)P(Y\mid L)P(M\mid Y,J) \tag{1-3}$$

对于条件概率分布 $P(J|M,Y)$，根据贝叶斯法则可得

$$P(J\mid M,Y)=\frac{P(J,M,Y)}{P(M,Y)} \tag{1-4}$$

Z 表示除 J,Y,M 的所有变量。根据图 1-12 和贝叶斯网络联合概率分布，对于条件概率分布 $P(J|M,Y)$，消元推理算法计算公式如下：

$$\begin{aligned}P(J|M,Y)&=\frac{P(J,M,Y)}{P(M,Y)}\\&=\frac{\sum_{C,Z,L}P(C)P(Z\mid J)P(L\mid C,Z)P(J)P(Y\mid L)P(M\mid Y,J)}{\sum_{C,Z,L,J}P(C)P(Z\mid J)P(L\mid C,Z)P(J)P(Y\mid L)P(M\mid Y,J)}\end{aligned} \tag{1-5}$$

但是对变量 C,Z,L,J 来说，先从哪个变量开始求和实现边缘化是一个比较困难的问题。一般来说，寻找一个最优的变量消元顺序是一个 NP 难问题。

另外，因果贝叶斯网络与结构因果模型的核心是有向无环图，因此从观测数据中学习有向无环图也是贝叶斯网络的核心研究内容之一。更多贝叶斯网络概念、理论与推理算法，请阅读 Pearl 的 2014 版专著 *Probabilistic Reasoning in Intelligent Systems: Networks of Plausible Inference*[9]、Koller 等的专著 *Probabilistic Graphical Models: Principles and Techniques*[10] 以及王飞跃等翻译的《概率图模型：原理与技术》[11]。

参考文献

[1] PEARL J. Causality[M]. New York: Cambridge University Press, 2019.

[2] RUBIN D B. Estimating causal effects of treatments in randomized and nonrandomized studies[J]. Journal of educational Psychology, 1974, 66(5): 688.

[3] PEARL J, MACKENZIE D. The book of why: the new science of cause and effect[M]. New York:

Basic books, 2018.

[4] PEARL J, MACKENIIE D. 为什么：关于因果关系的新科学 [M]. 江生，于华，译 . 北京：中信出版集团，2019.

[5] GLYMOUR M, PEARL J, JEWELL N P. Causal inference in statistics: A primer [M]. New York: John Wiley & Sons, 2016.

[6] PEARL J, GLYMOUR M, JEWELL N P. 统计因果推理入门 [M]. 杨矫云，安宁，李廉，译 . 北京：高等教育出版社，2020.

[7] 苗旺，刘春辰，耿直 . 因果推断的统计方法 [J]. 中国科学（数学），2018, 48(12), 1753-1778.

[8] ZHANG J. Causal reasoning with ancestral graphs[J]. journal of machine learning research, 2008, 9: 1437-1474.

[9] PEARL J. Probabilistic reasoning in intelligent systems: networks of plausible inference[M]. San Mateo: Morgan Kaufmann, 2014.

[10] KOLLER D, FRIEDMAN N. Probabilistic graphical models: principles and techniques[M]. Cambridge: MIT Press, 2009.

[11] KOLLER D. 概率图模型：原理与技术 [M]. 王飞跃，韩素青，译 . 北京：清华大学出版社，2015.

第二部分

Rubin潜在结果模型与因果效应

CHAPTER 2

第2章

潜在结果模型与因果效应的概念

本章我们将主要介绍潜在结果模型（Potential Outcome Model，POM）。潜在结果模型的提出是统计学在因果推断研究领域的革命，开创了因果推断研究的新篇章，对因果科学的研究有着深远意义。此外，潜在结果模型的提出不仅推动了因果推理研究的复兴，同时促进了统计学、计量经济学、生物医学和社会科学等学科的发展。随着潜在结果模型的不断发展与成熟，它不仅成了一个很好的跨学科研究的理论模型，同时也为其他学科的因果研究提供了基础的理论支撑和良好的方法工具。基于潜在结果模型，研究者提出了因果效应计算的相关数学定义和关键假设，并设计了相应的估计因果效应的方法，推动了因果推断理论与技术的发展。

2.1 潜在结果模型的概念

2.1.1 潜在结果的定义

潜在结果（Potential Outcome）是潜在结果模型中最重要的概念。潜在结果的提出者最早可以追溯到泽西·奈曼 [1]。在引入这个概念之前我们先介绍几个在潜在结果模型中常用到的基本概念：单元、个体、干预、观测结果和协变量 [2]。

定义 2-1　单元（Unit） 潜在结果模型中研究的单个对象被称为单元。

例如，这个单元可以看作是处于某一特定时间点的人、机构、公司、学校等具体化的实物。在潜在结果模型中，处于不同时间节点的单个对象是不同的单元。当研究一个人群时，我们又把人群中作为单元的每个人称为一个个体。

定义 2-2　干预（Intervention） 干预是在某个时间点对单元进行一定的操作。在本书中干预又被称为处理（Treatment）。

例如，医生让患有头痛的病人服用治疗头痛的药物来治疗头痛。当然医生也可以让患有头痛的病人进行休息而不服用药物。这里服用和不服用药物可以看作是医生对头痛患者的干预。干预是潜在结果模型中重要的概念，正如 Rubin 所说的“没有干预就没有因果[3]”，由此可见干预对于研究因果推断的重要性。

定义 2-3　观测结果（Observed Outcome） 研究单元在实际中接受某种处理后观测到的结果就是观测结果。

例如，假设患者选择服用药物，一段时间后可以通过观测得知患者的头痛是否治愈，这时候观测到头痛患者是否治愈的结果就是患者在服用药物后的观测结果。这个观测结果就是在实际干预后观测到的结果。

定义 2-4　协变量（Covariate Variable） 研究单元的一些相关属性称为协变量。在研究中它们虽然可能不是我们选择干预的变量，也可能不会被干预所影响，但是它们可能会给最终的结果带来影响。在后续的章节中，协变量和变量将被交替使用。

例如，当我们研究吃药是否对患者头痛有影响的时候，患者的性别、年龄、身体状况等相关属性就是协变量。这些变量不是我们选择干预的变量，也不会受到服用头痛药物的影响，但是会影响到患者最后是否痊愈的结果。

定义 2-5　潜在结果（Potential Outcome） 潜在结果就是一个单元在潜在干预下出现的结果。

例如，面对一名头痛患者，医生在决定是否给这名患者服药的过程中，医生可以根据患者的病情试想一下患者服药后的结果，但是这个干预（服药）还没有执行，对应的结果没有被实际观测到，那么这个想象的结果就是该患者选择服药的潜在结果；医生也可以根据患者的病情试想一下患者不服药的结果，同样地，这个干预（不服药）也没有执行，对应的结果同样没有被观测到，这个结果就是该患者选择不服药的潜在结果。潜在结果也被称为反事实结果。在潜在结果模型中，对于同一个个体，通过比较该个体在两种不同干预下的潜在结果的差异就能获得该干预对该个体是否有因果效应，这也是因果效应计算的一般性方法。

由于同一个个体在同一时间只能被实施一种干预，那么在一段时间后只能观测到该个体在该干预下的潜在结果（这里我们假设一个个体在某种干预下的观测结果就是该个体在该干预下的潜在结果，后面会以定义的形式明确地给出）。我们不能在进行了一种干预之后，重新穿越回去进行其他干预从而观测到这个个体在其他干预下的潜在结果，即对于一个个体而言，不能同时观测到该个体的所有潜在结果，因此我们不能评估干预对该个体的因果效应。

为了计算个体因果效应，随机对照试验采用随机分配机制把研究的群体分成处理组和对照组，然后通过对比处理组和对照组之间的结果差异获得总体的平均因果效应，最后通过总体的平均因果效应来评估个体的因果效应。但是随机对照试验通常需要非常理想的试验条件，甚至受到社会伦理道德等问题的约束而不能进行实际的试验，而潜在结果模型不需要进行真正的实际试验，仅需要从已有的观测数据中进行因果推断，从而解决随机对照试验实施困难的问题。

2.1.2　潜在结果模型

潜在结果模型的建立与发展离不开早期许多哲学家和统计学家的努力[4]。哲学家休谟和穆勒最早通过反事实框架的角度讨论和研究因果关系。统计学家泽西·奈曼和费舍尔分别提出了潜在结果和随机对照试验的概念，并将潜在结果应用到随机对照试验中来研究因果关系。泽西·奈曼还用标准的数学语言给出了潜在结果的描述和因果效应的定义。统计学家鲁宾进一步结合了潜在结果和随机对照试验的概念，不仅明确了潜在结果模型的核心内容和相关假设，并把相关理论与方法应用到了观测性研究中来研究因果关系[5-8]。由于泽西·奈曼与鲁宾在潜在结果模型上的重要贡献，潜在结果模型又被称为奈曼－鲁宾因果模型或者鲁宾因果模型（Rubin Causal Model，RCM）[5-7]。

潜在结果模型的核心内容是通过对比同一个个体在接受指定干预和未接受指定干预后的潜在结果差异，评估这个干预对该个体是否有因果效应。在随机对照试验中，完全的随机分配机制可以保证处理组和对照组的数据具有相似性或可比性。在潜在结果模型框架下，研究者给出了几个重要的假设来保证基于观测数据的处理组和对照组的相似性或可比性。一般情况下，只有满足了这些假设，我们才能利用潜在结果模型从观测数据中计算出正确的因果效应。

2.2　因果效应定义与假设

2.2.1　个体因果效应

我们首先通过下面的简单例子来引入基于潜在结果的因果效应定义。

每年的冬春季都是流感（流行性感冒）盛行的季节。相对于普通感冒而言，流感的传染性强、传染速度快而且症状也更为严重，严重影响人们正常的工作生活，尤其是身体抵抗力较差的老人、孕妇和儿童等更容易在冬春季患有流感。人们除了通过规律作息、健康饮食和积极锻炼提高人体自身免疫力来预防流感外，还可以通过接种流感疫苗的方式预防流感。下面假设有两个小朋友小明和小华，在一种理想的状态下，可以知道他们在两种干预处理下的结果，具体的干预处理和对应结果如下：

（1）假如小明接种流感疫苗后，在冬春季的流感盛行期没有患有流感；如果小明没有接种流感疫苗，在冬春季的流感盛行期也没有患有流感。那么对于小明而言，无论他是否接种流感疫苗都不会患有流感。这意味着接种疫苗不是让小明没有患有流感的原因，可以认为小明接种流感疫苗对于他预防流感没有实际效果。

（2）假如小华接种流感疫苗后，在冬春季的流感盛行期没有患有流感；如果小华没有接种流感疫苗，他在冬春季的流感盛行期患有流感。那么对于小华而言，是否选择接受流感疫苗与小华最后是否患有流感的结果不同，因此是否选择接种流感疫苗和是否会患有流感之间有着某种关系，即接种流感疫苗可能对预防流感有着因果影响。

在上述例子中，研究的个体分别是“小明”和“小华”，干预处理为是否接种流感疫苗，我们使用处理变量 T 表示有没有接种流感疫苗：T=1 代表接种了流感疫苗，而

T=0 代表没有接种流感疫苗。结果变量 Y 表示是否患有流感：Y=1 代表没有患有流感，Y=0 代表患有流感。我们用 $Y(1)$ 表示如果小明接种流感疫苗 (T=1) 情况下观测到的潜在结果，$Y(0)$ 表示如果小明没有接种流感疫苗 (T=0) 情况下观测到的潜在结果。由上述定义，对于小明而言，$Y(1)$=1，$Y(0)$=1；同样地，对于小华而言，$Y(1)$=1，$Y(0)$=0。

下面我们利用个体因果效应来研究小明和小华是否有必要接种流感疫苗，个体因果效应定义如下所示。

定义 2-6　个体因果效应（Individual Causal Effect，ICE） 假设 i=1,2,⋯,n 代表个体，T_i 代表个体 i 的处理变量，并且 $T_i \in \{0,1\}$ 表示 2 种不同的处理，并且假设个体 i 能够接受两种处理，用 $Y_i(1)$ 和 $Y_i(0)$ 分别表示有无某种处理时个体 i 的潜在结果，个体 i 的个体因果效应为

$$\tau_i \triangleq Y_i(1) - Y_i(0) \tag{2-1}$$

个体因果效应又称为个体处理效应（Individual Treatment Effect，ITE）。

根据式（2-1），小明接种流感疫苗对于预防流感的因果效应为 $Y(1)–Y(0)$=1–1=0，因此，假如让小明再次选择是否接种流感疫苗，他可能更倾向于选择不接种疫苗。相反，假如让小华再次选择是否接种流感疫苗，他可能更倾向于选择接种疫苗，因为他接种流感疫苗对于预防流感有因果效应：$Y(1)–Y(0)$=1–0=1。

2.2.2　平均因果效应

为了评估个体因果效应，给定某个处理 T，我们需要知道个体接受处理 T 和个体不接受处理 T 的潜在结果。但事实上对于同一个个体只能被观测到一种潜在结果，因此在实际中计算个体的因果效应是不现实的。以接种流感疫苗为例，可以根据小明接种流感疫苗和不接种流感疫苗两种情况下是否患有流感来判断接种流感疫苗是否可以预防流感。然而，一个个体要么选择接受处理 T 要么选择不接受，二者只能选择一个。这意味着接种或者不接种流感疫苗只能选择其中之一，即对一个给定个体，同时观测到该个体接种流感疫苗后是否患有流感的结果 $Y_i(1)$ 和不接种流感疫苗后是否患有流感的结果 $Y_i(0)$ 是不可能的。我们不能同时观测到 $Y_i(1)$ 和 $Y_i(0)$，所以我们无法计算个体 i 的个体因果效应：$Y_i(1)–Y_i(0)$。

通过上述的讨论，虽然我们无法计算个体因果效应，但是我们可以计算平均因果效应 $\mathbb{E}[Y_i(1)–Y_i(0)]$。在一个含有 n 个个体的随机试验中，个体是否接受处理是随机分配的。例如，通过抛硬币的方式决定每个个体是否接受处理。随机分配需要确保处理组的个体和对照组的个体协变量分布一致（即处理组的个体和对照组的个体具有相似性或同质性）。我们将接受处理 T 的样本划分到处理组，将未接受处理 T 的样本划分到对照组。通过将处理组和对照组中所有个体的个体因果效应取平均值来得到平均因果效应，平均因果效应具体定义如下所示。

定义 2-7　平均因果效应（Average Causal Effect，ACE） 当处理组个体和对照组个体的潜在观测结果分别为 $Y_i(1)$ 和 $Y_i(0)$ 时，群体的平均因果效应为

$$\tau \triangleq \mathbb{E}\left[Y_i(1)-Y_i(0)\right]=\mathbb{E}\left[Y(1)\right]-\mathbb{E}\left[Y(0)\right] \tag{2-2}$$

平均因果效应又称为平均处理效应（Average Treatment Effect，ATE）。当 $Y_i(t)$ 确定时，τ 是所有个体因果效应的平均值。平均因果效应是衡量处理组和对照组之间的平均因果差异。

既然把群体分成了处理组和对照组，那么我们关心的是处理组和对照组的潜在结果 $Y(1)$ 和 $Y(0)$。通过前面的讨论得知，一个个体在同一时间只能接受一种处理，并只能被观测到在该处理下的结果。为了把观测结果和潜在结果联系起来这里给出一个最基本的假设：一致性假设。

定义 2-8　一致性假设（Consistency Assumption）　对于一个处理 T，其相应地观测到的结果 Y 是在处理 T 下的潜在结果 $Y(T)$，即当 $T=t$ 时，$Y=Y(t)$。

这个假设是很好理解的，由于因果效应是根据潜在结果定义的，但是在试验中只能收集到观测结果，那么就让每个个体在某个处理下的潜在结果与该个体实际接受的该种处理下的观测结果相等。另外在考虑群体的因果效应时，需要考虑可能会出现在群体内的个体之间相互影响的情况，以及处理组 ($T=1$) 中的个体由于接受的处理形式不同而出现多种潜在结果的情况。稳定单元处理值假设保证上述的两种情况不会出现。

定义 2-9　稳定单元处理值假设（Stable Unit-Treatment Value Assumption，SUTVA）　这个假设包含以下两方面的内容：

（1）每个个体的潜在结果不受其他个体所接受的处理值的影响；

（2）对于每一个个体，每个处理水平没有不同的形式，从而不会导致不同的潜在结果。

在这个假设中，第一部分的内容可以认为是不同个体之间不会相互干扰，因此又可以称作无干扰（No Interference）假设。这是一个很合理的假设，例如在接种疫苗的试验中，个体 i 接受某种处理后与个体 j 接受某种处理后分开单独观察，那么 i 接受对应处理下的最终结果不会影响 j 是否患有流感的风险，在这种情况下是满足无干扰假设的。但是这个假设在一些社会学和经济学的问题上往往很难被满足。例如在一些商品的促销活动中，商家派送出大量的朋友之间可以共享的优惠券，并且只有邀请朋友一起购买才能够使用优惠券共享优惠。此时如果一个人想要购买该商品，并且想要享受到优惠券的优惠就会邀请自己的朋友一起来购买，那么被邀请的朋友由于原本不知道有该商品的促销活动而不会购买该商品，但是可能会受到朋友邀请的影响一起购买该商品，从而违反了无干扰假设。

这个假设第二部分的内容可以认为处理的版本和水平定义明确。例如在接种疫苗的试验中，每个个体要么选择接种疫苗要么选择不接种疫苗。然而在选择接种疫苗的个体中，接种疫苗的种类、方式和剂量都是相同的，接种个体之间不存在疫苗种类、接种方式和剂量上的差别。因为如果接种疫苗的量过小，导致不能引起人体的免疫反应，需要观测的处理结果并未产生，那么个体即便接种了疫苗也不应该被纳入接种了疫苗的分组里，这就可以避免因为处理版本和水平的不同带来的结果误差。

此外，当我们考虑采用随机试验计算平均因果效应时，随机分配机制可以保证处理组和对照组中都会有个体，不会出现所有个体全部都在处理组或者全部都在对照组的情形，从而导致不能计算平均因果效应的情况。如果考虑从观测数据中计算平均因果效应，也需要保证基于观测数据的处理组和对照组中都有一定数量的个体。对于更复杂的情况，当群体中协变量分布不一致的时候，需要保证在根据协变量划分的每个分组中都有接受处理和未接受处理的个体。因此，在观测数据中计算因果效应需要满足正值性假设。正值性假设要求在每个协变量取值下的处理组和对照组中都有一定数量的个体。在条件随机试验中，正值性假设要求随机分配机制保证在协变量集 $\mathcal{X}=\{X_1,X_2,\cdots,X_n\}$ 的每个取值下都要有接受处理的个体和未接受处理的个体，其中 $X_1,X_2,\cdots,X_n$ 分别代表多个协变量。下面就给出正值性假设的定义。

定义 2-10　正值性假设（Positivity Assumption） 在研究的群体中，当 $P(\mathcal{X}=\boldsymbol{x})>0$ 时，都有 $0<P(T=t|\mathcal{X}=\boldsymbol{x})<1$。$\mathcal{X}=(X_1,X_2,\cdots,X_n)^{\mathrm{T}}$，$\boldsymbol{x}$ 是其对应的取值。

在随机对照试验中，事先选择的试验个体间应该差异不大或者不存在差异，随机分为处理组和对照组后，这两个组之间满足可交换性，即如果对照组的个体接受处理组接受的处理，其结果与原来的处理组的结果相同；同样地，如果处理组变为对照组，那么其结果与原来的对照组的结果相同，即处理变量与潜在结果相互独立。

在观测数据中，处理组与对照组的可交换性假设成立才能保证因果效应计算的有效性。下面给出可交换性的数学符号定义。

定义 2-11　可交换性假设（Exchangeability Assumption） 当 T 为处理变量，$Y(1)$ 和 $Y(0)$ 分别为接受处理和未接受处理的潜在结果时，$(Y(1),Y(0)) \perp T$。

通过图 2-1 的描述可以更直观地理解可交换性的含义，假设把群体分为小组 A 和小组 B 两组，分别接受不同的处理以及两个小组交换接受的处理产生对应的结果如下：

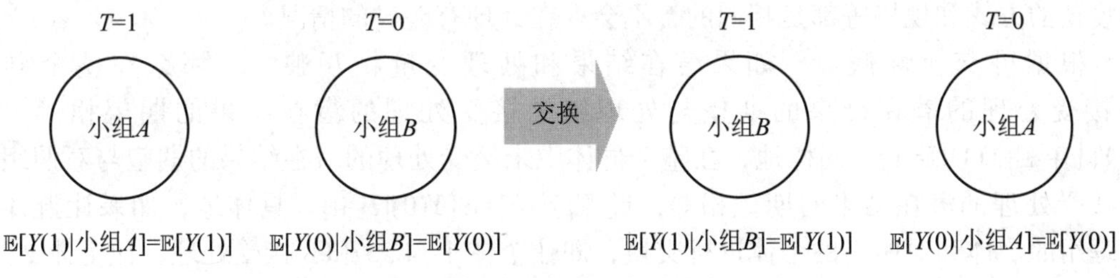

图 2-1　可交换性的直观描述

由图 2-1 可知：

$$\mathbb{E}[Y(1)|\text{小组 }A]=\mathbb{E}[Y(1)|\text{小组 }B]=\mathbb{E}[Y(1)]$$

$$\mathbb{E}[Y(0)|\text{小组 }A]=\mathbb{E}[Y(0)|\text{小组 }B]=\mathbb{E}[Y(0)]$$

由此可见潜在结果与处理变量是无关的，即相互独立的。

下面以一个接种疫苗预防流感的具体例子来表明上述的这些假设是怎么被体现和应用的，以及怎么计算群体的平均因果效应。

如表 2-1 所示，根据是否接种疫苗，我们首先将群体中的个体数据划分两组。通过把个体 2、3、6 和 7 划分到处理组，以及把个体 1、4、5 和 8 划分到对照组，我们可以看到，在处理组和对照组中都有一定数量的个体。在本例中为了简单起见，处理组和对照组中设置了相同数量的个体。

表 2-1　是否接种疫苗及是否患有流感的群体观测数据

i	T	Y	$Y(1)$	$Y(0)$	$Y(1)-Y(0)$
1	0	1	?	1	?
2	1	1	1	?	?
3	1	1	1	?	?
4	0	0	?	0	?
5	0	1	?	1	?
6	1	1	1	?	?
7	1	0	0	?	?
8	0	0	?	0	?

根据一致性假设，我们可以用处理组个体的观测结果作为他们接受处理的潜在结果，至于处理组未接受处理的潜在结果我们无从而知，故在表中用“?”表示；同样地，用对照组的观测结果作为他们未接受处理的潜在结果，至于他们接受处理的潜在结果我们一样无从而知，在表中也用“?”表示。

根据稳定单元处理值假设，表中的 8 个个体之间不会相互影响，即使其中的个体得了流感，也不会影响群体中其他个体得流感的风险；同时在接受处理的个体中他们接种疫苗的方式和规格等都是相同的，不会存在处理有差异的情况。

根据可交换性假设，如果潜在结果和处理变量相互独立，那么在整个群体中接受处理的潜在结果的期望与处理组中接受处理的潜在结果的期望相等，即 $\mathbb{E}[Y(1)]=\mathbb{E}[Y(1)|T=1]$。同样地，在整个群体中未接受处理的潜在结果的期望与对照组中未接受处理的潜在结果的期望相等，即 $\mathbb{E}[Y(0)]=\mathbb{E}[Y(0)|T=0]$。具体地，如果让群体中处理组的个体和对照组的个体进行交换，即让个体 1、4、5 和 8 接受处理，让个体 2、3、6 和 7 作为对照，他们最终相应的结果也不会改变。

根据表 2-1 的数据和相关的假设我们应该如何计算平均处理效应呢？首先根据期望的线性性质把计算平均因果效应的表达式展开，再根据可交换性和一致性假设对式子进行转化，最后代入数据就可以计算最后的平均因果效应，完整步骤如下：

$$
\begin{aligned}
\mathbb{E}\left[Y_i(1)-Y_i(0)\right] &= \mathbb{E}[Y(1)]-\mathbb{E}[Y(0)] \\
&= \mathbb{E}[Y(1)\mid T=1]-\mathbb{E}[Y(0)\mid T=0] \qquad \text{（可交换性）} \\
&= \mathbb{E}[Y\mid T=1]-\mathbb{E}[Y\mid T=0] \qquad \text{（一致性）} \qquad (2\text{-}3) \\
&= \left(\frac{3}{4}\times 1+\frac{1}{4}\times 0\right)-\left(\frac{1}{2}\times 1+\frac{1}{2}\times 0\right) \\
&= 0.25
\end{aligned}
$$

由此通过计算可以看出在这个群体中接种流感疫苗对于预防流感确实有效。

2.2.3　异质性因果效应

传统的因果推断分析关注的焦点是平均因果效应。然而，随着个体化医疗和精准医学相关研究的进展，研究者越来越关心研究效应的异质性，个体层面的因果分析引起了更多的重视。一些研究人员将处理效果依赖于个体的情况称为“异质性”。例如，在当前个体化医疗不断深入的时代，当医生决定是否要对一位疾病患者采用某项治疗时，如果仅参考该种治疗方法在人群中的平均效应，可能是不够的。由于同一疗法对于不同患者不同的身体条件（基因突变状况、体力状况、免疫水平等）导致效果的差别很大，因此在决定是否采用该治疗时，医生需要进一步知道不同特质的患者在采用这种治疗时会有怎样的结果，即需要考虑到处理效应的异质性。假设处理方法是一种药物，该药物在人群中的平均效应可能不是有效的，但是对特定类别的患者可能有效，那么医生应尽可能地将药物开给能从中受益的患者。

异质性因果效应（Heterogeneous Causal Effect，HCE）的研究方法是将研究数据按照条件进行分组（如按照年龄、性别或者区域进行划分等)，比较平均处理效果在子组内的效应差异，因此又可以称为条件平均因果效应（Conditional Average Causal Effect，CACE）。

给定一组观测数据 $(T_i,\mathcal{X},Y_i)$，其中 $i=1,2,\cdots,n$ 代表个体，$\mathcal{X}$ 为协变量集合，T_i 为处理变量，$T_i\in\{0,1\}$ 表示 2 种不同的处理，Y_i 为结果变量。假设个体 i 能够接受两种处理，并用 $Y_i(1)$ 和 $Y_i(0)$ 分别表示有无某种处理时个体 i 的潜在结果，条件可交换性的定义如下。

定义 2-12　条件可交换性假设（Conditional Exchangeability Assumption）　当 T 为处理变量，$Y(1)$ 和 $Y(0)$ 分别为接受处理和未接受处理的潜在结果，且 $\mathcal{Z}$ 为协变量集（$\mathcal{Z}$ 为协变量集 $\mathcal{X}$ 的一个子集或单个协变量）时，$(Y(1),Y(0))\perp T|\mathcal{Z}$。

条件可交换性假设也被称为可忽略性（Ignorability）假设。条件可交换性假设的含义是：研究群体可以根据性别、年龄等其他协变量划分为子分组，使得根据协变量划分的每个子分组都满足可交换性，即在每个子分组中潜在结果和处理变量相互独立。由于每个子分组具有了条件可交换性，那么在每个子分组中计算的因果效应就不会被混杂因子影响而产生混杂偏差。

有了正值性假设和条件可交换性假设，这里引入一个处理机制的强可忽略性假设

（Strong Ignorability of Treatment Assignment Mechanism）的概念，其定义如下：

（1）$(Y(1),Y(0)) \perp T|Z$;

（2）当 $P(Z=z)>0$ 时，都有 $0<P(T=t|Z=z)<1$。

实际上，强可忽略性假设是正值性和条件可交换性假设的结合。

定义 2-13 异质性因果效应（Heterogeneous Causal Effect，HCE） 在 Z 相同的条件下，处理变量 T_i 条件独立于潜在结果 Y_i：$T_i \perp \{Y_i(0),Y_i(1)\}|Z$，群体的异质性因果效应的公式为

$$\tau \triangleq \mathbb{E}\left[Y_i(1)-Y_i(0)|Z=z\right]=\mathbb{E}\left[Y(1)|Z=z\right]-\mathbb{E}\left[Y(0)|Z=z\right] \tag{2-4}$$

我们以表 2-2 中的数据为例来计算接种疫苗对男性个体预防流感的因果效应。表 2-2 中的数据是在表 2-1 的基础上增加了性别这个协变量。在表 2-2 中，假设个体 1、2、3 和 4 全部是男性，以及个体 5、6、7 和 8 全部是女性。性别用字母 X 表示，男性用 $X=1$ 表示，女性用 $X=0$ 表示。

表 2-2 有性别标注的是否接种疫苗及是否得流感的群体观测数据

i	X	T	Y	$Y(1)$	$Y(0)$	$Y(1)-Y(0)$
1	1	0	1	?	1	?
2	1	1	1	1	?	?
3	1	1	1	1	?	?
4	1	0	0	?	0	?
5	0	0	1	?	1	?
6	0	1	1	1	?	?
7	0	1	0	0	?	?
8	0	0	0	?	0	?

由表 2-2 中的数据可知，在男性群体中，即 $X=1$ 时，需要有接种疫苗的个体和未接种疫苗的个体，也就是说满足正值性假设，否则的话无法计算在男性群体中接种疫苗对于预防流感的效应。根据条件可交换性假设，在相同协变量条件下潜在结果和处理变量相互独立。具体地，如果让男性群体中的处理组中的个体和对照组中的个体进行交换，即让个体 1 和 4 接种疫苗，让个体 2 和 3 不接种疫苗，这样不会改变男性群体接种疫苗和不接种疫苗对于预防流感的效应。根据一致性假设，在整个群体中男性接受处理的潜在结果的期望与处理组中男性接受处理的潜在结果的期望相等，即 $\mathbb{E}[Y(1)|X=1]=\mathbb{E}[Y(1)|T=1, X=1]$。同样地，在整个群体中男性未接受处理的潜在结果的期望与对照组中男性未接受处理的潜在结果的期望相等，即 $\mathbb{E}[Y(0)|X=1]=\mathbb{E}[Y(0)|T=0, X=1]$。

根据异质性因果效应的定义，我们只需要计算 $\mathbb{E}[Y(1)-Y(0)|X=1]$，因此与计算平均因果效应的方法类似，我们先根据期望线性性质展开，再利用条件可交换性和一致性

假设进行转化，最后代入数据就可以计算异质性因果效应，完整步骤如下：

$$
\begin{aligned}
\mathbb{E}\left[Y_i(1)-Y_i(0)|X=1\right] &= \mathbb{E}[Y(1)\mid X=1]-\mathbb{E}\left[Y(0)|X=1\right] \\
&= \mathbb{E}[Y(1)\mid T=1,X=1]-\mathbb{E}[Y(0)\mid T=0,X=1] \quad （条件可交换性） \\
&= \mathbb{E}[Y\mid T=1,X=1]-\mathbb{E}[Y\mid T=0,X=1] \quad （一致性） \\
&= \left(1\times1+0\times0\right)-\left(\frac{1}{2}\times1+\frac{1}{2}\times0\right) \\
&= 0.5
\end{aligned}
\tag{2-5}
$$

由此结果可以得知在男性群体中接种疫苗对于预防流感有因果作用。同样地，我们也可以计算在女性群体中接种疫苗对于预防流感的效应，这里读者可以自行计算。

2.3　拓展阅读

本章主要介绍了潜在结果模型相关的基本概念，介绍了潜在结果模型中因果效应计算的形式化定义。平均因果效应和条件平均因果效应是最常见的效应计算，另外强可忽略性假设和稳定单元处理值假设是潜在结果模型中最重要的假设之一，一致性假设往往隐含在其中。本章中介绍的三种因果效应的定义是最常见的因果效应的定义，除了上面给出的关于因果效应的三个定义之外，还有其他形式的因果效应的定义。例如，如果我们只关注处理组的平均因果效应的话，可以定义处理组的平均因果效应（Average Casual Effect on the Treated Group，ACT，也可称作 Average Treatment Effect on the Treated Group，ATT），定义的表达式为

$$
\tau \triangleq \mathbb{E}\left[Y_i(1)-Y_i(0)|T=1\right]=\mathbb{E}\left[Y(1)|T=1\right]-\mathbb{E}\left[Y(0)|T=1\right] \tag{2-6}
$$

这里仅考虑处理组中潜在处理结果和潜在对照结果。

同样地，我们也可以给出对照组中平均因果效应的定义：

$$
\tau \triangleq \mathbb{E}\left[Y_i(1)-Y_i(0)|T=0\right]=\mathbb{E}\left[Y(1)|T=0\right]-\mathbb{E}\left[Y(0)|T=0\right] \tag{2-7}
$$

这里仅考虑对照组中潜在处理结果和潜在对照结果。

由于在本书中考虑更多是前面的几种因果效应，只给出了这两个因果效应的简单定义，如果想要了解与这两种因果效应定义相关的更多的内容或者是相应因果效应的估计方法，请读者自行拓展阅读文献 [9-12] 等。

参考文献

[1] SPLAWA-NEYMAN J S. On the application of probability theory to agricultural experiments. Essay on principles. Section 9[J]. Statistical science, 1990, 5(4): 465-472.

[2] YAO L, CHU Z, LI S, et al. A survey on causal inference[J]. ACM Transactions on Knowledge Discovery from Data (TKDD), 2021, 15(5): 1-46.

[3] RUBIN D B. Bayesian inference for causality: The importance of randomization[C]// proceedings of the social statistics section of the American statistical association.1975: 233-239.

[4] PEARL J, MACKENZIE D. 为什么：关于因果关系的新科学 [M]. 江生，于华，译 . 北京中信出版集团，2019.

[5] RUBIN D B. Estimating causal effects of treatments in randomized and nonrandomized studies[J]. Journal of educational psychology, 1974, 66(5): 688-701.

[6] RUBIN D B. Causal inference using potential outcomes: design, modeling, decisions[J]. Journal of the American statistical association, 2005, 100(469): 322-331.

[7] RUBIN D B. Statistics and causal inference: comment: which ifs have causal answers[J]. Journal of the American statistical association, 1986, 81(396): 961-962.

[8] RUBIN D B. Bayesian inference for causal effects: The role of randomization[J]. The annals of statistics, 1978, 6: 34-58.

[9] PIRRACCHIO R, CARONE M, RIGON M R, et al. Propensity score estimators for the average treatment effect and the average treatment effect on the treated may yield very different estimates[J]. Statistical methods in medical research, 2016, 25(5): 1938-1954.

[10] HARTMAN E, GRIEVE R, RAMSAHAI R, et al. From sample average treatment effect to population average treatment effect on the treated: combining experimental with observational studies to estimate population treatment effects[J]. Journal of the royal statistical society: series a (statistics in society), 2015, 178(3): 757-778.

[11] LEACY F P, STUART E A. On the joint use of propensity and prognostic scores in estimation of the average treatment effect on the treated: a simulation study[J]. Statistics in medicine, 2014, 33(20): 3488-3508.

[12] ABDIA Y, KULASEKERA K B, DATTA S, et al. Propensity scores based methods for estimating average treatment effect and average treatment effect among treated: a comparative study[J]. Biometrical journal, 2017, 59(5): 967-985.

CHAPTER 3

第3章

因果效应估计方法

在观测性研究中，因果效应估计的核心问题是如何消除混杂偏差。观测数据中的协变量在处理组和对照组的分布不平衡使得处理组和对照组不具有相似性或同质性，即处理组和对照组不满足可交换性假设。例如，接种流感疫苗是通过主动引起身体的免疫反应来预防流感，因此接种流感疫苗对接种者的身体机能有一定的要求。由于不同年龄段的人的身体机能存在差异，所以估计接种疫苗对预防流感的因果效应时，需要考虑年龄对预防效果的影响。如果不考虑年龄这个因素，估计的因果效应可能会存在混杂偏差。本章将介绍几种常用的基于潜在结果模型的因果效应估计方法。

3.1 匹配方法

为了消除观测性研究中协变量在处理组和对照组分布不平衡带来的混杂偏差，可以采用匹配（Matching）方法。该方法通过在处理组和对照组中选择含有相同协变量分布的样本作为一个匹配组，即首先对每一个研究个体匹配一个或一组具有相同或相似协变量的个体，使得通过匹配得到的数据在处理组和对照组之间具有相同的协变量分布，最后根据匹配得到的数据估计因果效应。

匹配方法从20世纪中叶开始被应用，但是匹配方法的相关理论基础直到20世纪60年代末和70年代初才发展起来。这一发展最早始于Cochran在1968年发表的一篇论文[1]，里面专门研究了子分类，即使Cochran偶尔会使用“分层匹配”来代替子分类，但是子分类与匹配还有明显的区别。后来Rubin继续在具有一个协变量的情况下研究[2]，并将结果推广到了含有多个协变量的情况。但是随着协变量的增多，很难找到与所有协变量接近或精确匹配的值，处理多个协变量问题成为一个挑战。直到1983年，Rosenbaum和Rubin引入倾向得分（Propensity Score，PS）的概念[3]，这时不要求对所有的协变量进行紧密或精确匹配，而是利用倾向得分进行匹配，从而能够构建具有相似协变量分布的匹配集。倾向得分匹配方法（Propensity Score Matching，PSM）在经济学、流行病学、医学和政治学等领域得到了广泛应用。另外，此后倾向得分还被广泛应用到了重加权等其他方法上，并取得了重大进展。

以第2章中的接种流感疫苗为例，如果计算接种流感疫苗对某个个体 i 的因果效应，可以让个体 i 接种疫苗并且观测其接种后的结果，然后从对照组中找一个个体 j，使其协变量与 i 一致或者最接近 i，从而 j 的结果可以近似地作为个体 i 的未接种疫苗的结果，即 i 的潜在结果（也称为反事实结果）。当然，我们也可以在对照组中找到一组协变量与个体 i 相近的个体，将他们的观测结果取平均值作为个体 i 的未接种疫苗的结果。利用简单的匹配，我们可以近似地得到处理组个体的潜在结果，这样就可以计算因果效应了。具体而言，计算处理 T 对个体 i 的因果效应时，如果给定一个简单的匹配估计器，利用这个匹配器，我们可以在相反的组中寻找与第 i 个个体协变量取值一致或相似的一组（或一个）个体，这样第 i 个个体的潜在结果可以表示为

$$\hat{Y}_i(1)=\begin{cases}\dfrac{1}{|\mathcal{J}(i)|}\sum\limits_{l\in\mathcal{J}(i)}Y_i & \text{当 } T_i=0 \text{ 时}\\ Y_i & \text{当 } T_i=1 \text{ 时}\end{cases} \tag{3-1}$$

$$\hat{Y}_i(0)=\begin{cases}Y_i & \text{当 } T_i=0 \text{ 时}\\ \dfrac{1}{|\mathcal{J}(i)|}\sum\limits_{l\in\mathcal{J}(i)}Y_i & \text{当 } T_i=1 \text{ 时}\end{cases} \tag{3-2}$$

其中 $\hat{Y}_i(1)$ 和 $\hat{Y}_i(0)$ 分别是估计的处理组个体和对照组个体结果；$\mathcal{J}(i)$ 是个体 i 在对照组或处理组中的匹配邻居，$|\mathcal{J}(i)|$ 为匹配邻居数目。

通过匹配，我们可以为处理组的个体在对照组中找到一个对照组的子集，使得协变量的数据分布在处理组和这个对照组的子集上是相似的。在对照组中个体数目远大于处理组个体数目的情况下，给定处理组个体，在对照组中匹配处理组中个体就是在效仿随机对照试验。因此，在使用观测数据估计因果效应时，匹配可以用来消除或减少混杂偏差的影响。实现匹配方法可以分为五个关键步骤，具体如图3-1所示。

基于上图中的步骤，匹配方法要考虑以下几方面的因素：①选择协变量；②定义距离度量；③选择匹配算法；④评估匹配算法。接下来，对它们进行简单的介绍。

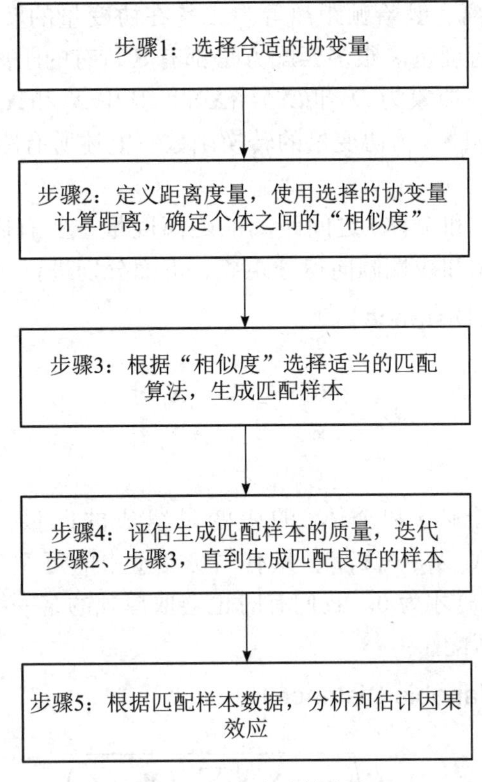

图 3-1　匹配方法的步骤

3.1.1　选择协变量

选择协变量的任务是选择用哪些协变量来计算距离度量，从而来评估单元之间的“相似度”。匹配策略建立在条件可交换性假设的基础上，这就要求在匹配后的数据中潜在结果和处理变量相互独立，因此实现匹配需要选择一组可靠的满足此条件的协变量集 $\mathcal{X}$。协变量集 $\mathcal{X}$ 只应包括同时影响处理变量和结果变量的协变量。遗漏重要的协变量会严重增加估计结果的偏差。一般情况下，只有在某个变量与结果无关或不是一个合适的协变量时，我们才将其排除在分析之外。因此，选择协变量时可以采用以下三种选择协变量的策略：第一，选择可以观测和正确测量的协变量；第二，选择与处理变量和结果变量高度相关的协变量以减少选择偏差；第三，如果缺乏关于协变量选择的理论知识或没有相关的研究经验作为指导（例如研究的问题非常新颖），研究者可以测量尽可能多的协变量，以增加包含满足强可忽略假设的协变量的可能性。后面章节介绍的因果图模型可以更直观地表示变量之间的关系，便于选择出用于因果效应估计的正确的协变量。

3.1.2　定义距离度量

根据选择出来的协变量来衡量个体之间的相似程度时，已有的策略可以分为两大类。一是在原始协变量空间进行比较，这种情况下，很多距离度量指标都可以使用，

例如欧氏距离、马氏距离、曼哈顿距离等。二是在协变量的转换空间上进行比较，例如利用倾向得分的值进行度量。很多匹配方法都有其特有的距离度量方式，个体 i 和个体 j 之间的距离可以统一抽象为 $D_{ij}=\|f(\boldsymbol{X}_i)-f(\boldsymbol{X}_j)\|$，其中 $\boldsymbol{X}_i$ 和 $\boldsymbol{X}_j$ 分别代表个体 i 和个体 j 的协变量组成的向量，$f(\cdot)$ 为协变量的转换函数。上述所有距离度量主要不同之处在于转换函数 $f(\cdot)$ 的设计。

当前用于衡量个体 i 和个体 j 之间距离的距离度量主要有四种，分别是精确距离、马氏距离、倾向得分距离和线性倾向得分距离，下面分别进行介绍。

1. 精确距离（Exact Distance）

$$D_{ij}=\begin{cases}0 & \text{当 } \boldsymbol{X}_i=\boldsymbol{X}_j \text{ 时}\\ \infty & \text{当 } \boldsymbol{X}_i\neq\boldsymbol{X}_j \text{ 时}\end{cases} \tag{3-3}$$

其中 $\boldsymbol{X}_i$ 和 $\boldsymbol{X}_j$ 分别代表个体 i 和个体 j 的协变量组成的向量，包含多维协变量，即 $\boldsymbol{X}_i=(X_{i1},X_{i2},\cdots,X_{in})^{\mathrm{T}}$，$\boldsymbol{X}_j=(X_{j1},X_{j2},\cdots,X_{jn})^{\mathrm{T}}$，只有当协变量中的每一个分量的取值都相等时，个体 i 和个体 j 之间的距离才为 0。我们有时也会取单独的某一维协变量计算精确距离，用于单个协变量的精确匹配。

2. 马氏距离（Mahalanobis Distance）

$$D_{ij}=\sqrt{\left(\boldsymbol{X}_i-\boldsymbol{X}_j\right)^{\mathrm{T}}\sum\nolimits^{-1}\left(\boldsymbol{X}_i-\boldsymbol{X}_j\right)} \tag{3-4}$$

其中 $\boldsymbol{X}_i=(X_{i1},X_{i2},\cdots,X_{in})^{\mathrm{T}}$，$\boldsymbol{X}_j=(X_{j1},X_{j2},\cdots,X_{jn})^{\mathrm{T}}$，$\sum^{-1}$ 是多维协变量组成的向量 $\boldsymbol{X}$ 的协方差矩阵的逆矩阵。马氏距离的优点是不受量纲的影响，两点之间的马氏距离与原始数据的测量单位无关；另外马氏距离还可以排除变量之间的相关性干扰。在匹配中马氏距离是常用的距离度量。

3. 倾向得分距离（Propensity Score Distance）

$$D_{ij}=|e_i-e_j| \tag{3-5}$$

其中 e_i 和 e_j 分别代表个体 i 和个体 j 倾向得分，后面将会详细介绍。

4. 线性倾向得分距离（Linear Propensity Score Distance）

$$D_{ij}=\left|\operatorname{logit}(e_i)-\operatorname{logit}(e_j)\right| \tag{3-6}$$

其中 $\operatorname{logit}(e_i)=\ln\dfrac{e_i}{1-e_i}$，$\operatorname{logit}(e_j)=\ln\dfrac{e_j}{1-e_j}$。

上述四种距离度量的前两种就是在原始协变量空间上进行距离比较，后两种距离度量就是在协变量的转换空间上进行距离比较。在原始协变量空间上比较时，这种策略比较简单，但是当协变量有多个时，研究者需要用多个协变量进行匹配。随着可观测协变量的维数增加，协变量匹配也越困难，因此精确距离匹配和马氏距离匹配就不能很好地适用。此时，我们需要考虑在协变量的转换空间上进行比较。下面我们介绍一种基于倾向得分的转换函数。

倾向得分（倾向分数）的概念是由 Rosenbaum 和 Rubin 在 1983 年提出[3]。它是在缺乏随机化条件下利用已有观测数据进行因果效应评估的核心要素。倾向得分可以将多维可观测协变量用一个一维变量来代替。倾向得分是在一组既定的协变量下个体接受某种处理的概率，具体如定义 3-1 所示。

定义 3-1　倾向得分（Propensity Score，PS） 个体 i 的倾向得分为在观测到的协变量条件下接受处理的概率。具体地，$e_i(\boldsymbol{X}_i)=P(T_i=1|\boldsymbol{X}_i)$，其中 $\boldsymbol{X}_i$ 为个体 i 观测到的协变量组成的向量，T_i 为处理变量。$T_i=1$ 表示接受处理，$T_i=0$ 表示未接受处理。

理解倾向得分的核心是平衡得分（Balance Score）。平衡得分被定义为可观测到的协变量的函数[3]，即 $b(\boldsymbol{X})=f(\boldsymbol{X})$。在给定平衡得分 $b(\boldsymbol{X})$ 时，协变量的分布对于处理组和对照组是相同的，也就是说给定平衡得分 $b(\boldsymbol{X})$，$\boldsymbol{X}$ 和 T 独立，即满足 $\boldsymbol{X} \perp T|b(\boldsymbol{X})$。最简单的平衡得分是协变量本身，倾向得分也是一种平衡得分，除此之外还可以定义更多形式的平衡得分。在条件可交换性假设中，给定 $\boldsymbol{X}$，潜在结果 $Y(1)$、$Y(0)$ 与处理 T 独立。在这里我们知道应该是在平衡得分的条件下潜在结果和处理变量相互独立，即 $(Y(0),Y(1)) \perp T|b(\boldsymbol{X})$，$\boldsymbol{X}$ 只是 $b(\boldsymbol{X})$ 的一种特殊取值。另外 $e(\boldsymbol{X})$ 也是平衡得分，因此可以推断出 $(Y(0),Y(1)) \perp T|e(\boldsymbol{X})$。将具有相同倾向得分的个体进行分组相当于对观测到的协变量复制了一个小型的随机试验，即协变量在处理组和对照组的分布是相似的。因此，具有特定倾向得分值的处理个体和对照个体之间结果的均值差异是在该倾向得分值下处理效果的无偏估计。

倾向得分存在于随机试验和观测性研究中。在随机试验中，真实的倾向得分是已知的，并由试验研究设计来确定。在观测性研究中，真正的倾向得分通常是未知的，但它可以通过观测数据来估计。在估计倾向得分时，我们需要考虑模型选择问题。由于线性概率模型存在结果变量的预测值超出 [0,1] 范围的情况，因此我们倾向于使用 Logit 模型或 Probit 模型进行估计。Logit 模型又叫逻辑回归（Logistic Regression）模型，Logit 模型和 Probit 模型都是广义线性回归模型。

这里简单介绍几种估计倾向得分的场景。当只有一种处理且该处理只有两种取值情况时，我们常用 Logit 或 Probit 模型进行估计倾向得分，此时两种模型的估计结果相差不大。当只有一种处理但是该处理有不止两种取值的情况时，我们常用有序 Logit（Order Logit）模型估计倾向得分。当不止有一种处理且处理为离散取值时，我们常用多项式 Logit（Multinomial Logit）模型估计倾向得分，这时接受的多种处理不需要同时进行。因此在很多场景中，逻辑回归都是估计倾向得分最常用的方法。根据逻辑回归模型，估计个体 i 的倾向得分为

$$e_i = \frac{1}{1+\mathrm{e}^{\left(-\boldsymbol{\beta}^{\mathrm{T}} X_i\right)}} \tag{3-7}$$

其中 e 为自然常数，$\boldsymbol{X}_i$ 为个体 i 的协变量组成的向量，$\boldsymbol{X}_i=(X_{i1},X_{i2},\cdots,X_{in})^{\mathrm{T}}$，$\boldsymbol{\beta}^{\mathrm{T}}$ 为模型的待估参数且 $\boldsymbol{\beta}=(\beta_1,\beta_2,\cdots,\beta_n)^{\mathrm{T}}$。我们一般使用极大似然估计回归模型参数。

根据选择好的协变量，我们可以利用式（3-7）计算倾向得分。尽管逻辑回归是估计倾向得分最常用的方法，但是 Bagging 或 Boosting 模型 [4-5]、基于递归分区或基于树的方法 [4-6]、随机森林 [4] 和神经网络 [6] 的方法也可以估计倾向得分。我们在获得倾向得分后就可以计算个体之间的倾向得分距离：$D_{ij}=|e_i-e_j|$，其中 e_i 和 e_j 分别是个体 i 和 j 的倾向得分。或者也可以使用线性倾向得分来进行度量距离：$D_{ij}=|\mathrm{logit}(e_i)-\mathrm{logit}(e_j)|$。Rubin 等发现使用这种度量方法可以有效地减少偏差 [7]。

另外，上述距离度量也可以组合使用，例如对关键协变量（例如年龄或种族）进行精确匹配，然后在组内进行倾向得分匹配。马氏距离和倾向得分也可以以多种方式进行组合。倾向得分与马氏距离组合起来是非常有用的匹配方式，因为倾向得分匹配比较擅长最小化个体倾向得分上的差异，而马氏距离比较擅长最小化个体之间的距离。另外，较晚发展起来的距离度量是“预后得分（Prognostic Scores）” [8]。预后得分被定义为每个个体在对照条件下的预测结果，是通过在对照组中拟合一个结果模型，然后使用该模型对所有个体在对照条件下的结果进行预测，从而实现因果效应的估计。预后得分的优点是考虑了协变量与结果之间的关系，也可以降低协变量的维度，但是它的缺点是需要一个协变量与结果变量之间的关系模型。

3.1.3 选择匹配算法

假设我们选择好了距离度量方式，下一步的目标是针对目前的处理组个体数据，匹配得到一个近乎同质的对照组，即为处理组的每个个体找出相似的邻居。下面介绍几种匹配算法。

1. 最近邻匹配（Nearest Neighbor Matching，NNM）

最近邻匹配是最直接的匹配方法。具体而言，根据选择好的距离度量方式（例如倾向得分），我们可以使用最简单的“贪心”匹配算法，即对于处理组中的每一个个体，在对照组中进行一次遍历选择距离最近的个体进行匹配。还有一种更复杂的算法——“最佳”匹配，其通过在选择单个匹配时考虑整个匹配集，最小化全局距离度量来避免处理对象的匹配顺序可能会影响匹配质量的问题。处理组中的一个个体和一个对照组个体进行匹配，即为 1:1 匹配；也可以和对照组中的多个个体匹配，即为 1:k 匹配，其中 k 为邻居数目。当 $k>1$ 时可能会导致估计的处理效果出现高偏差与低方差，而当 $k=1$ 时会导致低偏差与高方差。一般情况下建议使用一个以上的邻居，由于使用了更多的信息来构建每个接受处理者的潜在结果，所以这种方法减少了方差，同时增加了来自平均较差匹配的偏差。例如，以倾向得分为距离度量为处理组个体 i 进行 1:1 匹配和 1:k（这里 k 取 3）匹配时的样本选择如图 3-2 所示，假设处理组个体 i 的倾向得分为 0.46，对照组个体 j,k,l,m,n 的倾向得分分别为 0.48，0.52，0.45，0.39，0.76，对应的距离分别为 0.02,0.06,0.01,0.07,0.30。此时 1:1 匹配时处理组个体 i 与对照组中距离最近的个体 l 进行匹配，如图 3-2a 所示；1:k（$k=3$）匹配时处理组个体 i 与对照组中距离最近的个体 j,k,l 进行匹配，如图 3-2b 所示。

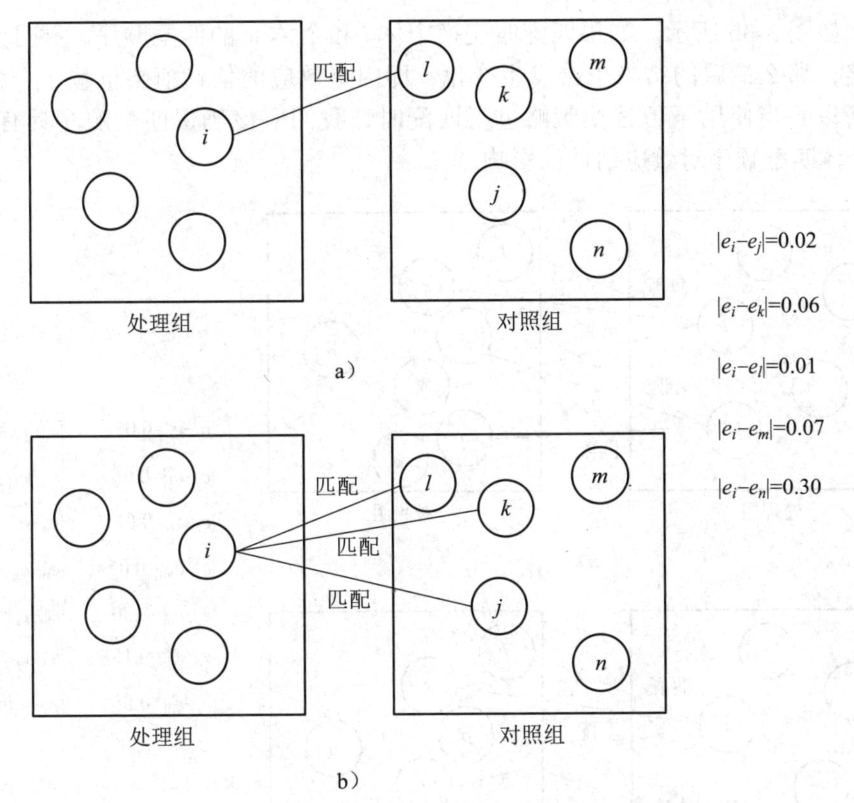

图 3-2　1:1 匹配和 1:k 匹配示意图

另外，还有一些最近邻匹配的变体，如可替换的 NNM 与不可替换的 NNM。在可替换的 NNM 中，每个未接受处理的个体可以被多次匹配，而在不可替换的 NNM 中，每个未接受处理的个体只被匹配一次。可替换的匹配考虑了偏差和方差之间的权衡。如果允许替换，匹配的平均质量就会增加，且偏差会减少。我们有时也会得到不好的匹配。例如，如果我们有很多接受处理的个体具有高倾向得分，但只有少数对照组的个体具有高倾向得分，我们就会得到不好的匹配，因为一些处理组中的高得分个体会与对照组中的低得分个体相匹配。这种情况下可以通过允许替换策略来克服，不过这种策略减少了用于构建潜在结果的对照组个体的数量，从而增加了评估量的方差。

例如，当我们仍将倾向得分作为距离度量为处理组个体 i 和处理组个体 w 进行 1:k（这里 k 仍取 3）匹配时，可替换与不可替换策略对应的样本选择如图 3-3 所示。假设处理组个体 i 和处理组个体 w 的倾向得分分别为 0.46 和 0.55，对照组个体 j,k,l,m,n,p,q 的倾向得分分别为 0.48,0.52,0.45,0.39,0.76,0.61,0.54，个体 i 和个体 w 与对照组个体对应的倾向得分距离分别为 0.02,0.06,0.01,0.07,0.30,0.15,0.08 和 0.07,0.03,0.10,0.16,0.21, 0.06,0.01。这里假设先对个体 i 进行匹配再对个体 w 进行匹配，采用可替换策略时，个体 i 与对照组距离最近的个体 j,k,l 进行匹配，个体 w 与对照组距离最近的个体 k,p,q 进行匹配，如图 3-3a 所示；采用不可替换策略时，个体 i 与对照组距离最近的个体 j,k,l 进行匹配，此后个体 j,k,l 都不能再被匹配，个体 w 与对照组距离最近的个体 m,p,q 进行匹配，如图 3-3b 所示。如果匹配时交换个体 i 和个体 w 的匹配顺序，并且采用不可替换策略，那么最后的结果也会发生变化，即因果效应的估计值会依赖于个体的匹配顺序。所以，当使用不可替换策略进行匹配时，我们应该确保匹配顺序具有随机性，以降低个体匹配顺序对效应估计的影响。

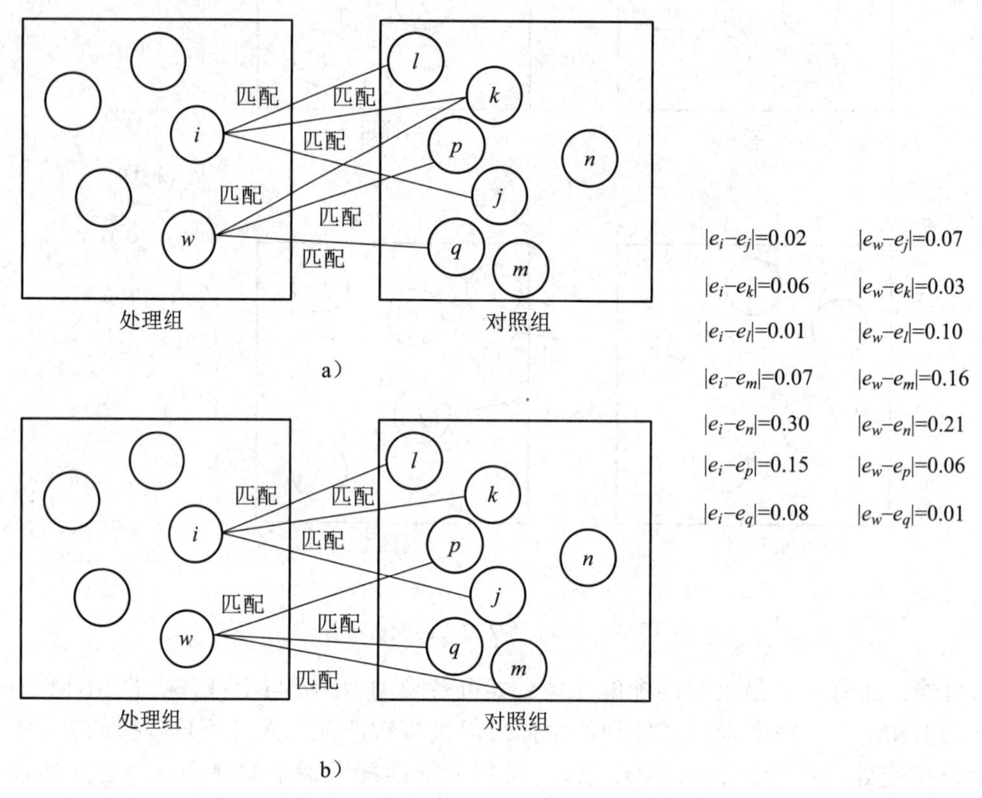

图 3-3　可替换匹配和不可替换匹配示意图

2. 卡钳匹配和半径匹配（Caliper and Radius Matching）

根据上面的描述，如果个体与最近的邻居距离也很远，NNM 就可能会面临错误匹配的风险。在这种情况下，可以施加一个容忍阈值来限制最大可接受的相似度距离，从而提高匹配的质量，这种方法被称为卡钳匹配。卡钳匹配意味着从对照组中选择位于容忍范围内且与处理组个体距离最近的个体作为处理组个体的匹配伙伴。卡钳匹配的缺点在于很难先验知道选择什么样的容忍水平是合理的。半径匹配是卡钳匹配的一种变体，它的基本思想是不仅使用每个卡钳内最近的邻居，而且使用该卡钳内其他的所有对照组个体进行匹配，通过加权平均得到最终的匹配结果。这种方法的一个好处是，它使用了卡钳内可用的尽可能多的对照组个体，因此当有好的匹配可用时，半径匹配使用这些额外的匹配个体，避免了错误匹配的风险。例如，以倾向得分为距离度量，假设处理组个体 i 的倾向得分为 0.46，对照组个体 j,k,l,m,n,p,q 的倾向得分分别为 0.48,0.52,0.45,0.39,0.76,0.61,0.54。

设置容忍阈值为0.1，使用卡钳匹配和半径匹配示意图如图3-4所示。若使用卡钳匹配，此时容忍阈值在0.1范围内与个体i距离最近的对照组个体为l，如图3-4a所示；若使用半径匹配，此时容忍阈值在0.1范围内所有对照组个体为j,k,l,m,q，如图3-4b所示。半径匹配需要取倾向得分的平均值作为最终的匹配结果。

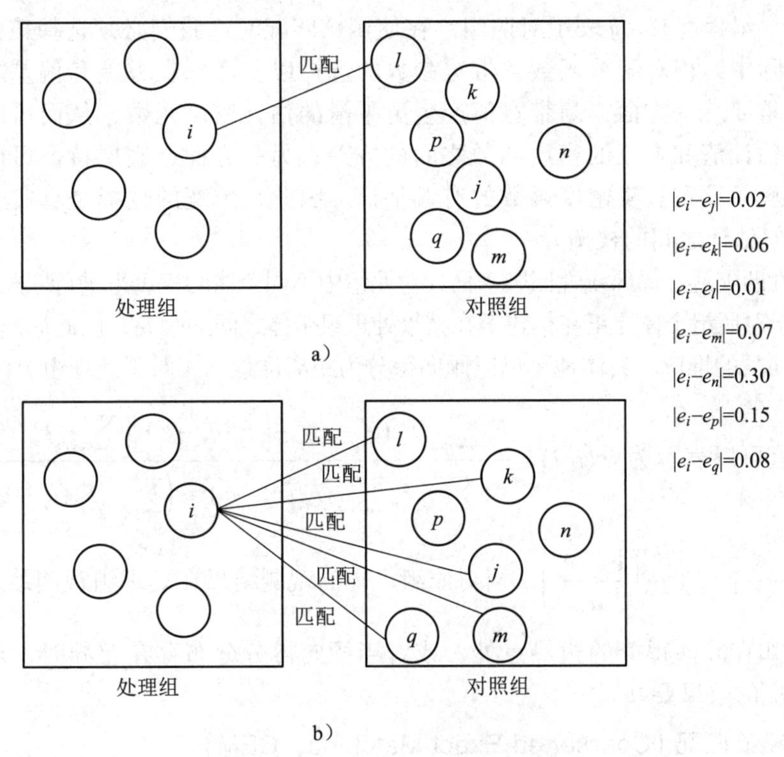

图3-4　卡钳匹配和半径匹配示意图

3. 核匹配和局部线性匹配（Kernel and Local Linear Matching）

上述匹配算法的共同之处是只有少数来自对照组的观测结果被用来构建处理个体的潜在结果。核匹配（Kernel Matching，KM）和局部线性匹配（Local Linear Matching，LLM）是非参数匹配估计器，使用所有对照组个体观测结果的加权平均值来构造潜在结果。因为使用了更多对照组个体的结果信息，所以这两种方法的优点是估计的最终结果的方差较低。但是这两种方法的缺点是在匹配中可能使用了不匹配的观测结果。

核匹配是通过核函数（例如Epanechnikov核函数）给对照组个体赋予不同的权重，然后使用对照组个体的观测结果进行加权回归得到处理组个体的潜在结果。权重的大小取决于对照组个体与正在构建潜在结果处理组个体之间的距离，一般通过核函数对与处理组个体距离更近的对照组个体赋予更大的权重，而距离越远的对照组个体的权重往往也越小，因此核匹配也可以看作是半径匹配的一种变体。具体地，如果以倾向得分为距离度量，相对于处理组个体i，对照组个体j的权重可以表示为

$w(i,j)=\dfrac{F\left(\dfrac{e_j-e_i}{a_n}\right)}{\sum_{k\in Cg}F\left(\dfrac{e_k-e_i}{a_n}\right)}$，其中 $F(\cdot)$ 是一个核函数，a_n 为带宽参数（可以反映核密度函数曲线的平坦程度），Cg 表示对照组。在使用核匹配时，我们必须选择核函数和带宽参数。在实际中，相对于核函数，带宽参数的选择以及考虑在方差和偏差之间产生怎样的权衡更重要。一方面，高带宽值产生更平滑的估计密度函数，从而可以更好地拟合以及减少估计值和真正的密度函数之间的方差；另一方面，底层特征可能会被高带宽平滑掉，从而导致真实密度函数的有偏估计。因此，带宽的选择是真实密度函数的小方差和无偏估计之间的权衡。

局部线性匹配通过局部线性回归来估计对照组中不同个体的权重来进行匹配。权重的大小同样取决于对照组个体与正在构建潜在结果处理组个体之间的距离，因此局部线性匹配可以看作是核匹配的推广。具体地，仍以倾向得分为距离度量，相对于处理组个体 i，对照组个体 j 的权重可以表示为 $w(i,j)=\dfrac{F_{ij}\sum_{k\in Cg}F_{ik}(e_k-e_i)^2-\left[F_{ij}(e_j-e_i)\right]\left[\sum_{k\in Cg}F_{ik}(e_k-e_i)\right]}{\sum_{j\in Cg}F_{ij}\sum_{k\in Cg}F_{ik}(e_k-e_i)^2-\left(\sum_{k\in Cg}F_{ik}(e_k-e_i)\right)^2}$，其中 $F_{ij}=F\left(\dfrac{e_j-e_i}{a_n}\right)$，$F_{ik}=F\left(\dfrac{e_k-e_i}{a_n}\right)$。当对照组个体的观测结果在处理组观测结果周围不对称分布时，如在倾向得分的边界点处，或者当倾向得分分布存在差异时，局部线性匹配会比核匹配的效果要好。

4. 广义精确匹配（Coarsened Exact Matching，CEM）

在考虑对一个连续的协变量进行匹配时，有时很难根据协变量的连续取值进行精确的匹配。例如，考虑对工人的薪资进行匹配时，由于各方面的原因很难有两个个体的薪资数额是完全相同的，这时广义精确匹配[9]（又被称为粗化精确匹配）可以解决这个问题。广义精确匹配的基本思想如下：

首先，对不易区分数值的协变量（取值连续的协变量，如工资、年龄等）进行离散化或粗化，即通过重新编码使协变量变得粗糙，从而将本质上不可区分的值进行了分层。然后，利用精确匹配算法对粗化后的数据进行匹配，确保每层都应该至少有一个处理个体和一个对照个体，并对未匹配个体进行修剪。最后，丢弃粗化后的数据，保留匹配数据的原始值进行估计。

也就是说，在粗化后，CEM 算法会创建一组分层，每个分层都具有相同的粗化的协变量值，并且至少包含一个处理个体和一个对照个体的分层；分层中没有匹配个体的会从该样本中被删除，只用匹配的样本估计因果效应。在匹配中有一个重要的变量 $L1$ 用于衡量匹配前后两组数据的平衡程度。$L1$ 的取值范围是 $[0,1]$。$L1$ 的值越小表示平衡程度越好，若 $L1=0$，则说明两组数据完全平衡；若 $L1=1$，则说明两组数据完全不平衡。一般来说，匹配后 $L1$ 较匹配前的 $L1$ 有所下降，CEM 的匹配效果较好。CEM 匹配后两组数据的样本量可能会不相等，因此 CEM 匹配过程中会产生权重变量，以此来平衡每层中处理组和对照组的个体数量。

通过对上述匹配算法的介绍与分析，我们在选择匹配方法时应该根据收集的数据情况进行选择，不同匹配方法的性能也具体而议。在很多时候，应该尝试使用多种方法进行估计，如果这些方法求出了相似的结果，那么这时候匹配算法选择可能并不重要。如果结果不同，可能需要进一步的调查研究，以揭示更多关于差异的来源。

3.1.4　评估匹配算法

由于不是以所有的协变量为条件进行匹配，因此评估从匹配算法获得的匹配样本的质量至关重要。匹配算法有多种简单的评估方法可供使用，大多数方法的基本思想都是比较匹配前后处理组和对照组中协变量的分布情况。评估除了应包括比较各组中的平均协变量值，还应该比较分布的其他特征，如方差、相关性和协变量之间的相互作用等。为了评估协变量 X 的边际分布距离，Rosenbaum 等在 1985 年提出的标准偏差（Standard Bias，SB）[10] 作为衡量指标。具体定义如下所示：

$$\mathrm{SB}=100\frac{\left(\bar{X}_{Tg}-\bar{X}_{Cg}\right)}{\sqrt{\frac{\left(V_{Tg}+V_{Cg}\right)}{2}}} \tag{3-8}$$

其中 Tg 代表处理组，Cg 代表对照组，$\bar{X}_{Tg}$ 和 V_{Tg} 分别是处理组个体的某个协变量的均值和方差，$\bar{X}_{Cg}$ 和 V_{Cg} 是对照组个体的某个协变量的均值和方差。SB 的数值越接近 0，说明两组协变量的均值越接近，两组个体的分布就越均匀。这是评估许多研究常用的方法，例如在文献 [11-13] 中均有应用。

其他常见的评估方法还有协变量的 t 检验、分层检验和 Kolmogorov-Smirnov 检验等。另外还可以根据协变量数值分布画出图形进行检验，例如可以使用经验分位数分布图检验匹配样本中每个协变量的经验分布是否均衡。下面简单介绍几种利用倾向得分进行匹配时常用的几种检验方法的特点。

t 检验： 使用两组样本的 t 检验来检查两组的协变量均值是否存在显著差异 [10]。在匹配前，假设两组的协变量分布会有差异；但在匹配后，两组的协变量分布应保持平衡，不应出现显著差异。如果研究者关心结果的统计显著性，则应该首选 t 检验。但是 t 检验的缺点是匹配前后的偏差减少不明显。

分层检验： 根据估计的倾向得分将观测结果分为不同的层次，这样处理组和对照组估计的倾向性得分平均值之间就没有统计学上的显著差异。然后，他们在每个分层中使用 t 检验来测试两组之间协变量的分布在匹配前和匹配后是否相同。

在使用倾向得分度量进行匹配时，如果评估后的协变量分布仍存在差异，我们可以在倾向得分模型中尝试添加协变量的组合，如更高阶项或交互项，直到这种差异不再出现。

3.2 分层方法

分层（Stratification）方法又称为子分类（Subclassification）方法，通过把整个群体分为同质的子分组来调整处理组和对照组之间的协变量分布差异。在理想情况下，在每一个子分组中，可观测到的协变量在处理组和对照组有相似的分布，因此在同一个子分组可以看作是一个随机对照试验。基于每个子分组的同质性，我们可以通过收集到的观测数据计算每个子分组内的平均因果效应。在获得每个子分组的平均因果效应后，我们通过加权计算每个子分组的平均因果效应，然后进行求和得到总体的平均因果效应。如果只考虑单个协变量，则利用分层方法估计平均因果效应的计算方法如下所示。根据单个协变量 X 分层，群体的平均因果效应为

$$
\begin{aligned}
\tau &\triangleq \mathbb{E}[Y(1)-Y(0)] = \sum_x w(x)\mathbb{E}[Y(1)-Y(0)|X=x] \\
&= \sum_x w(x)[\mathbb{E}[Y(1)\mid X=x]-\mathbb{E}[Y(0)\mid X=x]]
\end{aligned} \tag{3-9}
$$

其中 X 为划分子分组的协变量，x 为协变量的取值，$w(x)=\frac{n(x)}{n}$ 代表 $X=x$ 的分组中的个体占整个群体的比重，n 代表整个群体中个体的数量，$n(x)$ 代表 $X=x$ 的分组中的个体的数量。使用分层方法可以有效减小估计总体平均因果效应的偏差。

当协变量个数很少时，我们可以直接根据协变量划分子分组，然后根据子分组的权重合并所有子分组的平均因果效应就可以得到整体的平均因果效应。我们以第 2 章（见表 2-2）中接种疫苗的观测数据为例（见表 3-1）来演示分层因果效应计算方法。首先，我们按照个体的性别把表 3-1 中的数据划分为两个子分组，然后分别计算两个子分组的平均因果效应，最后再根据男女的比例合并两个分组的平均因果效应得到整体的平均因果效应。

表 3-1 有性别标注的是否接种疫苗以及是否得流感的群体观测数据

i	X	T	Y	$Y(1)$	$Y(0)$	$Y(1)-Y(0)$
1	1	0	1	?	1	?
2	1	1	1	1	?	?
3	1	1	1	1	?	?
4	1	0	0	?	0	?
5	0	0	1	?	1	?
6	0	1	1	1	?	?
7	0	1	0	0	?	?
8	0	0	0	?	0	?

根据第 2 章的计算可以得知男性的平均因果效应为 0.5，以同样的方法可以计算女性的平均因果效应：

$$
\begin{aligned}
\mathbb{E}[Y(1)-Y(0)|X=0] &= \mathbb{E}[Y(1)|X=0]-\mathbb{E}[Y(0)|X=0] \\
&= \mathbb{E}[Y(1)|T=1,X=0]-\mathbb{E}[Y(0)|T=0,X=0] \quad \text{（条件可交换性）} \\
&= \mathbb{E}[Y \mid T=1,X=0]-\mathbb{E}[Y \mid T=0,X=0] \quad \text{（一致性）} \\
&= \left(\frac{1}{2}\times 1+\frac{1}{2}\times 0\right)-\left(\frac{1}{2}\times 1+\frac{1}{2}\times 0\right) \\
&= 0
\end{aligned}
\tag{3-10}
$$

然后根据式（3-9）合并男女两个分组的平均因果效应得到整体的平均因果效应：

$$
\begin{aligned}
\mathbb{E}\left[Y(1)-Y(0)\right] &= \sum_{x} w(x)\mathbb{E}[Y(1)-Y(0)|X=x] \\
&= \frac{1}{2}\times\mathbb{E}[Y(1)-Y(0)|X=1]+\frac{1}{2}\times\mathbb{E}[Y(1)-Y(0)|X=0] \\
&= \frac{1}{2}\times 0.5+\frac{1}{2}\times 0 \\
&= 0.25
\end{aligned}
\tag{3-11}
$$

在本例中，我们可以验证通过分层计算的平均因果效应与不考虑协变量分布差异直接计算的平均因果效应相等。因此，在理想情况下分层计算和直接计算整体因果效应是相等的，但是在实际中，整体因果效应往往无法直接计算，分层计算只能作为估计整体因果效应的一种方法。根据协变量直接分层的策略在多数情况下也是不合理的，因为当观测到协变量很多且样本量不大时，可能很难根据每一个协变量划分出合适的子组，甚至会带来维度灾难。此时，我们需要考虑其他的划分方式。常用的方法是根据倾向得分对数据进行分层。

倾向得分分层是根据估计得到的倾向得分把研究的群体划分为互斥的子集。具体地，首先对研究群体估计的倾向得分进行排序，然后根据先前定义的倾向得分把群体划分为几个分层。一种常用的方法是使用估计的倾向得分的五分位数将群体划分成五个大小相等的组，从而构成倾向得分分层。所谓五分位数就是按照倾向得分大小排序并且划分为五等份，处于四个分割点处的数值。在每个倾向得分分层内，接受处理和未接受处理的个体大致有相似的倾向得分值。因此，当正确指定倾向得分时，可观测到的协变量在同一层内的分布大致相似。Cochran 证明了对连续混杂变量的五分位数进行分层可以消除该变量导致的大约 90% 的偏差 [1]。Rosenbaum 等将此结果扩展到倾向得分分层，并且指出在估计线性处理效果时，利用倾向得分的五分位数分层消除了大约 90% 由混杂因素造成的偏差 [10]。尽管随着层数的增加可以使偏差减小，但是也不能有太多层数，因为可能会导致层内的效应估计变得不稳定。

分层方法也可以看作是一种特殊的匹配方法。还有一种更复杂的分层形式是完全匹配（Full Matching），它可以自动选择子类的数量。完全匹配通过对个体分组创建一系列匹配集，其中每个匹配集可以是一个处理个体和多个对照个体、一个对照个体和多个处理个体或者一个处理个体和一个对照个体。完全匹配在最小化每个匹配集中每个处理个体和每个对照个体之间的距离的平均值方面的表现最佳。与子分类一样，完全匹配可以估计 ACE 或者 ATT。Hansen 在 2004 年评估了该方法在研究辅导对美国高考结果的影响时的实际性能。在该研究中，原始处理组和对照组的倾向得分的标准差为 1.1，但是完全匹配的匹配组的标准差仅为 0.01 ～ 0.02，即有效降低了标准差 [14]。另外，我们还可以限制匹配集中受处理个体数量与对照个体数量之比来提高效率。因此，完全匹配可能对于一些不愿意舍弃对照个体但是希望在倾向得分上获得最佳平衡的研究更有效。

3.3 重加权方法

重加权方法也可以平衡处理组和对照组的协变量数据分布差异问题。重加权方法的核心思想是为每个个体分配一个新的权重，构造一个处理组和对照组数据分布相似的伪总体。已有的重加权方法主要采用两种加权策略：一是仅对样本进行重加权，二是对样本和协变量进行重加权。

3.3.1 样本重加权

有关样本重加权方法这里只介绍逆概率加权和双重鲁棒估计两种常见的方法。

1. 逆概率加权方法

逆概率加权（Inverse Probability Weighting，IPW）由 Horvitz 等 1952 年提出 [15]，用于解决调查抽样问题，而后被广泛应用于数据缺失问题。逆概率加权估计因果效应的基本思想是利用倾向得分构造逆概率权重，然后通过该权重对原始样本进行加权，从而构建一组虚拟的处理组和一组虚拟的对照组。虚拟的处理组和虚拟的对照组构成了一个伪总体，在这个伪总体中，协变量分布与处理分配机制相互独立，达到近似于随机化的目的，从而可以估计平均因果效应。

定义 3-2（逆概率权重） 给定一个个体的倾向得分 e_i，那么该个体的逆概率权重为

$$w_i = \frac{T_i}{e_i} + \frac{1-T_i}{1-e_i} \tag{3-12}$$

根据逆概率权重，我们可以分别构造出虚拟的处理组和虚拟的对照组。在虚拟处理组的潜在结果 $Y(1)$ 的数学期望为 $\mathbb{E}[\hat{Y}(1)] = \frac{1}{n}\sum_{i=1}^{n}\frac{T_i Y_i}{e_i}$，虚拟对照组的潜在结果 $Y(0)$ 的数学期望为 $\mathbb{E}[\hat{Y}(0)] = \frac{1}{n}\sum_{i=1}^{n}\frac{(1-T_i)Y_i}{1-e_i}$，此时就可得到逆概率加权估计平均因果效应计算公式。

利用逆概率权重，逆概率加权估计平均因果效应为

$$\hat{\tau}_{\mathrm{IPW}}=\mathbb{E}\left[\hat{Y}(1)-\hat{Y}(0)\right]=\mathbb{E}\left[\hat{Y}(1)\right]-\mathbb{E}\left[\hat{Y}(0)\right]=\frac{1}{n}\sum_{i=1}^{n}\frac{T_iY_i}{e_i}-\frac{1}{n}\sum_{i=1}^{n}\frac{(1-T_i)Y_i}{1-e_i} \tag{3-13}$$

从式（3-12）可以看出，每个个体的逆概率权重就是该个体的倾向得分的倒数，也就是该个体在给定协变量下实际接受的处理水平的概率的倒数。由于倾向得分是一个介于 0 ～ 1 之间的概率值，那么上述定义的逆概率权重存在一个缺点：容易出现极端权重取值（估计的倾向得分接近 0 或 1），可能会造成方差非常大。一般地，当出现极端权重时，可能的原因是处理组和对照组间的倾向得分的分布缺乏共同支持或倾向得分估计模型“设定错误 / 误设”。

例如，当一个接受了处理的个体的倾向得分值较小时，即在给定协变量下接受处理的概率很低，但实际上仍接受了处理，这就会导致该个体的逆概率权重变得很大。此时，如果我们使用逆概率加权方法估计得到的平均因果效应就严重依赖于具有极大权重的少数个体，使得逆概率加权方法得到的估计量的标准误差膨胀甚至会增大偏差。因此，这种直接以倾向得分的倒数为逆概率权重的权重称为不稳定权重。

为了解决这个问题，一个直观想法就是构造一个稳定的权重。通过在原来的基础上把分子项替换为接受其所实际分配到的处理水平的边际概率值，得到替换后的权重被称为稳定权重，如式（3-14）所示。一般地，使用稳定权重估计的平均因果效应的标准误差会显著减小。

定义 3-3（稳定逆概率权重）　给定一个个体的倾向得分 e_i，那么该个体的稳定逆概率权重为

$$\mathrm{sw}_i=\frac{T_i\times P(T_i=1)}{e_i}+\frac{(1-T_i)\times P(T_i=0)}{1-e_i} \tag{3-14}$$

另外，截断（Truncation）或修边（Trimming）的方法也可以处理极端权重问题。所谓截断就是通过设定权重阈值 w_0 和 w_1，把小于权重 w_0 的截断为 w_0，把大于权重 w_1 的截断为 w_1。通常将分布在两侧的极端权重值用权重分布的特定百分位数设定为阈值。例如，我们可以将计算得到的权重进行从小到大排序，然后把权重小于 5% 分位数的权重用 5% 分位数权重代替；同时将大于 95% 分位数的权重用 95% 分位数权重代替，这样就形成了截断权重（truncated weight）。使用截断权重通常可以减小估计平均因果效应的方差，并且随着问题情景复杂性的增加，截断的好处往往会越明显。特别地，当在权重的 50% 分位点处截断时，每个观测的权重均相同，此时的效应估计量与未加权模型的估计量相同。由此可见，选择合理的截断水平其实是“偏倚 – 方差权衡”问题。在进行实际数据分析时，常常将稳定权重和截断法联合起来使用，并同时考察效应估计值在不同截断点时的稳定性。

倾向得分估计的正确性会严重影响逆概率加权估计方法的性能，倾向得分估计的轻微错误也会导致平均因果效应的计算存在较大偏差。双重鲁棒（Doubly Robust，DR）估计方法可以有效解决这个问题。双重鲁棒估计方法也可以避免直接使用逆概率加权

估计出现的极端权重问题。

2. 双重鲁棒估计方法

双重鲁棒估计方法由 Scharfstein 等在 1999 年正式提出[16]，又被称为加强版逆概率加权（Augmented IPW，AIPW）方法。双重鲁棒估计方法是逆概率加权估计方法和回归估计法的结合。该方法的优势在于只要回归模型和倾向得分模型中有一个正确，那么通过双重鲁棒估计方法得到的结果具有一致性。

在介绍双重鲁棒估计方法前，我们先简单介绍一下回归估计。回归估计的方法是在处理变量和结果变量之间建立一个回归模型来估计因果效应。在使用回归方法估计因果效应时先根据需要建立一个回归方程，这样不可避免地就会引入回归参数。在复杂情况下可能会出现多个回归参数，其中的参数有时就是变量之间的关系，因此结果变量与处理变量之间的回归参数可以认为是它们之间的因果效应。最简单的回归方程是一元线性回归方程，但是由于协变量的影响，在多数情况下需要建立多个参数的回归方程，并且回归方程的次数可能也不仅限于一次，有时也要根据需要进行调整建立二次甚至更高次的回归方程。回归模型建立后，我们可以使用经典的矩估计方法来估计回归参数。

例如，当我们研究接受培训 T 对未来收入 Y 的影响时，假设此时只考虑两个协变量年龄：X_1 和种族 X_2。使用一个简单的线性回归模型，我们可以对未来收入 Y、培训 T 和协变量集 $\mathcal{X}=\{X_1,X_2\}$ 之间建立线性回归方程：

$$Y=\alpha_0+\alpha_1 X_1+\alpha_2 X_2+\tau T+\varepsilon \tag{3-15}$$

$\alpha_0,\alpha_1,\alpha_2,\tau$ 分别为待估参数，ε 为误差项。在满足因果效应计算的假设条件下（例如利用协变量 X_1 与 X_2 构造的处理组和对照组满足可交换性假设），回归系数 τ 是接受培训对未来收入的因果效应。

由于逆概率加权估计方法和回归估计方法都会过于依赖对应的模型，当使用的倾向得分模型或者回归模型不正确时，估计的结果与实际结果之间就会出现很大的偏差，导致估计的效应非常不准确。因此，在单独使用逆概率加权方法或回归方法估计因果效应时，只有当我们正确地假设这两个模型时，得到的估计结果才是无偏差的。如果我们不能正确地给出合适的假设来构建模型，那么这两种方法得到的结果很有可能出现很大的偏差。双重鲁棒估计方法把逆概率加权估计方法和回归估计方法结合起来，使得因果效应估计具有双重鲁棒的性质。

双重鲁棒方法估计平均因果效应包括下面几个主要步骤：

（1）假设倾向得分模型为 $e(\boldsymbol{X},\boldsymbol{\beta})$，一般为逻辑回归模型，其中 $\boldsymbol{X}$ 为协变量组成的向量，$\boldsymbol{\beta}$ 为模型的待估参数，如式（3-7）所示。待估参数 $\hat{\boldsymbol{\beta}}$ 可以使用极大似然估计方法计算，然后使用倾向得分模型 $e\left(\boldsymbol{X},\hat{\boldsymbol{\beta}}\right)$ 估计出每个个体的倾向得分 $e\left(\boldsymbol{X}_i,\hat{\boldsymbol{\beta}}\right)$。

（2）假设结果的回归模型为 $y(\boldsymbol{X},T,\boldsymbol{\alpha})$，可以是线性回归模型，其中 $\boldsymbol{X}$ 为协变量组

成的向量，T 为处理值，$\boldsymbol{\alpha}$ 为模型的待估参数。我们可以分别在处理组和对照组中使用矩估计或最小二乘法求出待估参数 $\hat{\boldsymbol{\alpha}}$，使用处理组数据得到的回归模型 $y_1(\boldsymbol{X},T,\hat{\boldsymbol{\alpha}})$，可以预测每个个体接受处理时的结果 $y_1\left(\boldsymbol{X}_i,T_i,\hat{\boldsymbol{\alpha}}\right)$；使用对照组数据得到的回归模型 $y_0\left(\boldsymbol{X}_i,T_i,\hat{\boldsymbol{\alpha}}\right)$，可以预测每个个体未接受处理时的结果。

（3）使用每个个体估计得到的 $e\left(\boldsymbol{X}_i,\hat{\boldsymbol{\beta}}\right)$、$y_1(\boldsymbol{X}_i,T_i,\hat{\boldsymbol{\alpha}})$、$y_0\left(\boldsymbol{X}_i,T_i,\hat{\boldsymbol{\alpha}}\right)$ 对每个个体的两种潜在结果进行双重鲁棒估计得到 $\hat{Y}_i(1),\hat{Y}_i(0)$，此时就可以利用平均因果效应的公式计算平均因果效应。

双重鲁棒估计方法就是利用倾向得分模型和回归模型重新组合成的一个表达式作为潜在结果的估计值，每个个体接受处理和不接受处理的潜在结果的双重鲁棒估计如表 3-2 所示。具体地，对于处理组个体接受处理的潜在结果的双重鲁棒估计用进行了倾向得分加权的处理组观测结果和处理组预测结果的组合表示，处理组个体不接受处理的潜在结果的双重鲁棒估计用对照组获得的结果回归模型对该处理个体预测的预测结果表示；同理，对照组不接受处理的潜在结果的双重鲁棒估计用进行了倾向得分加权的对照组观测结果和对照组预测结果的组合表示，对照组个体接受处理的潜在结果的双重鲁棒估计用处理组的结果回归模型对该对照个体预测的预测结果表示。在表 3-2 中，T=1 时，是处理组个体；T=0 时，是对照组个体。

表 3-2　个体接受处理和不接受处理时潜在结果的双重鲁棒估计

	个体接受处理的潜在结果的双重鲁棒估计 $\hat{Y}(1)$	个体不接受处理的潜在结果的双重鲁棒估计 $\hat{Y}(0)$
一般形式	$\dfrac{T_iY_i}{e\left(\boldsymbol{X}_i,\hat{\boldsymbol{\beta}}\right)}-\dfrac{\left\{T_i-e\left(\boldsymbol{X}_i,\hat{\boldsymbol{\beta}}\right)\right\}y_1\left(\boldsymbol{X}_i,T_i,\hat{\boldsymbol{\alpha}}\right)}{e\left(\boldsymbol{X}_i,\hat{\boldsymbol{\beta}}\right)}$	$\dfrac{(1-T_i)Y_i}{1-e\left(\boldsymbol{X}_i,\hat{\boldsymbol{\beta}}\right)}+\dfrac{\left\{T_i-e\left(\boldsymbol{X}_i,\hat{\boldsymbol{\beta}}\right)\right\}y_0\left(\boldsymbol{X}_i,T_i,\hat{\boldsymbol{\alpha}}\right)}{1-e\left(\boldsymbol{X}_i,\hat{\boldsymbol{\beta}}\right)}$
T=1 时（处理组个体）	$\dfrac{T_iY_i}{e\left(\boldsymbol{X}_i,\hat{\boldsymbol{\beta}}\right)}-\dfrac{\left\{T_i-e\left(\boldsymbol{X}_i,\hat{\boldsymbol{\beta}}\right)\right\}y_1\left(\boldsymbol{X}_i,T_i,\hat{\boldsymbol{\alpha}}\right)}{e\left(\boldsymbol{X}_i,\hat{\boldsymbol{\beta}}\right)}$	$y_0\left(\boldsymbol{X}_i,T_i,\hat{\boldsymbol{\alpha}}\right)$
T=0 时（对照组个体）	$y_1\left(\boldsymbol{X}_i,T_i,\hat{\boldsymbol{\alpha}}\right)$	$\dfrac{(1-T_i)Y_i}{1-e\left(\boldsymbol{X}_i,\hat{\boldsymbol{\beta}}\right)}+\dfrac{\left\{T_i-e\left(\boldsymbol{X}_i,\hat{\boldsymbol{\beta}}\right)\right\}y_0\left(\boldsymbol{X}_i,T_i,\hat{\boldsymbol{\alpha}}\right)}{1-e\left(\boldsymbol{X}_i,\hat{\boldsymbol{\beta}}\right)}$

此时，根据计算出的每个个体两种潜在结果的双重鲁棒估计值，我们可以估计每个个体的个体因果效应：

$$
\begin{aligned}
\hat{\tau}_{\mathrm{DR}} &= \hat{Y}(1)-\hat{Y}(0) \\
&=\left[\frac{T_iY_i}{e\left(\boldsymbol{X}_i,\hat{\boldsymbol{\beta}}\right)}-\frac{\left\{T_i-e\left(\boldsymbol{X}_i,\hat{\boldsymbol{\beta}}\right)\right\}y_1\left(\boldsymbol{X}_i,T_i,\hat{\boldsymbol{\alpha}}\right)}{e\left(\boldsymbol{X}_i,\hat{\boldsymbol{\beta}}\right)}\right]-\left[\frac{(1-T_i)Y_i}{1-e\left(\boldsymbol{X}_i,\hat{\boldsymbol{\beta}}\right)}+\frac{\left\{T_i-e\left(\boldsymbol{X}_i,\hat{\boldsymbol{\beta}}\right)\right\}y_0\left(\boldsymbol{X}_i,T_i,\hat{\boldsymbol{\alpha}}\right)}{1-e\left(\boldsymbol{X}_i,\hat{\boldsymbol{\beta}}\right)}\right]
\end{aligned}
\tag{3-16}
$$

估计出了每个个体的因果效应，我们进而就可以估计群体的平均因果效应。

双重鲁棒估计平均因果效应计算公式：

$$
\begin{aligned}
\hat{\tau}_{\mathrm{DR}} &= \mathbb{E}\left[\hat{Y}(1)-\hat{Y}(0)\right]=\mathbb{E}\left[\hat{Y}(1)\right]-\mathbb{E}\left[\hat{Y}(0)\right] \\
&= \frac{1}{n}\sum_{i=1}^{n}\left[\frac{T_iY_i}{e\left(\boldsymbol{X}_i,\hat{\boldsymbol{\beta}}\right)}-\frac{\left\{T_i-e\left(\boldsymbol{X}_i,\hat{\boldsymbol{\beta}}\right)\right\}}{e\left(\boldsymbol{X}_i,\hat{\boldsymbol{\beta}}\right)}y_1\left(\boldsymbol{X}_i,T_i,\hat{\boldsymbol{\alpha}}\right)\right]- \\
&\quad \frac{1}{n}\sum_{i=1}^{n}\left[\frac{\left(1-T_i\right)Y_i}{1-e\left(\boldsymbol{X}_i,\hat{\boldsymbol{\beta}}\right)}+\frac{\left\{T_i-e\left(\boldsymbol{X}_i,\hat{\boldsymbol{\beta}}\right)\right\}}{1-e\left(\boldsymbol{X}_i,\hat{\boldsymbol{\beta}}\right)}y_0\left(\boldsymbol{X}_i,T_i,\hat{\boldsymbol{\alpha}}\right)\right]
\end{aligned}
\tag{3-17}
$$

对双重鲁棒估计平均因果效应的表达式进一步地观察，我们可以直观地解释双重鲁棒估计方法的性质。首先对式（3-17）进行等价变换：

$$
\begin{aligned}
\hat{\tau}_{\mathrm{DR}} &= \frac{1}{n}\sum_{i=1}^{n}\frac{T_iY_i}{e\left(\boldsymbol{X}_i,\hat{\boldsymbol{\beta}}\right)}-\frac{1}{n}\sum_{i=1}^{n}\frac{\left(1-T_i\right)Y_i}{1-e\left(\boldsymbol{X}_i,\hat{\boldsymbol{\beta}}\right)}+\frac{1}{n}\sum_{i=1}^{n}\frac{\left\{e\left(\boldsymbol{X}_i,\hat{\boldsymbol{\beta}}\right)-T_i\right\}}{e\left(\boldsymbol{X}_i,\hat{\boldsymbol{\beta}}\right)}y_1\left(\boldsymbol{X}_i,T_i,\hat{\boldsymbol{\alpha}}\right)- \\
&\quad \frac{1}{n}\sum_{i=1}^{n}\frac{\left\{T_i-e\left(\boldsymbol{X}_i,\hat{\boldsymbol{\beta}}\right)\right\}}{1-e\left(\boldsymbol{X}_i,\hat{\boldsymbol{\beta}}\right)}y_0\left(\boldsymbol{X}_i,T_i,\hat{\boldsymbol{\alpha}}\right)
\end{aligned}
\tag{3-18}
$$

式（3-18）的前半部分是逆概率加权估计因果效应的公式，后半部分可以看作是逆概率加权估计的一个纠偏项，由逆概率的残差和回归估计构成。当倾向得分模型正确时，可以证明当样本增加时纠偏项就会趋于零，因此逆概率加权估计具有一致性。同样地，对式（3-17）进行等价转化：

$$
\begin{aligned}
\hat{\tau}_{\mathrm{DR}} &= \frac{1}{n}\sum_{i=1}^{n}y_1\left(\boldsymbol{X}_i,T_i,\hat{\boldsymbol{\alpha}}\right)-\frac{1}{n}\sum_{i=1}^{n}y_0\left(\boldsymbol{X}_i,T_i,\hat{\boldsymbol{\alpha}}\right)+\frac{1}{n}\sum_{i=1}^{n}\frac{T_i\left\{Y_i-y_1\left(\boldsymbol{X}_i,T_i,\hat{\boldsymbol{\alpha}}\right)\right\}}{e\left(\boldsymbol{X}_i,\hat{\boldsymbol{\beta}}\right)}- \\
&\quad \frac{1}{n}\sum_{i=1}^{n}\frac{\left(1-T_i\right)\left\{Y_i-y_0\left(\boldsymbol{X}_i,T_i,\hat{\boldsymbol{\alpha}}\right)\right\}}{1-e\left(\boldsymbol{X}_i,\hat{\boldsymbol{\beta}}\right)}
\end{aligned}
\tag{3-19}
$$

式（3-19）的前半部分是回归估计因果效应的公式，后半部分可以看作是回归估计的一个纠偏项，当回归估计模型正确时，那么纠偏项就会趋于零，因此回归估计具有一致性。

3.3.2 样本和协变量重加权

上述基于样本重加权的方法把所有的协变量都看作是混杂因子，混杂因子的存在是造成因果效应估计出现混杂偏差的主要原因。样本重加权方法能够消除混杂因子的影响，从而提高平均因果效应估计的精度。然而，在实际场景中并不是所有观测到的变量都是混杂因子，有些变量可能是只影响结果的调整变量，有些则可能是不会影响处理变量和结果变量的无关变量。忽略调整变量会使估计的平均因果效应不精确，且方差偏大；引入无关变量容易导致模型过拟合。在计算平均因果效应时，采用对样本和协变量加权的数据驱动的可变性分解（Data-Driven Variable Decomposition，D^2VD）[17] 算法可以降低调整变量和无关变量带来的偏差。在介绍数据驱动的可变性分解算法之前，我们先介绍一下可分离假设。

定义 3-4 （可分离假设） 观测到的协变量集 $\mathcal{X}$ 可以分解为三个子集，即 $\mathcal{X}=(\mathcal{C},\mathcal{Z},\mathcal{B})$，其中 $\mathcal{C}$ 是混杂变量集，$\mathcal{Z}$ 是调整变量集，$\mathcal{B}$ 是无关变量集。图 3-5 描述了混杂变量、调整变量、无关变量与处理变量和结果变量之间的关系，其中 T 是处理变量，Y 是结果变量。

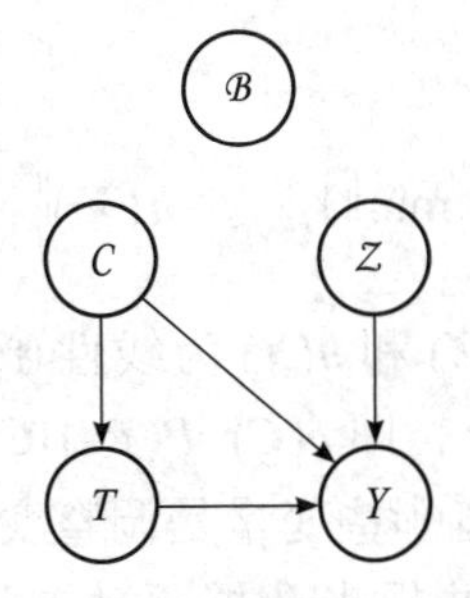

图 3-5　混杂变量、调整变量、无关变量与处理变量和结果变量之间的关系

利用可分离假设，数据驱动的可变性分解算法可以自动区分混杂变量和调整变量，同时消除无关变量带来的影响，而且其可用于估计观测性研究中高维变量的处理效果。

在进一步介绍 D^2VD 算法前，先回顾一下逆概率加权方法。逆概率加权方法除了理解为对样本的数量进行了重加权外，逆概率加权方法的另一个理解角度是利用倾向得分对每个个体观测到的结果进行转换，然后对所有个体转换的结果求期望来估计平均因果效应，即对每个个体 i 的观测结果 Y_i，利用倾向得分转换为

$$Y_i^* = \frac{Y_i\left(T_i - e_i\right)}{e_i\left(1-e_i\right)} \tag{3-20}$$

进而在整个群体中对转换的结果 Y_i^* 求期望得到平均因果效应：

$$\hat{\tau}_{\mathrm{IPW}} = \mathbb{E}\left[Y_i^*\right] = \frac{1}{n}\sum_{i=1}^{n}\frac{Y_i\left(T_i - e_i\right)}{e_i\left(1-e_i\right)} \tag{3-21}$$

此时式（3-21）恰为逆概率加权估计因果效应的公式。需要注意的是，这里的倾向得分考虑了所有的协变量。

在 D^2VD 算法中，根据分解算法将变量分离后，只考虑协变量集中的混杂变量集 $\mathcal{C}$ 和调整变量集 $\mathcal{Z}$，此时利用混杂变量集 $\mathcal{C}$ 求得的倾向得分和调整变量集 $\mathcal{Z}$ 对所有观测结果 Y 进行转换可得：

$$Y^*_{\mathrm{D^2VD}} = \left(Y - \phi(\boldsymbol{Z})\right)\frac{T - e(\boldsymbol{C})}{e(\boldsymbol{C})\left(1 - e(\boldsymbol{C})\right)} \tag{3-22}$$

其中 $\boldsymbol{Z}$ 是调整变量组成的向量，$\boldsymbol{C}$ 是混杂变量组成的向量，$\phi(\boldsymbol{Z})$ 是关于 $\boldsymbol{Z}$ 的一个函数，用于减少 Y 的方差，此时使用 $\mathrm{D^2VD}$ 算法的平均因果效应估计公式为

$$\hat{\tau}_{\mathrm{D^2VD}} = \mathbb{E}\left[Y^*_{\mathrm{D^2VD}}\right] = \mathbb{E}\left[\left(Y - \phi(\boldsymbol{Z})\right)\frac{T - e(\boldsymbol{C})}{e(\boldsymbol{C})\left(1 - e(\boldsymbol{C})\right)}\right] \tag{3-23}$$

在求解 $\hat{\tau}_{\mathrm{D^2VD}}$ 时，需要利用式（3-24）基于所有观测到的协变量对 $Y^*_{\mathrm{D^2VD}}$ 进行回归分析。

$$\min\left\|Y^*_{\mathrm{D^2VD}} - h(\boldsymbol{X})\right\|^2 \tag{3-24}$$

在实际应用中，一般指定 $\phi(\boldsymbol{Z})$ 和 $h(\boldsymbol{X})$ 为线性函数，即 $\phi(\boldsymbol{Z})=\boldsymbol{Z\alpha}$，$h(\boldsymbol{X})=\boldsymbol{X\gamma}$，采用线性逻辑回归模型来评估倾向得分，即 $e(\boldsymbol{C})=P(T=1|\boldsymbol{C})=1/(1+\exp(-\boldsymbol{C\beta}))$，其中 $\boldsymbol{\alpha}$、$\boldsymbol{\gamma}$ 和 $\boldsymbol{\beta}$ 为系数。由于在实际中事先不知道哪些变量是调整变量，哪些变量是混杂变量，$\mathrm{D^2VD}$ 算法直接使用 $\mathcal{X}$ 来代替 Z 和 C，并提出数据驱动方法直接分离混杂变量和调整变量。$\mathrm{D^2VD}$ 算法的目标函数表示为

$$\begin{gathered}\min\|\left(Y - \boldsymbol{X\alpha}\right)\odot W(\boldsymbol{\beta}) - \boldsymbol{X\gamma}\|_2^2 \\ \text{s.t.}\sum_{i=1}^{m}\log\left(1 + \exp\left(\left(1 - 2T_i\right)\boldsymbol{X}_i\boldsymbol{\beta}\right)\right) < \tau \\ \|\boldsymbol{\alpha}\|_1 \leqslant \lambda, \|\boldsymbol{\beta}\|_1 \leqslant \delta, \|\boldsymbol{\gamma}\|_1 \leqslant \eta, \|\boldsymbol{\alpha}\odot\boldsymbol{\beta}\|_2^2 = 0\end{gathered} \tag{3-25}$$

其中 $W(\boldsymbol{\beta}) := \dfrac{T - e(\boldsymbol{X})}{e(\boldsymbol{X})\left(1 - e(\boldsymbol{X})\right)}$，$\sum\limits_{i=1}^{m}\log\left(1 + \exp\left(\left(1 - 2T_i\right)\cdot\boldsymbol{X}_i\boldsymbol{\beta}\right)\right)$ 表示评估倾向得分的损失函数，$\odot$ 为哈达玛积。$\left\|\boldsymbol{\alpha}\odot\boldsymbol{\beta}\right\|_2^2 = 0$ 用于从协变量集 $\mathcal{X}$ 中分离出调整变量集 Z 和混杂变量集 C。在 $\boldsymbol{\alpha}$ 和 $\boldsymbol{\beta}$ 上使用正交正则化器来确保混杂变量和调整变量的分离。此外，在 $\boldsymbol{\alpha}$、$\boldsymbol{\beta}$ 和 $\boldsymbol{\gamma}$ 上增加 $L1$ 惩罚项以消除无关变量 I 的影响。有关本部分更详细的内容可以阅读参考文献 [17]。

在实际中，通常关于观测变量之间相互作用的先验信息较少，并且数据往往高维且带有噪声。因此，研究者又提出了一种数据驱动的差分混杂平衡（Differentiated Confounder Balancing，DCB）算法。该方法用于选择混杂因子、区分混杂因子权重和平衡混杂因子分布。DCB 算法也是通过重加权样本和协变量来平衡混杂变量分布来估计因果效应，有关详细内容请参考文献 [18]。

3.4　表示学习方法

传统机器学习算法假设训练数据和测试数据服从独立同分布假设。然而，在许多实践应用中，测试数据往往来自一个仅与训练数据相关但不完全相同的分布（即非独立同分布数据）。这在因果推断任务中表现为对照组与处理组的协变量数据分布不一致。例如，在一项关于药物治疗效果的观测性研究中，药物的分配涉及个体的多种因素，包括已知的混杂因素和一些未知的混杂因素，如果这些混杂因素在处理组和对照组中的分布不一致会影响估计药物治疗效果的准确性。鉴于深度表示学习方法在非独立同分布数据的机器学习方向上已经获得了重要进展（如域适应和迁移学习），学者们引入了深度表示学习方法以解决因果效应计算中对照组和处理组数据的分布不一致问题。

采用表示学习从观测数据中估计因果效应主要是通过对原始的协变量进行转换或从协变量空间中提取特征来学习数据的表示。深度学习方法通过多重非线性转换的组合可以产生更抽象、更丰富的表示。在传统的机器学习方法中，用户需要自己识别特征；而深度表示学习模型能够自动搜索相关的特征并生成更好的表示，进而实现更有效的事实结果或反事实结果预测。目前，基于深度表示学习的因果效应计算方法已经取得了重要进展，在一定程度上解决了从观测数据中估计因果效应面临的一些挑战。

3.4.1　问题转化

首先我们给出估计因果效应时具体的问题定义和通用的方法描述。根据因果效应定义，给定一个单元 x 和相对应的二值化处理 $t \in \{0,1\}$，个体因果效应定义为 $\tau(x)=Y_1(x)-Y_0(x)$。根据二值化处理设定，每个个体的潜在处理结果可以进一步划分为事实处理结果 $y^{\mathrm{F}}(x)$ 和反事实处理结果 $y^{\mathrm{CF}}(x)$，二者的差值即为处理对个体的因果效应。一个通用的估计因果效应问题可以直接建模为：给定 n 个样本 $\left\{\left(x_i,t_i,y_i^{\mathrm{F}}\right)\right\}_{i=1}^{n}$，个体 x_i 的因果效应可以表示为 $\tau(x)=y_i^{\mathrm{F}}(x)-y_i^{\mathrm{CF}}(x)$，表示学习方法估计个体因果效应整体目标是学一个函数 h：$\mathfrak{X}\times\{0,1\}\to Y$，使得 $h\left(x_i,t_i\right)\approx y_i^{\mathrm{F}}$。那么，个体因果效应可以通过如下方式估计[19]：

$$\widehat{\mathrm{ITE}}\left(x_i\right)=\begin{cases} y_i^{\mathrm{F}}-h\left(x_i,1-t_i\right) & t_i=1 \\ h\left(x_i,1-t_i\right)-y_i^{\mathrm{F}} & t_i=0 \end{cases} \tag{3-26}$$

式（3-26）主要用于已知样本接受或不接受某种处理的观测结果，在表示空间中预测另一种反事实结果，并根据反事实结果和事实观测结果做差来计算因果效应。如果是样本观测结果未知的情形，则可以直接用表示学习空间中预测出的处理组和对照组的结果并以此来估计个体因果效应：$\widehat{\mathrm{ITE}}\left(x_i\right)=h\left(x_i,t_i\right)-h\left(x_i,1-t_i\right)$。

基于表示学习的因果效应估计方法的一种常见思路是找到一个新的特征表示空间，将对照组和处理组数据映射到该空间中，获得分布一致的特征表示，同时要保证在新空间中估计的因果效应与原空间中的结果尽可能一致。下面具体介绍两种基于表示学习的因果估计方法：反事实回归方法和保持个体相似性的因果效应估计方法。

3.4.2 反事实回归方法

为了学习一种“平衡”的特征表示，使映射到特征表示空间中的处理组分布和对照组分布保持一致，学者们提出了一种称为反事实回归（Counter Factual Regression，CFR）[20] 的通用因果效应估计方法。该方法给出了一个直观的个体因果效应估计误差的泛化误差上界，该误差上界由两部分组成：（1）表示学习的标准泛化误差；（2）特征表示空间的处理组分布和对照组分布之间的距离。

在反事实回归算法框架中，协变量空间是一个有界子集 $\mathfrak{X} \subset \mathbf{R}^d$，特征表示空间 $\mathfrak{Z}$，结果空间 $Y \subset \mathbf{R}$，处理 t 是一个二值变量，$\Phi: \mathfrak{X} \to \mathfrak{Z}$ 是一对一的特征映射函数，$\Phi(x)$ 可以将协变量空间的数据映射到特征表示空间 $\mathfrak{Z}$ 中，Ψ 作为 Φ 的逆，定义为 $\Psi: \mathfrak{Z} \to \mathfrak{X}$，有 $\Psi(\Phi(x)) = x$。h 为满足 $h: \mathfrak{Z} \times \{0,1\} \to Y$ 的一个假设，$h(\Phi,t)$ 将 Φ 和 t 连接起来作为输入，将在特征空间中处理后的结果作为输出，$h(\Phi,t)$ 和 $\Phi(x)$ 均可使用深度神经网络来学习。表示学习的标准泛化误差主要用于约束预测结果和事实结果之间的差距，要使得样本在特征表示空间中映射后预测结果与实际观测结果之间的误差尽可能小，通常表示为 $L(h(\Phi(x_i),t_i),y_i)$。考虑到当 Φ 的维数很高时，如果只使用一个映射 h 将 Φ 和 t 串联起来作为输入预测特征空间中干预对假设的影响，那么在特征空间中干预对假设的影响可能会消失。为了解决这个问题，我们使用两个映射函数 h_1 和 h_0，即 $h_1(\Phi)=h_1(\Phi,1)$ 和 $h_0(\Phi)=h_0(\Phi,0)$，作为网络两个单独的“头部”，$h_1(\Phi)$ 用于估计处理组的结果，$h_0(\Phi)$ 用于统计对照组的结果，通过这种方式，处理的结果被分别保留在各自的头部中，每个样本只用于更新其观测到的处理所对应的头部，而表示层的神经网络参数彼此共享。如图 3-6 所示，表示学习的标准泛化误差可以根据不同的头部进行计算：$L(h_0(\Phi(x_i),0),y_0)$ 和 $L(h_1(\Phi(x_i),1),y_1)$。$\mathrm{IPM}_G\left(p_\Phi^{t=1}, p_\Phi^{t=0}\right)$ 是一种积分概率度量，主要用来衡量表示空间中处理组分布和对照组分布之间的距离。约束 IPM 可以平衡特征表示空间中的数据分布，从而获得更准确的因果效应估计。

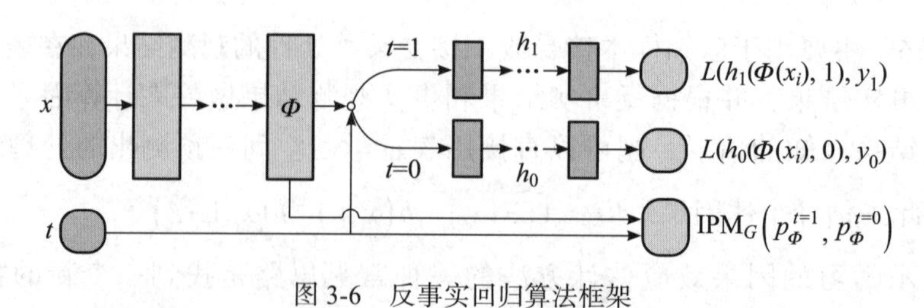

图 3-6 反事实回归算法框架

对于一个单元个体 x，个体因果效应定义为 $\tau(x):=\mathbb{E}[Y_1-Y_0|x]$。对每一个处理 t，接受处理的事实结果的期望定义为 $m_t(x):=\mathbb{E}[Y_t|x]$。显然，个体因果效应可以进一步写为 $\tau(x)=m_1(x)-m_0(x)$。为了评估特征表示空间中因果效应估计的好坏，我们采用异质效应估计精度（Precision in Estimation of Heterogeneous Effect，PEHE）来计算原空间中的个体因果效应与表示空间中预测的因果效应之间的差值。异质效应可以使用损失函数来评估：

$$\epsilon_{\text{PEHE}}\left(h,\Phi\right)=\int_{\mathfrak{X}}(\hat{\tau}(x)-\tau(x))^2 p(x)\mathrm{d}x \tag{3-27}$$

显然，异质效应估计精度越小，则表示空间中的预测结果越接近原空间中真实的个体因果效应。ϵ_{PEHE} 无法直接通过计算获得，因此 CFR 算法推导出它的一个上界，该上界与特征表示空间中的控制组和对照组分布之间的差异紧密相关。因此，CFR 算法在约束表示学习标准泛化误差的同时，进一步通过平衡表示空间中控制组和对照组分布之间的差异，来获得表示空间中更准确的因果效应估计。

下面我们主要介绍如何衡量特征表示空间的处理组分布和对照组分布之间的距离，并且详细推导出 ϵ_{PEHE} 的上界，再根据该上界来说明为什么通过平衡表示空间中处理组和对照组分布之间的距离可以获得更准确的因果效应估计。

CFR 算法采用一类被称为积分概率度量（Integral Probability Metric，IPM）的方法来衡量处理组分布和对照组分布之间的距离。给定两个定义在 $S\subseteq\mathbf{R}^d$ 上的概率密度函数 p 与 q，则对于函数 $g:S\to\mathbf{R}$ 的函数族 G，IPM 定义为

$$\text{IPM}_G(p,q):=\sup_{g\in G}\left|\int_S g(s)(p(s)-q(s))\mathrm{d}s\right| \tag{3-28}$$

IPM 满足对称性，并且有 $\text{IPM}_G(p,p)=0$。显然，$\text{IPM}_G\left(p_\Phi^{t=1},p_\Phi^{t=0}\right)$ 可以用来衡量特征表示空间中处理组和对照组分布之间的距离。

对于每个 $z\in\mathfrak{Z}$，处理组的数据分布定义为 $p_\Phi^{t=1}(z):=p_\Phi(z\,|\,t=1)$，对照组的数据分布定义为 $p_\Phi^{t=0}(z):=p_\Phi(z\,|\,t=1)$。对于一个单元 x 和相应接受的处理 t，其损失函数为 $\ell_{h,\Phi(x,t)}=\int_y L\left(Y_t,h(\Phi(x),t)\right)p\left(Y_t\,|\,x\right)\mathrm{d}Y_t$。由于反事实数据不可观测，CFR 方法进一步定义两个不同的损失函数，一个是建立在可观测结果上的标准的机器学习损失函数，被称为事实损失函数 ϵ_{F}；另一种是建立在与实际处理相反的不可观测的数据分布上的损失函数，称为反事实损失函数 ϵ_{CF}。ϵ_{F} 可以衡量从与真实数据样本一致的分布中抽样并做出预测的好坏程度。ϵ_{CF} 则是衡量我们在一个反事实的世界中预测的好坏，在这个反事实世界中，数据分布是一样的，但样本更倾向于接受与现实世界中完全相反的处理。函数的具体定义如下：

$$\epsilon_{\mathrm{F}}(h,\Phi)=\int_{\mathcal{X}\times\{0,1\}}\ell_{h,\Phi}(x,t)p(x,t)\mathrm{d}x\mathrm{d}t$$

$$\epsilon_{\mathrm{CF}}(h,\Phi)=\int_{\mathcal{X}\times\{0,1\}}\ell_{h,\Phi}(x,1-t)p(x,t)\mathrm{d}x\mathrm{d}t$$

事实损失函数 ϵ_{F} 可以进一步划分为事实处理损失函数和事实对照损失函数，反事实损失函数 ϵ_{CF} 同样也可以进一步划分为反事实处理损失函数和反事实对照损失函数，定义如下：

$$\epsilon_{\mathrm{F}}^{t=1}(h,\Phi)=\int_{\mathcal{X}}\ell_{h,\Phi}(x,1)p^{t=1}(x)\mathrm{d}x$$

$$\epsilon_{\mathrm{F}}^{t=0}(h,\Phi)=\int_{\mathcal{X}}\ell_{h,\Phi}(x,0)p^{t=0}(x)\mathrm{d}x$$

$$\epsilon_{\mathrm{CF}}^{t=1}(h,\Phi)=\int_{\mathcal{X}}\ell_{h,\Phi}(x,1)p^{t=0}(x)\mathrm{d}x$$

$$\epsilon_{\mathrm{CF}}^{t=0}(h,\Phi)=\int_{\mathcal{X}}\ell_{h,\Phi}(x,0)p^{t=1}(x)\mathrm{d}x$$

其中，$u:=p(t=1)=\frac{1}{n}\sum_{i=1}^{n}t_i$，表示群体中接受处理个体的比例为整体数据分布中接受处理的比例，且 $0<u<1$。处理组分布定义为 $p^{t=1}(x):=p(x|t=1)$，对照组分布为 $p^{t=0}(x):=p(x|t=0)$。显然，$p(x,t)=u\cdot p^{t=1}(x)+(1-u)\cdot p^{t=0}(x)$。由上式可知，事实损失函数和反事实函数可以进一步通过如下方式计算：

$$\epsilon_{\mathrm{F}}(h,\Phi)=u\epsilon_{\mathrm{F}}^{t=1}(h,\Phi)+(1-u)\epsilon_{\mathrm{F}}^{t=0}(h,\Phi)$$

$$\epsilon_{\mathrm{CF}}(h,\Phi)=(1-u)\epsilon_{\mathrm{CF}}^{t=1}(h,\Phi)+u\epsilon_{\mathrm{CF}}^{t=0}(h,\Phi)$$

令 G 表示一组函数 $g:\mathfrak{Z}\to Y$。假设存在一个常数 $B_{\Phi}>0$，满足对于每个处理 $t\in\{0,1\}$，它的反事实损失函数 $\epsilon_{\mathrm{CF}}(h,\Phi)$ 应该满足：

$$\epsilon_{\mathrm{CF}}(h,\Phi)\leqslant(1-u)\epsilon_{\mathrm{F}}^{t=1}(h,\Phi)+u\epsilon_{\mathrm{F}}^{t=0}(h,\Phi)+B_{\Phi}\mathrm{IPM}_G\left(p_{\Phi}^{t=1},p_{\Phi}^{t=0}\right) \tag{3-29}$$

证明如下：

$$
\begin{aligned}
&\epsilon_{\mathrm{CF}}(h,\Phi)-\left[(1-u)\epsilon_{\mathrm{F}}^{t=1}(h,\Phi)+u\epsilon_{\mathrm{F}}^{t=0}(h,\Phi)\right]\\
&=(1-u)\epsilon_{\mathrm{CF}}^{t=1}(h,\Phi)+u\epsilon_{\mathrm{CF}}^{t=0}(h,\Phi)-\left[(1-u)\epsilon_{\mathrm{F}}^{t=1}(h,\Phi)+u\epsilon_{\mathrm{CF}}^{t=0}(h,\Phi)\right]\\
&=(1-u)\left[\epsilon_{\mathrm{CF}}^{t=1}(h,\Phi)-\epsilon_{\mathrm{F}}^{t=1}(h,\Phi)\right]+u\left[\epsilon_{\mathrm{CF}}^{t=0}(h,\Phi)-\epsilon_{\mathrm{F}}^{t=0}(h,\Phi)\right]\\
&=(1-u)\int_{\mathfrak{X}}\ell_{h,\Phi}(x,1)\left(p^{t=0}(x)-p^{t=1}(x)\right)\mathrm{d}x+u\int_{\mathfrak{X}}\ell_{h,\Phi}(x,0)\left(p^{t=1}(x)-p^{t=0}(x)\right)\mathrm{d}x\\
&=(1-u)\int_{\mathfrak{Z}}\ell_{h,\Phi}(\Psi(r),1)\left(p_{\Phi}^{t=0}(r)-p_{\Phi}^{t=1}(r)\right)\mathrm{d}r+u\int_{\mathfrak{Z}}\ell_{h,\Phi}(\Psi(r),0)\left(p_{\Phi}^{t=1}(r)-p_{\Phi}^{t=0}(r)\right)\mathrm{d}r\\
&=B_{\Phi}(1-u)\int_{\mathfrak{Z}}\frac{1}{B_{\Phi}}\ell_{h,\Phi}(\Psi(r),1)\left(p_{\Phi}^{t=0}(r)-p_{\Phi}^{t=1}(r)\right)\mathrm{d}r+B_{\Phi}u\int_{\mathfrak{Z}}\frac{1}{B_{\Phi}}\ell_{h,\Phi}(\Psi(r),0)\\
&\quad\left(p_{\Phi}^{t=1}(r)-p_{\Phi}^{t=0}(r)\right)\mathrm{d}r\leqslant B_{\Phi}(1-u)\sup_{g\in G}\left|\int_{\mathfrak{Z}}g(r)\left(p_{\Phi}^{t=0}(r)-p_{\Phi}^{t=1}(r)\mathrm{d}r\right)\right|+\\
&\quad B_{\Phi}u\sup_{g\in G}\left|\int_{\mathfrak{Z}}g(r)\left(p_{\Phi}^{t=1}(r)-p_{\Phi}^{t=0}(r)\mathrm{d}r\right)\right|=B_{\Phi}\mathrm{IPM}_G\left(p_{\Phi}^{t=1},p_{\Phi}^{t=0}\right)
\end{aligned}
$$

由式（3-29），可以得出异质效应估计的期望精度 $\epsilon_{\mathrm{PEHE}}(h,\Phi)$ 需要进一步满足如下约束：

$$
\epsilon_{\mathrm{PEHE}}(h,\Phi)\leqslant 2\left(\epsilon_{\mathrm{F}}^{t=0}(h,\Phi)+\epsilon_{\mathrm{F}}^{t=1}(h,\Phi)+B_{\Phi}\mathrm{IPM}_G\left(p_{\Phi}^{t=1},p_{\Phi}^{t=0}\right)-2\sigma_Y^2\right) \tag{3-30}
$$

其中，σ_Y^2 为事实结果 Y_t 的方差。

证明如下：

假设 $f(x,t)=h(\Phi(x),t)$，则有 $\epsilon_{\mathrm{PEHE}}(f)=\epsilon_{\mathrm{PEHE}}(h,\Phi)$

$$
\begin{aligned}
\epsilon_{\mathrm{PEHE}}(f)&=\int_{\mathfrak{X}}\left(\hat{\mathcal{T}}(x)-\mathcal{T}(x)\right)^2p(x)\mathrm{d}x\\
&=\int_{\mathfrak{X}}\left((f(x,1)-f(x,0))-(m_1(x)-m_0(x))\right)^2p(x)\mathrm{d}x\\
&=\int_{\mathfrak{X}}\left((f(x,1)-m_1(x))+(m_0(x)-f(x,0))\right)^2p(x)\mathrm{d}x\\
&\leqslant 2\int_{\mathfrak{X}}\left((f(x,1)-m_1(x))^2+(m_0(x)-f(x,0))^2\right)p(x)\mathrm{d}x\\
&=2\int_{\mathfrak{X}}(f(x,1)-m_1(x))^2p(x,t=1)\mathrm{d}x+2\int_{\mathfrak{X}}(m_0(x)-f(x,0))^2p(x,t=0)\mathrm{d}x\\
&\quad+2\int_{\mathfrak{X}}(f(x,1)-m_1(x))^2p(x,t=0)\mathrm{d}x+2\int_{\mathfrak{X}}(m_0(x)-f(x,0))^2p(x,t=1)\mathrm{d}x\\
&=2\int_{\mathfrak{X}}(f(x,t)-m_t(x))^2p(x,t)\mathrm{d}x\mathrm{d}t+2\int_{\mathfrak{X}}(f(x,t)-m_t(x))^2p(x,1-t)\mathrm{d}x\mathrm{d}t\\
&\leqslant 2\left(\epsilon_{\mathrm{F}}-\sigma_Y^2\right)+2\left(\epsilon_{\mathrm{CF}}-\sigma_Y^2\right)=2\left(\epsilon_{\mathrm{F}}+\epsilon_{\mathrm{CF}}-2\sigma_Y^2\right)
\end{aligned}
$$

结合式（3-29），可以进一步得到：

$$
\begin{aligned}
\epsilon_{\text{PEHE}}(f) &= 2\left(\epsilon_{\text{F}} + \epsilon_{\text{CF}} - 2\sigma_Y^2\right) \\
&\leqslant 2\left(u \cdot \epsilon_{\text{F}}^{t=1}(h,\Phi) + (1-u) \cdot \epsilon_{\text{F}}^{t=0}(h,\Phi) + (1-u)\epsilon_{\text{F}}^{t=1}(h,\Phi) + u\epsilon_{\text{F}}^{t=0}(h,\Phi)\right. \\
&\quad \left. + B_{\Phi}\text{IPM}_G\left(p_{\Phi}^{t=1}, p_{\Phi}^{t=0}\right) - 2\sigma_Y^2\right) \\
&= 2\left(\epsilon_{\text{F}}^{t=0}(h,\Phi) + \epsilon_{\text{F}}^{t=1}(h,\Phi) + B_{\Phi}\text{IPM}_G\left(p_{\Phi}^{t=1}, p_{\Phi}^{t=0}\right) - 2\sigma_Y^2\right)
\end{aligned}
$$

式（3-30）表明 ϵ_{PEHE} 的上界取决于预期事实损失 ϵ_{F} 和预期反事实损失 ϵ_{CF} 之和。由于我们只有与 ϵ_{F} 相关的样本，无法直接估计 ϵ_{CF}，因此我们转为估计 ϵ_{F}，再对特征表示空间中处理组分布和对照组分布之间的差异 $B_{\Phi}\text{IPM}_G\left(p_{\Phi}^{t=1}, p_{\Phi}^{t=0}\right)$ 进行约束。由此，ϵ_{PEHE} 的上界取决于 $\epsilon_{\text{F}}^{t=0}$ 和 $\epsilon_{\text{F}}^{t=1}$ 的上界以及特征表示空间中处理组分布和对照组分布之间的差异 $B_{\Phi}\text{IPM}_G\left(p_{\Phi}^{t=1}, p_{\Phi}^{t=0}\right)$。对于一组观测样本和一系列相应的表征和假设，我们可以根据标准的表示学习泛化误差 $L(h(\Phi(x_i),t_i),y_i)$ 和一个模型复杂度项 $R(h)$，分别对 $\epsilon_{\text{F}}^{t=0}$ 和 $\epsilon_{\text{F}}^{t=1}$ 的上界进行约束，而 IPM 可以从有限样本中持续进行估计。CFR 算法采用了两种具体的 IPM 方法——最大均值差异（Maximum Mean Discrepancy，MMD）和瓦瑟斯坦距离（Wasserstein distance，WASS），并分别推导出相应的边界，有关推导过程等内容可参考文献 [20]。

综上，CFR 算法的总目标函数如下：

$$
\min_{h,\Phi,\|\Phi\|=1} \frac{1}{n}\sum_{i=1}^{n} w_i L\left(h\left(\Phi\left(x_i\right),t_i\right),y_i\right) + \lambda \cdot R(h) + \alpha \text{IPM}_G\left(\left\{\Phi\left(x_i\right)\right\}_{i:t_i=0}, \left\{\Phi\left(x_i\right)\right\}_{i:t_i=1}\right) \tag{3-31}
$$

其中 $w_i = \dfrac{t_i}{2u} + \dfrac{1-t_i}{2(1-u)}$，$L(h(\Phi(x_i),t_i),y_i)$ 用于约束预测结果和事实结果之间的差距，权重 w_i 用于补偿处理组和对照组之间的规模差异，$R(\cdot)$ 是模型复杂度项，IPM 用来约束特征表示空间中处理组和对照组分布之间的差异。CRF 算法通过最小化上述目标函数习得一个特征映射函数 $\Phi: \mathfrak{X} \to \mathfrak{Z}$，以及一个定义在特征表示空间 $\mathcal{R}$ 上的假设 $h: \mathfrak{Z} \times \{0,1\} \to Y$。根据式（3-26），结合学习得到的特征映射函数 Φ 和假设 h 可得，映射到特征表示空间后的因果效应估计为

$$
\widehat{\text{ITE}}\left(x_i\right) = \begin{cases} y_i^{\text{F}} - h_0\left(\Phi\left(x_i\right), 1-t_i\right), t_i = 1 \\ h_1\left(\Phi\left(x_i\right), 1-t_i\right) - y_i^{\text{F}}, t_i = 0 \end{cases} \tag{3-32}
$$

3.4.3 保持个体相似性的因果效应估计方法

上述 CFR 方法及一些其他的 ITE 估计方法在估计因果效应时主要侧重于平衡对照组和处理组在全局上的数据分布，而忽略了对估计 ITE 提供有意义约束的单元间的局

部相似性信息。例如，最近邻匹配方法就利用了相似个体的信息估计因果效应。该方法在估计个体 i 的因果效应时，在对照组个体中选择与个体 i 最相近的个体 j,k,l 等，如图 3-3b 所示，然后将他们的结果取平均值作为个体 i 的反事实结果，进而利用个体 i 观测到的事实结果和估计的反事实结果计算对 i 的因果效应。因而，在使用表示学习方法估计因果效应的过程中，我们如何在表征空间中平衡全局数据分布的同时保持个体 / 单元间的局部相似信息（例如保持个体 i 和其在对照组中的个体 j,k,l 在表征空间中仍然是最相似的个体），对于减小因果效应估计的误差具有重要意义。然而，直接在原始协变量空间和潜在空间之间添加约束来保持单元之间的局部相似性具有很高的时间和空间复杂度，并且当需要估计大量个体的因果效应时，在实际中的计算效率很低。据此，我们介绍一种基于深度表示学习可以高效保持单元间局部相似性的保持个体相似性的因果效应（Similarity preserved Individual Treatment Effect，SITE）[21] 估计方法。

SITE 的核心思想是将原始协变量空间 $\mathfrak{X}$ 映射到深度神经网络学习的特征表示空间 $\mathfrak{Z}$，在特征表示空间 $\mathfrak{Z}$ 上实现平衡全局数据分布和保持单元间相似性两个目标。在特征表示空间中，SITE 使用位置相关深度度量（Position Dependent Deep Metric，PDDM）保持单元间局部相似性信息，同时使用中点距离最小化（Middle Point Distance Minimization，MPDM）策略平衡全局数据分布。PDDM 和 MPDM 可以被视为正则化，这有助于学习更好的表示，并减少估计预测结果和事实结果之间的泛化误差。实现 PDDM 和 MPDM 只需要从每个小批量的输入样本中分别获得三个元组对，这样就使得 SITE 对大规模数据也非常有效。SITE 包含 5 个主要部分，即表示学习网络、选择三个元组对、位置相关深度度量、中点距离最小化和结果预测网络。为了提高模型效率，SITE 每次以小批量方式获取输入单元，并且只从每个小批量输入的样本中选择三个元组对。SITE 方法的流程是使用表示网络学习输入单元协变量的潜在表示，通过在协变量的原始空间中选择三个元组对，使用 PDDM 保持单元间的局部相似信息，同时使用 MPDM 在特征表示空间中平衡全局数据分布。最后，将小批量输入样本的表示信息反馈给一个二分结果预测网络，以获得事实结果。SITE 方法的框架流程如图 3-7 所示。

SITE 方法的损失函数为

$$\mathcal{L}=\mathcal{L}_{\mathrm{FL}}+\beta\mathcal{L}_{\mathrm{PDDM}}+\gamma\mathcal{L}_{\mathrm{MPDM}}+\lambda\|W\|_2 \tag{3-33}$$

$\mathcal{L}_{\mathrm{FL}}$ 是在特征表示空间中估计的结果和实际观测到的结果之间的事实损失，$\mathcal{L}_{\mathrm{PDDM}}$ 和 $\mathcal{L}_{\mathrm{MPDM}}$ 分别是 PDDM 和 MPDM 的损失函数，最后一项是模型参数 W（除偏差项外）的 L_2 正则化。

下面简单介绍 SITE 的 5 个主要部分。

1. 表示学习网络

SITE 使用一个带有 d_h 隐藏层和校正线性单元（ReLU）激活函数的标准前馈网络，可以学习原始协变量的潜在表示。对于个体 i，让 $z_i=f(\boldsymbol{x}_i)$，其中 $f(\cdot)$ 是由深度网络学习的表示函数。

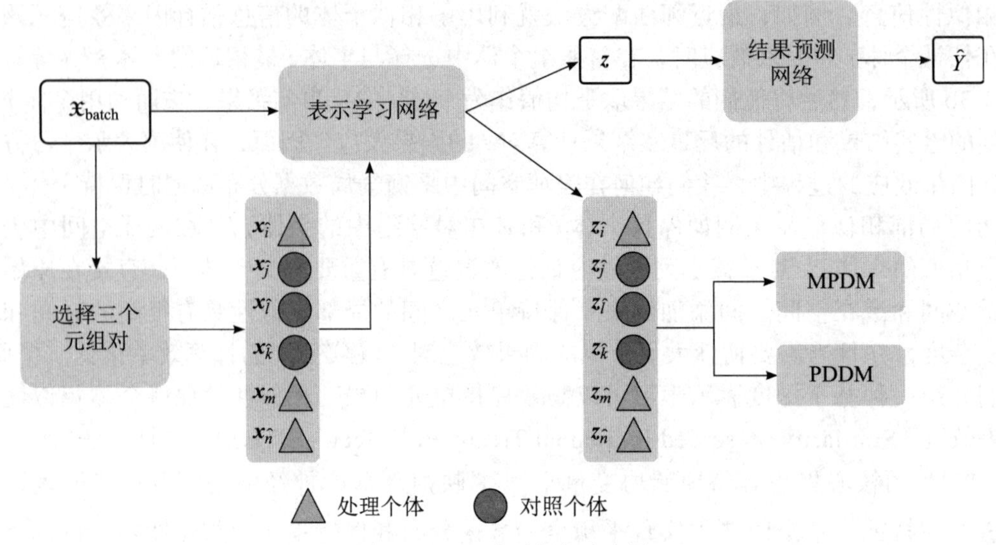

图 3-7 SITE 方法框架流程图

2. 选择三个元组对

给定一批输入个体，SITE 根据倾向得分在原始空间中选择 6 个个体组成三个元组对。对于个体 i 而言，其倾向性得分为 e_i，显然 $e_i \in [0,1]$。如果 e_i 越接近 1，那么在原始协变量空间中的个体 i 的周围分布接受处理的个体就越多。类似地，如果 e_i 越接近 0，则该个体 i 的周围存在的对照个体越多。此外，如果 e_i 接近 0.5，则个体 i 的周围混合存在对照个体和处理个体。因此，倾向得分可以在某种程度上反映个体在原始协变量空间中的相对位置，从而将倾向得分作为在原始空间中选择六个数据样本的指标。在每个小批量样本中选择三个元组对需要三个步骤，如图 3-8a 所示，详细步骤如下所述。

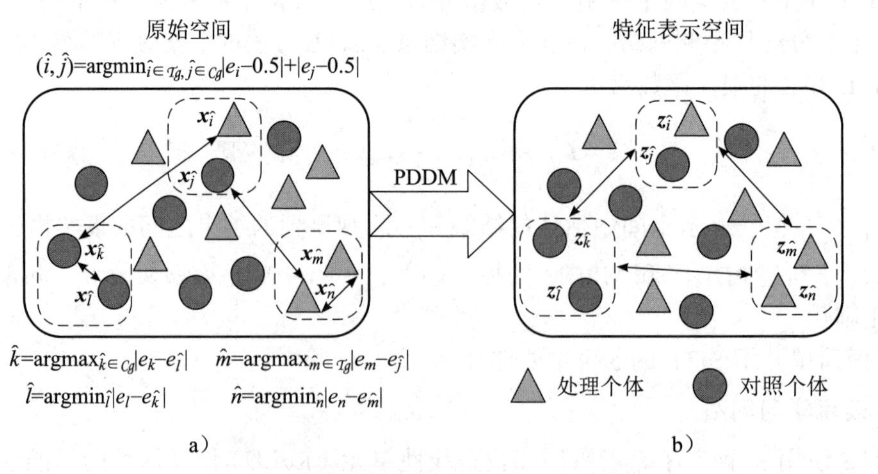

图 3-8 为 PDDM 在小批量样本中选择三个元组对

- 步骤1：在原始协变量空间中选择数据对$(\boldsymbol{x}_{\hat{i}},\boldsymbol{x}_{\hat{j}})$，使其满足

$$(\hat{i},\hat{j})=\underset{i\in\mathcal{T}g,\ j\in\mathcal{C}g}{\operatorname{argmin}}|e_i-0.5|+|e_j-0.5|$$

其中$\mathcal{T}g$和$\mathcal{C}g$分别表示处理组和对照组。$\boldsymbol{x}_{\hat{i}}$和$\boldsymbol{x}_{\hat{j}}$是位于协变量空间中处理组个体和对照组个体混合区域的处理组个体和对照组个体对应的协变量。

- 步骤2：在原始协变量空间中选择$(\boldsymbol{x}_{\hat{k}},\boldsymbol{x}_{\hat{l}})$，使其满足

$$\hat{k}=\underset{k\in\mathcal{C}g}{\operatorname{argmax}}|e_k-e_{\hat{i}}|,\hat{l}=\underset{l}{\operatorname{argmin}}|e_l-e_{\hat{k}}|$$

$\boldsymbol{x}_{\hat{k}}$是距离$\boldsymbol{x}_{\hat{i}}$最远对照个体的协变量，位于协变量空间中对照组个体很多的边缘区域，$\boldsymbol{x}_{\hat{l}}$是距离$\boldsymbol{x}_{\hat{k}}$最近的对照组个体的协变量。

- 步骤3：在原始协变量空间中选择$(\boldsymbol{x}_{\hat{m}},\boldsymbol{x}_{\hat{n}})$，使其满足

$$\hat{m}=\underset{m\in\mathcal{T}g}{\operatorname{argmax}}|e_m-e_{\hat{j}}|,\hat{n}=\underset{n}{\operatorname{argmin}}|e_n-e_{\hat{m}}|$$

$\boldsymbol{x}_{\hat{m}}$是距离$\boldsymbol{x}_{\hat{j}}$最远的处理个体的协变量，位于协变量空间中处理组个体很多的边缘区域，$\boldsymbol{x}_{\hat{n}}$是距离$\boldsymbol{x}_{\hat{m}}$最近的处理组个体的协变量。

元组对$(\boldsymbol{x}_{\hat{i}},\boldsymbol{x}_{\hat{j}})$位于对照组和处理组混合的中间区域个体的协变量。元组对$(\boldsymbol{x}_{\hat{k}},\boldsymbol{x}_{\hat{l}})$和元组对$(\boldsymbol{x}_{\hat{m}},\boldsymbol{x}_{\hat{n}})$都位于远离中间区域的边缘区域个体的协变量，所以选择的三个元组对可视为困难样本（hard sample）。如图3-8所示，某一小批量样本中的三对困难样本$(\boldsymbol{x}_{\hat{i}},\boldsymbol{x}_{\hat{j}})$，$(\boldsymbol{x}_{\hat{k}},\boldsymbol{x}_{\hat{l}})$和$(\boldsymbol{x}_{\hat{m}},\boldsymbol{x}_{\hat{n}})$在原始协变量空间中具有相近的位置关系，因而认为它们之间具有相似的信息。如果这三对困难样本在原始空间中位置的相近性经过映射后在新的表征空间中仍能够被保持，正如表示空间中变量对$(z_{\hat{i}},z_{\hat{j}})$，$(z_{\hat{k}},z_{\hat{l}})$和$(z_{\hat{m}},z_{\hat{n}})$之间的位置关系，就认为该批量的所有样本被映射到表示空间后均能保持位置上的相似性。SITE使用PDDM对特征表示空间中的困难样本进行约束来实现保持单元间相似性的目标。

3. 位置相关深度度量

PDDM最初用于解决图像分类中的困难样本挖掘问题，现将此设计用于估计反事实问题。在SITE中，PDDM组件基于两个个体在特征表示空间$\mathfrak{Z}$中的相对和绝对位置来测量它们的局部相似性。PDDM会学习一个度量，这个度量可以使特征表示空间中(z_i,z_j)的局部相似性接近其在原始空间中$(\boldsymbol{x}_i,\boldsymbol{x}_j)$的相似性。在特征表示空间中使用PDDM学习到$(z_i,z_j)$的相似性$\hat{S}(i,j)$为

$$\hat{S}(i,j)=W_s\boldsymbol{h}+b_s \tag{3-34}$$

其中 $\boldsymbol{h}=\sigma\left(W_c\left[\frac{\boldsymbol{u}_1}{\|\boldsymbol{u}_1\|_2},\frac{\boldsymbol{v}_1}{\|\boldsymbol{v}_1\|_2}\right]^{\mathrm{T}}+b_c\right)$，$\boldsymbol{u}=|\boldsymbol{z}_i-\boldsymbol{z}_j|$，$\boldsymbol{v}=\frac{|\boldsymbol{z}_i+\boldsymbol{z}_j|}{2}$，$\boldsymbol{u}_1=\sigma(W_u\frac{\boldsymbol{u}}{\|\boldsymbol{u}\|_2}+b_u)$，$\boldsymbol{v}_1=\sigma\left(W_v\frac{\boldsymbol{v}}{\|\boldsymbol{v}\|_2}+b_v\right)$。$W_c,W_s,W_u,W_v,b_c,b_s,b_v$ 和 b_u 为模型参数，$\sigma(\cdot)$ 是一个非线性函数，如 ReLU。如图 3-9 所示，PDDM 结构首先计算输入 $(\boldsymbol{z}_i,\boldsymbol{z}_j)$ 的特征平均向量 $\boldsymbol{v}$ 和绝对位置向量 $\boldsymbol{u}$，然后 $\boldsymbol{v}$ 和 $\boldsymbol{u}$ 分别输送到全连接层。在归一化后，PDDM 将学习到的向量 $\boldsymbol{u}_1$ 和 $\boldsymbol{v}_1$ 连接起来，并将其输送到另一个全连接层以获得向量 $\boldsymbol{h}$。通过将分数 h 映射到空间 $\mathfrak{R}$ 来计算最终的相似性分数 $\hat{S}(,)$。

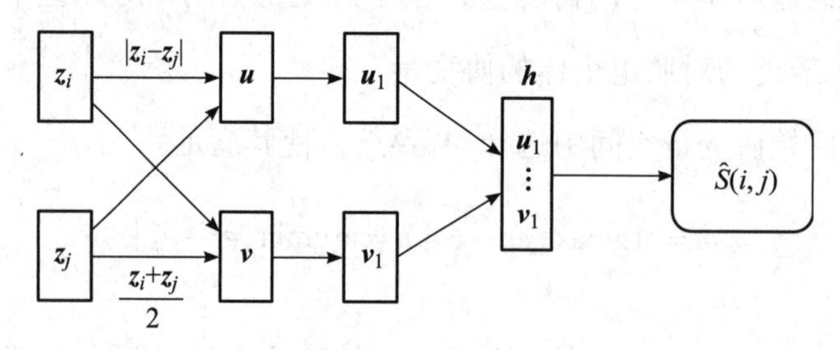

图 3-9　PDDM 的结构

PDDM 的损失函数如下所示：

$$\mathcal{L}_{\mathrm{PDDM}}=\frac{1}{5}\sum_{\hat{i},\hat{j},\hat{k},\hat{l},\hat{m},\hat{n}}\left[\left(\hat{S}\left(\hat{k},\hat{l}\right)-S\left(\hat{k},\hat{l}\right)\right)^2+\left(\hat{S}\left(\hat{m},\hat{n}\right)-S\left(\hat{m},\hat{n}\right)\right)^2+\left(\hat{S}\left(\hat{k},\hat{m}\right)-S\left(\hat{k},\hat{m}\right)\right)^2\right.$$
$$\left.+\left(\hat{S}\left(\hat{i},\hat{m}\right)-S\left(\hat{i},\hat{m}\right)\right)^2+\left(\hat{S}\left(\hat{j},\hat{k}\right)-S\left(\hat{j},\hat{k}\right)\right)^2\right] \tag{3-35}$$

其中 $S(i,j)=0.75\left|\frac{e_i+e_j}{2}-0.5\right|-\left|\frac{e_i-e_j}{2}\right|+0.5$ 为原始协变量空间中 $(\boldsymbol{x}_i,\boldsymbol{x}_j)$ 的真实相似性分数。与 PDDM 结构的设计类似，真实的相似性分数 $S(i,j)$ 使用两个倾向分数的平均值和差值来计算。损失函数 $\mathcal{L}_{\mathrm{PDDM}}$ 测量每个小批量样本中五对样本的相似性损失，它们分别是：位于这个小批量样本边缘区域的变量对，即 (z_k,z_l) 和 (z_m,z_n)；在所选的个体中最不相似的变量对，即 (z_k,z_m)；位于对照组 / 处理组的边缘的个体对，即 (z_i,z_m) 和 (z_j,z_k)。如图 3-8 所示，在将原始数据映射到表示空间时，最小化包含上述五对数值的 $\mathcal{L}_{\mathrm{PDDM}}$ 有助于保持相似性。

通过使用 PDDM 对表示网络进行约束，可以保持与原始空间中变量对 $(\boldsymbol{x}_{\hat{i}},\boldsymbol{x}_{\hat{j}})$，$(\boldsymbol{x}_{\hat{k}},\boldsymbol{x}_{\hat{l}})$ 和 $(\boldsymbol{x}_{\hat{m}},\boldsymbol{x}_{\hat{n}})$ 相对应的变量对 $(\boldsymbol{z}_{\hat{k}},\boldsymbol{z}_{\hat{l}}),(\boldsymbol{z}_{\hat{m}},\boldsymbol{z}_{\hat{n}})$ 和 $(\boldsymbol{z}_{\hat{k}},\boldsymbol{z}_{\hat{n}})$ 内变量之间的相似信息和变

量对之间的相似信息。

4. 中点距离最小化

为了实现特征表示空间中全局数据的平衡分布，SITE 设计了中点距离最小化组件。MPDM 组件使 $(z_{\hat{i}}, z_{\hat{m}})$ 的中点接近 $(z_{\hat{j}}, z_{\hat{k}})$ 的中点，$z_{\hat{i}}$ 和 $z_{\hat{j}}$ 对应的个体位于对照组和处理组个体混合且数量充足的中间区域，$z_{\hat{k}}$ 对应的个体是距离处理组边缘最远的对照组个体，$z_{\hat{m}}$ 对应的个体是距离对照组边缘最远的处理组个体。我们分别用 $(z_{\hat{i}}, z_{\hat{m}})$ 和 $(z_{\hat{j}}, z_{\hat{k}})$ 的中点来近似处理组与对照组的中心。通过最小化两个中点的距离，使边缘区域的个体逐渐靠近中间区域，从而达到平衡两组数据分布的目的。

MPDM 的损失函数如下所示：

$$\mathcal{L}_{\text{MPDM}} = \sum_{\hat{i},\hat{j},\hat{k},\hat{m}} \left(\frac{z_{\hat{i}} + z_{\hat{m}}}{2} - \frac{z_{\hat{j}} + z_{\hat{k}}}{2} \right)^2 \tag{3-36}$$

图 3-10 形象化描述了在特征表示空间中的数据点在使用 MPDM 平衡前和平衡后数据的分布情况。平衡前在特征表示空间中两组数据分布差异较大且较为离散，$(z_{\hat{i}}, z_{\hat{m}})$ 的中点距离 $(z_{\hat{j}}, z_{\hat{k}})$ 的中点较远；平衡后在特征表示空间中两组数据的分布差异变小且均靠近中心点附近，$(z_{\hat{i}}, z_{\hat{m}})$ 的中点更接近 $(z_{\hat{j}}, z_{\hat{k}})$ 的中点，从而使得两组分布是近似一致的。另外在平衡分布的过程中，PDDM 限制了两组个体靠近的方式来保持变量之间的局部相似性。$\boldsymbol{x}_{\hat{k}}$ 和 $\boldsymbol{x}_{\hat{m}}$ 之间是处理组和对照组中最远的数据点，当 MPDM 使两组相互接近时，PDDM 确保数据点 $\boldsymbol{x}_{\hat{k}}$ 和 $\boldsymbol{x}_{\hat{m}}$ 之间仍然是最远的，防止 MPDM 将所有数据点压缩到一个点中。

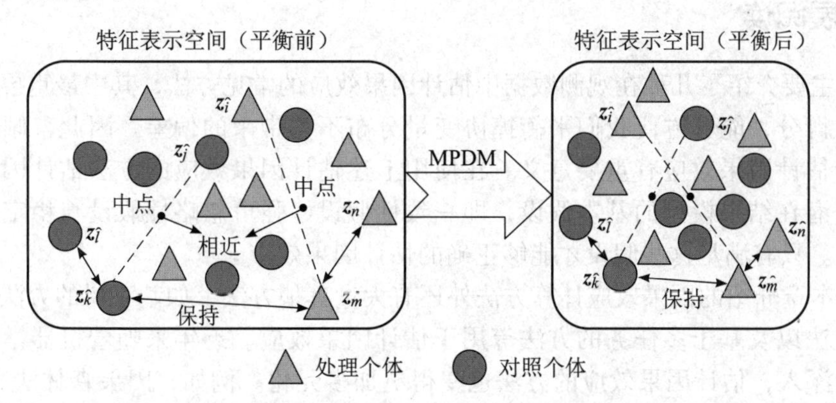

图 3-10　通过使用 SITE 方法平衡分布和保持局部相似性的效果

5. 结果预测网络

SITE 能够通过深度表示学习网络学习每个个体 i 的协变量 $\boldsymbol{x}_i$ 对应的潜在表示 z_i，

并且分别通过 PDDM 和 MPDM 组件来保持特征表示空间中个体的局部相似性和平衡处理组和对照组的全局数据分布。最后，以 z_i 为输入，利用结果预测网络估计在特征表示空间接受处理 t_i 时的结果 $\hat{y}_{t_i}^{(i)}$。令 $g(\cdot)$ 表示结果预测网络学习到的函数，那么 $\hat{y}_{t_i}^{(i)}=g(z_i,t_i)=g\left(f(\boldsymbol{x}_i),t_i\right)$。

结果预测网络的事实损失函数如下：

$$\mathcal{L}_{\mathrm{FL}}=\sum_{i=1}^{N}\left(\hat{y}_{t_i}^{(i)}-y_{t_i}^{(i)}\right)^2=\sum_{i=1}^{N}\left(g\left(f(\boldsymbol{x}_i),t_i\right)-y_{t_i}^{(i)}\right)^2 \tag{3-37}$$

其中 $y_{t_i}^{(i)}$ 为实际的观测结果。表示网络和结果预测网络是标准的前馈神经网络，在学习的过程中均使用 ReLu 作为激活函数并用到了 Dropout 策略。在每一小批量输入的样本中 PDDM 和 MPDM 都可以根据选择的三个元组对进行计算，最后 SITE 的整体损失函数也可以通过 Adam 方法进行优化求解。根据 SITE 方法学习得到的结果预测网络，可以以每个个体的反事实结果进行预测，从而估计个体的因果效应。具体地，某个个体接受处理 t_i 的结果为 $y_{t_i}^{(i)}$，利用预测网络估计个体不接受处理 t_i 的结果为 $g(f(\boldsymbol{x}_i),1-t_i)$，那么该处理对该个体的因果效应为 $y_{t_i}^{(i)}-g(f(\boldsymbol{x}_i),1-t_i)$。

一般来说，传统基于回归估计因果效应的方法不是专门设计用来处理反事实推理的，因此性能会受到样本选择偏差的影响；而基于最近邻的方法虽然结合了个体的相似性信息以克服选择偏差，但它们仅使用另一组邻居的观测结果作为其反事实结果，这可能是不准确和不可靠的。基于表征学习的 SITE 方法评估个体因果效应既保持了单元间的局部相似信息，又平衡了处理组和对照组的全局数据分布，通常情况下比基于线性回归和最近邻匹配的方法表现更好。

3.5　拓展阅读

本章主要介绍了几种在观测数据中估计因果效应的常见方法，其中最重要的一个概念是倾向得分，能够方便我们平衡掉协变量分布不均带来的偏差。因此，倾向得分的提出对于估计因果效应有重要意义。在使用上述估计因果效应的方法估计因果效应时需要满足潜在结果模型的基本假设，即一致性假设、强可忽略性假设与稳定的单元处理值假设。只有满足这些假设才能够正确的估计因果效应。

除了本章介绍的因果效应计算方法外还有大量其他方法，如基于树的方法、基于元学习的方法以及基于多任务的方法等用于估计因果效应。近年来随着机器学习相关研究的不断深入，估计因果效应的方法也变得更加多元化。例如，因果森林法 [22] 和因果效应变分自动编码器（CE-VAE）[23] 等方法 。最近，面向隐私保护数据的联邦因效应计算的研究工作也开始受到关注。例如，Xiong 等提出了联邦异质因果效应计算方法 [24] 和 Vo 等通过共享数据之间的相似性从多源隐私保护数据中计算因果效应 [25]。在本书中就不再详细展开介绍，感兴趣的读者可以自行拓展阅读这些相关的方法[26]。

参考文献

[1] COCHRAN W G. The effectiveness of adjustment by subclassification in removing bias in observational studies[J]. Biometrics, 1968, 24(2): 295-313.

[2] RUBIN D B. Matching to remove bias in observational studies[J]. Biometrics, 1973,29: 159-183.

[3] ROSENBAUM P R, RUBIN D B. The central role of the propensity score in observational studies for causal effects[J]. Biometrika, 1983, 70(1): 41-55.

[4] LEE B K, LESSLER J, STUART E A. Improving propensity score weighting using machine learning[J]. Statistics in medicine, 2010, 29(3): 337-346.

[5] MCCAFFREY D F, RIDGEWAY G, MORRAL A R. Propensity score estimation with boosted regression for evaluating causal effects in observational studies[J]. Psychological methods, 2004, 9(4): 403-425.

[6] SETOGUCHI S, SCHNEEWEISS S, BROOKHART M A, et al. Evaluating uses of data mining techniques in propensity score estimation: a simulation study[J]. Pharmacoepidemiology and drug safety, 2008, 17(6): 546-555.

[7] RUBIN D B. Using propensity scores to help design observational studies: application to the tobacco litigation[J]. Health services and outcomes research methodology, 2001, 2(3): 169-188.

[8] HANSEN B. The prognostic analogue of the propensity score[J]. Biometrika, 2008, 95(2): 481-488.

[9] BLACKWELL M, IACUS S, KING G, et al. Cem: coarsened exact matching in Stata[J]. The Stata journal, 2009, 9(4): 524-546.

[10] ROSENBAUM P R, RUBIN D B. Constructing a control group using multivariate matched sampling methods that incorporate the propensity score[J]. The American statistician, 1985, 39(1): 33-38.

[11] LECHNER, M. Continuous off-the job training in East Germany after Unification[J]. Journal of business and economics statistics, 1999, 17: 74-90.

[12] SIANESI B. An evaluation of the active labour market programmes in Sweden[J]. The review of economics and statistics, 2004, 86(1): 133-155.

[13] CALIENDO M, HUJER R, THOMSEN S L. The employment effects of job-creation schemes in Germany: a microeconometric evaluation[M]. Emerald Group Publishing Limited, 2008.

[14] HANSEN B B. Full matching in an observational study of coaching for the SAT[J]. Journal of the American statistical association, 2004, 99(467): 609-618.

[15] HORVITZ D G, THOMPSON D J. A generalization of sampling without replacement from a finite universe[J]. Journal of the American statistical association, 1952, 47(260): 663-685.

[16] SCHARFSTEIN D O, ROTNITZKY A, ROBINS J M. Adjusting for nonignorable drop-out using semiparametric nonresponse models[J]. Journal of the American statistical association, 1999, 94(448): 1096-1120.

[17] KUANG K, CUI P, LI B, et al. Treatment effect estimation with data-driven variable decomposition[C]// Proceedings of the 31st AAAI conference on artificial intelligence (AAAI -2017). 2017:140-146.

[18] KUANG K, CUI P, LI B, et al. Estimating treatment effect in the wild via differentiated confounder balancing[C]//Proceedings of the 23rd ACM SIGKDD international conference on Knowledge Discovery and Data mining (KDD-2017). 2017: 265-274.

[19] JOHANSSON F, SHALIT U, SONTAG D. Learning representations for counterfactual inference[C]//

Proceedings of the 33rd International Conference on Machine Learning (ICML-2016). 2016: 3020-3029.

[20] SHALIT U, JOHANSSON F D, SONTAG D. Estimating individual treatment effect: generalization bounds and algorithms[C]//Proceedings of the 34th International Conference on Machine Learning (ICML-2017). 2017: 3076-3085.

[21] YAO L, LI S, LI Y, et al. Representation learning for treatment effect estimation from observational data[C]//Proceedings of advances in the 32rd annual conference on Neural Information Processing Systems (NeurIPS-2018). 2018: 2638-2648.

[22] WAGER S, ATHEY S. Estimation and inference of heterogeneous treatment effects using random forests[J]. Journal of the American Statistical Association, 2018, 113(523): 1228-1242.

[23] LOUIZOS C, SHALIT U, MOOIJ J, et al. Causal effect inference with deep latent-variable models[C]// Proceedings of advances in the 31rd annual conference on Neural Information Processing Systems (NeurIPS-2017). 2017: 6449-6459.

[24] XIONG R, KOENECKE A, POWELL M, et al. Federated causal inference in heterogeneous observational data[EB]. arXiv preprint arXiv:2107.11732, 2021.

[25] VO T V, BHATTACHARYYA A, LEE Y, et al. An adaptive kernel approach to federated learning of heterogeneous causal effects[C]//Proceedings of Advances in the 36rd Annual Conference on Neural Information Processing Systems (NeurIPS-2022), 2022, 34, 21821-21833.

[26] DENG Z, ZHENG X, TIAN H, et al. Deep causal learning: representation, discovery and inference[EB]. arXiv preprint arXiv:2211.03374, 2022.

第三部分

Pearl因果图模型与方法

CHAPTER 4

第 4 章

干预与因果图模型

潜在结果模型主要用在原因和结果变量已知的前提下，计算原因对结果的因果效应。潜在结果模型不能清晰地表示多变量之间的因果关系，使得潜在结果模型不能有效地从多变量数据或高维数据中准确地识别混杂变量。因果图模型 [1-3] 通过图形化的方式表示变量之间的因果关系，且研究人员可以利用因果结构学习算法从观测数据中学习因果图模型。因此，因果图模型为定义和识别多变量数据中的混杂变量提供了一般化的解决方案，同时也为选择偏差、中介效应和工具变量的计算提供了方法基础。本章主要介绍因果图模型与基于图模型的干预操作。

4.1 干预与 do 演算

相对于 Rubin 提出的潜在结果模型，Pearl 等 [1] 发明的 do 演算为研究人员提供了另外一种实现在观测数据上模拟随机对照试验中的实际干预操作，让研究人员能够从观测数据中评估变量之间的因果效应。

定义 4-1 do(T=t) 干预操作 do(T=t) 表示强制设置变量 T 的值为 t，简写为 do(t)。这个干预操作也被称为原子干预（Atomic Intervention）。

定义 4-2 因果效应（干预概率） 变量 T 对变量 Y 的因果效应是一个从 T 到 Y 的概率分布函数，用 do 演算符号记为 $P(Y=y|\mathrm{do}(T=t))$，简写为 $P(y|\mathrm{do}(t))$。

干预概率 $P(Y=y|\mathrm{do}(T=t))$ 表示通过干预操作，强制 $T=t$ 的条件下变量 $Y=y$ 的概率，即 T 对 Y 的因果效应。如果用 do 算子来表示随机对照试验，随机对照试验是用真正实施干预的方式计算干预概率 $P(Y|\mathrm{do}(T=t))$。因此，do 演算符号 do(T=t) 表示的干预概率与潜在结果表示的因果效应等价。例如，潜在结果的分布写成以下形式：

$$P(Y(t)=y) \triangleq P(Y=y|\mathrm{do}(T=t)) \triangleq P(y|\mathrm{do}(t)) \quad (4\text{-}1)$$

当处理变量是二值变量时，ATE（平均处理效应）可以写成如下形式：

$$\mathbb{E}[Y|\text{do}(T=1)]-\mathbb{E}[Y|\text{do}(T=0)] \tag{4-2}$$

条件概率 $P(Y=y|T=t)$ 表示在变量 $T=t$ 的条件下变量 $Y=y$ 的概率。条件概率 $P(Y=y|T=t)$ 表达式中没有 do 演算操作符，没有对数据进行任何的干预，只需要从观测数据中计算相应的条件概率。图 4-1 展示了条件概率与干预概率的差异 [2]。图 4-1a 表示一个总的群体，例如对某种商品感兴趣的顾客群体。图 4-1b 表示我们可以利用变量 T 把图 4-1a 表示的群体分为两个子群体，例如 $T=1$ 表示参加该类商品促销活动的顾客群体，而 $T=0$ 表示没有参加此类商品促销活动的顾客群体。$P(Y=y|T=t)$ 中的 $T=t$ 仅反映目前已有观测数据中变量 T 的值等于 t 时 $Y=y$ 的条件概率。如图 4-1c 所示，$P(Y|T=1)$ 表示图 4-1b 中参加商品促销活动的顾客群体在图 4-1a 表示的群体中所占的比率，而 $P(Y|T=0)$ 表示图 4-1b 中没有参加商品促销活动的顾客群体在图 4-1a 表示群体中的所占的比率。

干预概率 $P(Y|\text{do}(T=t))$ 中 $\text{do}(T=t)$ 是令观测数据中变量 T 的值等于 t 后的干预分布。在图 4-1d 中，$\text{do}(T=1)$ 表示强制图 4-1a 表示的所有顾客群体全部参加商品的促销活动，而 $\text{do}(T=0)$ 表示强制图 4-1a 表示的所有顾客群体不参加商品的促销活动，然后我们可以通过比较 $P(Y|\text{do}(T=1))$ 和 $P(Y|\text{do}(T=0))$ 之间的差异计算促销活动对商品销售的影响。因此，干预概率 $P(Y|\text{do}(T=t))$ 从概念上完全不同于条件概率 $P(Y|T=t)$。利用 do 演算和图模型，研究者可以从观测数据中分解出因果关系与相关关系并实现因果效应计算。下面我们介绍两种主要的因果图模型。

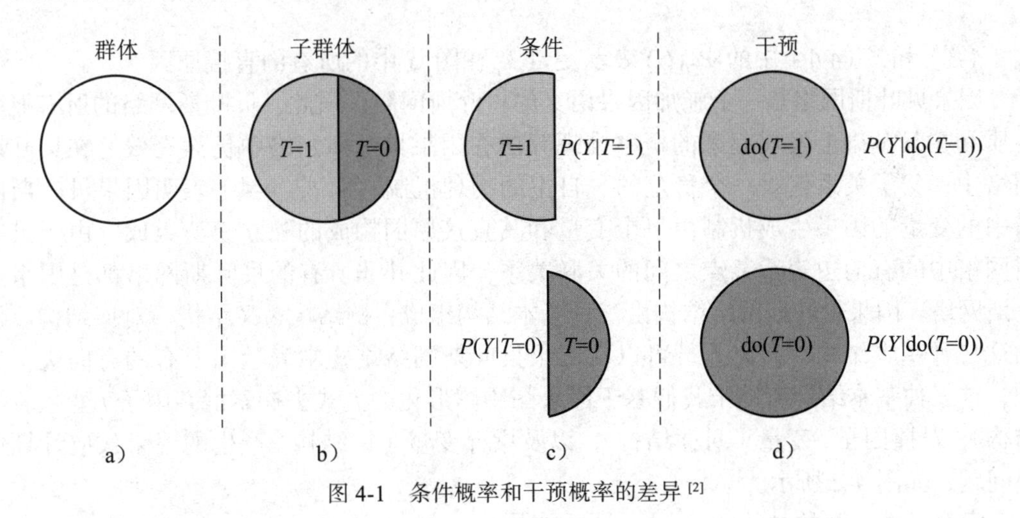

图 4-1　条件概率和干预概率的差异 [2]

4.2 因果贝叶斯网络模型

4.2.1 因果贝叶斯网络基础

因果贝叶斯网络（Causal Bayesian Network）模型是一种将贝叶斯网络模型解释为因果关系模型的框架，与贝叶斯网络模型具有相同的形式 [1,3]。因此，因果贝叶斯网络

由有向无环图 G 和条件概率分布 $P(V)$ 组成。有向无环图是因果贝叶斯网络的核心。因果贝叶斯网络采用有向无环图给出了因果关系表示的图形化定义。因果贝叶斯网络中的有向边 $V_i \to V_j$ 表示变量 V_i 是变量 V_j 的直接原因，而 V_j 是 V_i 的直接结果。因果贝叶斯网络采用与贝叶斯网络一样的条件概率分布表示数据生成机制。因果贝叶斯网络中每个变量的值由其父节点的值来决定。因果贝叶斯网络中的有向无环图和条件概率分布满足因果马尔可夫假设（Causal Markov Condition）。因果马尔可夫假设表示在因果贝叶斯网络中，给定任意一个变量的直接原因，该变量条件独立于其非子孙节点。因果贝叶斯网络的定义如下。

定义 4-3 因果贝叶斯网络 在因果马尔可夫假设下，因果贝叶斯网络由一个定义在随机变量集合 $\mathcal{V}=\{V_1,\cdots,V_N\}$ 上的有向无环图 G、一个函数集 $f_j(V_j,\mathcal{P}a_j(G))$、一个联合概率分布 $P(\mathcal{V})$ 组成：

$$P(\mathcal{V})=\prod_{j=1}^{N} f_j(V_j,\mathcal{P}a_j(G)) \tag{4-3}$$

在因果贝叶斯网络中，如果用条件概率分布表示函数集 $f_j(V_j,\mathcal{P}a_j(G))$，即 $f_j(V_j,\mathcal{P}a_j(G))=P(V_j|\mathcal{P}a_j(G))$。那么，式（4-3）变为

$$P(\mathcal{V})=\prod_{j=1}^{N} P(V_j|\mathcal{P}a_j(G)) \tag{4-4}$$

式（4-3）和式（4-4）中的 $\mathcal{P}a_j(G)$ 表示变量 V_j 在图 G 中的所有的直接原因。

因果贝叶斯网络是一个施加因果语义的贝叶斯网络，因此，贝叶斯网络的所有概率性质和在其基础上发展起来的概率推理算法在因果贝叶斯网络中仍然有效。在贝叶斯网络中，父子关系代表一个稳定的、自主的物理机制，而式（4-4）表明因果贝叶斯网络中的变量的因果生成机制由每个变量和其直接原因构成的独立模块组成。由于贝叶斯网络中的有向边表示节点之间的关联关系，因此并非所有的贝叶斯网络都是因果贝叶斯网络。因果贝叶斯网络结构由三种基本结构组成：链结构、叉结构、对撞结构。借助这三种基本结构，研究人员可以在因果贝叶斯网络结构中表示出所有的有向边。另外，这三种基本结构有助于我们基于因果图用图形化的方式去探索混杂因子 / 变量（叉结构）、对撞因子 / 变量（对撞结构），以及中介变量（链结构）产生的因果效应计算偏差问题，如图 4-2 所示。

定义 4-4 链结构（Chain） 在链结构中，变量 V_i 和 V_j 之间只有一条单向路径（$V_i \to V_{i+1} \to \cdots \to V_{j+1} \to V_j$ 或 $V_i \leftarrow V_{i+1} \leftarrow \cdots \leftarrow V_{j+1} \leftarrow V_j$），$Z$ 是这条路径的任何一组变量（不包括 V_i 和 V_j），则在给定 Z 的条件下，根据 d- 分离准则，V_i 和 V_j 独立。

$V_i \to M \to V_j$ 或 $V_i \leftarrow M \leftarrow V_j$ 是最简单的链结构。链结构中的变量 M 通常也被称为 V_i 和 V_j 之间的中介变量（Mediator），因为它将 V_i 的信息传递给 V_j。例如，在链结构“吸烟→焦油沉积→肺癌”中，吸烟导致焦油沉积，而焦油沉积导致肺癌。如果我们知

道焦油沉积这个变量的值时，例如医生确定了患者的肺部焦油沉积量很高，那么无论患者是否吸烟，都不会影响医生认为患者可能患有肺癌的诊断。

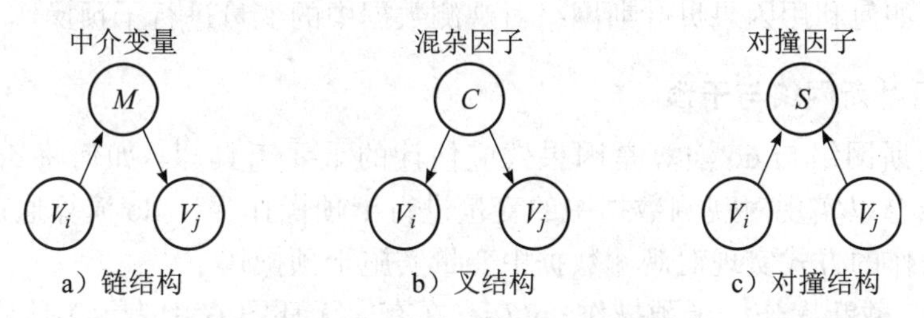

图 4-2　因果贝叶斯网络的三种基本结构

定义 4-5　叉结构（Fork）　在叉结构中，变量 C 是 V_i 和 V_j 的共同原因，且 V_i 和 V_j 之间只有一条路径，即 $V_i \leftarrow C \rightarrow V_j$，则在给定变量 C 的条件下，根据 d- 分离准则，V_i 和 V_j 独立。

在叉结构中，V_i 和 V_j 的共同原因 C 又称为混杂因子或混杂变量。混杂因子 C 会使 V_i 和 V_j 相关，即使 V_i 和 V_j 之间并没有直接的因果关系。例如，研究人员对 1 ～ 5 年级的小学生的阅读能力进行调查发现：穿较大鞋码的孩子往往阅读能力较强。显然“鞋的尺码”和“阅读能力”不是因果关系，因为给孩子穿大一号的鞋并不会让他 / 她有更强的阅读能力。实际上，这两个变量的变化都可以通过第三个变量，即孩子的年龄来解释，即叉结构“鞋的尺码←孩子的年龄→阅读能力”。这个叉结构表明越年长的孩子鞋码越大，他们的阅读能力也越强。如果我们考虑年龄这个混杂因子，在每个年龄层面进行分析，就会发现鞋码和阅读能力之间没有关联关系。

定义 4-6　对撞结构（Collider）　在对撞结构中，变量 S 是 V_i 和 V_j 的共同孩子节点，且 V_i 和 V_j 之间只有一条路径，即 $V_i \rightarrow S \leftarrow V_j$，则 V_i 和 V_j 无条件独立，但是在给定 S 或 S 的任何子孙节点条件下，根据 d- 分离准则，V_i 和 V_j 相关。

对撞结构也被称为 V- 结构。在对撞结构中，V_i 和 V_j 的共同孩子节点 S 又被称为对撞因子。对撞结构表示的变量关系与链结构和叉结构正好相反。例如，考虑对撞结构：学术能力→名校←运动能力。对于一般人而言，学术能力和运动能力可能一点都不相关。假设我们只选取名校学生的数据而且这个名校只招收学术能力好或运动能力突出的学生，那么就会看到学术能力和运动能力之间会出现负相关，即发现名校的某位学生学术能力一般，会使我们更相信他 / 她的运动能力一定突出。学术能力和运动能力之间出现的这种相关称为以 S 为条件的对撞偏差或选择偏差。

链结构和叉结构在贝叶斯网络里表示相同的条件独立关系，以及贝叶斯网络本身无法区分出因果关系，因此它无法明确区分链结构和叉结构。贝叶斯网络一般只能回答条件概率查询问题 $P(Y|T=t)$。因果贝叶斯网络赋予有向无环图中的有向箭头表示节点之间的因果关系。虽然因果贝叶斯网络中的叉结构 $V_i \rightarrow S \leftarrow V_j$ 和链结构 $V_i \rightarrow M \rightarrow V_j$ 表示相同的条件独立关系，但是这两种结构中的变量之间的因果方向完全不同，表示两种完全不同的因果结构和因果机制。因果贝叶斯网络可以回答干预概率查询问题

$P(Y|\mathrm{do}(T=t))$。例如，在叉结构 $V_i \leftarrow C \rightarrow V_j$ 中，C 是 V_i 和 V_j 的共同原因，我们可以通过干预 V_i 从数据中得到——调整 V_i 不会影响到 V_j，即 V_i 和 V_j 没有因果关系。下一节我们将继续讨论如何利用因果贝叶斯网络对观测数据中的变量进行干预操作。

4.2.2　因果贝叶斯网络与干预

因果贝叶斯网络与 do 演算是因果效应估计的重要工具[1]。如何将 do 演算和因果贝叶斯网络结合以实现对观测数据中的变量进行干预操作呢？ do 演算通过对有向无环图进行截断操作的方式实现对观测数据中变量实施干预操作。

定义 4-7　截断操作　干预操作 $\mathrm{do}(T=t)$ 在有向无环图 G 中表示为删除图 G 中所有指向干预变量 T 的有向边。

如图 4-3 所示给出了截断操作的例子。$P(Y|\mathrm{do}(T=t))$ 相对应的截断操作后的因果图如图 4-3b 所示，$\mathrm{do}(T=t)$ 对应的截断操作删除了图中所有指向 T 的有向边。$P(Y|\mathrm{do}(T_1=t_1))$ 相对应的因果图如图 4-3c 所示，图中所有指向 T_1 的有向边被删除。

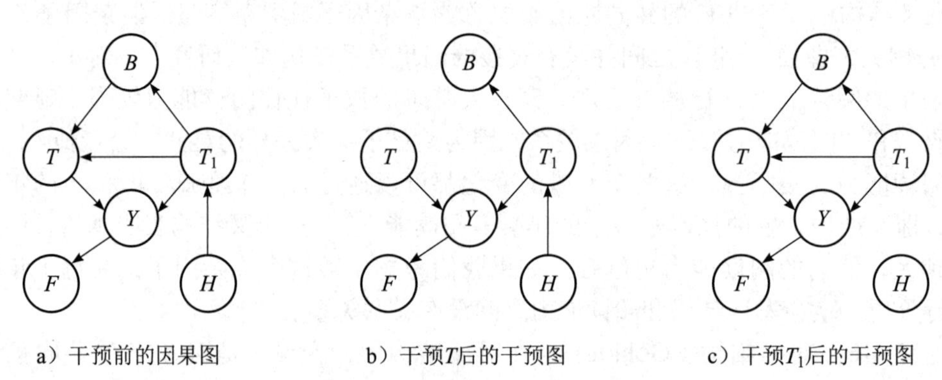

图 4-3　图的截断操作与 do 演算

图 4-4a 展示了“鞋的尺码”“孩子的年龄”“阅读能力”之间关系的因果图（以一年级至五年级的小学生为研究对象），且假设 T 表示“鞋的尺码”，Y 表示“阅读能力”，C 表示“孩子的年龄”。对“鞋的尺码”T 进行干预，例如让孩子穿更大尺码的鞋，即 $\mathrm{do}(T=t)$, 在图 4-4a 上删除所有指向变量 T 的有向边，得到如图 4-4b 所示的因果图。截断操作可以防止有关 T 的任何信息在非因果方向流动（即 $T \leftarrow C \rightarrow Y$)，确保观测到的“阅读能力”$Y$ 的变化完全归因于“鞋的尺码”T，而不受其他变量的影响。但是通过图 4-4b 可以发现，干预操作 $\mathrm{do}(T=t)$ 后，“阅读能力”与“鞋的尺码”已经没有边相连，这两个变量完全独立。在这种情况下，即使改变了 T 的值，这个变化也不会传递到变量 Y。因此，图 4-4 表明条件概率 $P(Y|T=t)$ 可以从观测数据中直接计算（依赖于图 4-4a)，而干预概率 $P(Y|\mathrm{do}(T=t))$ 的计算依赖于截断操作后的因果图（即图 4-4b）。基于因果贝叶斯网络的联合概率的分布如下所示：

$$P(V_1,\cdots,V_N)=\prod_i P(V_i \mid \mathcal{P}a(V_i)) \tag{4-5}$$

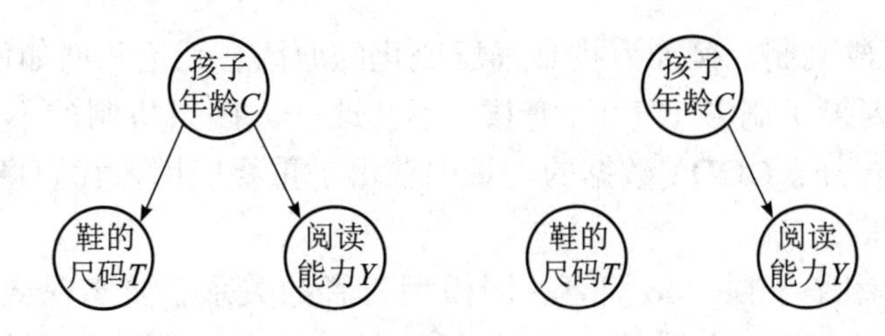

a）鞋的尺码T与阅读能力Y的因果图　　b）干预T后的因果图

图 4-4　干预操作的例子

为了方便理解，在式（4-5）中，$\mathcal{P}a_i(G)$ 简化表示为 $\mathcal{P}a(V_i)$，表示变量 V_i 在图 G 中的所有的直接原因。我们对节点集 $\mathcal{Z}\subset\mathcal{V}$ 进行干预，如果 $V_i\in\mathcal{Z}$ 且 V_i 的值 v_i 是干预时设定的值，则 V_i 与干预一致，那么 $P(V_i|\mathcal{P}a(V_i))=1$；否则 $P(V_i|\mathcal{P}a(V_i))=0$。$P(V_i|\mathcal{P}a(V_i))=1$ 表示将 V_i 的概率分布 $P(V_i|\mathcal{P}a(V_i))$ 从干预前的因果贝叶斯网络的联合分布中删除，因为 V_i 与其所有父节点之间的有向边已被移除。截断操作后的因果贝叶斯网络的联合概率分布如式（4-6）所示。

定义 4-8　截断公式[1]　假设因果贝叶斯网络的分布 $P(\mathcal{V})$ 和图 G，给定一个干预节点集合 $\mathcal{Z}$，如果 $\forall V_i\in z$ 的取值和干预设定的取值一致，那么

$$P(V_1,\cdots,V_N|\text{do}(\mathcal{Z}=z))=\prod_{V_i\notin z}P(V_i|\mathcal{P}a(V_i)) \tag{4-6}$$

否则 $P(V_1,\cdots,V_N|\text{do}(\mathcal{Z}=z))=0$。

从式（4-5）中常规的分解公式转换到式（4-6）的截断分解公式，我们可以看出后者的乘积下标只局限于不属于 $\mathcal{Z}$ 集合的变量，因为 $\mathcal{Z}$ 中的变量被执行了干预操作。除了删除了所有指向干预变量的有向边，干预分布的图模型与观察分布的图模型完全相同。值得注意的是，截断公式已经把包含 do 算子的干预分布转化为一个不包含 do 算子的普通条件概率分布。根据式（4-6），下面我们介绍因果机制的模块化性质（也称为独立机制或不变性）。

性质 4-1　模块化 / 独立机制 / 不变性[1]　在因果贝叶斯网络中，如果我们干预一组变量 $\mathcal{Z}\subset\mathcal{V}$，将它们的取值设为固定值，那么对于所有 V_i，我们可以得到以下的结果：

（1）如果 $V_i\in\mathcal{Z}$，若 v_i 是 V_i 被干预时设置的值，则 $P(V_i|\mathcal{P}a(V_i))=1$，否则 $P(V_i\ \mathcal{P}a(V_i))=0$。

（2）如果 $V_i\in\mathcal{Z}$ 且 $V_i\in\mathcal{P}a(V_j)$，若 $V_j\notin\mathcal{Z}$ 且 v_i 是 V_i 被干预时设置的值，则 $P(V_j|\mathcal{P}a(V_j))$ 保持不变。

（3）如果 $V_i\notin\mathcal{Z}$，则 $P(V_i|\mathcal{P}a(V_i))$ 保持不变。

性质 4-1 中的性质（1）表明干预变量 V_i 只会改变 V_i 自身的因果生成机制；性质（2）和性质（3）表明干预变量 V_i 不会改变因果贝叶斯网络中任何其他变量的因果机制。在图 4-3 中，T 是 Y 的直接原因，干预变量 T 改变了 T 自身的因果机制，但不会

改变 Y 的因果生成机制。例如海拔是气压变化的原因，无论我们如何改变海拔的高度，性质（2）表明因果机制 P（气压 | 海拔）不会改变。因果机制的不变性在处理分布外（Out-Of-Distribution，OOD）数据的场景中获得了重要应用，我们将在本章的拓展阅读部分介绍。

上面详细介绍了干预、do 演算、图模型三者的关系。要实现从观测数据上计算一个干预概率 $P(Y|\mathrm{do}(T=t))$ 需要把 $P(Y|\mathrm{do}(T=t))$ 转化为一个等价、不包含 do 算子的条件概率，才能真正实现从观测数据中计算因果效应。下面我们以一个简单的例子介绍如何利用截断公式和因果贝叶斯网络从观测数据中计算 $P(y|\mathrm{do}(t))$。在这个例子中，假设图 4-5 和联合概率分布 $P(\mathcal{V})$ 满足马尔可夫假设。

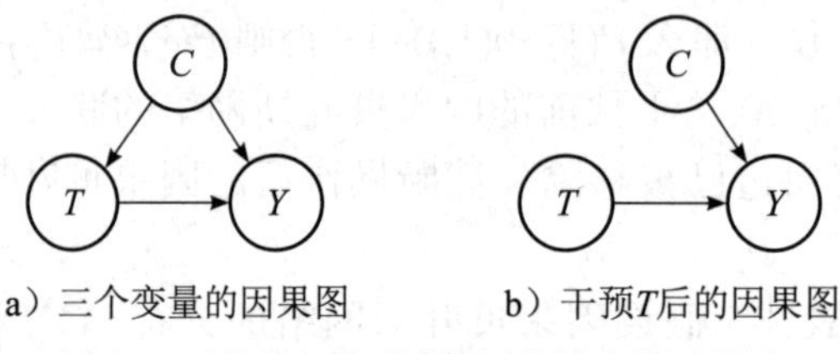

图 4-5　利用 do 算子计算因果效应的因果图

根据图 4-5a 和式（4-5），可得：

$$P(Y,T,C)=P(C)P(T|C)P(Y|T,C) \tag{4-7}$$

当干预 T 时得到干预图 4-5b，得到如下公式：

$$P(y,C|\mathrm{do}(t))=P(C)P(y|t,C) \tag{4-8}$$

式（4-8）表明干预 T 只是改变了 T 的因果生成机制，而没有改变 Y 和 C 的因果生成机制。边缘化式（4-8）中的变量 C，可以得到 $P(y|\mathrm{do}(t))$ 的等价且不包含 do 算子的条件概率：

$$P(y|\mathrm{do}(t))=\sum_{C} P(y|t,C)P(C) \tag{4-9}$$

式（4-9）假设 C 是离散变量。当 C 是连续变量时，我们可以用积分替换求和。式（4-9）就是我们将在下一章介绍的后门准则公式。根据性质 4-1 和截断公式（4-6），式（4-9）是以干预前概率表示的因果效应计算公式。式（4-9）中只包含条件概率，没有 do 算子，因此，我们实现了不进行真实的干预实验，而仅仅从观测数据中推断出了 T 对 Y 的因果效应。另外，由于干预改变了 T 的因果生成机制，$P(y|\mathrm{do}(t)) \neq P(y|t)$，这也进一步解释了干预概率与条件概率的不同。那么在什么情况下，因果效应 $P(y|\mathrm{do}(t))$ 可从观测数据中识别？ Pearl 给出了下面的定理。

定理 4-1　因果效应的可识别性 [1]　给定一组定义在变量集合 $\mathcal{V}$ 上的观测数据，如果其对应的有向无环图 G 满足马尔可夫假设且 $\mathcal{V}$ 中所有变量都是可观测的，那么对于

$\mathcal{V}$ 中的任意变量 T 和 Y，因果效应 $P(y|\text{do}(t))$ 是可识别的且可通过截断公式计算。

4.3 结构因果模型

4.3.1 结构因果模型的定义

结构因果模型由 Pearl 提出[1]，是结构等式模型与因果贝叶斯网络的结合，定义 4-9 给出了结构因果模型的一般化定义。

定义 4-9　结构因果模型[1-3]**(Structure Causal Model, SCM)**　由内生变量集合 $\mathcal{V}$、外生变量集合 $\mathcal{U}$、结构赋值函数集 $\mathcal{F}=\{f_1, f_2,\cdots, f_N\}$，以及一个有向无环图 G 组成。对任意的变量 $V_i \in \mathcal{V}$，$U_i \in \mathcal{U}$ 的结构赋值函数如下：

$$V_i=f_i\ (\mathcal{P}a(V_i),U_i),i=1,\cdots,N \tag{4-10}$$

式（4-10）中，$\mathcal{P}a(V_i)$ 为 V_i 的直接原因，$\mathcal{P}a(V_i)\subseteq\{V_1,\cdots,V_N\}\backslash\{V_i\}$，$V_i$ 是其直接原因的直接结果。f_i 赋值函数表示了变量之间的因果生成关系，具有不可逆性，因此 f_i 赋值函数不是普通的函数等式。内生变量是可被观测的变量。$\mathcal{U}=\{U_1,\cdots,U_N\}$ 是外生变量集合。外生变量属于模型外部，也称为“误差项”或“噪声变量”，表示影响内生变量且不被内生变量影响的那些不可观测变量。外生变量没有祖先节点，不是任何内生变量的后代，在因果图中表现为一个根节点，不必解释它们变化的原因。每个内生变量都至少是一个外生变量的后代。如图 4-6 所示，在研究影响篮球成绩的因素时，身高是可观测内生变量，而个人的勤奋程度等因素对篮球成绩也有影响，但是这些变量一般无法观测，是外生变量。在大多数情况下，我们不知道所有相关外生变量的完整集合，同时更不可能指定它们对模型的影响。

每一个结构因果模型都与一个有向无环图一一对应，以图形化的形式表示变量之间的因果关系，如图 4-6 所示。有向无环图中的节点表示 $\mathcal{U}$ 和 $\mathcal{V}$ 中的变量，有向边表示变量之间的函数生成关系。G 为每个 V_i 创建一个节点，并从 $\mathcal{P}a(V_i)$ 中的每个父节点到 V_i 画有向边。

结构因果模型对应的图模型从定性的角度描述了数据中变量之间的因果关系，而结构因果模型的赋值函数从定量的角度描述了变量之间的因果关系。图模型和赋值函数使得结构因果模型可以从观测数据中更加方便地计算因果效应和反事实查询。在图 4-6 中，图模型给出了身高、性别、篮球成绩三个变量之间的定性因果关系：性别是身高的原因，身高是篮球成绩的原因。而赋值函数给出了身高、性别、篮球成绩三个变量之间的定量因果关系，使得研究人员可以从赋值函数中计算性别如何影响身高，以及身高如何影响篮球成绩。

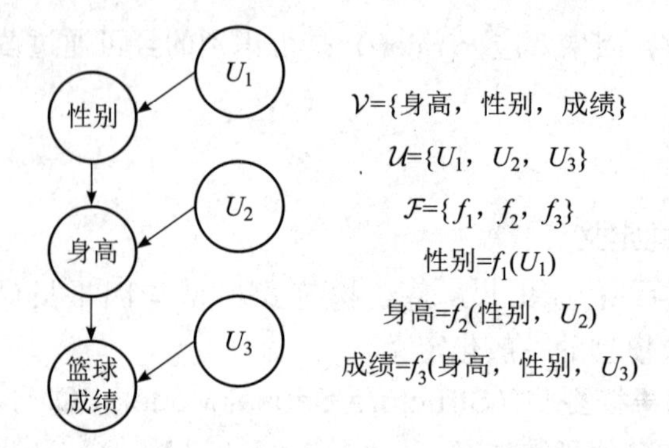

图 4-6　身高、性别、篮球成绩之间的结构因果模型

4.3.2　结构因果模型与干预

结构因果模型中用修改赋值函数的方法来表示干预。干预 $do(T=t)$ 从结构因果模型中用 $T=t$ 代替方程 $T=f_T(\mathcal{P}a(T),U_t)$，并在剩下的方程中代入 $T=t$。例如，考虑图 4-7a 所示的结构因果模型 SCM：

$$C=f_C(U_C),T=f_T(C,U_T),Y=f_Y(T,C,U_Y) \tag{4-11}$$

如果我们干预 T，即 $do(T=t)$，我们得到干预后的结构因果模型 SCM_t 式（4-12) 和相应的图模型（见图 4-7b）。

$$C=f_C(U_C),T=t,Y=f_Y(t,C,U_Y) \tag{4-12}$$

性质 4-2　模块化 / 独立机制 [1,3]　一个结构因果模型 SCM 和一个通过干预 $do(T=t)$ 得到的结构因果模型 SCM_t，除了 T 的函数方程外，其他的函数方程都相同。

模块化性质表明结构因果模型的每个函数方程代表一个独立的因果机制，每个变量的因果机制相互独立。干预 $do(T=t)$ 只改变含有 T 的赋值函数而不改变其他变量的赋值函数。结构因果模型的模块化性质和因果贝叶斯网络模型的模块化性质是一致的。

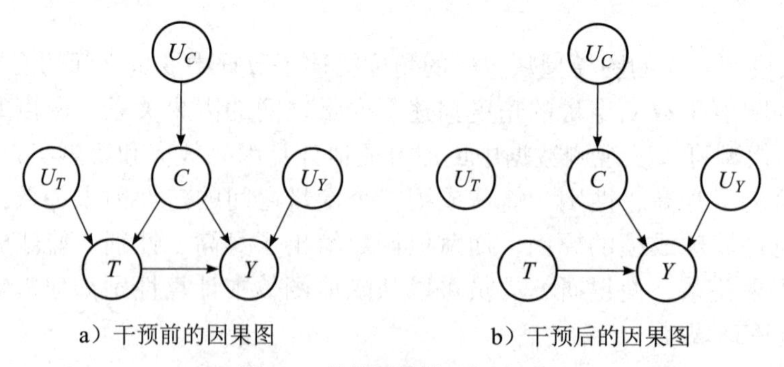

a）干预前的因果图　　b）干预后的因果图

图 4-7　结构因果模型与干预

有向无环图是结构因果模型与因果贝叶斯网络模型的核心。结构因果模型是因果贝叶斯网络模型的扩展和延伸，在因果效应评估与反事实计算领域比因果贝叶斯网络应

用更广泛。因果贝叶斯网络模型采用联合概率分布表示数据的生成机制以及变量之间的概率关系，而在结构因果模型采用赋值函数对每个变量的因果生成机制进行了独立的、更为详细的定量表示，使得干预的表示更灵活方便。其次，假设变量之间是线性关系且外生变量之间条件独立，那么回归估计方法是估计因果效应的主要工具。结构因果模型可以使用回归估计方法从赋值函数中估计因果效应，其中回归系数代表了自变量对因变量的因果效应。回归估计方法使得因果效应估计方式更为灵活与方便。再次，赋值函数利用外生变量表示了所有不可观测变量或噪声，而因果贝叶斯网络模型缺乏这种表示能力。最后，结构因果模型是反事实表示和计算的主要模型，而因果贝叶斯网络模型不具有反事实计算的能力。

4.4　拓展阅读

本章介绍的因果独立机制与干预概念已在机器学习算法的鲁棒性和泛化能力提升等方向上获得了推广与应用[4]。机器学习算法一般假设训练数据和测试数据服从独立同分布。然而，在真实应用场景中，独立同分布假设往往很难满足。例如，在情感分析任务中，不同领域经常使用一些领域特有的特征词来表达情感；在图像分类任务中，背景、纹理和光照的变化都会使数据分布发生变化[4]。一旦测试数据分布发生变化，依赖独立同分布假设的机器学习算法的性能会显著下降。因此，训练数据与测试数据的 OOD 给传统的机器学习算法带来了巨大的挑战，也是目前人工智能与机器学习技术在实践应用中亟待解决的核心问题之一。面向独立同分布数据，传统机器学习算法学习预测变量与标签变量之间的统计相关性，而变量之间相关关系构建模型已成为传统机器学习算法在 OOD 数据上泛化能力差的主要原因。

因果独立机制与干预操作恰好为机器学习任务揭示分布外数据的因果生成机制，学习不变因果特征，为构建鲁棒机器学习模型提供了理论基础[5,6]。Peters 等首次利用因果机制不变性从多个实验数据中学习因果结构，提出了 ICP（Invariant Causal Prediction）算法[7]。受这项工作的启发，近年来，连接因果推断与机器学习方向的研究已成为机器学习领域的研究热点方向。Kun Zhang 教授团队是较早地将独立因果机制引入领域适应问题的研究团队[8-9]。崔鹏教授团队将因果推断与领域适应结合，提出稳定学习方法[10]。Bernhard Schölkopf 教授团队提出了从数据中学习独立因果机制（Independent Causal Mechanisms，ICM）方法[11]。Arjovsky 等提出了不变风险最小化（Invariant Risk Minimization，IRM）算法[12]。在这些先期工作的基础上，已有大量工作研究如何利用因果推断理论与方法解决机器学习模型在分布外数据上遇到的泛化能力弱的问题，并在图像处理、自然语言处理、推荐系统领域获得了应用[13-15]。上面仅列举了几项代表性的工作，其他的重要工作，请读者根据兴趣阅读相关文献。

参考文献

[1] PEARL J. Causality[M]. New York: Cambridge University Press, 2009.

[2] NEAL B. Introduction to causal inference (ICI): from a machine learning perspective[EB/OL]. [2023-03-28]. https://www.bradyneal.com/causal-inference-course.

[3] PETERS J, JANZING D, SCHÖLKOPF B. Elements of causal inference: foundations and learning algorithms[M]. Cambridge: The MIT Press, 2017.

[4] CHRISTIANSEN R, PFISTER N, JAKOBSEN M E, et al. A causal framework for distribution generalization[J]. IEEE transactions on pattern analysis & machine intelligence, 2021(1): 1-1.

[5] SCHÖLKOPF B, LOCATELLO F, BAUER S, et al. Toward causal representation learning[J]. Proceedings of the IEEE, 2021, 109(5): 612-634.

[6] YU K, LIU L, LI J, et al. Multi-source causal feature selection[J]. IEEE transactions on pattern analysis and machine intelligence, 2019, 42(9), 2240-2256.

[7] PETERS J, BÜHLMANN P, MEINSHAUSEN N. Causal inference by using invariant prediction: identification and confidence intervals[J]. Journal of the royal statistical society: series B (statistical methodology), 2016, 78(5): 947-1012.

[8] ZHANG K, GONG M, SCHOLKOPF B. Multi-source domain adaptation: a causal view[C]// Proceedings of the 29th AAAI Conference on Artificial Intelligence (AAAI-2015). 2015: 3150-3157.

[9] ZHANG K, GONG M, STOJANOV P, et al. Domain adaptation as a problem of inference on graphical models[C]//Proceedings of Advances in the 34rd Annual Conference on Neural Information Processing Systems (NeurIPS-2020). 2020: 4965-4976.

[10] CUI P, ATHEY S. Stable learning establishes some common ground between causal inference and machine learning[J]. Nature machine intelligence, 2022, 4(2): 110-115.

[11] PARASCANDOLO G, KILBERTUS N, ROJAS-CARULLA M, et al. Learning independent causal mechanisms[C]// Proceedings of the 35th International Conference on Machine Learning (ICML-2018). PMLR, 2018: 4036-4044.

[12] ARJOVSKY M, BOTTOU L, GULRAJANI I, et al. Invariant risk Minimization[J]. Stat, 2020, 1050: 27.

[13] LV F, LIANG J, LI S, et al. Causality inspired representation learning for domain generalization[C]// Proceedings of the 35th IEEE/CVF Conference on Computer Vision and Pattern Recognition (CVPR-2022). 2022: 8046-8056.

[14] LIU C, SUN X, WANG J, et al. Learning causal semantic representation for out-of-distribution prediction[C]// Proceedings of the 35th Advances in Neural Information Processing Systems (NeurIPS-2021).2021: 6155-6170.

[15] WANG W, LIN X, FENG F, et al. Causal representation learning for out-of-distribution recommendation[C]//Proceedings of the 31th ACM Web Conference (WWW-2022). 2022: 3562-3571.

CHAPTER 5

第 5 章

混杂偏差

选择一组正确的混杂变量 Z 可以使结果变量 Y 的取值独立于处理变量 X，从而达到消除混杂偏差的目的。但是如何从数据中选择这样一组混杂变量 Z，潜在模型框架并没有给出具体的准则。因此，本章将介绍基于因果图模型的混杂变量 Z 识别和混杂偏差修正问题。

5.1 混杂因子的图形化表示

从因果图的角度，图 5-1 的叉结构定义了混杂的基本形式：T 和 Y 的共同原因 C 是 T 和 Y 这对因果关系的混杂因子。从 do 演算的角度，混杂因子被定义为任何使 $P(Y|\mathrm{do}(t))$ 不同于 $P(Y|T)$ 的变量或变量集合。因果图以图形化的形式定义了从数据中计算 T 对 Y 的因果效应是否存在混杂因子以及哪些变量是混杂因子，使得混杂因子的识别更加方便与准确 [1-3]。

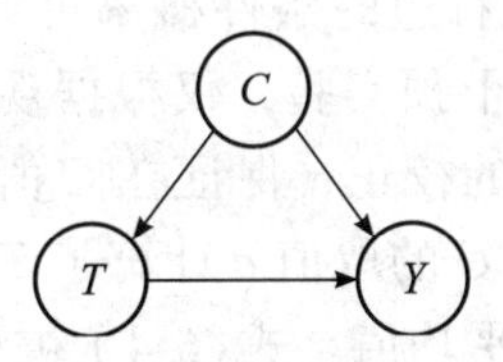

图 5-1 因果图表示的混杂的基本形式：C 是 T 和 Y 的混杂因子

在图 5-1 中，由 $T \leftarrow C \rightarrow Y$ 构成的路径可能使 T 和 Y 产生伪相关。如果这条路径不被阻断，变量 C 会使 T 对 Y 的真正的因果效应 $P(Y|\mathrm{do}(t))$ 产生混杂偏差。在给出混杂因子 C 的情况下，我们如何利用 do 演算和因果图模型从观测数据中计算 T 对 Y 的准确因果效应 $P(Y|\mathrm{do}(t))$？下面我们先介绍面向单个混杂因子的因果效应计算方法。

根据图 5-1 和马尔可夫假设，可得：

$$P(Y,C,T)=P(C)P(T|C)P(Y|C,T) \tag{5-1}$$

$P(C)$、$P(T|C)$、$P(Y|C,T)$ 称为干预前因果贝叶斯网络模型的原始概率分布。干预操作 do(T=t) 删除图 5-1 中所有指向 T 的有向边，如图 5-2 所示。根据干预图 5-2 和截断公式可得：

$$P(Y,C|\text{do}(t))=P_m(C)P_m(Y|C,t) \tag{5-2}$$

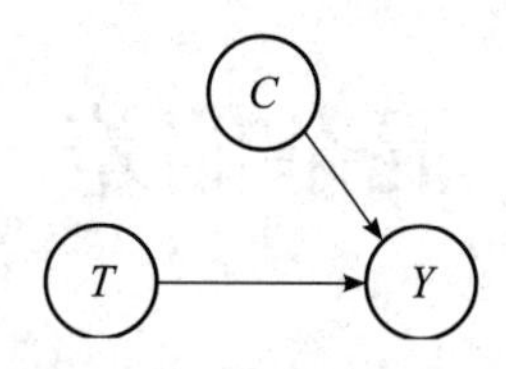

图 5-2　对图 5-1 中的 T 进行干预后的因果图

$P_m(C)$ 和 $P_m(Y|C,t)$ 称为干预概率分布，那么干预后的干预概率分布 $P_m(C)$、$P_m(Y|C,t)$ 和干预前的原始概率分布 $P(C)$、$P(Y|C,t)$ 有什么关系呢？根据第 4 章的因果独立机制，如果因果贝叶斯网络模型中的变量 V_i 没有被干预，那么 $P(V_i|\mathcal{P}a(V_i))$ 在干预前和干预后保持不变，否则 $P(V_i|\mathcal{P}a(V_i))$ 等于 0 或 1。由于 C 和 Y 不是干预变量，边缘概率分布 $P(C)$ 和条件概率分布 $P(Y|C,t)$ 在干预后保持不变，因此，$P_m(Y|C,t)=P(Y|C,t)$ 且 $P_m(C)=P(C)$。综上所述，可得：

$$P(Y,C|\text{do}(t))=P(C)P(Y|C,t) \tag{5-3}$$

边缘化式(5-3)中的变量 C，可以得到 $P(Y|\text{do}(t))$ 的不包含 do 演算和干预前概率表示的因果效应修正公式：

$$\begin{aligned}P(Y=y|\text{do}(t))&=\sum_c P_m(Y=y|T=t,C=c)P_m(C=c)\\&=\sum_c P(Y=y|T=t,C=c)P(C=c)\end{aligned} \tag{5-4}$$

式(5-4)中消除了 do(t)，其右边的条件概率可以直接从观测数据中计算。因此，式(5-4)说明可以不进行实际的干预实验，仅根据观测数据可以计算因果效应。具体地，式(5-4)通过对混杂因子 C 的校正，保证在 C 值相同的这一层的对照组和处理组满足可交换性假设，即对每一个 C 的取值 c 计算了 T 对 Y 的因果影响，然后计算在不同 C 值情况下的因果效应的加权平均值。式(5-4)被称为混杂偏差修正公式，也是第 2 章中条件可交换性假设的图形化表示。式(5-4)和第 3 章的分层方法的思路是一致的，下面我们以第 3 章中表 3-1 的数据展示式(5-4)的计算过程和两种方法计算结果的一致性。

假设 T=1 和 T=0 分别表示患者服药和不服药，C=1 和 C=0 分别表示患者是男性和女性，Y=1 和 Y=0 分别表示治愈和没有治愈。根据表 3-1 中的数据（表 3-1 中用 X 表示混杂因子 C）和式(5-4)有：

$$P(Y=1|\text{do}(T=1))=P(Y=1|T=1,C=1)P(C=1)+P(Y=1|T=1,C=0)P(C=0)$$

根据表 3-1 中的数据，$P(Y=1|\mathrm{do}(T=1))=0.75$，同理 $P(Y=1|\mathrm{do}(T=0))=0.5$。因此，比较服用药物（$T=1$）的效果和不服用药物（$T=0$）的效果，可得出服用药物对患者痊愈的平均因果效应为

$$\mathrm{ACE}=P(Y=1|\mathrm{do}(T=1))-P(Y=1|\mathrm{do}(T=0))=0.75-0.50=0.25$$

这表明服用药物对患者的疾病治疗具有明显的积极作用。

5.2　父代因果效应准则

式(5-4)是针对图 5-1 这种最简单情况下（仅有单个混杂因子）的混杂偏差修正公式。一般情况下，处理变量 T 和结果变量 Y 之间可能存在多个混杂因子，因此对应的因果图比图 5-1 要复杂很多。在这种情况下，我们如何识别出哪组变量可以合理地用在混杂偏差修正公式中进行偏差修正呢？基于因果图的混杂因子定义，所有混杂因子是处理变量和结果变量的共同原因。在因果图中，对 T 的干预过程是消除 T 的所有父节点对 T 的影响，因此，混杂因子与 T 的父节点一致。下面我们将介绍以父节点为混杂变量的偏差修正公式[1]。

给定 $N+1$ 个变量 $V_1,V_2,\cdots,V_N,Y$（也可记作 $V_1,V_2,\cdots,V_N,V_{N+1}$），根据贝叶斯网络分解公式，$V_1,V_2,\cdots,V_N,V_{N+1}$ 的联合概率分布可以写成：

$$P(V_1,V_2,\cdots,V_N,V_{N+1})=\prod_{j=1}^{N+1}P(V_j\mid \mathcal{P}a(V_j)) \tag{5-5}$$

根据截断公式，可得干预 V_i 后的条件分布：

$$P(V_1,V_2,\cdots,V_N,V_{N+1}|\mathrm{do}(V_i=v_i))=\begin{cases}\prod\limits_{j\neq i}P(V_j\mid \mathcal{P}a(V_j)) & V_i=v_i\\ 0 & V_i\neq v_i\end{cases} \tag{5-6}$$

在式(5-6)中，等式右边分子分母同时乘除 $P(V_i|\mathcal{P}a(V_i))$ 得到[1]：

$$P(V_1,V_2,\cdots,V_N,V_{N+1}|\mathrm{do}(V_i=v_i))=\begin{cases}\dfrac{P(V_1,V_2,\cdots,V_N,V_{N+1})}{P(V_i|\ \mathcal{P}a(V_i))} & V_i=v_i\\ 0 & V_i\neq v_i\end{cases} \tag{5-7}$$

同时根据贝叶斯公式，$P(V_1,\cdots,V_N,V_{N+1})=P(V_1,\cdots,V_N,V_{N+1}|V_i,\mathcal{P}a(V_i))P(V_i,\mathcal{P}a(V_i))$，而 $P(V_i,\mathcal{P}a(V_i))=P(V_i|\mathcal{P}a(V_i))P(\mathcal{P}a(V_i))$，因此式(5-7)可以转换成：

$$P(V_1,\cdots,V_N,V_{N+1}|\mathrm{do}(V_i=v_i))=\begin{cases}P(V_1,\cdots,V_N,V_{N+1}\mid V_i,\mathcal{P}a(V_i))P(\mathcal{P}a(V_i)) & V_i=v_i\\ 0 & V_i\neq v_i\end{cases} \tag{5-8}$$

最后对式（5-8）中除 Y（即 V_{N+1}）与 V_i 之外的变量进行求和，可得到一般化的偏差修正公式：

$$P(y|\mathrm{do}(V_i=v_i))=\sum_{\mathcal{P}a(V_i)} P(y|v_i,\mathcal{P}a(V_i))P(\mathcal{P}a(V_i)) \tag{5-9}$$

定义 5-1 父代因果效应准则 [1,2,4] 给定一个因果图模型，假设该模型中的变量 T 在 G 中的父节点集合为 $\mathcal{P}a(\boldsymbol{T})$，则 T 对 Y 的因果效应为

$$P(Y=y|\mathrm{do}(T=t))=\sum_{\mathcal{P}a} P(Y=y|T=t, \mathcal{P}a(T)=\mathcal{P}a)P(\mathcal{P}a(T)=\mathcal{P}a) \tag{5-10}$$

其中 $\mathcal{P}a$ 表示 $\mathcal{P}a(T)$ 中变量所有可能的取值组合。

式（5-10）表明在不进行随机试验的条件下，在因果图中找出 T 的父节点集 $\mathcal{P}a(T)$ 就足够确定 T 对 Y 的因果效应。当 $V_1,V_2,\cdots,V_N,Y$ 服从联合高斯分布（或线性模型）且 $T\in\mathcal{V}$ 时，$P(Y=y|\mathrm{do}(T=t))$ 是关于 T 和 $\mathcal{P}a(T)$ 的线性函数 [1,4]：

$$Y=\gamma_0+\gamma_T T+\gamma_{\mathcal{P}a(T)}\mathcal{P}a(T) \tag{5-11}$$

根据式（5-11），当 $Y\notin\mathcal{P}a(T)$ 时，T 对 Y 的因果效应为 γ_T，γ_T 是以 T 和 $\mathcal{P}a(T)$ 为自变量，Y 为因变量进行回归时 T 的回归系数。因此，当变量之间是线性关系以及对应的有向无环图已知时，我们可以很容易地从有向无环图中找出 T 的父节点集合，再通过线性回归的方式计算 T 对 Y 的因果效应。

从式（5-1）到式（5-10），我们介绍了如何利用因果图模型识别混杂因子和修正混杂偏差。如果将式（5-10）乘以概率 $P(T=t|\mathcal{P}a(T)=\mathcal{P}a)$，再除以该概率，就可以得到以联合概率形式表示的因果效应：

$$\begin{aligned}P(Y=y|\mathrm{do}(T=t))&=\frac{\sum_{pa} P(Y=y\mid T=t,\mathcal{P}a(T)=\mathcal{P}a)P(\mathcal{P}a(T)=\mathcal{P}a)P(T=t\mid \mathcal{P}a(T)=\mathcal{P}a)}{P(T=t\mid \mathcal{P}a(T)=\mathcal{P}a)}\\&=\frac{\sum_{\mathcal{P}a} P(Y=y,T=t,\mathcal{P}a(T)=\mathcal{P}a)}{P(T=t\mid \mathcal{P}a(T)=\mathcal{P}a)}\end{aligned} \tag{5-12}$$

式（5-12）给出了在观测数据下，干预前分布 $P(Y,T,\mathcal{P}a(T))$ 和干预后分布 $P(Y=y|\mathrm{do}(T=t))$ 的差异为 $P(T=t|\mathcal{P}a(T)=\mathcal{P}a)$，这明确显示了 T 的父节点在预测干预结果中所起的作用。概率 $P(T=t|\mathcal{P}a(T)=\mathcal{P}a)$ 也被称为倾向分数。

一旦识别出了 T 的父节点，即可应用校正式（5-11）或式（5-12）评估 T 对 Y 的因果效应。但是在许多真实场景中，处理变量 T 的父节点集合可能包含不可观测的变量，这使我们无法计算式（5-10）中的条件概率或式（5-11）中的回归系数。例如在图 5-3 中，假设 T 的父节点 L 是一个不可观测的变量，那么 L 就不能作为混杂偏差修正公式中的混杂变量，我们需要寻找新的变量来代替变量 L。在下一节我们将介绍后门准则以

及如何利用该准则寻找可观测变量来代替 $\mathcal{Pa}(T)$ 中不可观测的变量。

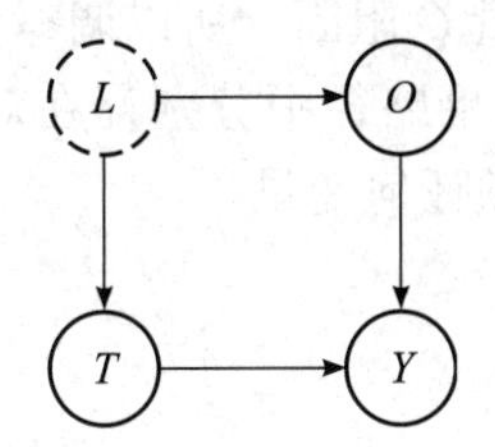

图 5-3　处理变量 T 的 $\mathcal{Pa}(T)$ 包含不可观测变量 L 的有向无环图

5.3　后门准则

在介绍后门准则前，我们先介绍因果路径和后门路径的概念。在有向无环图中，如果 p 是一条从 V_i 到 V_j 的路径，并且 p 上所有边的方向都是朝向 V_j，即 $V_i \to V_k \to \cdots \to V_j$，则称 p 是从 V_i 到 V_j 的因果路径，而从 V_i 到 V_j 的其他路径称为非因果路径。例如在图 5-1 中，$T \to Y$ 是因果路径，而 $T \leftarrow C \to Y$ 是非因果路径。后门路径（Back-Door Path）定义为有向无环图中所有 T 和 Y 之间以指向 T 的箭头为开始的路径。后门路径是非因果路径。非因果路径允许 T 和 Y 之间存在信息流动，从而使得 T 和 Y 之间产生了伪相关。非因果路径被认为是混杂产生的根源。因此，在计算 $P(Y|\mathrm{do}(t))$ 时，do 演算会清除指向 T 的所有箭头，这样就可以防止有关 T 的任何信息从非因果路径上向 Y 流动。

因此，当通过观测数据来估计 T 对 Y 的因果效应时，为了去除 T 和 Y 之间的混杂因子，我们只需要阻断 T 和 Y 之间的所有的后门路径，但是不阻断或干扰所有的因果路径，下面的后门准则（Back-Door Criterion）给出了如何从有向无环图中选择一组变量集合去阻断 T 和 Y 之间的所有的后门路径的规则。

定义 5-2　后门准则 [1,3]　给定有向无环图中的一对变量 T 和 Y，如果变量集合 $\mathcal{Z}$ 满足：$\mathcal{Z}$ 中没有 T 的后代节点，且 $\mathcal{Z}$ 阻断了 T 与 Y 之间的每条指向 T 的路径，则称 $\mathcal{Z}$ 满足关于 T 和 Y 的后门准则。

定义 5-3　后门调整公式 [1,3]　根据后门准则，变量集合 $\mathcal{Z}$ 阻断了 T 到 Y 的所有后门路径，对 $\mathcal{Z}$ 进行校正，可得 T 对 Y 的因果效应：

$$P(Y{=}y|\mathrm{do}(T{=}t))=\sum_{z}P(Y{=}y|T{=}t,Z{=}z)P(Z{=}z) \tag{5-13}$$

后门调整公式是第 2 章中的条件可交换性假设的图形化表示。后门准则为去除混杂偏差提供了一种识别多组可供校正的变量集的方法。在潜在结果模型框架下，研究者很难为匹配方法和倾向得分方法提供恰当的协变量选择方法，而后门准则恰好为这两种方法提供了有效的协变量选择方法。例如考虑图 5-4a 中的因果图，后门准则应该选择什么变量来计算 T 对 Y 的因果效应呢？后门路径 $T \leftarrow Q \leftarrow L \to Y$ 中存在链结构和叉结构，根据 d- 分离原则，相应的 $\{Q\},\{L\}$ 以及 $\{Q,L\}$ 都满足后门准则，校正它们中的任何一个都可以得到 T 对 Y 的正确因果效应。在图 5-4b 中，T 到 Y 之间只有一条后门路径，该路径本身是被对撞变量 Q 阻断，所以调整变量集 Z 为空集即满足后门准则。同理，在图 5-4c 中由于两条非因果路径中分别存在对撞变量 I 和 E，阻断了这两条非因果路径，因此我们也不需要干预任何变量。

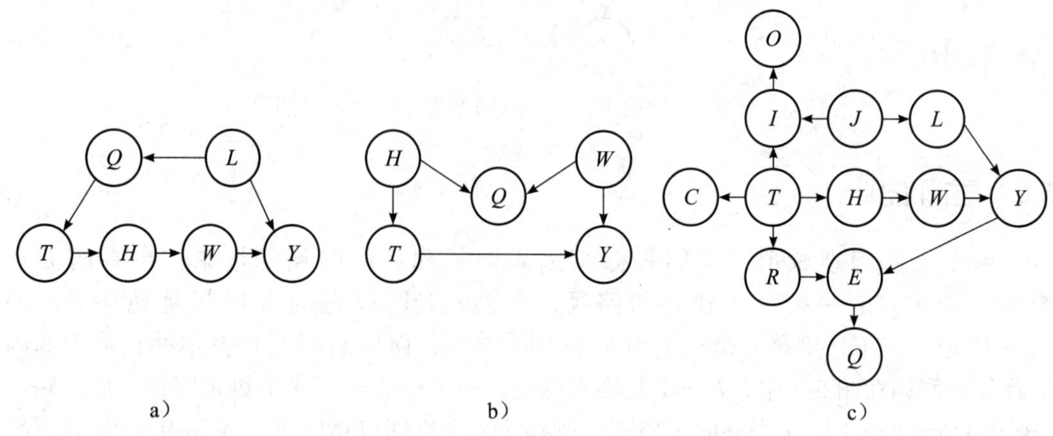

图 5-4　后门准则的调整变量集合 Z 选择示例

当 $\mathcal{Pa}(T)$ 集合中有隐变量时，后门准则提供一个如何从后门路径中选择一个合适的变量集代替 $\mathcal{Pa}(T)$ 或者 $\mathcal{Pa}(T)$ 中的隐变量的方法。例如，在图 5-3 中，如果 L 为隐变量，根据后门准则，我们可以选择 O 作为校正变量。同时，如果存在多组可供校正的变量集，其中一组变量的观测成本比其他变量集高，或者这个变量集合拥有更多变量导致难以计算等，那么在这种情况下，后门准则为我们提供一种选择一组合适的可供校正的变量集的方法。例如，在图 5-4a 中，我们可以选择 $\{Q\}$ 或 $\{L\}$ 代替 $\{Q,L\}$ 作为干预变量集从而获得更小的计算量。

那么后门准则为什么要求调整变量集 Z 中不包含 T 的后代节点呢？主要原因如下：

第一，防止 T 到 Y 的因果路径被 T 的后代节点阻断（除非 T 的后代节点不在 T 到 Y 的因果路径上，如图 5-4c 所示变量 C）。如图 5-4c 所示，对于因果路径 $T\rightarrow H\rightarrow W\rightarrow Y$，如果 Z 中包含了 T 的后代节点 H 或 W，T 和 Y 可能独立，那么这等于阻断了 T 到 Y 的因果路径 $T\rightarrow H\rightarrow W\rightarrow Y$。

第二，防止 T 与 Y 之间产生新的非因果路径。如果 T 的后代节点是对撞节点，那么从 T 到 Y 且包含该对撞节点的路径会因为当 Z 中包含这个对撞节点时被打开，从而在 T 和 Y 之间产生新的非因果路径。例如在图 5-4c 中的非因果路径 $T\rightarrow I\leftarrow J\rightarrow L\rightarrow Y$，当选择 T 的后代节点 I 作为校正的变量时，这等于打开了路径 $T\rightarrow I\leftarrow J\rightarrow L\rightarrow Y$。同时根据 d- 分离的定义，$Z$ 中也不能包含对撞节点的后代节点，因为控制对撞节点的后代节点同样意味着打开了原本已经阻断的非因果路径。例如在图 5-4c 中选择对撞节点 I 的后代节点 O 作为校正变量，也相当于打开了路径 $T\rightarrow I\leftarrow J\rightarrow L\rightarrow Y$。

5.4　前门准则

后门准则为我们提供了一种简单的方法来识别需要校正的变量集合。然而，如果缺乏混杂因子的数据，后门准则会因为无法找到一组合适的变量集来阻断所有的后门路径而失效。如图 5-5 所示的图模型中，假设 T 到 Y 的后门路径 $T \leftarrow C \rightarrow Y$ 中的混杂因子 C 是不可观测变量，我们不能通过 C 来阻断后门路径 $T \leftarrow C \rightarrow Y$，从而不能使用后门调整公式来计算 T 对 Y 的因果效应。

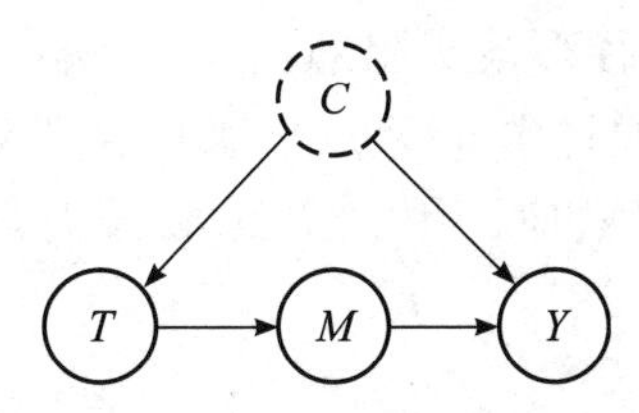

图 5-5　前门准则的基本形式：C 是不可观测变量

如上所述，后门路径被定义为所有 T 和 Y 之间的路径中以指向 T 的箭头为开始的非因果路径。相对于后门路径，前门路径定义为所有从 T 到 Y 的因果路径。例如在图 5-5 中，$T \rightarrow M \rightarrow Y$ 是 T 到 Y 的前门路径。如果后门路径无法阻断，那么能否从前门路径计算出 T 对 Y 的因果效应呢？下面我们将介绍另外一种因果效应计算准则——前门准则。前门准则的主要思想是当 T 和 Y 的共同原因（混杂因子）不可观测时，通过 T 到 Y 的因果路径中的中介变量 M 来评估 T 对 Y 的因果效应。

在介绍前门准则前，我们先以吸烟与肺癌之间的关系为例讨论前门准则，然后给出前门调整公式 [1-2]。令图 5-5 中的 T 表示吸烟，M 表示肺部的焦油沉积，Y 表示肺癌，C 表示不可观测的吸烟基因。由于 C 不可观测，不能阻断从 T 到 Y 的后门路径，因此我们无法直接用后门准则计算 T 对 Y 的因果效应 $P(Y=y|\mathrm{do}(T=t))$。

前门路径 $T \rightarrow M \rightarrow Y$ 表示吸烟 T 引起中介变量焦油沉积 M，焦油沉积 M 导致肺癌 Y，且 M 不受不可观测的混杂因子 C 的影响。因此，我们能否通过仅调整前门路径中的 T 和中介变量 M 这两个变量来评估 T 对 Y 的因果效应呢？答案是可行的，但是我们需要下面的假设 [1-2]：

（1）混杂因子 C 对中介变量 M 没有直接影响（即 C 和 M 之间没有直接连接的有向边）且中介变量 M 只受 T 影响；

（2）T 只能通过 M 影响 Y。

假设（2）允许我们调整前门路径中的 T 和 M 这两个变量计算 T 对 Y 的因果效应。在如图 5-5 所示的因果图中，我们可以先计算吸烟 T 对焦油沉积 M 的因果效应，然后计算焦油沉积 M 对肺癌 Y 的因果效应，最后，我们综合这两个因果效应来评估 T 对 Y 的最终因果效应。例如，由于 C 和 M 之间没有边，T 到 M 的后门路径 $T \leftarrow C \rightarrow Y \leftarrow M$ 中存在对撞因子 Y，该路径自然地被空集阻断，因此吸烟 T 对焦油沉积 M 的因果效应 $P(M=m|\mathrm{do}(T=t))$ 可以根据后门准则计算。同时，焦油沉积 M 到肺癌 Y 的后门路径 $M \leftarrow T \leftarrow C \rightarrow Y$ 被吸烟 T 阻断。从而根据后门准则，我们可以调整 T 来计算 M

和 Y 之间的因果效应 $P(Y{=}y|\text{do}(M{=}m))$。那我们如何结合因果效应 $P(M{=}m|\text{do}(T{=}t))$ 和 $P(Y{=}y|\text{do}(M{=}m))$ 来计算吸烟 T 和肺癌 Y 的因果效应 $P(Y{=}y|\text{do}(T{=}t))$ 呢？下面我们给出前门准则和前门调整公式。

定义 5-4 前门准则 [1] T 到 Y 的因果路径上的中介变量 M 满足有序变量对 T 和 Y 的前门准则，如果：

（1）M 阻断了所有 T 到 Y 的因果路径；

（2）T 到 M 没有后门路径；

（3）所有 M 到 Y 的后门路径都被 T 阻断。

那么根据前门准则，如何通过中介变量 M 来计算 T 对 Y 的因果效应呢？

首先，计算 T 对 M 的因果效应，因为 T 到 M 没有后门路径，所以 T 对 M 的因果效应计算如下：

$$P(M{=}m|\text{do}(T{=}t)){=}P(M{=}m|T{=}t) \tag{5-14}$$

然后，计算 M 对 Y 的因果效应，通过调整 T 控制后门路径 $M \leftarrow T \leftarrow C \rightarrow Y$，$M$ 和 Y 之间的因果效应计算如下：

$$P(Y{=}y|\text{do}(M{=}m)){=}\sum_t P(Y{=}y|M{=}m,T{=}t)P(T{=}t) \tag{5-15}$$

最后，综合 $P(M{=}m|\text{do}(T{=}t))$ 和 $P(Y{=}y|\text{do}(M{=}m))$，因果效应 $P(Y{=}y|\text{do}(T{=}t))$ 的推理过程如下：如果选择固定 M 的值为 m，则 Y 的概率为 $P(Y{=}y|\text{do}(M{=}m))$。当把 T 的值设为 t，那么 M 值为 m 的概率为 $P(M{=}m|\text{do}(T{=}t))$。对 M 的所有可能取值 m 求和，可以得到

$$P(Y{=}y|\text{do}(T{=}t)){=}\sum_m P(Y{=}y|\text{do}(M{=}m))P(M{=}m|\text{do}(T{=}t)) \tag{5-16}$$

式（5-16）的右边部分可以由式（5-14）和式（5-15）来评估，替换后可得到 $P(Y{=}y|\text{do}(T{=}t))$ 没有 do 算子的表达式。我们要区分出现在式（5-14）中的 t 和出现在式（5-15）中的 t，后者仅仅用于求和的索引，为了区分，式（5-15）中的 t 表示为 t'，从而得到最终的前门调整公式如下：

定义 5-5 前门调整公式 [1] 如果 M 满足变量对 T 和 Y 的前门准则，那么 T 对 Y 的因果效应是可识别的，且可由以下公式计算：

$$P(Y{=}y|\text{do}(T{=}t)){=}\sum_m P(M{=}m|T{=}t)\sum_{t'} P(Y{=}y|M{=}m,T{=}t')P(T{=}t') \tag{5-17}$$

前门调整公式和后门调整公式的不同之处在于，前门调整公式调整的变量在前门路径（因果路径），而不是后门路径（非因果路径）。综上所述，如果 T 对 Y 的因果效应 $P(Y{=}y|\text{do}(T{=}t))$ 被一组不可观测变量（如图 5-5 所示的变量 C）混杂，又通过一组中介变量（如图 5-5 所示的变量 M）以间接的形式产生，且中介变量不受混杂变量直接影

响，那么可采用前门准则计算 $P(Y=y|\mathrm{do}(T=t))$。

5.5　do 演算公理系统

前门调整公式和后门调整公式的最终目标是为了消除干预概率 $P(Y|\mathrm{do}(t))$ 中的 do 算子，以实现利用观测数据来估计因果效应，即通过应用一个或多个规则，将 $P(Y|\mathrm{do}(t))$ 转化为像 $P(Y|T)$ 或 $P(Y|T,Z,W)$ 这样不包含 do 算子的条件概率表达式。除了前门调整公式和后门调整公式，是否还存在其他准则可以帮助我们达到这样的目标呢？

因此，Pearl 等提出了一个 do 演算的公理系统 [1]。do 演算的公理系统包括三个规则。Pearl 等证明了这三个规则是完备的，即只要因果效应从观测数据中可识别，我们就可以利用这三条规则消除干预概率中的 do 算子，否则只能寻求随机对照试验的方法计算因果效应。假设 $G_{\overline{T}}$ 表示在因果图 G 中删除所有指向 T 的边，同理 $G_{\underline{T}}$ 表示在因果图 G 中删除所有从 T 指出的边。那么给定一个因果图 G 以及变量 Y,T,W_1,W_2，三条规则如下所述。

公理系统的规则 1　如果在图 $G_{\overline{T}}$ 中满足 $Y\perp W_1|T,W_2$，那么有

规则 1 表明 d- 分离是干预所产生的分布中条件独立性检验的有效方法。如图 5-6 所示，当我们在图 5-6a 中删除所有指向 T 的有向边后得到图 5-6b，此时变量 T 和 W_2 会阻断所有从 W_1 到 Y 的路径，导致 W_1 和 Y 之间不存在因果关联，满足 $Y\perp W_1|T,W_2$，因此可将 $W_1=w_1$ 从 $P(Y=y|\mathrm{do}(T=t),W_1=w_1,W_2=w_2)$ 中移除。我们以火灾警报为例，假设 T= 高温、W_1= 火灾、W_2= 烟雾、Y= 警报，在对 T 进行干预后，给定 W_2 会阻断所有从 W_1 到 Y 的路径，因为一旦我们知道了中介物“烟雾”的状态，变量“火灾”就与变量“警报”不相关。

$$P(Y=y|\mathrm{do}(T=t),W_1=w_1,W_2=w_2)=P(Y=y|\mathrm{do}(T=t),W_2=w_2) \quad (5\text{-}18)$$

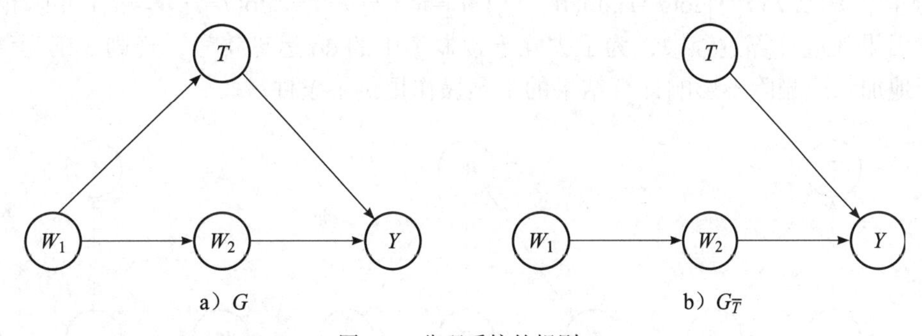

图 5-6　公理系统的规则 1

公理系统的规则 2　如果在图 $G_{\overline{T}\underline{W_1}}$ 中满足 $Y\perp W_1|T,W_2$，那么有

$$P(Y=y|\mathrm{do}(T=t),\mathrm{do}(W_1=w_1),W_2=w_2)=P(Y=y|\mathrm{do}(T=t),W_1=w_1,W_2=w_2) \quad (5\text{-}19)$$

规则 2 表明当满足条件时，$\{T \cup W_2\}$ 阻断了 $G_{\overline{T}}$ 中从 W_1 到 Y 的所有后门路径，干预 W_1 对 Y 产生的效应与观测数据中的 $W_1=w_1$ 产生的条件概率一致。如图 5-7 所示，当我们在图 5-7a 中删除所有指向 T 的有向边和所有从 W_1 指出的有向边后，得到如图 5-7c 所示的 $G_{\overline{T}\underline{W_1}}$，显然在 $G_{\overline{T}\underline{W_1}}$ 中给定 T 和 W_2 的条件下 Y 和 W_1 不相关，因此在满足规则 2 的条件时，外部干预 $do(W_1=w_1)$ 和 $W_1=w_1$ 具有相同的效果。因果效应计算过程中，为了去除干预概率中的 do 运算符号，规则 2 则为运算中等价的干预概率 $P(Y|do(T=t))$ 与条件概率 $P(Y|T=t)$ 之间适当的互相转换提供了条件。

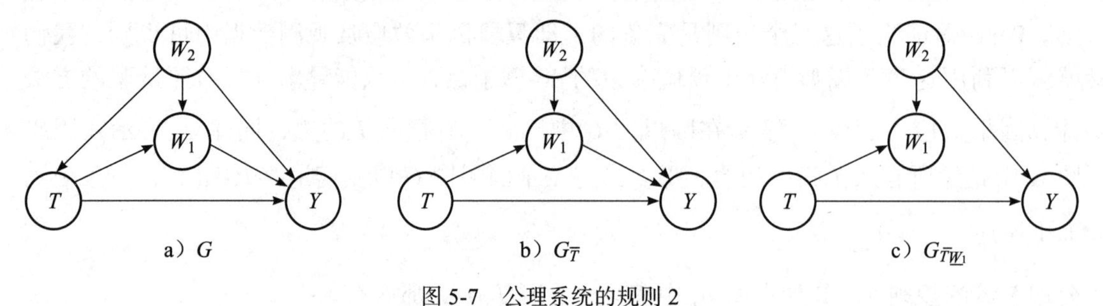

图 5-7　公理系统的规则 2

公理系统的规则 3　如果在图 $G_{\overline{T},\overline{W_1(W_2)}}$ 中满足 $Y \perp W_1|T,W_2$，那么有

$$P(Y=y|do(T=t),do(W_1=w_1),W_2=w_2)=P(Y=y|do(T=t),W_2=w_2) \tag{5-20}$$

规则 3 表明在满足特定条件的情况下我们实施的干预操作 $do(W_1=w_1)$ 不会影响 Y 的概率分布，因此可以添加或删除 $do(W_1=w_1)$。具体来说，在规则 3 中 $W_1(W_2)$ 表示 $G_{\overline{T}}$ 中任何不是 W_2 祖先节点的节点集合，如图 5-8c 所示，$W_1(W_2)=\{W_1\}$，当我们移除所有指向 T 和 $W_1(W_2)$ 的有向边后得到对应的 $G_{\overline{T},\overline{W_1(W_2)}}$，并且在给定 T 和 W_2 的情况下 Y 和 W_1 相互独立，那么 $P(Y=y|do(T=t),do(W_1=w_1),W_2=w_2)$ 与 $P(Y=y|do(T=t),W_2=w_2)$ 可以相互转换。在因果效应计算过程中，为了去除干预概率中的 do 运算符号，规则 3 则为该运算中适当地加入或删除不影响计算结果的干预操作提供了条件。

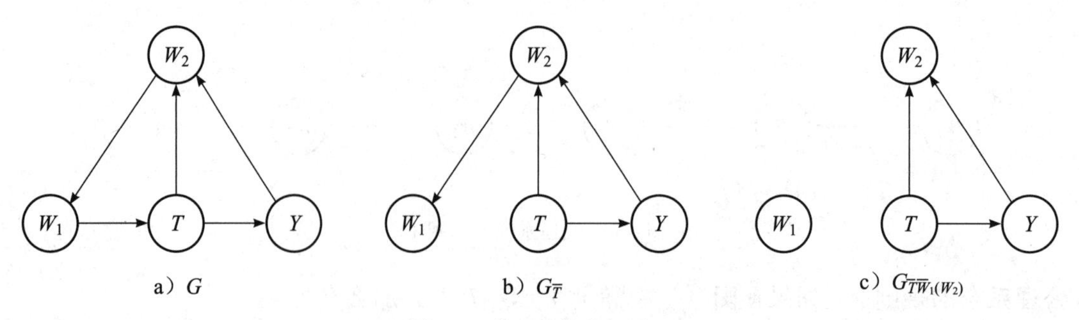

图 5-8　公理系统的规则 3

图 5-9 演示了如何运用一系列 do 演算规则推导出前门调整公式 [2-3]。规则 1 允许增加或删除某个观察结果。规则 2 允许用观察替换干预，或者反过来。规则 3 允许删除或添加干预。所有这些操作都必须在适当的条件下进行，并且必须在关于特定情况的因果图中得到证实。

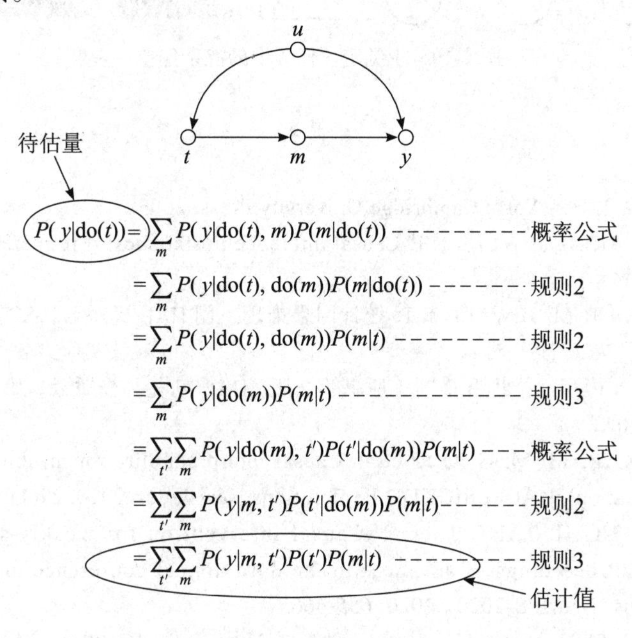

图 5-9　利用 do 演算规则推导前门调整公式 [2-3]

5.6　拓展阅读

近年来，训练数据不能覆盖所有的场景数据导致的数据偏差问题（OOD 问题），使得如何利用因果推断方法提高训练模型的泛化能力成为机器学习领域的重要研究方向。例如在智能推荐和图像处理等领域，研究者利用前门准则和后门准则从训练数据中学习因果特征构建鲁棒的学习模型的相关研究已经取得了重要进展 [5-10]。

例如，Huang 等 [11] 将视觉定位任务构建成一个如图 5-10 所示的包含图片 T_1，文字描述 T_2，目标位置 Y 和不可观测混杂因子 C 的因果图，为了消除视觉定位任务中的混杂偏差，提出了一个 RED 算法来估计和替代不可观测的混杂因子。在推荐系统中，从分布不平衡的项目和历史行为中学习到的推荐模型会过度推荐大多数群体喜欢的项目，从而放大数据的不平衡性。为此，Wang 等 [12] 研究了导致偏差放大的原因，认为项目分布不平衡是用户表示和预测得分的混杂因子，并通过后门标准的近似算子来消除混杂偏差对推荐的影响。在图文描述领域，Yang 等 [13] 将混杂因子、后门标准和前门标准引入图像描述任务中，从因果的角度深入分析了为什么目前的图片描述方法会产生虚假的相关性。更多的因果机器学习的文献请读者自行阅读最近发表在预印本网站（arXiv）上的较为全面的因果机器学习综述文献 [14]。

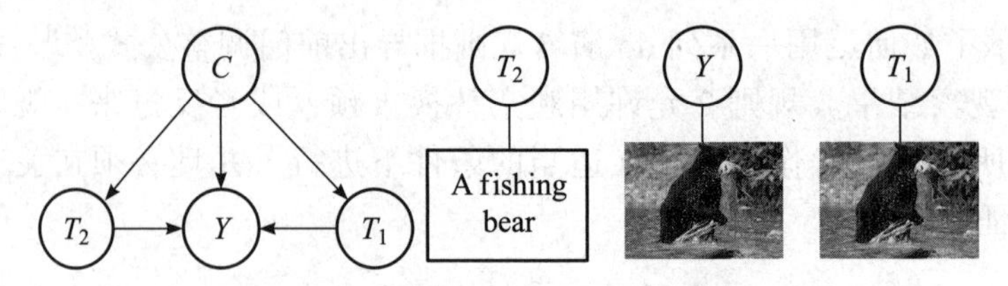

图 5-10　视觉定位任务中的混杂偏差

参考文献

[1] Pearl J. Causality[M]. New York: Cambridge University Press, 2009.

[2] GLYMOUR M, PEARL J, JEWELL N P. Causal inference in statistics: A primer[M]. New York ：John Wiley & Sons, 2016.

[3] PEARL J, GLYMOUR M, JEWELL N P. 统计因果推理入门 [M]. 杨矫云，安宁，李廉，译 . 北京：高等教育出版社，2020.

[4] PEARL J. 因果论：模型、推理和推断（原书第 2 版）[M]. 刘礼，杨矫云，廖军，等译 . 北京：机械工业出版社，2022.

[5] MORAFFAH R, KARAMI M, GUO R, et al. Causal interpretability for machine learning-problems, methods and evaluation[J]. ACM SIGKDD Explorations Newsletter, 2020, 22(1): 18-33.

[6] ZHANG D, ZHANG H, TANG J, et al. Causal intervention for weakly-supervised semantic segmentation[C]//Proceedings of advances in the 34rd annual conference on Neural Information Processing Systems (NeurIPS-2020). 2020: 655-666.

[7] YUE Z, ZHANG H, SUN Q, et al. Interventional few-shot learning[C]//Proceedings of advances in the 34rd annual conference on Neural Information Processing Systems (NeurIPS-2020). 2020: 2734-2746.

[8] YANG S, YU K, CAO F Y, et al. Learning causal representations for robust domain adaptation [J]. IEEE transactions on knowledge and data engineering，2021, 10.1109/TKDE.2021.3119185.

[9] MAHAJAN D, TOPLE S, SHARMA A. Domain generalization using causal matching [C]//Proceedings of the International Conference on Machine Learning (ICML’21), 2021, 7313-7324.

[10] KAUR J N, KICIMAN E, SHARMA A. Modeling the data-generating process is necessary for out-of-distribution generalization [EB]. arXiv preprint arXiv:2206.07837.

[11] HUANG J, QIN Y, QI J, et al. Deconfounded visual grounding[C]// Proceedings of the 36th AAAI Conference on Artificial Intelligence (AAAI-2022), 2022, 998-1006.

[12] WANG W, FENG F, HE X, et al. Deconfounded recommendation for alleviating bias amplification[C]//Proceedings of the 27th ACM SIGKDD conference on Knowledge Discovery & Data Mining (KDD-2021), 2021, 1717-1725.

[13] YANG X, ZHANG H, CAI J. Deconfounded image captioning: a causal retrospect[J]. IEEE Transactions on Pattern Analysis and Machine Intelligence, 2021，DOI: 10.1109/TPAMI.2021.3121705.

[14] KADDOUR J, LYNCH A, LIU Q, et al. Causal machine learning: a survey and open problems[EB]. ArXiv preprint arXiv:2206.15475, 2022.

CHAPTER 6

第6章

选择偏差

选择偏差一直是统计学习领域一个比较复杂的研究问题。在统计学领域，选择偏差是指回归方程中计算出的回归参数是基于部分样本（或符合一定条件的样本）的，而不是基于真实的样本总体。在第5章中我们介绍了叉结构表示的混杂偏差问题。在因果推断领域，混杂偏差是由处理分配机制问题导致的可交换性假设不成立而产生的效应偏差，选择偏差[1-3]是由于数据（或样本）的非随机选择而产生的效应估计偏差。本章将从因果图的角度介绍对撞结构表示的选择偏差问题。

6.1 选择偏差的概念

在介绍选择偏差基本概念之前，我们先看一个著名的幸存者偏差例子（该案例来源于维基百科）。在第二次世界大战中，盟军的战机在多次空战中损失严重，盟军总部秘密邀请了一批物理学家、数学家以及统计学家组成了一个小组，专门研究“如何减少空军被击落的概率”问题。当时军方的高层统计了所有返回的飞机的中弹情况：发现飞机的机翼部分中弹较为密集，而机身和机尾部分则中弹较为稀疏。因此当时的盟军高层的建议是：加强机翼部分的防护。但来自哥伦比亚大学的统计学家亚伯拉罕•沃尔德却给出一个相反的建议。他发现参与调查的飞机都是在战斗中幸存下来的飞机，它们并未遭受致命的袭击。相反，机舱和发动机等看似毫发无伤的地方反而比较危险，因为这些区域一旦被击中，就会导致飞机失事坠毁。军方最终采用了沃尔德的建议，加强了机尾和机身的防护，后来证实该决策是无比正确的，盟军战机的被击落率大大降低。

因此，幸存者偏差是样本的非随机性选择的结果。样本的非随机选择也会导致估计因果效应时产生偏差。例如，选择以工资为指标研究女性的教育回报问题时，研究人员可能只选择有工作的女性作为研究对象。因此，这样选定的一个样本不能代表所有女性的平均教育回报率，估计的教育回报率存在偏差。那么在因果推断领域如何处理选择偏差问题呢？

6.2 选择偏差的图形化表示

在因果推断领域，选择偏差可以用有向无环图中的对撞结构来表示，因此，选择偏差也被称为对撞偏差[1-3]，例如图 6-1 利用基本的对撞结构给出了样本选择偏差问题的图形化表示。

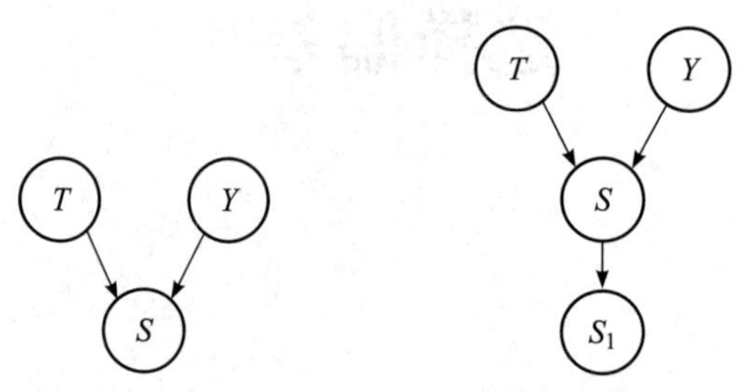

a）基本的对撞结构　　b）S具有子孙节点的对撞结构

图 6-1　选择偏差的图形化表示

选择偏差是即使在处理变量对结果变量有零影响（零效应）的情况下也会产生的偏差。在图 6-1a 中，处理变量 T 和结果变量 Y 之间有一个共同结果变量 S（即对撞因子）。T 和 Y 之间相互独立。如果以对撞因子为条件，就打开了 T 和 Y 之间的路径 $T \rightarrow S \leftarrow Y$，导致 T 和 Y 之间产生伪关联，从而在评估 T 对 Y 的因果效应时产生选择偏差。因此，这种处理变量 T 和结果变量 Y 之间以对撞因子 S 为条件产生的伪关联对因果效应计算产生的偏差被称为选择偏差[1-2]。

例如在图 6-2a 中，假设研究学生的学术能力 T 和运动水平 Y 之间的关系[4]，如果我们恰好选择了名校的学生作为数据样本（因为没有进入名校的学生不愿意提供数据或者难以收集他们的数据），学术能力 T、运动水平 Y、名校 S 构成一个对撞结构，即学术能力→名校←运动水平，名校是对撞因子。图 6-2b 表示在普通的学生群体中，学术能力 T 和运动水平 Y 的相关性可以忽略不计。但是如果以是否进入名校 S 为条件（S=1 表示进入名校，S=0 表示不进入名校），仅仅考虑进入名校的学生（S=1）作为数据样本，那么学术能力 T 和运动水平 Y 变得高度相关（见图 6-2a），即学术能力高的学生运动水平低，而运动水平高的学生学术能力低。这个结论与事实的偏差是由于控制了对撞节点，使得样本的选择出现了非随机性选择问题。在样本选择过程中只选取了符合某些条件的样本，如进入名校的学生，然而进入名校的学生并不能反映目标学生群体的真实情况。样本选择偏差导致处理变量 T 和结果变量 Y 之间产生了伪关联，从而导致因果效应计算产生偏差。

图 6-1b 中的对撞结构显示了选择偏差的另一个例子。图 6-1b 包括了图 6-1a 中的所有变量，再加上一个表示收入的节点 S_1，表示学生毕业后的收入受到该学生是否进入名校的影响。一般情况下，毕业于名校的学生更容易获得较高收入的工作。假设这项研究可能仅限于毕业后收入较高的学生，因为毕业后收入较低的学生不愿意提供数

据。根据图模型中的 d- 分离原则，如果以对撞因子 S 的子孙节点 S_1 为条件，同样会打开 T 和 Y 之间的路径 $T \to S \leftarrow Y$，从而使得 T 和 Y 之间产生伪关联。

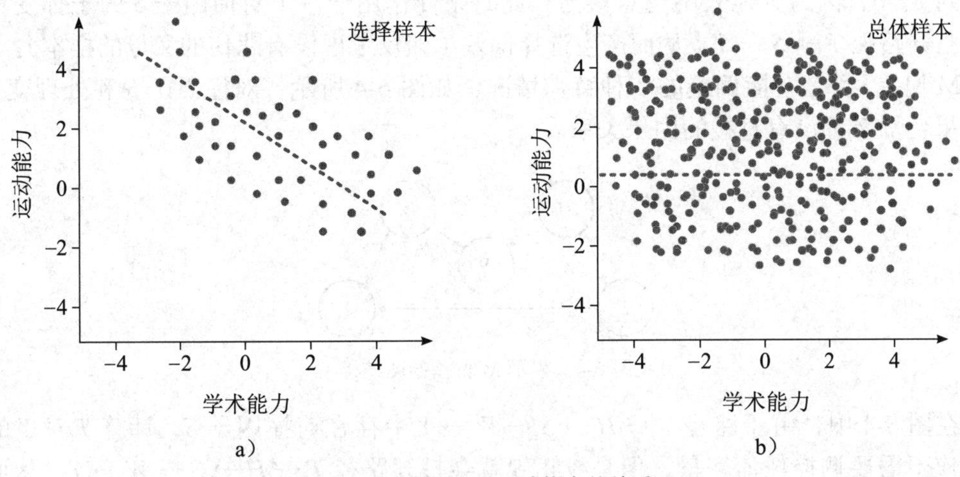

图 6-2　学术能力和运动能力的关系 [4]

在图 6-1 的对撞结构中，处理变量 T 没有直接影响结果变量 Y，即 T 对 Y 的因果效应为 0，但是对撞因子 S 使得 T 对 Y 产生因果效应。在图 6-3 中，我们将介绍两种 T 对 Y 有直接影响的对撞结构的例子。

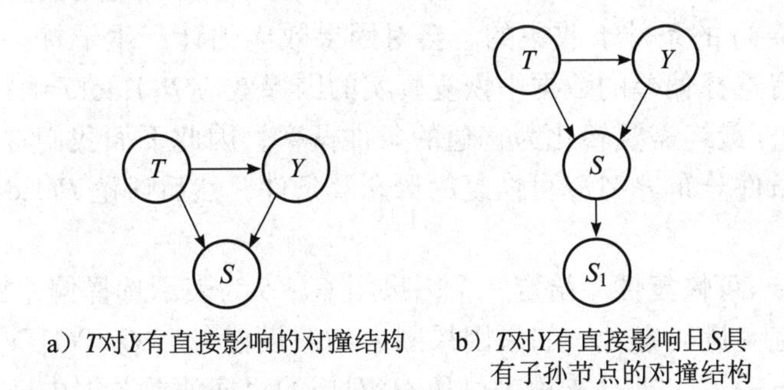

a）T对Y有直接影响的对撞结构　b）T对Y有直接影响且S具有子孙节点的对撞结构

图 6-3　T 对 Y 有直接影响的对撞偏差模型

假设图 6-3a 是一项用来评估给怀孕不久的孕妇补充叶酸 T 对胎儿在怀孕头两个月罹患心脏畸形风险 Y 的影响的研究（$T \to Y$）[5]。变量 S 表示胎儿在出生前是否死亡（S=1：否，S=0：是）。心脏畸形增加死亡率（$Y \to S$），叶酸补充通过降低心脏畸形以外的风险来降低死亡率（$T \to S$）。该研究一般仅限于研究那些顺利出生的胎儿。那么图 6-3a 中表示了处理变量 T 和结果变量 Y 之间的两个关联路径：因果路径 $T \to Y$ 和非因果路径 $T \to S \leftarrow Y$。根据后门准则，由于非因果路径 $T \to S \leftarrow Y$ 为对撞结构，T 和 Y 没有后门路径，所以 T 对 Y 的因果效应为 $P(Y|\text{do}(T))=P(Y|T)$。

如果以 S 为条件，则打开了非因果路径 $T \to S \leftarrow Y$，T 通过 S 和 Y 产生关联，T 对 Y 的因果效应产生偏差（即仅考虑顺利出生的胎儿的样本），即 $P(Y|T) \neq P(Y|\text{do}(T))$。假

设图 6-3b 包括图 6-3a 中的所有变量，再加上一个表示父母是否悲伤的变量 S_1（S_1=1：是，S_1=0：否），该变量受到胎儿出生时的状态的影响。假设这项研究仅限于没有悲伤的父母 S_1=0，因为其他人不愿意参与。此时条件作用于一个对撞因子 S 的子孙变量 S_1 也会打开路径 $T \rightarrow S \leftarrow Y$，从而产生选择偏差（即仅考虑没有悲伤的父母的样本）。

M 偏差 [1,6] 是对撞偏差的一种特殊情况，如图 6-4 所示，对撞因子 S 和处理变量 T 与结果变量 Y 都没有直接的因果关系。

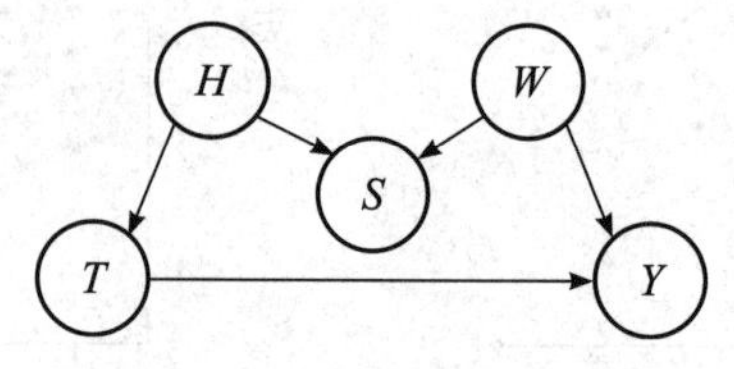

图 6-4　表示 M 偏差的图结构

在图 6-4 中，由于路径 $T \leftarrow H \rightarrow S \leftarrow W \rightarrow Y$ 中存在对撞因子 S，计算 T 对 Y 的因果效应不需要调控任何变量，但是校正 S 就会打开路径 $T \leftarrow H \rightarrow S \leftarrow W \rightarrow Y$，从而产生选择偏差。

6.3　选择后门标准

显然当存在选择偏差时，数据并不能反映样本变量之间的真实关系。因为数据是在选择偏差 $P(Y|S=1)$ 的条件下收集的，会对因果效应估计产生干扰。那么在何种情况下我们可以从具有选择偏差的数据中恢复真实的因果效应 $P(Y|\mathrm{do}(T=t))$？在可计算的条件下，$P(Y|\mathrm{do}(T=t))$ 最终需要转化为普通的条件概率，因此下面我们首先介绍当数据存在选择偏差时，条件分布 $P(Y|T)$ 可恢复的概念及条件，然后讨论 $P(Y|\mathrm{do}(T=t))$ 的可计算问题。

定义 6-1[1]　**s- 可恢复性**　给定一个因果图 G_S，S 为表示选择偏差机制的对撞节点，$\mathcal{V}$ 是除 S 以外所有变量的集合，如果因果图中的假设使分布 $Q=P(Y|T)$ 可以用对撞偏差 $P(\mathcal{V}|S=1)$ 下的分布表示，则 Q 被称为可从 G_S 对应的对撞偏差数据中恢复的分布。

定理 6-1[1]　当且仅当 $S \perp Y|T$ 成立时，分布 $P(Y|T)$ 可从 G_S 中 s- 可恢复。

例如，在图 6-5a 中，根据 d- 分离定义，给定 T 时 Y 和 S 相互独立，因此可以得到 $P(Y|T)=P(Y|T,S=1)$，此时 $Q=P(Y|T)$ 是可恢复的。但是在图 6-5b 中，条件分布 $Q=P(Y|T)$ 是不可恢复的，因为在给定 T 时 Y 和 S 相互依赖（或不独立）。

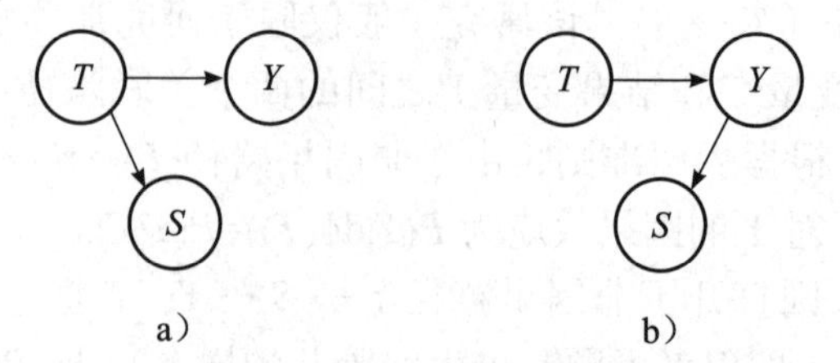

图 6-5　s- 可恢复与 s- 不可恢复的图结构

通常情况下，因果图中并不是只存在对撞因子，当 $S \perp Y|T$ 不成立时，那么能否通过其他变量来辅助恢复 $P(Y|T)$？以图 6-6 为例，根据定理 6-1，分布 $P(Y|T)$ 无法从 G_S 中恢复出来。但同时注意到，S 的父节点集合 $\mathcal{P}a(S)=\{W_1,W_2\}$ 使得 S 与图中的其他节点相互独立，此时 $P(Y|T)$ 可以写成：

$$
\begin{aligned}
P(y|t) &= \frac{P(y,t)}{P(t)} \\
&= \sum_{w_1,w_2} P(y,t,w_1,w_2)/P(t) \\
&= \sum_{w_1,w_2} P(y|t,w_1,w_2)P(t,w_1,w_2)/P(t) \\
&= \sum_{w_1,w_2} P(y|t,w_1,w_2)P(w_1,w_2\,|\,t) \\
&= \sum_{w_1,w_2} P(y|t,w_1,w_2,S=1)P(w_1,w_2\,|\,t)
\end{aligned} \tag{6-1}
$$

式中 $P(y|t,w_1,w_2,S=1)$ 是选择样本下的条件分布，而 $P(w_1,w_2|t)$ 是总体样本下可观测的概率。因此式（6-1）表明在给定 $\{W_1,W_2\}$ 时，$P(y|t)$ 是可恢复的。然而该过程建立在 S 的父节点可观测的基础上，这是一个很强的假设，并不容易满足。幸运的是，我们可以用一组变量来代替 S 的父节点，接下来将给出更一般的可恢复性定理 [1]。

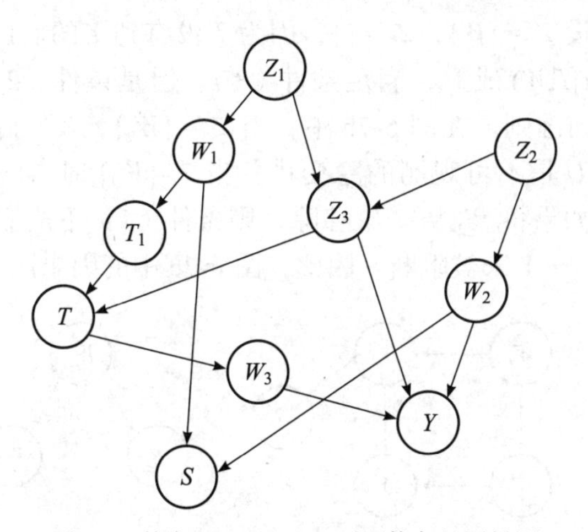

图 6-6　给定 $\mathcal{P}a_S=\{W_1,W_2\}$ 时可恢复的因果图

定理 6-2[1]　如果存在一组在偏差样本和总体样本上都是可观测的变量集 Z，使得 $(Y \perp S|\{Z,T\})$，则 $P(y|t)$ 可恢复成：

$$
P(y|t)=\sum_{z} P(y|t,z,S=1)P(z|t) \tag{6-2}
$$

在 $P(y|t)$ 可恢复的情况下，可以从选择样本中估计因果效应。下面给出的选择后门准则 [1] 是后门准则的扩展，它允许我们选择一个变量集合来同时调整混杂偏差和对撞

偏差。

定义 6-2[1-2]　**选择后门准则**　给定一个有向无环图 G，S 表示对撞因子，T 和 Y 分别表示处理变量和结果变量，假设图 G 中一组变量 Z 能够被划分为 Z^+ 和 Z^- 两个集合，使得 Z^+ 是 T 的非子孙节点，Z^- 是 T 的子孙节点。如果 T，Y，Z 均可观测，且 Z 满足以下条件，则 Z 被称为满足选择后门准则：

（1）Z^+ 阻断所有 T 到 Y 的后门路径；

（2）T 和 Z^+ 阻断 Z^- 和 Y 在图 G 中的所有路径，即 $(Z^- \perp Y|Z^+,T)$；

（3）T 和 Z 阻断 S 和 Y 在图 G 中的所有路径，即 $(S \perp Y|T,Z)$。

条件（1）和条件（2）确保 Z 满足后门准则，用于调整混杂偏差。当满足条件（3）时，$P(y|t)$ 是可恢复的，进而可以调整选择偏差。如果图 G 中存在这样一组变量集 Z，那么选择偏差将可以通过下面的修正公式进行偏差修正。

定理 6-3[1]　如果 Z 满足选择后门准则，T 和 Y 的混杂偏差与选择偏差可由下式进行修正：

$$P(Y|\text{do}(t))=\sum_{z}P(y|t,z,S=1)P(z) \tag{6-3}$$

与式（6-2）相比，式（6-3）表明当我们在因果图中能够找出满足选择后门标准的 Z 时，不需要在总体样本上观测到 T 的值。

在图 6-7a 中，假设 $Z^-=\{W\}$，$Z^+=\{\}$，因为 T 没有到 Y 的后门路径，所以条件（1）自然满足，同时 $(S \perp Y|T,W)$ 成立，满足条件（3）。但是条件（2）$(W \perp Y|T)$ 并不成立，因此无法采用选择后门准则。在图 6-7b 中，当 $Z^+=\{W_2\}$，$Z^-=\{\}$ 时，Z 满足选择后门准则。在图 6-7c 中，U 是不可观测的隐变量，当 $Z=\{W_2\}$ 时，$(S \perp Y|T,W_2)$ 不成立，因此不满足条件（3）。如果将 W_2 从 Z 中移除，则条件（1）不成立，因为 T 和 Y 之间的后门路径 $T \leftarrow W_2 \leftarrow U \rightarrow Y$ 未被阻断。因此，图 6-7c 中的因果图不满足选择后门准则。

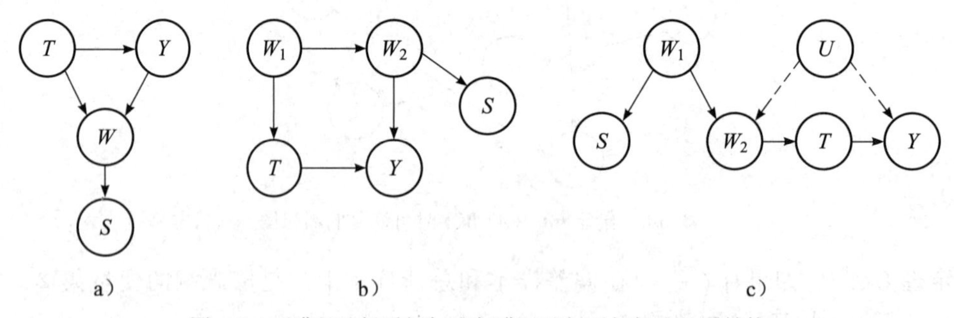

图 6-7　不满足选择后门标准与满足选择后门标准的图结构

6.4　拓展阅读

样本选择偏差问题普遍存在于语音识别、图像分类、推荐系统等诸多领域。近年来，利用因果推断理论与方法解决推荐数据中的样本偏差问题，提高推荐系统的准确性和鲁棒性已经引起了广泛关注[7-10]。图 6-8 展示了推荐系统中商品评分数据的生成模型，U 表示用户，I 表示商品，R 表示用户对商品的评分[10]。在真实的推荐系统中，用户 U 对商品 I 的评分 R 往往是在开放和动态的环境中收集的，这导致不能完全控制数据收集过程，经常出现样本选择偏差问题。一般情况下，推荐系统会向用户推荐很多商品，如果用户对商品不感兴趣，用户就不会点击商品（S=0），因而不会产生显式反馈。如果用户点击该商品（S=1），那就表明用户对该商品感兴趣，此时该用户会根据商品的质量和价格等因素对商品进行评分。假设因果领域出了一本新的专著，推荐系统向用户推荐这本专著，只有对因果领域感兴趣的用户才会点击查看（S=1）并对专著进行评分；而对因果领域不感兴趣的用户不会点击查看（S=0），从而不能收集到不感兴趣的这部分用户的评分数据，此时用户的反馈存在选择偏差。

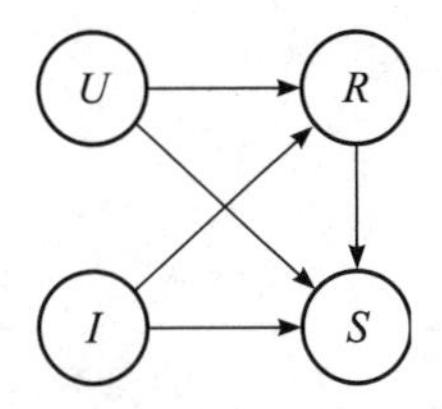

图 6-8　用户对商品评分数据收集模型[10]

文献 [7] 是一篇经典的处理推荐系统中选择偏差的文章，其核心思想是利用逆倾向分数（Inverse Propensity Score）对观察数据进行加权，构建一个无偏估计器来处理选择偏差。文献 [8] 提出了一种基于元学习的方法去除数据偏差，而文献 [9] 结合数据填充和倾向得分加权，提出了一种双鲁棒去偏估计器。更多的关于选择偏差与推荐系统的文献，感兴趣的读者可进一步阅读综述文献 [10] 以及相应的资源网站 https://github.com/jiawei-chen/RecDebiasing。

参考文献

[1] BAREINBOIM E, TIAN J, PEARL J. Recovering from selection bias in causal and statistical inference[C]//Proceedings of the 28th AAAI Conference on Artificial Intelligence (AAAI-2014), 2014, 28(1).

[2] BAREINBOIM E, PEARL J. Causal inference and the data-fusion problem[J]. Proceedings of the national academy of sciences, 2016, 113(27)：7345-7352.

[3] PEARL J, MACKENZIE D. The book of why：the new science of cause and effect[M]. New York：Basic Books, 2018.

[4] GRIFFITH G J, MORRIS T T, TUDBALL M J, et al. Collider bias undermines our understanding of COVID-19 disease risk and severity[J]. Nature communications, 2020, 11(1)：1-12.

[5] MIGUEL A H, JAMES M R. Causal inference：what if [M].1st edition Florida CRC Press, 2023.

[6] LIU W, BROOKHART M A, SCHNEEWEISS S, et al. Implications of M bias in epidemiologic studies：a simulation study[J]. American journal of epidemiology, 2012, 176(10)：938-948.

[7] SCHNABEL T, SWAMINATHAN A, SINGH A, et al. Recommendations as treatments：debiasing learning and evaluation[C]// Proceedings of the 35th international conference on machine learning

(ICML-2018). PMLR, 2016：1670-1679.
[8] SAITO Y. Asymmetric tri-training for debiasing missing-not-at-random explicit feedback[C]// Proceedings of the 43rd international ACM SIGIR conference on research and development in information retrieval (SIGIR-2020). 2020：309-318.
[9] WANG X, ZHANG R, SUN Y, et al. Doubly robust joint learning for recommendation on data missing not at random[C]// Proceedings of the 36th International Conference on Machine Learning (ICML-2019). PMLR, 2019：6638-6647.
[10] CHEN J, DONG H, WANG X, et al. Bias and debias in recommender system：a survey and future directions[J]. arXiv preprint arXiv:2010.03240, 2020.

CHAPTER 7

第 7 章 反事实推断

反事实是 Pearl 提出的因果之梯的第三层，是因果效应计算的重要内容。本章我们将从因果结构模型的角度介绍反事实的基本概念、反事实的计算，以及反事实与潜在结果模型等内容。

7.1 反事实的定义

2019 年 12 月中旬，武汉发现新冠病例。此后，我国迅速采取行动，按下“暂停键”，使新冠疫情得到了有效控制。截至 2020 年 12 月 31 日 24 时，据 31 个省（自治区、直辖市）和新疆生产建设兵团报告，累计发现确诊病例 87 071 例。与中国不同的是，西方国家未采取有力措施，截至 2020 年 12 月 31 日 24 时，全球其他国家的确诊病例超过了八千万例。因此，我们可以得到“防控措施→病例数量”这一结论，即防控措施的不同会导致病例数量的不同。

在西方疫情肆虐的情况下，我们可能会想到一个问题：如果中国未采取有力的防控措施，那么截至 2020 年年底，中国的病例数量会达到多少？在该问题中，已知条件为“防控措施 = 有力，病例数量 =87 071”，所求问题为“防控措施 = 无力”情况下的病例数量。此时，我们可能会想到使用前面学到的 do 演算来表示这个问题，但在该问题下，如果我们用 do 算子来表示观测到的条件和所要求的问题，可以得到：

$$\mathbb{E}(\text{病例数量} \mid do(\text{防控措施} = \text{无力}), \text{病例数量} = 87\,071)$$

由于观测数据和所求数据在表达式中都出现了“病例数量”，因此在上式中我们无法将这两者完成区分。这时我们需要反事实表达式来区分这两个“病例数量”，从而求解该问题。

首先，我们介绍反事实的定义。假设 SCM 表示结构因果模型，$\mathcal{U}$ 表示模型的外生变量集。$\mathcal{U}=u$ 则表示对模型外生变量的赋值，可用于指代某个个体的属性。例如，假设 $\mathcal{U}=u$ 表示甲同学的个人特征，Y 表示学生历史课的成绩，那么 $Y(u)$ 就可以用来表示甲同学历史课的成绩。

根据结构因果模型的相关知识可知，模型中所有变量的值都由外生变量与其父节点确定，因此对于确定的$\mathcal{U}=u$，我们可以唯一确定个体的所有变量取值，因此用$\mathcal{U}=u$可以表示一个个体区别于其他个体的特有性质。

反事实的问题可以表示为：在$\mathcal{U}=u$的情况下，假如$T=t$（T表示$\mathcal{V}$中的某个变量），那么Y的值应该是多少？这个值可记为$Y_{T=t}(u)$。如果计算所得的Y值为y，那么这一反事实结果记为$Y_{T=t}(u)=y$。以学生的历史课成绩为例，$Y_{T=t}(u)=y$表示：如果$T=t$，那么对于$\mathcal{U}=u$所代表的学生，其历史课成绩应当为$Y=y$。当上下文中变量T比较明确时，可以将其简写为$Y_t(u)=y$。由此，定义7-1给出了反事实的定义。

定义 7-1　反事实（Counterfactual）[1]　令T和Y为$\mathcal{V}$中的两个变量，反事实语句“如果$T=t$，那么在$\mathcal{U}=u$的情况下，Y的值应为y”用等式$Y_{T=t}(u)=y$来表示，其中$Y_{T=t}(u)$为Y在$T=t$情况下的潜在结果。

根据定义7-1，本章开始时提到的反事实问题可以表示为

$$\mathbb{E}(\text{病例数量}_{\text{防控措施}=\text{无力}} \mid \text{防控措施}=\text{有力，病例数量}=87\ 071)$$

在该表达式中，观测数据在条件中表示为“病例数量=87 071”，而要估计的数据以反事实方式表示为“$\text{病例数量}_{\text{防控措施}=\text{无力}}$”，于是两者完成了区分。

在任意一个模型SCM中，如果反事实假设为$T=t$，那么修改后的模型可以记为SCM_t，此时可以得到：

$$Y_t(u)=Y_{\text{SCM}_t}(u) \tag{7-1}$$

式（7-1）表示模型SCM中的反事实取值$Y_t(u)$被定义为令$T=t$后所得到的新模型SCM_t中的Y所对应的值。同样地，如果T和Y并非单独的变量而是变量集合，这个定义依旧成立。在修改后的模型SCM_t中，变量的取值应当根据新模型而来，满足新模型的设定。

假设观测到$T(u)=t$，$Y(u)=y$，那么计算得到的反事实结果$Y_t(u)$的值也同样为y。这是因为我们所做的反事实假设并未对世界造成改变，那么对应的反事实取值也应当与现实世界保持一致，这也被称为一致性原则[1-2]，即$\mathbb{E}(Y_t|T=t)=\mathbb{E}(Y|T=t)$。如果$T$的取值为0或1，那么一致性原则可以表示为

$$Y=TY_1+(1-T)Y_0 \tag{7-2}$$

这是因为Y_1对应了$T=1$时的取值，而Y_0对应了$T=0$时的取值。代入T的不同取值可得：当$T=1$，$Y=Y_1$；当$T=0$，$Y=Y_0$。

7.2　反事实计算

由7.1节可知，反事实计算针对的是个体而非群体。在确定结构方程模型时，我们需要利用总体数据中的各个变量的值来确定结构方程中的各项参数，因此结构方程中

的变量间关系反应的是总体行为。相比于能直接观测到的各个变量，模型中的外生变量则体现了单个个体的特征以及该个体相对于群体平均水平的偏离程度。因此，确定外生变量的过程，可以被认为是从总体行为到个体行为的转变。

根据外生变量的取值方式，对于每个个体，如果其外生变量的值都是唯一确定的，反事实计算可以分为以下三个步骤 [3]。

（1）外展（Abduction）：用证据 $E=e$，即利用个体的内生变量的数据求解模型中的外生变量 U，从而得到个体的特征与属性。

（2）干预（Intervention）：通过 do 算子进行干预来改变模型，从而达到在模型上进行假设的效果，这一步将使已知的因果图和结构因果模型发生变化。

（3）预测（Prediction）：根据步骤（1）中得到的 u 和步骤（2）中得到的新的因果图与结构因果模型，将假设值代入要干预的变量，计算各变量新的取值，此时得到的就是所要求的反事实结果。

下面，我们以例 7-1 介绍反事实计算过程。

例 7-1　甲同学的历史课成绩（一）

历史课一学期有 10 节课，每次课老师会进行考勤并教授一些知识。历史课的成绩满分为 100 分，由考勤得分和期末考试成绩组成。其中，每次考勤最高得分 10 分，考勤满分 100 分，占总体分值的 40%；期末考试会对课上教授的知识进行考核，满分 100 分，占总体分值的 60%。我们用 X 表示学生出勤的次数，T 表示学生的考试成绩，A 表示学生的考勤分数，Y 表示学生的最终成绩，其因果图如图 7-1 所示。

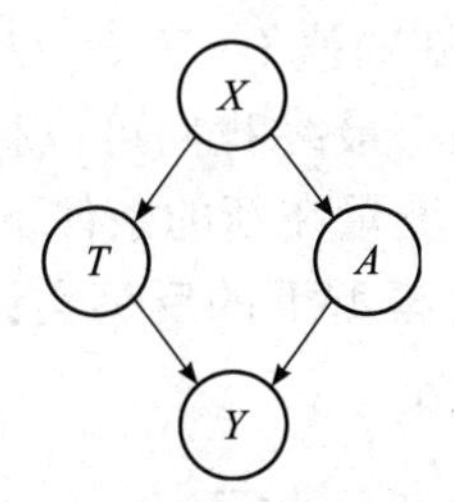

图 7-1　历史课成绩的因果图

变量间数量关系可以由以下结构方程表示：

$$\begin{aligned} X &= U_X \\ T &= aX + U_T \\ A &= bX + U_A \\ Y &= cT + dA + U_Y \end{aligned} \tag{7-3}$$

假设 U_X，U_T，U_A，U_Y 相互独立，并且我们从总体数据中得到了上式中的各项系数：$a=9$，$b=10$，$c=0.6$，$d=0.4$。

如果甲同学现在的历史课成绩为：$X=6$，$A=55$，$T=50$，$Y=54$。即出勤 6 次，得到出勤分 55 分，考试得分 50 分，最终成绩 54 分。此时我们有这样一个反事实问题：甲同学如果考试多考 10 分，得到 60 分，那他的最终成绩能否达到 60 分？这个问题用反事实方式表示为 $Y_{T=60}$。

在这里，甲同学上述的历史课成绩 X,T,A,Y 这些内生变量的取值称为证据 $E=e$。根据观测到的内生变量的值，我们可以在模型中计算每个变量的外生变量，即 U_X,U_T,U_A,U_Y 的值。这些外生变量代表了甲同学这个个体的数据与群体模型之间的差异。将 X,T,A,Y 的值代入公式（7-3）可以得到：$U_X=6$，$U_T=-4$，$U_A=-5$，$U_Y=2$。在这个情景下，这四个值可以表示甲同学这个个体的上课意愿、考试发挥、课堂表现等个人特征的取值。在这里，我们由内生变量求得了外生变量的值，这种由内而外的推断过程对应了外展这一步骤。

我们令甲同学的考试成绩为 60，即 $T=60$，此时变量 T 的值就不再受 X 和 U_T 的影响，而是被我们直接赋予一个反事实的值，图 7-2 是图 7-1 中 T 被干预后的因果图。与图 7-1 相比，指向变量 T 的箭头被删除了。在这一步中，我们所做的操作实质上是对变量 T 的干预操作，即 do($T=60$)，这对应了干预这一步骤。修改后的模型 M_t 的结构方程表示为

$$\begin{gathered}X=U_X\\T=60\\A=10X+U_A\\Y=0.6\times 60+0.4A+U_Y\end{gathered}\tag{7-4}$$

最后，根据模型 M_t，我们可以按照顺序逐步求出因果图中各个变量的取值。以图 7-2 所示的因果图为例，我们已知的值 U_X,U_T,U_A,U_Y，在 $T=60$ 情况下，我们可以先求 X，再求 A 的值，最后才是 Y 的值。最终我们可以得到：$X_{T=60}=6$，$A_{T=60}=55$，$Y_{T=60}=60$。我们用外生变量的值求解了模型中变量在新的条件下的反事实取值。经过外展、干预、预测三个步骤，我们完成了确定性模型下的反事实计算过程，并得出结论：甲同学如果多考 10 分，他的最终成绩为 60 分。

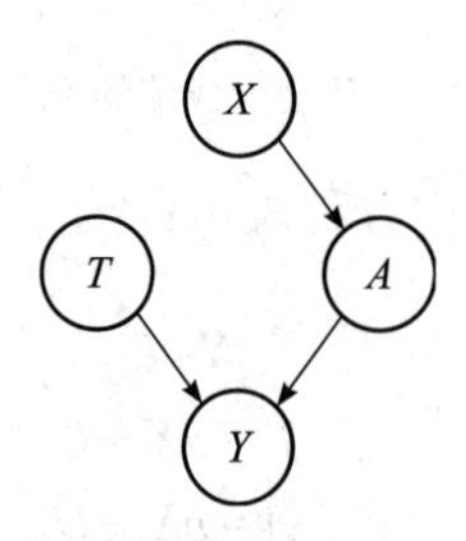

图 7-2　图 7-1 中的 T 被干预后的因果图

7.3　反事实和干预

7.3.1　反事实与 do 算子

假设一个仅有三个变量 T、Y、Z 的结构因果模型，若求解反事实结果 $\mathbb{E}(Y_{T=t}|Z=z)$，一般情况下，现有的方法将 $Z=z$ 作为证据推断出 $\mathcal{U}$ 的值，然后根据 $\mathcal{U}$ 的值来求解 $T=t$

这个世界中 Z 和 Y 的反事实取值。换言之，以 $Z=z$ 为条件，并不意味着 Z 的值被固定了，而是将 $Z=z$ 作为干预之前的条件。如果 Z 的值受到 T 的影响，那么 Z 的值也将随 T 的变化而变化。

干预效应 $\mathbb{E}(Y|do(T=t),Z=z)$ 表示在干预 T 后的总体中的一个子群体的因果效应，该子群体在干预后 Z 的取值为 z。若求解 $\mathbb{E}(Y|do(T=t),Z=z)$，那么我们将会把 Z 的值固定为 z，不论 T 的变化是否会影响 Z，我们都不会改变 Z 的值。如果 Z 阻断了 T 到 Y 的因果路径，那么对 T 的干预不会影响到 Y 的取值。换言之，在 do 算子中，条件 $Z=z$ 只能作为干预之后的条件却无法作为干预前的条件。但如果我们不以 $Z=z$ 为条件，将表达式改为 $\mathbb{E}(Y|do(T=t))$，那么我们就会失去 $Z=z$ 这个观测到的条件，这与我们的目的相悖。

回顾例 7-1 可以发现，Y 的真实值对于推测 Y 的反事实值有很大的帮助，这是因为将 Y 的真实取值作为条件有利于我们推测外生变量 U_Y 的值，而在普通的 do 演算的表达式中就无法做到这一点。下面，我们以一个简单的例子来更直观地说明反事实与干预的区别。

例 7-2　甲同学的历史课成绩（二）

为了体现反事实计算与干预的区别，我们对例 7-1 进行一些修改。假设 T 表示出勤等级，M 表示知识掌握程度，Y 表示考试成绩，这三个变量满足的变量关系如图 7-3 所示。

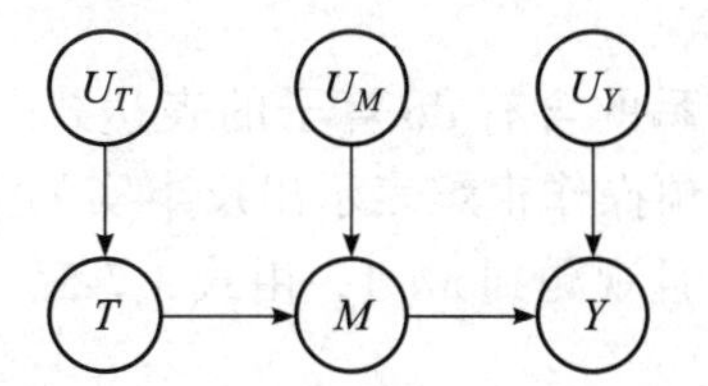

图 7-3　甲同学的历史课成绩：三变量情形

由此，我们可以给出因果结构方程如下：

$$\begin{aligned} T&=U_T \\ M&=aT+U_M \\ Y&=bM+U_Y \end{aligned} \tag{7-5}$$

假设甲同学的成绩数据为：$T=0$，$M=1$。即出勤等级为 0，知识掌握程度为 1。现在我们想要计算 $\mathbb{E}(Y_{T=1}|M=1)$。换言之，甲同学当前知识掌握程度为 $M=1$（$M=M_{T=0}$），我们想知道在出勤等级 $T=1$ 的情况下，他的考试成绩应该是多少。

这个反事实计算用普通的 do 演算表示为 $\mathbb{E}(Y|do(T=1),M=1)$，其含义为：在令出勤等级 $T=1$ 的情况下，知识掌握程度为 $M=1$ 的同学，其考试成绩会是多少。从因果图中我们可以看出，考试成绩依赖于学生的知识掌握程度，只要知识掌握程度相同，那么不论这份知识是从课后所学还是上课所学，其考试成绩都不受出勤等级的影响。在这种条件下，$M=1$ 这个条件阻止了 T 的变化为 Y 带来的间接影响，因此，普通的 do 演算

无法表示反事实问题。

根据反事实的已知条件，在甲同学在出勤率为 0 的情况下，即 T=0,M=1 成立，这就表明甲同学在上课之前的知识掌握程度已经达到了 1，此时假设他积极上课，即 T=1，那么他必然会掌握更多的知识，那么 M 的值应该大于 1，从而使得他的考试成绩 Y 发生变化，这个发生变化的 Y 才是我们要求的反事实取值。但问题在于，do 演算无法以这样的形式来刻画反事实，也无法表述出这种情形，即

$$\mathbb{E}(Y_{T=1}|M=1,T=0) \neq \mathbb{E}(Y|\mathrm{do}(T=1),M=1) \tag{7-6}$$

虽然 do 算子很难表示出反事实，但反事实却可以表示 do 演算表达式，即表示出"在进行 do(T=1) 且 M=1 的世界里，Y 的反事实期望"。我们可以用 $M_{T=1}$=1 来表示 M=1 是反事实条件 T=1 下的值。同理，在反事实条件 T=1 下，指定 M 的值为原本 T=0 的情况下的取值，可以表示为 M=$M_{T=0}$，这等价于 M=1。式（7-7）给出了一个反事实表示 do 演算表达式的例子。

$$\begin{aligned}\mathbb{E}(Y|\mathrm{do}(T=1),M=1)&=\mathbb{E}(Y_{T=1}|M_{T=1}=1)\\&=\mathbb{E}(Y_{T=1,M=1})\\&=\mathbb{E}(Y_{T=1,M=M_{T=0}})\end{aligned} \tag{7-7}$$

式（7-7）左边是我们熟悉的含有 do 算子的表达式，而等式右边则是反事实表达式。式（7-7）表明普通的干预操作很难表示出反事实的情形，反事实却能表示干预操作。除此以外，假设 U_Y=0 并且观测到 M=1，由式（7-5）我们还可以计算得到：

$$\begin{aligned}&\mathbb{E}(Y_{T=1}|M=1)=(a+1)b\\&\mathbb{E}(Y|\mathrm{do}(T=1),M=1)=b\\&\mathbb{E}(Y|\mathrm{do}(T=0),M=1)=b\end{aligned} \tag{7-8}$$

从式（7-8）可以看到，在普通的 do 演算表达式中，不论 T 的值如何变化，M 的值都为 1，因此 Y 的值也没有变化。而对于反事实表达式来说，M=1 只是辅助推断的一个条件，而不是一个确定不变的取值，真正确定不变的是根据 M=1 推断得到的 U_M 的值，因此 Y 的值也会相应地发生变化。

干预操作一般是面向一个群体，而反事实计算一般面向个体。在 Pearl 的因果框架中，反事实计算被认为处于因果之梯的第三层级，而干预则处于因果之梯的第二层级，从本节中我们可以看到，在进行因果推断的过程中，相比于干预，反事实的表达更加灵活。

7.3.2 后门的反事实解释

为了计算 T 和 Y 之间的因果效应，我们需要识别 T 和 Y 之间是否存在混杂因子。

后门准则为混杂变量识别和混杂偏差的修正提供了方法。后门准则对于特定情形下的反事实计算也有一定的帮助。

以图 7-4 为例，假设结构因果模型 M 对应的因果图为图 7-4a，在 M 中对变量 T 进行干预后，因果图中指向 T 的有向边将被删去，由此得到的新模型 M_t 对应的因果图如图 7-4b 所示，我们在图 7-4b 中将 F 和 Y 分别替换为 F_t 和 Y_t，表示在 $\text{do}(T=t)$ 后的反事实取值。此时，能够影响 Y 取值的就是 Y 的父节点以及 T 到 Y 路径上节点的父节点。如果一个变量集 Z 阻断了 T 和 Y 之间的所有后门路径，那么模型 M_t 中的 Y_t 与 T 对于任意的 $Z=z$ 条件独立。由此定理 7-1 给出了后门准则的反事实解释。

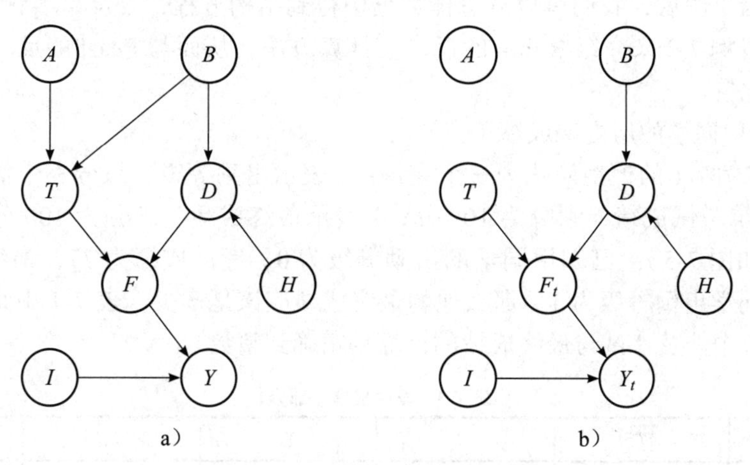

图 7-4　干预前与干预后的因果图

定理 7-1　后门准则的反事实解释 [1]　如果一个变量集 Z 满足 T 与 Y 的后门准则，那么对于任意的 t，在给定 Z 的条件下，反事实 Y_t 条件独立于 T，记为

$$P(Y_t|T,Z)=P(Y_t|Z) \tag{7-9}$$

这个定理使我们对于在特定条件下推测 $P(Y_t=y)$ 有很大的帮助，可用于证明 $P(Y_t=y)$ 能由校正公式进行计算。首先，以 Z 为条件，根据全概率公式我们可以得到：

$$P(Y_t=y)=\sum_z P(Y_t=y|Z=z)P(Z=z) \tag{7-10}$$

由定理 7-1 可知，我们将 $T=t$ 作为条件添加到 $P(Y_t=y|Z=z)$ 中，值不发生改变，因此可以得到：

$$\sum_z P(Y_t=y|Z=z)P(Z=z)=\sum_z P(Y_t=y|Z=z,T=t)P(Z=z) \tag{7-11}$$

根据一致性原则，在 $T=t$ 的情况下，Y_t 可以替换为 Y，由此我们又可以进一步得到：

$$\sum_{z} P(Y_t=y|Z=z,T=t)P(Z=z)=\sum_{z} P(Y=y|Z=z,T=t)P(Z=z) \tag{7-12}$$

因此可以得到结论：$P(Y_t=y)=\Sigma_z P(Y=y|Z=z,T=t)P(Z=z)$。因此，当变量集 Z 满足后门标准时，反事实的计算可以转换为不带反事实下标的条件概率。

7.4 反事实与潜在结果

从前面几节可以看到，即便是在反事实的计算中，Pearl 因果模型的核心仍是因果图。在得到因果图后，我们可以从总体数据中得到结构方程，令反事实计算变得简单。下面，我们以例 7-3 来介绍 Rubin 的反事实计算方法，从而与 Pearl 的反事实计算方法进行简单的比较。

例 7-3 甲同学的历史课成绩（三）

例 7-3 将例 7-1 的模型简化为三个变量：T 表示出勤等级，只分三个等级，取值为 0,1,2；M 表示考试成绩，满分为 100 分；Y 表示最终成绩，满分为 100 分，由 T 和 M 共同决定（如图 7-5）。已知甲同学的出勤等级为 0，考试成绩为 77，最终成绩为 66，那么假设甲同学出勤等级为 1，那么他的最终成绩应该是多少。表 7-1 中是部分的虚拟数据（本小节中涉及考试与最终成绩的计算均精确到整数）。

表 7-1　学生成绩（部分）

	T	M	Y_0	Y_1	Y_2
甲	0	77	66	?	?
乙	2	89	?	?	93
丙	1	89	?	83	?
丁	2	98	?	?	99
戊	1	80	?	79	?
己	0	73	64	?	?
⋮	⋮	⋮	⋮	⋮	⋮

首先，我们回顾一下 Rubin 因果模型中的反事实计算。从表 7-1 中可以看到，对每个学生我们只能得到一种潜在结果。要得到“?”处的数据，我们需要根据已有的数据进行推断。其中一种常见的方法是匹配。在使用匹配方法时，需要寻找与该个体相近的其他个体，从而完成匹配，进行潜在结果的计算。例如，乙同学的考试成绩和丙同学的考试成绩完全相同，我们可能会认为，如果乙同学的出勤等级和丙同学的出勤等级相同，那么他的最终成绩将和丙同学的最终成绩一样，为 93 分；如果丙的出勤等级和乙同学相同，那么他的最终成绩将与乙同学的最终成绩相同，为 83 分。

但是，表 7-1 中并没有提供与甲同学完全匹配的个体，所以我们无法简单地通过匹配方法得到想要的结果。不过，Rubin 等统计学家开发了很多近似匹配方法，但计算过程较为复杂，在这里我们不多做展开，读者可以回顾前面章节中 Rubin 因果模型部分对核匹配、卡钳匹配等方法的介绍。

另一种可能的方法是使用线性回归。对于“?”部分的值，我们可以将其视为表格中的缺失数据。根据表 7-1，假设我们得到如下回归方程：

$$Y=0.6M+10T+20 \tag{7-13}$$

式（7-13）表明平均来说，学生的考试成绩每提高 1 分，最终成绩提高 0.6 分；学生的出勤等级每提高 1 个等级，最终成绩提高 10 分。根据这个等式，我们可以计算出甲同学出勤等级为 1、考试成绩为 77 时的最终成绩约为 $0.6\times77+10\times1+20=76$。但是，这两种做法本身存在着缺陷。例如，我们使用匹配方法求丙同学和丁同学的反事实成绩时，实际而言，我们并不应该将成绩相同的两个人匹配到一起，这是为什么呢?

首先，在这个情景下需要注意的是，出勤等级很可能会影响到学生的考试成绩。我们知道，在课堂上的出勤意味着学生对知识的学习将会受到老师的帮助和指导，因此会对其成绩有所提高。所以，出勤等级的提高很可能带来考试成绩的提高，从而间接地再次提高最终成绩，这使得丙同学在出勤等级提高后，他的考试成绩应当会超过 89 分。这样一来，相同的考试成绩反而令匹配变得不合适。在前面进行匹配时，我们其实默认了出勤等级不会通过影响考试成绩来影响最终成绩。

如果要正确地使用匹配方法和缺失值填补方法，我们需要首先进行可交换性假设的讨论，这在没有模型的情况下，尤其是各个变量间关系并非像本案例中这么清晰时，会变得非常困难。但对于 Pearl 因果模型来说，进行可交换性假设的讨论会简单很多。使用 Pearl 的方法进行反事实计算时，我们需要先绘制因果图。这张因果图将会帮助我们理解数据背后的因果机制。

从图 7-5 中可以发现，从 T 到 Y 除了 $T\rightarrow Y$ 这条直接因果路径之外，还存在 $T\rightarrow M\rightarrow Y$ 这条因果路径。从后面的章节我们将会了解到，在考虑 T 对 Y 的影响时，M 是一个中介变量，T 可能通过 M 影响最终的考试成绩。现在我们回到 Pearl 的反事实计算上来。首先，根据因果图，我们明确了两组变量间的因果关系，用函数的形式来表示就是：$M=f_M(T,U_M)$，$Y=f_Y(M,T,U_Y)$。根据 T 和 M 的数据线性回归（假设利用的数据不限于表 7-1 中的 6 条数据），假设我们得到 $M=f_M(T,U_M)$ 的表达式：

$$M=10T+75+U_M \tag{7-14}$$

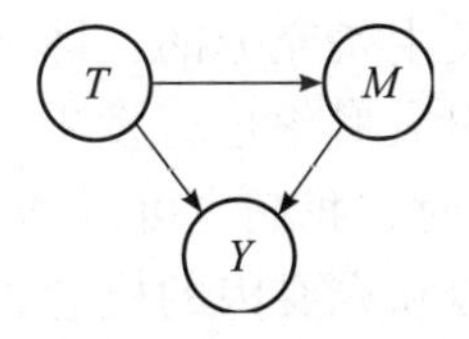

图 7-5 带有中介变量的因果图

这里的 75 表明即使学生没有听课，他们也能因为历史常识和课后学习等原因从而掌握 75 分左右的知识，同时每提高一个出勤等级，学生的考试成绩平均提高 10 分。

根据 M，T 和 Y 的表达式，假设我们可以再次表示出 Y：

$$Y=0.6M+10T+20+U_Y \tag{7-15}$$

除此以外，还有：

$$T=U_T \tag{7-16}$$

此时，我们可以开始使用上一节介绍的反事实计算的三个步骤。

（1）外展：根据甲同学的数据 $M=77,T=0$ 和 $Y=66$，代入式（7-15）和式（7-16）可以得到 $U_T=0$，$U_M=2$，$U_Y=0$。

（2）干预：对 T 的值进行干预，修改为 $T=1$，得到新的结构方程

$$\begin{gathered}T=1\\M=10T+75+U_M\\Y=0.6M+10T+20+U_Y\end{gathered} \tag{7-17}$$

同时，因为此处变量 T 没有父节点，所以进行干预后不需要删除指向 T 的有向边，因此因果图保持不变。

（3）预测：按照拓扑顺序求解各个变量的反事实取值，通过修改后的模型计算得到 $M_{T=1}=75+10+2=87$，得到 $M_{T=1}$ 后，再计算 $Y_{T=1}=87\times0.6+10+20+0=82$。

与潜在结果模型下的计算方式相比，在因果图的帮助下，我们考虑到了 $T\rightarrow M\rightarrow Y$ 这一重要信息，得知了 T 的变化对 Y 不仅有直接影响，还有通过 M 这个中介对 Y 施加的间接影响。结构因果模型是反事实计算的一个强大且便利的工具。

7.5 反事实与决策

7.5.1 必要因、充分因和充要因

反事实计算除了可以用来计算无法观测到的反事实结果以外，还可以用来进行个人决策，以及衡量决策对结果的影响并对决策进行评价。我们首先介绍必要因、充分因和充要因的概念。

假设我们有原因 T 和结果 Y，如果 T 对 Y 的发生是必要的，即在 T 发生且 Y 也发生的情况下，假设 T 当初没有发生，那么 Y 很大概率就不会发生，那么我们称 T 是 Y 的必要因；同时，如果 T 对 Y 的发生是充分的，即在 T 没有发生且 Y 也没有发生的情况下，假设当初 T 发生，那么 Y 很大概率也会发生，那么我们称 T 是 Y 的充分因。当 T 既是 Y 的充分因又是 Y 的必要因时，我们也可以称 T 是 Y 的充要因。

为更好地描述必要因、充分因和充要因的概念，我们介绍三个概念：必要性概率（PN，Probability of Necessity）、充分性概率（Probability of Sufficiency，PS）和充要性概率（Probability of Necessity and Sufficiency，PNS）。当 T 对 Y 的 PN 高于一个阈值，比如高于 90% 时，我们可以称 T 是 Y 的必要因。同理可知充分因和充要因。下面我们

以一个简单的例子进行说明。

例 7-4　甲同学的历史课成绩（四）

假设我们用 T 的值来表示一个同学是否努力复习：1 为努力，0 为不努力。用 Y 的值表示历史课成绩是否合格：1 为合格，0 为不合格。已知历史课需要花费大量时间复习，只有部分同学选择了努力复习，目前第一批考试的学生已经查到了成绩。甲同学在进行努力复习后，最终他的历史课的成绩合格。在成绩出来后，甲同学认为，这次成绩能够合格，复习时付出的努力功不可没。如果用必要因的方式描述为：他认为努力复习（T=1）是成绩合格（Y=1）的必要因。要想衡量甲同学的认知是否正确，我们就需要计算前面提到的必要性概率：

$$\mathrm{PN}=P(Y_0=0|T=1,Y=1) \tag{7-18}$$

从这个式子可以看出，在甲同学努力复习（T=1）并且成绩合格（Y=1）的条件下，如果当初他没有认真复习（T=0），那么他最终成绩不合格（Y=0）的概率。从这个含义来看，PN 很好地衡量了甲同学进行努力复习的必要性。如果 PN 的值很大，比如等于 90%，那么这表示一旦甲同学不努力复习，那么他最终有 90% 的概率会不合格，复习对于他成绩合格有很大的必要性；如果 PN 的值很小，比如等于 10%，那么这代表着即使甲同学不努力复习，他最终也只有 10% 的概率会不合格，这表明复习对于他成绩合格的必要性很小。我们可以总结得到：当 PN 越大，甲同学的复习带来的收益越高，甲同学努力复习的决定对考试成功的必要性就越大。因此，决策者在采取的决策获得成功后，PN 的值越大，他对该决策的满意度也就越高。

假如同时考试的乙同学没有努力复习，最终成绩不合格，那么他可能会把考试不合格归咎于考试前没有努力复习，即他认为如果当初努力复习，那么最终很可能会考试通过。乙同学的情况使用充分性概率表示如下：

$$\mathrm{PS}=P(Y_1=1|T=0,Y=0) \tag{7-19}$$

这个式子的含义是：在乙同学没有努力复习（T=0），最终成绩不合格（Y=0）的情况下，如果当初他认真复习（T=1），最终成绩合格（Y=1）的概率。从这个含义来看，如果 PS 的值很大，比如 90%，这表明如果乙同学当初努力复习，那么他有 90% 的概率会合格，这表示努力复习是成绩合格的充分因；如果 PS 的值很小，比如 10%，这就表明乙同学当初即使努力复习，也仅有 10% 的概率会通过考试，这表示努力复习不是成绩合格的充分因。PS 的值越大，表明乙同学不努力复习带来的损失越大，努力复习对考试成功的充分性就越大。

除此以外，如果一个决策既能称为结果的充分因，又能称为结果的必要因，那么我们可以将其称为充要因。假设还有一位丙同学，他的考试批次晚于甲和乙两位同学，考试难度与前两者相同，并且他不能从甲和乙同学那里获取考试内容，此时他正在思考自己是否要花费时间努力复习。以丙同学的角度而言，他要考虑的正是我们前面所讲的必要性与充分性。一方面，如果努力复习对于成绩合格的必要性概率很低，这就意味着不努力复习就能合格，即缺乏必要性，那么他就没必要复习；另一方面，如果努力复习对于成绩合格的充分性概率很低，这意味着他不论努力与否，最终都无法合格，即缺乏充分性，那么他宁可不努力复习。现在，丙同学的决策需要同时考虑必要性概率和充分性概率，所以他就要考虑充要性概率：

$$\mathrm{PNS}=P(Y_1=1,Y_0=0) \tag{7-20}$$

从上式可以看出，PNS 在此处的含义是：丙同学不努力复习会不合格且努力复习会合格的概率。这既考虑到了努力复习的充分性，又考虑到了努力复习的必要性，因为努力复习的充分性越大，那么努力复习后合格的概率 $P(Y_1=1)$ 也就越大，PNS 也就越大，反之就越小；努力复习的必要性越大，那么不努力复习时不合格的概率 $P(Y_0=0)$ 就越大，PNS 也就越大，反之就越小。当 PNS 的值很大时，就意味着不复习大概率会不合格，而复习后大概率会合格。因此，当 PNS 的值很大时，这表示着复习带来的收益和不复习带来的损失都很大。

我们无法观测到甲、乙、丙等这些个体的概率分布，因为对于已经完成考试的个体，我们只能观测到一种结果，而对于没有进行考试的个体，我们无法观测到结果，但可以从总体数据中对这些概率进行估计，于是 PNS 的值就可以通过这种估计方法计算出来。在单调性条件下，我们可以从试验数据中得到 PNS 的值：

$$\mathrm{PNS}=P(Y=1|\mathrm{do}(T=1))-P(Y=1|\mathrm{do}(T=0)) \tag{7-21}$$

必要性概率、充分性概率和充要性概率对于决策制定具有很大的作用，可以用于衡量决策带来的收益和风险，从而完成成本的配置。在进行事前决策时，若成本有限，我们可以选择充分性概率更大的措施以最大化收益，在决策成功后也可以通过必要性概率来衡量不同措施带来的效益。通过将决策归为必要因、充分因和充要因，可以对决策进行评估，从而进行个人决策或衡量决策的成功与否。

7.5.2 参与者处理效应

除了使用上一小节的三种概念进行决策分析以外，我们还需要学习一个被称为参与者处理效应（Effect of Treatmentonthe Treated，ETT）的概念。在本章之前，我们对于处理的有效性一般通过平均因果效应来衡量，这一般需要进行随机试验来得到。平均因果效应衡量了对人群随机处理产生的影响，考虑到了对全部人群的处理效果。参与者处理效应与之不同，其关注的是对于已经受到处理的个体，他们接受处理相对于不接受处理是否有影响，此时关注的就不再是全部人群。

如果决策者要引入新的处理并考虑新的处理方式能否起到应有的效果，那么我们需要考虑的是平均因果效应，因为我们要知道这种处理方式对于所有人处理的效果如何；但如果我们要决定当前处理是否要继续维持下去，我们要关注的就是已经受处理的人是否从处理中获得了变化，这样才能衡量出目前进行的处理是否已经产生了效果。

我们假设 $T=0$ 表示未接受处理，而 $T=1$ 表示接受了处理，那么根据我们提出的需求，ETT 的计算公式如下：

$$\text{ETT}=\mathbb{E}(Y_1-Y_0|T=1) \tag{7-22}$$

这个公式的含义是：对于已经受到处理（T=1）的个体，其受到处理相对于未受到处理的情况下，Y 取值的变化。下面我们将以一个简单的例子说明参与者处理效应的作用所在。

例 7-5　甲同学的历史课成绩（五）

在历史课考试之前，甲同学希望得到更多的辅导，因此向历史老师提出建议，希望能对自愿接受辅导的同学进行集中统一的辅导，最终老师接受了甲同学的意见并开展了辅导课。在考试成绩出来后，老师对接受辅导和未接受辅导的同学成绩分别进行了统计，发现接受辅导的同学的成绩往往高于未接受辅导的同学。统计结果出来后，老师对此非常满意，决定以后也对自愿报名的同学进行类似的辅导。

但是，甲同学却不赞同老师根据考试结果得出的结论。甲同学认为，虽然被辅导的学生成绩高于未被辅导的学生，但由于采取了自愿辅导的原则，所以被辅导的同学比未参加辅导的同学具有更强的学习能动性。即使不被辅导，他们的考试成绩可能也会高于未参加辅导的同学。因此，甲同学认为是否参加辅导与考试成绩的高低不具有因果关系。那么，甲同学和老师的结论究竟谁对谁错？为了解决这个问题，我们应当评估是否参加辅导与考试成绩的因果效应，在这个案例中，我们可以按照是否愿意被辅导，将学生分为两组。当我们计算平均因果效应时，我们需要关心的是对这两个小组分别进行辅导的效果，从而获取辅导这一处理对于所有人群的效果。但在这里，我们只关心辅导这一行为是否真正对于已经接受辅导的学生产生了效果。

我们将接受辅导记为 T=1，不接受辅导记为 T=0，Y 表示考试成绩。为了得知辅导的效果，我们需要计算 ETT。但是观察 ETT 的计算表达式，$\mathbb{E}(Y_1|T=1)$ 可以简单地从观测数据中得到，但我们似乎无法计算 $\mathbb{E}(Y_0|T=1)$，因为已经接受过辅导的人无法回到过去并拒绝辅导，因此我们无法直接从数据中获取 $\mathbb{E}(Y_0|T=1)$。不过，我们可以在特定场合中计算这个值。其中一种可能性是存在变量集合 Z 满足后门准则时，我们可以应用定理 7-1。首先，以 $Z=z$ 为条件我们可以得到：

$$P(Y_0=y|T=1)=\sum_z P(Y_0=y|Z=z,T=1)P(Z=z|T=1) \tag{7-23}$$

在定理 7-1 的条件下，我们可以用 T=0 替换 T=1。在替换完后，根据一致性原则，因为 Y_0 表示 T=0 时的反事实结果，在条件中 T 的值同样为 0，所以我们可以将等式右边 Y_0 的下标除去，于是可以进一步得到：

$$P(Y_0=y|T=1)=\sum_z P(Y=y|Z=z,T=0)P(Z=z|T=1) \tag{7-24}$$

由此我们就可以通过非反事实的表达式计算 $\mathbb{E}(Y_0|T=1)$。同样地，再次应用一致性

原则，我们可以计算得到：

$$\mathbb{E}(Y_1|T=1)=\mathbb{E}(Y|T=1) \tag{7-25}$$

将前面推断所得进行代入，可以得到不含反事实表达式的 ETT 计算公式：

$$\begin{aligned}\text{ETT}&=\mathbb{E}(Y_1-Y_0|T=1)\\&=\mathbb{E}(Y_1|T=1)-\mathbb{E}(Y_0|T=1)\\&=\mathbb{E}(Y|T=1)-\sum_z \mathbb{E}(Y|Z=z,T=0)P(Z=z|T=1)\end{aligned} \tag{7-26}$$

除此以外，还存在其他可以计算 ETT 的情形，比如当 T 和 Y 之间存在一个中介变量满足前门准则时，同样可以进行计算，这一点本节将不再赘述。但不论是满足后门标准还是前门标准，我们都可以通过因果图来判断计算的可行性。

7.6 拓展阅读

本章我们介绍了 Pearl 因果模型下反事实的概念和一般性的计算方法，讨论了反事实表达式与干预的联系和区别，以及与 Rubin 的反事实计算方式进行了简单的对比分析，并介绍了反事实计算在评估决策方面的作用。对于反事实计算方式，Pearl 的《因果论》中也介绍了孪生网络的方法。反事实是理解下一章因果中介效应概念与计算的基础。在机器学习领域，由于数据可能存在偏差等原因，现有的机器学习算法在保险、贷款、招聘和预测性警务等领域进行辅助决策时，可能导致对部分人群（例如特定种族、性别等人群）存在不公平的偏见。反事实已成为对机器学习算法公平性进行建模的一种新兴理论与方法，感兴趣的读者自行阅读相关的文献 [4-8]。同时，为提高机器学习算法处理面向分布外数据的鲁棒性问题，反事实数据增强也是目前机器学习领域的一个热点问题[9-10]。

参考文献

[1] GLYMOUR M, PEARL J, JEWELL N P. Causal inference in statistics: A primer[M]. New York ： John Wiley & Sons, 2016.

[2] PEARL J. Causality[M]. New York: Cambridge University Press, 2009.

[3] PEARL J, MACKENZIE D. The book of why: the new science of cause and effect[M]. New York: Basic books, 2018.

[4] KUSNER M J, LOFTUS J, RUSSELL C, et al. Counterfactual fairness[C]. Proceedings of advances in the 31st annual conference on Neural Information Processing Systems (NeurIPS-2017), 2017, 30: 4066-4076.

[5] WU Y, ZHANG L, WU X. Counterfactual fairness: Unidentification, bound and algorithm[C]// Proceedings of the Twenty-Eighth International Joint Conference on Artificial Intelligence (IJCAI-2019). 2019: 1438-1444.

[6] GARG S, PEROT V, LIMTIACO N, et al. Counterfactual fairness in text classification through

robustness[C]//Proceedings of the 2019 AAAI/ACM Conference on AI, Ethics, and Society (AIES 2019). 2019: 219-226.

[7] WU Y, ZHANG L, WU X, et al. Pc-fairness: A unified framework for measuring causality-based fairness[C]// Proceedings of the advances in the 33rd annual conference on Neural Information Processing Systems (NeurIPS-2019), 2019, 32: 3399-3409.

[8] ZUO A, WEI S, LIU T, et al. Counterfactual fairness with partially known causal graph[J]. arXiv preprint arXiv:2205.13972, 2022.

[9] PITIS S, CREAGER E, GARG A. Counterfactual data augmentation using locally factored dynamics[C]// Proceedings of the advances in the 24rd Neural Information Processing Systems (NeurIPS-2020), 3976-3990, 2020.

[10] SAUER A, GEIGER A. Counterfactual generative networks[C]// Proceedings of the Eighth International Conference on Learning Representations (ICLR-2020), 2020.

CHAPTER 8

第 8 章

因果中介效应

因果中介效应计算通过分析因果路径上的中间变量来研究处理变量对结果变量影响的过程和因果作用机制，相比单纯地分析处理变量对结果变量影响，因果中介效应分析往往能得到更多更深入的结果。因果中介效应分析在许多科学领域获得了广泛应用，包括政策决定、法律定义、健康护理分析、流行病学、政治学、心理学和社会学等。本章将介绍以图模型为基础的因果中介效应分析方法。

8.1 中介效应的基本概念

因果中介效应分析可追溯到路径分析方法与因果逐步法 [1]。早期的因果中介效应分析模型主要以结构方程模型为主，且仅限于线性分析。在过去的二十年里，在结构方程模型的基础上，因果中介效应分析逐步从线性模型扩展到了非线性模型。本节我们将介绍基于因果图的因果中介效应分析的基本概念与方法。在前面两章，叉结构被用于分析因果效应计算中的混杂偏差问题，而对撞结构被用于分析选择偏差问题，本章我们将利用图模型中的链式结构分析因果中介效应问题。

如图 8-1a 所示的图模型给出了中介效应的基本形式。在图 8-1a 中，处理变量 T 到结果变量 Y 有两条因果路径——$T \rightarrow Y$ 和 $T \rightarrow M \rightarrow Y$，其中 M 为中介变量。$T \rightarrow Y$ 表示 T 对 Y 的直接效应，而链结构 $T \rightarrow M \rightarrow Y$ 表示 T 对 Y 的影响通过中介变量 M 以间接形式产生。图 8-1b 表示在关于教育培训 $T \rightarrow$家庭作业 $M \rightarrow$学业成绩 Y 的实例中，教育培训既是学业成绩的直接原因，也是间接原因。教育培训可以提高学生家庭作业的质量，进而间接提高学业成绩。

由于中介变量 M 的存在，我们如何计算 T 对 Y 的因果效应呢？T 对 Y 的因果效应称为总效应（Total Effect，TE）。T 对 Y 的总效应可以分解为直接效应（Direct Effect，DE）与间接效应（Indirect Effect，IE）。T 对 Y 且不通过中介变量 M 产生的效应称为直接效应，而 T 通过 M 对 Y 的产生的效应称为间接效应。以图 8-1a 中中介效应的基本形式为例，我们分别介绍三种因果效应的概念。在图 8-1a 中，T 的值从 0 变为 1 后，定义 8-1 给出了 T 对 Y 的总效应计算公式。

a）三个变量的中介模型的基本形式　　b）一个中介模型的实例

图 8-1　链结构表示的中介效应的基本形式

定义 8-1　总效应 [1]　T 对 Y 的总效应（TE）定义为

$$\mathrm{TE}=\mathbb{E}[Y|\mathrm{do}(T=1)]-\mathbb{E}[Y|\mathrm{do}(T=0)] \tag{8-1}$$

由于 T 到 Y 没有后门路径，我们可以将式（8-1）中的 $\mathrm{do}(T=t)$ 替换为以 T 为条件的条件概率，从而可以移除公式中的 do 算子项，如下所示：

$$\begin{aligned}\mathrm{TE}&=\mathbb{E}[Y|\mathrm{do}(T=1)]-\mathbb{E}[Y|\mathrm{do}(T=0)]\\&=\mathbb{E}[Y|T=1]-\mathbb{E}[Y|T=0]\\&=P[Y|T=1]-P[Y|T=0]\end{aligned} \tag{8-2}$$

T 对 Y 的直接效应是在不受其他中介变量影响的情况下，Y 对 T 变化的敏感性。因此计算 T 对 Y 的直接效应时，一般需要固定中介变量 M 的值。在保持中介变量不变的情况下，那么 Y 的任何变化都仅由 T 引起。这时 T 对 Y 的直接效应也称为受控直接效应（Controlled Direct Effect，CDE）。

以图 8-1a 中中介效应的基本形式为例，固定中介变量 M 的值为 m，T 的值从 0 变为 1 后，定义 8-2 给出了 T 对 Y 的受控直接效应计算公式。

定义 8-2　受控直接效应 [1]　在中介变量 $M=m$ 的条件下，T 对 Y 的受控直接效应定义如下：

$$\begin{aligned}\mathrm{CDE}(m)&=\mathbb{E}[Y|\mathrm{do}(T=1,M=m)]-\mathbb{E}[Y|\mathrm{do}(T=0,M=m)]\\&=P(Y=y|\mathrm{do}(T=1),\mathrm{do}(M=m))-P(Y=y|\mathrm{do}(T=0),\mathrm{do}(M=m))\end{aligned} \tag{8-3}$$

如果 $P(Y=y|\mathrm{do}(T=1),\mathrm{do}(M=m))$ 和 $P(Y=y|\mathrm{do}(T=0),\mathrm{do}(M=m))$ 之间存在差异，那么 T 对 Y 存在直接效应。在如图 8-1a 所示的图模型中，由于 T 对 Y 没有后门路径，同时 M 到 Y 的后门路径 $M\leftarrow T\rightarrow Y$ 已被 T 阻断，因此，我们可以将式 (8-3) 中的 $\mathrm{do}(T)$ 和 $\mathrm{do}(M)$ 替换为以 T 和 M 为条件的概率，从而移除了式 (8-3) 中的 do 算子项，如下所示：

$$\mathrm{CDE}(m)=P(Y=y|T=1,M=m)-P(Y=y|T=0,M=m) \tag{8-4}$$

对于中介变量 M 的不同值，受控直接效应可能会不同。例如，对于自愿完成作业的学生，教育培训的效果可能比较好；而对于被迫完成作业的学生，教育培训的效果可能一般。T 对 Y 的全部直接效应需要对 M 的每一个相关取值 m 进行计算，定义 8-3 给出了平均受控直接效应（Average Controlled Direct Effect，ACDE）的定义。

定义 8-3　平均受控直接效应 [1]　T 对 Y 的平均受控直接效应计算如下：

$$\text{ACDE}=\sum_{m}(P(Y=y|T=1,M=m)-P(Y=y|T=0,M=m))P(M=m) \tag{8-5}$$

与直接效应不同，间接效应不能直接定义，因为不能通过 $\text{do}(t)$ 操作阻断 T 和 Y 的直接因果路径 $T\rightarrow Y$，然后从路径 $T\rightarrow M\rightarrow Y$ 计算 T 对 Y 的间接效应。但是在线性模型中，T 通过 M 对 Y 产生的间接效应等于 T 对 M 的因果效应与 M 对 Y 的因果效应的乘积。因此我们可以分别计算 T 对 M 的因果效应与 M 对 Y 的因果效应，然后再通过两者的乘积计算 T 对 Y 的间接效应。在图 8-1a 中，T 与 M 之间没有后门路径，所以 T 对 M 的因果效应计算如下：

$$\begin{aligned}P(M|\text{do}(t))&=\mathbb{E}[M|\text{do}(T=1)]-\mathbb{E}[M|\text{do}(T=0)]\\&=P(M|T=1)-P(M|T=0)\end{aligned} \tag{8-6}$$

M 对 Y 的因果效应计算如下：

$$P(Y|\text{do}(m))=\mathbb{E}[Y|\text{do}(M=1)]-\mathbb{E}[Y|\text{do}(M=0)] \tag{8-7}$$

根据后门准则，可得：

$$P(Y=y|\text{do}(M=m))=\sum_{t}P(Y=y|M=m,T=t)P(T=t) \tag{8-8}$$

那么如果中介变量 M 和结果变量 Y 之间存在混杂因子，如图 8-2 所示，那么如何计算 T 对 Y 的因果效应？

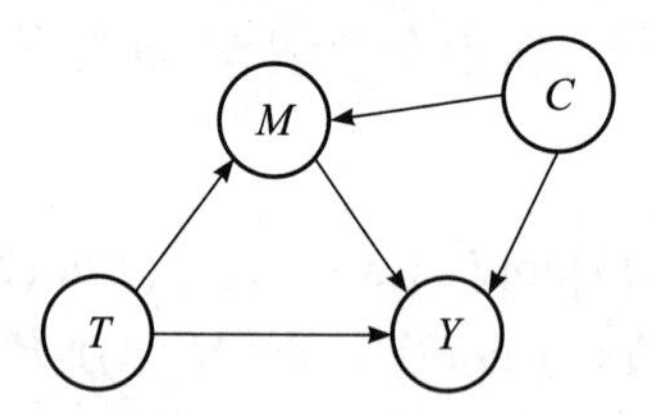

图 8-2　中介模型：变量 C 为中介变量 M 和结果变量 Y 之间的混杂因子

首先，由于 T 到 Y 和 T 到 M 没有后门路径，T 对 Y 的总效应和 T 对 M 的因果效应计算与图 8-1 情形下的计算公式一致，保持不变。

但是 M 对 Y 有两条后门路径：$M\leftarrow T\rightarrow Y$ 和 $M\leftarrow C\rightarrow Y$。根据后门准则，可得 M 对 Y 的因果效应如下：

$$P(Y=y|\text{do}(M=m))=\sum_{t,c}P(Y=y|M=m,T=t,C=c)P(T=t,C=c) \tag{8-9}$$

接下来考虑 T 对 Y 的受控直接效应，由于中介变量是有向路径 $T \to M \leftarrow C \to Y$ 的对撞因子，因此，T 到 Y 没有后门路径，可得 T 对 Y 的受控直接效应为

$$\begin{aligned}\text{CDE}(m)&=P(Y=y|\text{do}(T=1),\text{do}(M=m))-P(Y=y|\text{do}(T=0),\text{do}(M=m))\\&=P(Y=y|T=1,\text{do}(M=m))-P(Y=y|T=0,\text{do}(M=m))\end{aligned} \tag{8-10}$$

下面计算式（8-10）中的 $\text{do}(M=m)$ 项，在图 8-2 中，虽然通过对中介变量 M 进行干预，阻断了有向路径 $T \to M \to Y$，从而防止间接效应从 T 传递到 Y。但是由于 M 也是路径 $T \to M \leftarrow C \to Y$ 的对撞因子，因此对 M 的控制打开了后门路径 $T \to M \leftarrow C \to Y$，从而导致 T 的影响会从路径 $T \to M \leftarrow C \to Y$ 传递到 Y。不过根据后门准则，可以控制 C，进而阻断路径 $T \to M \leftarrow C \to Y$。因此，式（8-10）可以转换为

$$\begin{aligned}\text{CDE}(m)&=P(Y=y|\text{do}(T=1),\text{do}(M=m))-P(Y=y|\text{do}(T=0),\text{do}(M=m))\\&=\sum_c[(P(Y=y|T=1,M=m,C=c)-P(Y=y|T=0,M=m,C=c))]P(C=c)\end{aligned} \tag{8-11}$$

式（8-11）中没有 do 算子项，所以如图 8-2 所示的图模型中 T 对 Y 的受控直接效应可以从观测数据中计算。一般情况下，观测数据中计算 T 对 Y 的受控直接效应 $P(Y|\text{do}(T),\text{do}(M))$ 需要满足下面的两个条件：

（1）存在一个变量集合 Z_1 阻断 M 到 Y 的所有后门路径；

（2）删除了所有指向 T 的有向边后（如果 T 有父节点或者 T 不被认为是外生变量），存在一个变量集合 Z_2 阻断 T 到 Y 的所有后门路径。

在线性系统中，T 对 Y 的总效应等于直接效应和间接效应之和。但是在非线性系统中不一定成立，我们将在下面两节中详细介绍。

8.2　基于线性模型的因果中介效应

根据上面一节中给出的受控直接效应的定义，该定义要求在控制中介变量 M（或 Y 的其他父节点）不变的条件下，计算 T 的变化对 Y 的影响。当将这个定义应用到任何一个线性系统中时，路径 $T \to Y$ 上的系数代表 T 对 Y 的直接效应，下面我们仔细分析为什么如此。

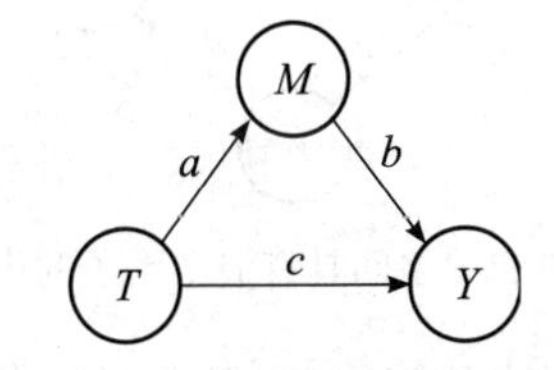

图 8-3　链结构表示的中介模型

考虑如图 8-3 所示的模型，其所示的因果结构方程如下：

$$T=U_T$$

$$M=aT+U_M$$
$$Y=cT+bM+U_Y$$

假设所有的外生变量条件独立，下面的计算将忽略三个外生变量，从而简化结构方程。根据 T 对 Y 的受控直接效应的计算公式，固定 M 的值为 m，对 T 进行 do(T=1) 干预操作，结构方程中 Y 的项变为 $c+bm$，而对 T 进行 do(T=0) 干预操作后，因果结构方程中 Y 的项变为 bm，根据

$$\mathrm{CDE}(m)=P(Y|\mathrm{do}(T=1),\mathrm{do}(M=m))-P(Y|\mathrm{do}(T=0),\mathrm{do}(M=m))=c \tag{8-12}$$

我们可得路径系数 c 为 T 对 Y 的直接效应。因此，我们同样可以得出结论：路径系数 a 为 T 对 M 的直接效应以及路径系数 b 为 M 对 Y 的直接效应。在线性系统中，T 对 Y 的间接效应为 ab，即 T 对 M 的直接效应与 M 对 Y 的直接效应的乘积。

因此在线性系统中，计算直接效应和间接效应非常方便。然而，如何计算 T 对 Y 的总效应呢？在图 8-3 中，如果计算 T 对 Y 的总效应，对 T 进行 do(T) 干预操作，移除所有指向 T 的有向边，然后在 Y 的结构方程中用 T 表示 Y，得到 Y 的结构方程：

$$Y=cT+b(aT+U_M)+U_Y=(c+ab)T+bU_M+U_Y \tag{8-13}$$

因为 U_M 和 U_Y 与 T 无关，因此，$c+ab$ 是 T 对 Y 的总效应，即 T 对 Y 的总效应等于 T 到 Y 的两条因果路径：$T\rightarrow Y$ 路径系数 c 与 $T\rightarrow M\rightarrow Y$ 路径系数乘积 ab 之和。

因此在线性系统中，T 对 Y 的总效应等于从 T 到 Y 的每条因果路径上（没有指向 T 的箭头）的边的系数的乘积的总和，即对每条因果路径，将这条路径上的所有系数相乘，最后将所有的乘积相加。例如，在如图 8-4 所示的线性模型中，T 和 Y 没有直接因果路径，因此 T 对 Y 没有直接效应。但是我们可以通过校正 M 计算 T 对 Y 的总效应，因此，只用 T 和 M 对 Y 做回归，回归方程为 $Y=r_TT+r_MM$。系数 r_T 表示 T 对 Y 的总效应。

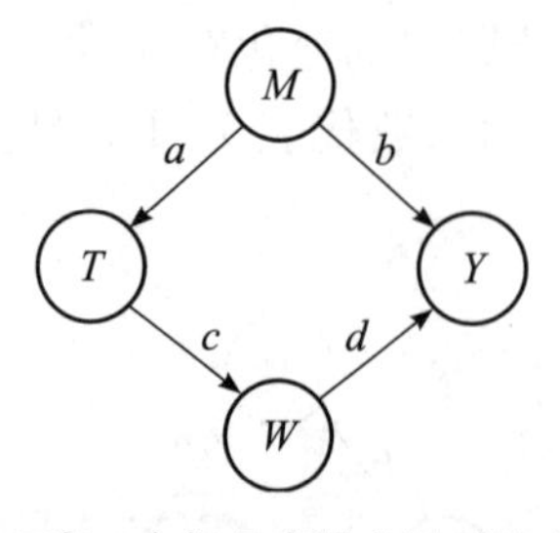

图 8-4　T 和 Y 之间具有混杂因子的中介模型

那我们如何从数据中计算 T 对 Y 的直接效应呢？我们可以采用“可识别性的回归准则”。这个准则不仅需要阻断后门路径，还需要阻断从 T 到 Y 的直接路径。“可识别性的回归准则”为我们提供了一种快速的方法来确定将哪些变量引入回归方程，从而确定 T 对 Y 的直接效应。以图 8-5a 为例，根据“可识别性的回归准则”，删除 T 到 Y

直接因果路径上的边（如果这样的边存在），得到图 8-5b。如果图 8-5b 中存在一组变量 Z 能够使 T 和 Y 是 d- 分离的，那么我们就可以简单地用 T 和 Z 回归 Y，结果方程中 T 的系数就是 T 对 Y 的直接效应。

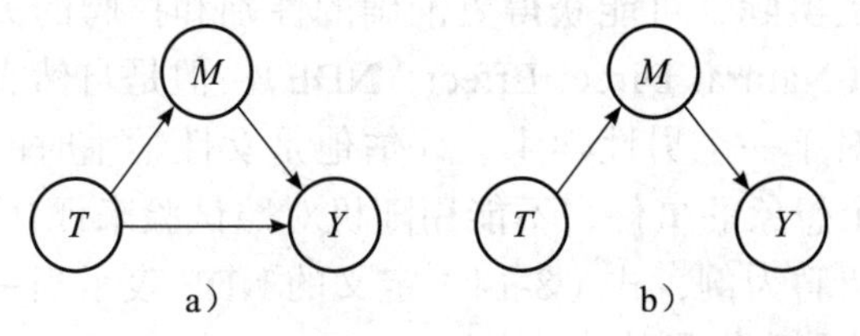

图 8-5　T 和 Y 线性中介模型与满足“可识别性的回归准则”的线性模型

上面我们比较详细地介绍了线性系统中的因果中介效应计算问题。但在线性系统中，要求所有的外生变量 U 要相互独立，并且所有的内生变量都是可观测变量。满足这样要求的线性系统，回归是识别和估计因果效应的主要工具。为了估计一个因果效应，我们只需要写出一个回归方程，并确定：（1）方程中应该包含哪些变量；（2）这个方程中的哪些系数代表你感兴趣的效应；（3）在样本数据上进行常规的最小二乘分析；（4）回归系数就是我们需要计算的因果效应。一般情况，如果数据中的变量不满足线性关系或者外生变量之间不相互独立，利用线性模型计算因果效应将不再合适。下一节，我们将介绍一般情况下的因果中介效应计算。

8.3　基于反事实的因果中介效应

本节我们将介绍自然直接效应和自然间接效应 [1]。我们以如图 8-6 所示的性别 T 对招聘结果 Y 的影响为例先介绍自然直接效应。

为了计算性别 T 对招聘结果 Y 的受控直接效应，我们随机分配两组学生，一组学生报告其性别为男（$do(T=0)$），另一组学生报告其性别为女（$do(T=1)$）。在迫使两组中的所有学生个人能力 M 都强的情况下（$M=1$），我们观察两组学生在招聘录取上的差异，由此产生的受控直接效应为 CDE(1)。我们也可以进行另一个类似的试验，迫使两组学生个人能力 M 都一般（$M=0$），由此产生的受控直接效应表示为 CDE(0)。因此，我们得到两种不同情况下的受控直接效应。为计算这两个受控直接效应，我们需要强迫所有学生要么能力值都为 1，要么能力值都为 0，且不考虑学生的实际性别，这样的假设显然不太适合实际场景中的决策问题。

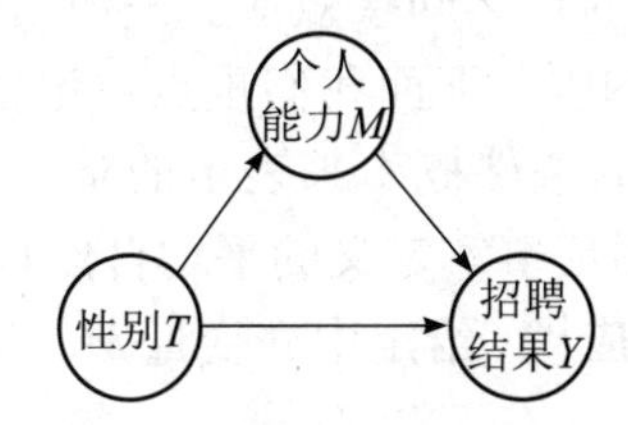

图 8-6　性别、个人能力与招聘结果的中介模型

在实际应用中，假设一个能力值为 1 的男生参加企业招聘，如果我们想评估性别对招聘的影响，那么我们需要估计把这个能力值为 1 的男生的性别报告为女性的情况下的招聘录取情况，然后比较这两种情况下招聘录取的差异。这种方式计算的直接效应比受控直接效应更接近实际，可能获得更准确的性别和招聘的关系。这样的直接效应被称为自然直接效应（Natural Direct Effect，NDE）。但是自然直接效应的定义需要用到反事实语言，因为对于一个男性学生，评估他是女性学生时的招聘录取情况是一个反事实的过程，是一个想象的事件，不能用随机对照试验来评估，从而不易用 do 演算直接定义。以性别 - 招聘为例，式（8-14）定义的 NDE 表示当一个求职者的性别从男性变为女性时，其招聘录取结果的变化。

定义 8-4　自然直接效应 [1]　给定中介变量 M，事件 $T=t$ 对 Y 的自然直接效应被定义为

$$\text{NDE}=\mathbb{E}[Y_{1,M_0}-Y_{0,M_0}]=P(Y_{1,M_0}=1|\text{do}(T=1))-P(Y_{0,M_0}=1|\text{do}(T=0)) \tag{8-14}$$

在式（8-14）中，$P(Y_{0,M_0}=1|\text{do}(T=0))$ 表示一个能力值为 M_0 的男性求职者被录取的概率，而 $P(Y_{1,M_0}=1|\text{do}(T=1))$ 表示在保持该求职者的能力值 M_0 不变时，假设其性别为女的情况下被录取的概率。由于 NDE 公式中包含了反事实下标 Y_{1,M_0} 和 Y_{0,M_0}，那么在估计自然直接效应时，首先我们需要先把 NDE 公式中包含的所有反事实下标转换成 do 演算表达式，然后再把 do 演算表达式转化为普通的条件概率公式即可。

因此对于受控直接效应，我们只需要同时将所有学生个人能力水平固定在某个预定值来评估两种性别在招聘录取率的差异，而不必关心学生的能力水平是否达到固定的预定值。在自然直接效应中，我们评估招聘录取率的差异取决于性别本身，不是将学生的能力水平预先固定在某个预定值，而是将学生的能力水平固定在当前学生性别已知情况下的能力水平。与自然直接效应对应，自然间接效应（Natural Indirect Effect, NIE）定义如下。

定义 8-5　自然间接效应 [1]　给定中介变量 M，T 对 Y 的自然间接效应被定义为

$$\text{NIE}=\mathbb{E}[Y_{0,M_1}-Y_{0,M_0}]=P(Y_{M=1}=1|\text{do}(T=0))-P(Y_{M=0}=1|\text{do}(T=0)) \tag{8-15}$$

NIE 的意义是当 T 的值保持不变，而 M 的值从 $T=0$ 条件下的 M_0 变为 $T=1$ 条件下的 M_1 时，相应的 Y 的期望增加值。因此 NIE 表示在阻断 T 对 Y 的自然直接效应时，仅由中介变量 M 的变化所引起的自然间接效应。一般情况下，只要能够从数据中估计出 TE 和 NDE，就可以计算出 NIE。下面我们重点讨论估计自然直接效应的充分条件，即自然直接效应可用观察变量的条件概率来表示的条件。在讨论识别自然直接效应的充分条件之前，我们先给出利用反事实定义的平均自然直接效应。

定义 8-6　平均自然直接效应 [1]　给定中介变量 M，T 对 Y 的平均自然直接效应被定义为

$$\text{NDE}(t,t^*;Y)=\mathbb{E}(Y_{t,M_{t*}})-\mathbb{E}(Y_{t*}) \tag{8-16}$$

$\mathbb{E}(Y_{t^*})$ 表示当 T 取原始值 t^* 时 Y 的效应期望值，而 $\mathbb{E}(Y_{t,M_{t^*}})$ 表示将 T 的值设定为 t 且 M 的值保持为原始值时 Y 的效应期望值。

$\mathrm{NDE}(t,t^*;Y)$ 无法直接从观测数据中计算出来，因为它包含了反事实下标。那么如何将式（8-16）转换为 $P(Y_t=y)$ 或者 $P(Y_{t,m}=y)$ 的形式？$P(Y_t=y)$ 衡量了 T 对 Y 的因果效应，同理 $P(Y_{t,m}=y)$ 衡量了 T 和 M 对 Y 的因果效应。下面的定理给出了实现这种转换的条件。

定理 8-1[1]　若存在一个变量集 $\mathcal{W}$，$\mathcal{W}$ 中的任何变量都不是 T 或者 M 的子孙节点且对变量 M 的任意值 m，$Y_{t,m} \perp M_{t^*}|\mathcal{W}$ 时，平均自然直接效应可以确定为

$$\mathrm{NDE}(t,t^*;Y)=\sum_{w,m}\left[\mathbb{E}(Y_{t,m}|w)-\mathbb{E}(Y_{t^*,m}|w)\right]P(M_{t^*}=m|w)P(w) \tag{8-17}$$

根据贝叶斯公式和 NDE 的式（8-16），$E(Y_{t,M_{t^*}})$ 和 $E(Y_{t^*})$ 可以分别写为

$$\mathbb{E}(Y_{t,M_{t^*}}=y)=\sum_{w}\sum_{m}\mathbb{E}(Y_{t,m}=y|M_{t^*}=m,\mathcal{W}=w)P(M_{t^*}=m|\mathcal{W}=w)P(\mathcal{W}=w) \tag{8-18}$$

$$\mathbb{E}(Y_{t^*}=y)=\sum_{w}\sum_{m}\mathbb{E}(Y_{t^*}=y|M_{t^*}=m,\mathcal{W}=w)P(M_{t^*}=m|\mathcal{W}=w)P(\mathcal{W}=w) \tag{8-19}$$

利用定理 8-1 中的条件独立性 $Y_{t,m} \perp M_{t^*}|\mathcal{W}$，式（8-18）可以转化成

$$\mathbb{E}(Y_{t,M_{t^*}}=y)=\sum_{w}\sum_{m}\mathbb{E}(Y_{t,m}=y|\mathcal{W}=w)P(M_{t^*}=m|\mathcal{W}=w)P(\mathcal{W}=w)$$

上式中的每一项都是可以确定的，因为 $\mathbb{E}(Y_{t,m}=y|\mathcal{W}=w)$ 可以在给定 $\mathcal{W}$ 的每一个值时通过随机化 T 和 M 的值来确定；而 $P(M_{t^*}=m|\mathcal{W}=w)$ 可以在给定 $\mathcal{W}$ 的每一个值时通过随机化 T 的值来确定。同时利用 $\mathbb{E}(Y_{t^*})=\mathbb{E}(Y_{t^*,M_{t^*}})$ 的性质[2]可以得出式（8-19）中的 $\mathbb{E}(Y_{t^*}=y|M_{t^*}=m,\mathcal{W}=w)$ 等于 $\mathbb{E}(Y_{t^*,m}=y|\mathcal{W}=w)$，最后通过式（8-18）减去式（8-19）得证定理 8-1。

从定理 8-1 的证明过程可以看出，在给定变量集 $\mathcal{W}$ 时，平均自然直接效应可以分解为中介变量不同取值下 Y 的期望的加权和，通过确定反事实概率 $P(M_{t^*}=m|\mathcal{W}=w)$，$P(Y_{t^*,m}=y|\mathcal{W}=w)$ 和 $P(Y_{t,m}=y|\mathcal{W}=w)$ 就能够保证确定 NDE 效应。因此我们给出以下定理：

定理 8-2[1]　存在一个变量集 $\mathcal{W}$，$\mathcal{W}$ 中的任何变量都不是 T 或者 M 的子孙节点且对任意的 m，满足以下三个条件，那么平均自然直接效应 $\mathrm{NDE}(t,t^*;Y)$ 是可识别的。

（1）$Y_{t,m} \perp M_{t^*}|\mathcal{W}$；

（2）$P(Y_{t,m}=y|\mathcal{W}=w)$ 和 $P(Y_{t^*,m}=y|\mathcal{W}=w)$ 可识别；

（3）$P(M_{t^*}=m|\mathcal{W}=w)$ 可识别。

利用图模型和条件独立性，定义 8-7 给出了定理 8-2 的图形化解释。

定义 8-7[1] **自然直接效应的充分条件** 给定一个结构因果模型，T 为处理变量，Y 为结果变量，M 为中介变量，如果存在一个变量集 $\mathcal{W}$ 使得：

（1）$\mathcal{W}$ 中的任何变量都不是 T 的子孙节点；

（2）$\mathcal{W}$ 阻断 M 到 Y 的所有不经过 T 的后门路径（在固定 T 不变的情况下）；

（3）T 对 M 的 $\mathcal{W}$- 特定因果效应 $P(M|\text{do}(T),\mathcal{W}=w)$ 通过某种方式是可识别的；

（4）T 和 M 对 Y 的 $\mathcal{W}$- 特定联合因果效应 $P(Y|\text{do}(T,M),\mathcal{W}=w)$ 通过某种方式是可识别的。

如果满足定义 8-7 中的条件，那么 T 对 M 的 $\mathcal{W}$- 特定因果效应是可识别的。定义 8-7 中的条件（3）和条件（4）可以使用额外的变量来帮助确定满足条件的 $\mathcal{W}$ 集合。图 8-7a 提供了一个示例，集合 $\{W_1\}$ 可以确定 T 对 Y 的自然直接效应。首先 W_1 满足条件（1）和条件（2），因为它不是 T 的后代，并且阻断了路径 $M \leftarrow W_1 \rightarrow Y$，这是从 M 到 Y 的唯一不经过 $T \rightarrow M$ 或 $T \rightarrow Y$ 的后门路径。同理利用额外的变量 W_2 可使 W_1 满足条件（3），因为 W_2 是 T 和 M 的混杂因子。这使得在给定 w_1 时，通过调整 W_2 可以识别 T 对 M 的 W_1- 特定因果效应，并得出：

$$P(M|\text{do}(T),w_1)=\sum_{w_2} P(m|t,w_1,w_2)P(w_2) \tag{8-20}$$

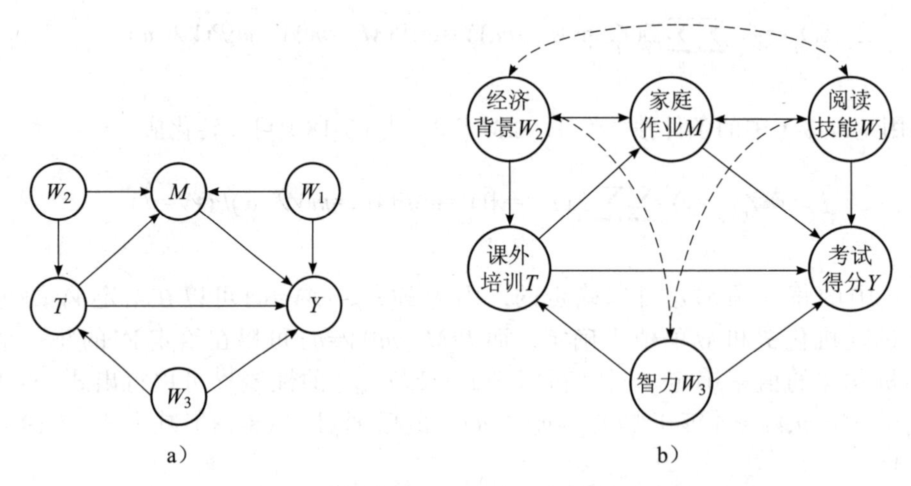

图 8-7 独立混杂因子的中介模型与具有依赖去混杂因子的模型

图 8-7a 为具有三个独立混杂因子的中介模型；图 8-7b 为具有依赖去混杂因子的模型，满足条件（1）和条件（2）：M= 中介变量，T= 处理变量，$\mathcal{W}$= 协变量集中的其余变量，Y= 结果变量。

同理利用 W_3 可以使得 W_1 满足条件（4），因此通过调整 W_3 识别 $\{T,M\}$ 对 Y 的 W_1 特定因果效应，可得：

$$P(y|\text{do}(T,M),w_1)=\sum_{w_3} P(y|t,m,w_1,w_3)P(w_3) \tag{8-21}$$

定理 8-3[1]　如果存在集合 $\mathcal{W}$ 满足定义 8-7 中的条件（1）和条件（2）时，自然直接效应计算如下：

$$\text{NDE}=\sum_m\sum_w\ [\mathbb{E}(Y|\text{do}(T=1,M=m)),\mathcal{W}=w)-\mathbb{E}(Y|\text{do}(T=0,M=m)),\mathcal{W}=w)\ ]$$
$$P(M=m|\text{do}(T=0),\mathcal{W}=w)P(\mathcal{W}=w) \tag{8-22}$$

式（8-22）表明当 T 的值从 0 变为 1，且使中介变量 M 保持其原有值不变时，Y 的期望值发生的变化；显然，当集合 $\mathcal{W}$ 满足条件（1）和条件（2）时，可以用式（8-22）来量化自然直接效应，然而其中仍然包含难以从观察数据中直接计算的 do 算子项，为此下面给出推论 8-1 来将 do 演算转化为条件概率的形式。

推论 8-1[1]　如果集合 $\mathcal{W}$ 满足定义 8-7 中的条件（1）～条件（4），且是 T 和 Y、T 和 M 之间的去混因子，那么自然直接效应和自然间接效应调整公式如下：

$$\text{NDE}=\sum_m\sum_w\left[\mathbb{E}(Y|T=1,M=m,\mathcal{W}=w)-\mathbb{E}(Y|T=0,M=m,\mathcal{W}=w)\right]$$
$$P(M=m|T=0,\mathcal{W}=w)P(\mathcal{W}=w) \tag{8-23}$$

$$\text{NIE}=\sum_m\sum_w\left[P(M=m\,|\,T=1,\mathcal{W}=w)-P(M=m\,|\,T=0,\mathcal{W}=w)\right]$$
$$\mathbb{E}(Y|T=0,M=m,\mathcal{W}=w)P(\mathcal{W}=w) \tag{8-24}$$

定义 8-7 中的条件（3）和条件（4）中的“通过某种方式”的条件的好处是允许 $\mathcal{W}$ 之外的协变量来帮助识别条件（3）和条件（4）中的因果效应，这使得条件（1）、条件（2）中混杂因子的选择和条件（3）、条件（4）中混杂因子的选择具有分而治之的性质，即我们可以分别独立地选择 $T\rightarrow M$ 和 $\{T,M\}\rightarrow Y$ 的去混因子集合。这使得在为推论 8-1 中的调整公式选择协变量时具有更大的灵活性，也同时简化了验证调整公式所需的假设条件的过程。以图 8-7a 为例，虽然集合 $\mathcal{W}=\{W_1,W_2,W_3\}$ 满足定义中的所有条件，但假设允许我们单独处理三个协变量中的每一个，以简化得到的估计。由于 W_1 阻断了中介 M 与结果 Y 所有不经过 T 的后门路径（保持 T 的值不变时），为满足条件（1）和条件（2），我们可以仅选择 W_1。对于条件（3），W_2 满足与 W_1 一起阻断 $T\rightarrow M$ 之间的所有后门路径，我们可以从调整式（8-23）的条件概率中删除 W_3。对于条件（4），W_3 满足与 W_1 一起阻断 $\{T,M\}\rightarrow Y$ 之间的所有后门路径，我们可以从调整式（8-23）的期望公式中删除 W_2。NDE 的结果估计变为

$$\text{NDE}=\sum_m\sum_{w_1,w_2,w_3}P(W_1=w_1,W_2=w_2,W_3=w_3)P(M=m|T=0,W_1=w_1,W_2=w_2)$$
$$\left[\mathbb{E}(Y|T=1,M=m,W_1=w_1,W_3=w_3)-\mathbb{E}(Y|T=0,M=m,W_1=w_1,W_3=w_3)\right] \tag{8-25}$$

因此根据中介模型中混杂因子的选择具有分而治之的性质，我们利用式（8-25）得

到推论 8-2。

推论 8-2[1] 如果 $\mathcal{W}=\varnothing$ 满足定义 8-7 中的条件（1）和条件（2），且存在另外两组协变量 W_2 和 W_3，使得 W_2 去除 $T\to M$ 的混杂影响，W_3 去除 $\{T,M\}\to Y$ 的混杂影响，那么，无论 W_2 和 W_3 之间是否存在依赖关系，自然直接效应调整公式如下：

$$\text{NDE}=\sum_{m}\sum_{w_3}\left[\mathbb{E}(Y|T=1,M=m,W_3=w_3)-\mathbb{E}(Y|T=0,M=m,W_3=w_3)\right]P(W_3=w_3)$$
$$\sum_{w_2}P(M=m|T=0,W_2=w_2)P(W_2=w_2) \tag{8-26}$$

根据推论 8-2，对于只有 T,M,Y 三个变量的基本中介模型，即集合 $\mathcal{W}$ 为空集，式（8-26）和式（8-24）可以分别改写为

$$\text{NDE}=\sum_{m}\left[\mathbb{E}(Y|T=1,M=m)-\mathbb{E}(Y|T=0,M=m)\right]P(M=m|T=0) \tag{8-27}$$

$$\text{NIE}=\sum_{m}\mathbb{E}(Y|T=0,M=m)\left[P(M=m\,|\,T=1)-P(M=m|T=0)\right] \tag{8-28}$$

从基本模型的 NDE 计算公式我们可以看出，NDE 计算公式是 CDE 公式的加权，权重为 $P(M=m|T=0)$。

为了进一步理解中介调整公式的指导意义，我们以图 8-1 的因果中介模型为例，假设 $T=1$ 代表毕业生参加职业技能培训，$Y=1$ 代表通过招聘，$M=1$ 代表毕业生每周参加的完整面试在 5 场以上。假设表 8-1 和表 8-2 中的数据是在随机试验中获得的。数据表明，职业技能培训能够提升毕业生的个人能力，使得他们更容易通过招聘过程中的多轮面试，同时增加他们被企业录取的概率。此外，毕业生每周坚持参加的完整面试越多，他们能够通过招聘的可能性越大。我们研究的目的是分析毕业生每周参加的完整面试在多大程度上提高了被录取的概率。表 8-1 给出了各种情形下毕业生通过招聘的期望。

表 8-1 职业技能培训－招聘录取的示例

接受职业技能培训 T	每周参加的面试 M	录取率 $\mathbb{E}(Y|T=t,M=m)$
1	1	0.74
1	0	0.51
0	1	0.33
0	0	0.18

表 8-2 接受培训（$T=1$）和不接受培训（$T=0$）的毕业生参加完整面试的期望

接受职业技能培训 T	参加面试 $\mathbb{E}(M|T=t)$
0	0.41
1	0.69

将表 8-2 中的数据代入 NDE 和 NIE 的计算式（8-27）和式（8-28）可得：

$$NDE=(0.51-0.18)\times(1-0.41)+(0.74-0.33)\times 0.41=0.363$$
$$NIE=(0.69-0.41)\times(0.33-0.18)=0.042$$
$$TE=0.74\times 0.69+0.51\times 0.31-(0.33\times 0.41+0.18\times 0.59)=0.427$$
$$NIE/TE=0.098；NDE/TE=0.850；1-NDE/TE=0.15$$

NDE/TE 衡量了当 M 被固定时，T 对 Y 的总效应中直接效应所占的比例；1-NDE/TE 衡量了 T 对 Y 的总效应中间接效应所占的比例。我们得出的结论是：毕业生参加职业技能培训整体上将他们的招聘录取率提高了 42.7%，其中很大一部分（85%）是由于该培训计划能够直接提高毕业生被招聘的概率。同时，只有 15% 的增长是通过影响面试结果进而提高被录取的概率，而不是从计划本身上收益。

8.4 进一步分析

上面分析了 $\mathcal{W}$ 集合中变量之间互相独立的情况，那么如果变量之间互相依赖，满足条件（1）～条件（4）的 $\mathcal{W}$ 是否仍然适用于中介效应的计算呢?

以图 8-7a 与实例化的图 8-7b 模型来研究如果 W_1,W_2,W_3 相互依赖的情况下，图 8-7a 中的 $\mathcal{W}$ 集合是否符合条件（1）～条件（4）。在这里我们假设阅读技能 W_1 是家庭作业 M 和考试得分 Y 的唯一混杂因素。同样，我们假设社会经济背景 W_2 混淆了课外培训 T 和家庭作业 M，因为来自高社会经济背景的学生和他们的父母更倾向于寻找优质的课外培训 T。最后，我们认为学生的智力 W_3 是促使学生参加课外培训 T 的重要因素，同时使学生能够更快地学习并在考试中获得更高的得分 Y。

显然在实际研究背景下，变量之间可能存在相互关联的现象，这些关联可能会导致因果效应识别性假设不成立并使效应估计复杂化。在我们的示例中，自然会怀疑阅读技能 W_1、社会经济背景 W_2 和智力 W_3 之间存在相互关联，且没有明确的解释。这种关联由图 8-7b 中的虚弧线表示，那么这些关联是否使得条件（1）～条件（4）不再适用于确定自然直接效应呢？使用定义 8-7 中的四个条件可以很容易地回答这些问题。

以条件（1）～条件（4）为准则得到集合 $\mathcal{W}$，即使在图 8-7b 中 W_1,W_2,W_3 相互依赖的情况下，仍然可以确保图 8-7b 的中介因果效应的识别，具体分析如下：

（1）$\{W_1,W_2\}$ 阻止从 M 到 Y 的所有后门路径：$M\leftarrow W_1\rightarrow Y$，$M\leftarrow W_1\leftrightarrow W_3\rightarrow Y$，$M\leftarrow W_2\leftrightarrow W_1\leftarrow W_3\rightarrow Y$ 以及 $M\leftarrow W_2\leftarrow W_3\rightarrow Y$。

（2）$\{W_1,W_2\}$ 阻止所有从 T 到 M 的后门路径，如 $T\leftarrow W_2\rightarrow M$，$T\leftarrow W_2\leftrightarrow W_1\rightarrow M$，$T\leftarrow W_3\leftrightarrow W_1\rightarrow M$ 等。

（3）$\{W_1,W_2,W_3\}$ 阻止所有从 $\{T,M\}$ 到 Y 的后门路径，如 $T\leftarrow W_3\rightarrow Y$，$T\leftarrow W_2\leftrightarrow W_3\rightarrow Y$，$T\leftarrow W_3\leftrightarrow W_1\rightarrow Y$，$T\leftarrow W_3\rightarrow Y$，$T\leftarrow W_2\leftrightarrow W_1\leftrightarrow W_3\rightarrow Y$ 等。

因此，我们得出这样的结论，即使 W_1,W_2 和 W_3 之间存在关联，只要满足条件

（1）～条件（4），推论 8-1 的调整公式仍然正确。

接下来我们分析具有混杂因子 C 的情况下推论 8-1 中的中介效应调整公式是否仍然适用。图 8-8 介绍了一个混淆中介模型，其中一个变量 C（或一组变量）混淆了模型中的所有三个关系。因为 C 不受 T 的影响并且被观察到，所以对 C 进行调整可以使所有关系变得不被混杂，并且满足条件（1）～条件（4）。因此，自然直接效应估计可以由推论 8-1 中的调整公式计算。假设 C 代表性别，是模型中的所有三种关系（$T\to Y$，$T\to M$，$M\to Y$）的混杂因子。按照推论 8-1 中的效应调整公式，我们需要分别对男性（C=1）和女性（C=0）进行分析，并根据人口中的性别组合对结果进行加权平均。

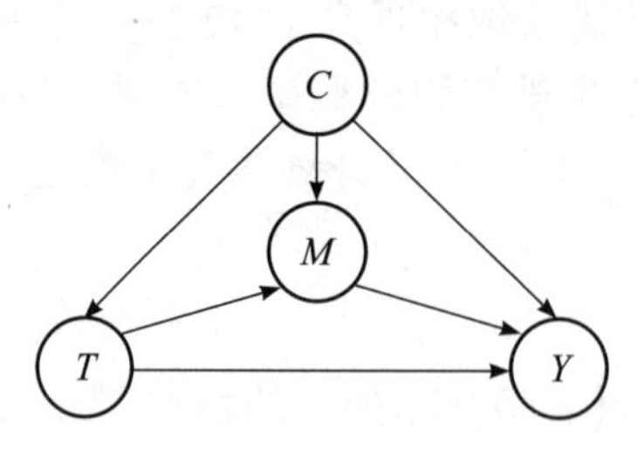

图 8-8　具有混杂因子的中介模型

现在考虑一种更加复杂的情况：中介模型中存在的混杂因子是不可观测的变量。图 8-9 展示三个含有不可观测混杂因子的中介模型。这三个例子进一步分析了条件（3）和条件（4）中的允许 $\mathcal{W}$ 之外的协变量来帮助识别条件的分而治之性质的重要性。

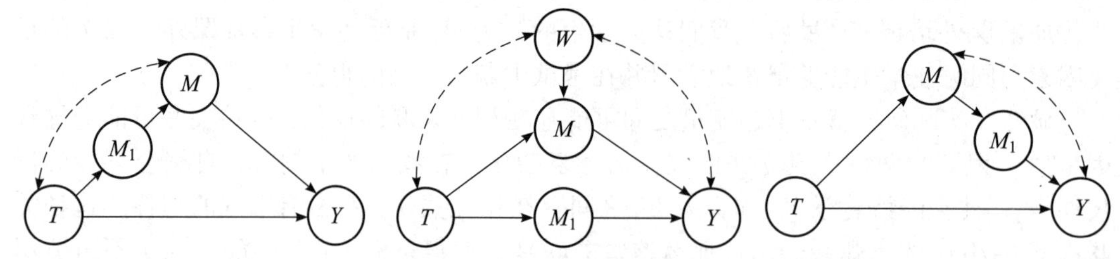

a）T和M之间的混杂因子不可观测　b）T和Y之间的混杂因子不可观测　c）M和Y之间的混杂因子不可观测

图 8-9　三个含有不可观测混杂因子的中介模型

在图 8-9a 中，空集 $\mathcal{W}$ 满足条件（1）和条件（2），但是没有协变量集可以使我们阻断 T 和 M 之间的后门路径，因为 T 和 M 之间存在不可观测的混杂因子。然而条件（3）本质上要求的是计算 T 对 M 的 $\mathcal{W}$- 特定因果效应，那么 T 和 M 之间的中介变量 M_1 的存在允许我们通过前门标准来计算 T 对 Y 的自然直接效应：

$$\text{NDE}=\sum_m\left[E(Y|T=1,M=m)-E(Y|T=0,M=m)\right]P(M=m|\text{do}(T=0))$$

其中，$P(M=m|\text{do}(T=0))$ 可以由前门公式计算：

$$\sum_{m_1} P(M_1{=}m_1|T{=}0)\sum_t P(M{=}m|M_1{=}m_1,T{=}t)P(T{=}t)$$

在图 8-9b 中，M_1 是 T 和 Y 之间的因果路径上的中介变量。以 W 为条件阻断了 M 与 Y 之间的不经过 T 的后门路径 $M \leftarrow W \leftrightarrow Y$ 以及 $T \rightarrow M$ 之间的所有后门路径，满足了条件（1）～条件（3），但是打开了 $T \rightarrow Y$ 之间的后门路径。幸运的是，根据前门准则，可以利用中介变量 M_1 实现识别 $\{T,M\} \rightarrow Y$ 的 $\mathcal{W}$- 特定联合效应，满足了条件（4），所以 T 对 Y 的自然直接效应是可以识别的。但是在图 8-9c 中，不存在一个集合 $\mathcal{W}$，能够阻断 M 与 Y 之间的不经过 T 的后门路径 $M \leftrightarrow Y$，因此 T 对 Y 的自然直接效应是不可识别的。

8.5 拓展阅读

本章以文献 [1] 为基础介绍了因果中介效应的基本概念与基本计算方法。近年来，在中介效应理论方向，Daniel[2] 等扩展了单一中介理论，并给出了在具有多个中介情况下的因果效应的反事实定义。Yin[3] 等引入了因果中介分析揭示 A/B 测试中潜在的因果机制。Cheng[4] 等研究了不可观测混杂因子的中介效应计算问题。在应用领域，因果中介效应在人工智能的各个领域都得到了广泛的应用。Tang[5] 等利用中介效应分析了长尾分类问题。Vig[6] 等利用因果中介分析解释了 NLP 神经网络模型框架各个模块的工作机制，并采用该方法分析了语言模型中的性别偏见问题。另外，机器学习算法的公平性已成为机器学习领域的重要研究问题 [7-8]。安全地使用机器学习算法对辅助人类决策至关重要，例如工作招聘、疾病诊断、贷款发放、商品推荐等。基于因果推断的公平性研究工作已获得了广泛认可和关注 [9-11]。感兴趣的读者可参考最近的关于因果公平性的综述文章和相应的文献 [12]。

参考文献

[1] PEARL J. Interpretation and identification of causal mediation[J]. Psychological methods, 2014, 19(4): 459.

[2] DANIEL R M, DE-STAVOLA B L, COUSENS S N, et al. Causal mediation analysis with multiple mediators[J]. Biometrics, 2015, 71(1)：1-14.

[3] YIN X, HONG L. The identification and estimation of direct and indirect effects in A/B tests through causal mediation analysis[C]//Proceedings of the 25th ACM SIGKDD international conference on Knowledge Discovery & Data mining (KDD-2019). 2019：2989-2999.

[4] CHENG L, GUO R, LIU H. Causal mediation analysis with hidden confounders[C]//Proceedings of the 15th ACM international conference on Web Search and Data Mining (WSDM-2022). 2022：113-122.

[5] TANG K, HUANG J, ZHANG H. Long-tailed classification by keeping the good and removing the bad momentum causal effect[C]//Proceedings of advances in the 34rd annual conference on Neural Information Processing Systems (NeurIPS-2020). 2020：1513-1524.

[6] VIG J, GEHRMANN S, BELINKOV Y, et al. Investigating gender bias in language models using causal

mediation analysis[C]//Proceedings of advances in the 34rd annual conference on Neural Information Processing Systems (NeurIPS-2020). 2020：12388-12401.

[7] HARDT M, PRICE E, SREBRO N. Equality of opportunity in supervised learning[C]//Proceedings of advances in the 30rd annual conference on Neural Information Processing Systems (NeurIPS-2016). 2016：3323-3331.

[8] LI Y, CHEN H, XU S, et al. Fairness in recommendation：a survey[J]. arXiv preprint arXiv：2205.13619, 2022.

[9] KUSNER M, LOFTUS J, RUSSELL C, et al. Counterfactual fairness[C]//Proceedings of advances in the 31rd annual conference on Neural Information Processing Systems (NeurIPS-2017). 2017: 4069-4079.

[10] ZHANG J, BAREINBOIM E. Fairness in decision-making—the causal explanation formula[C]//Proceedings of the 32nd AAAI conference on artificial intelligence (AAAI-2018). 2018, 32(1).

[11] ZHANG J, BAREINBOIM E. Equality of opportunity in classification: a causal approach[C]//Proceedings of advances in the 32rd annual conference on Neural Information Processing Systems (NeurIPS-2018). 2018: 3675-3685.

[12] MAKHLOUF K, ZHIOUA S, Palamidessi C. Survey on causal-based machine learning fairness notions[J]. arXiv preprint arXiv:2010.09553.

CHAPTER 9

第 9 章

工具变量

后门准则和前门准则是因果效应计算的两个主要工具。当数据中存在不可观测的混杂变量时，两个准则也为混杂偏差的修正提供了有效的调整变量的识别方法。但是如果处理变量 T 与结果变量 Y 之间的共同原因不可观测且后门准则和前门准则也无法识别出有效的调整变量时，如何推断 T 对 Y 的因果影响？工具变量（Instrumental Variable）方法是解决此类因果效应计算问题的一种流行方法，本章将介绍工具变量方法。

9.1 工具变量的概念

9.1.1 三个基本条件

由 Wright 开创的工具变量方法 [1] 一直是计量经济学、流行病学、统计学等领域强大的因果效应计算工具 [2]。假设处理变量 T 与结果变量 Y 之间存在不可观测的共同原因 U，那么 Z 被称为 T 和 Y 的工具变量需要满足以下三个基本条件：

（1）Z 与 T 相关（相关性）；

（2）Z 仅通过 T 影响结果 Y（排他限制性）；

（3）Z 与 Y 没有共同原因（外生性）。

条件（1）也称为相关性条件，表示 Z 和 T 统计相关。条件（2）通常被称为排他限制性，表示 Z 对 Y 没有直接影响。条件（3）表示变量 Z 是外生变量，即在工具变量模型中 Z 与除 T 之外的所有变量因果无关。这三个条件是判断一个变量是否为工具变量的核心条件。如果上述假设不成立，工具变量方法将会失效。

因为工具变量依赖于因果假设，所以很自然地将工具变量的定义建立在因果图模型上。Pearl 等把因果图模型引入工具变量方法中 [3]。当数据生成过程由结构因果模型建模时，因果图模型在工具变量的表示与识别上非常有效。工具变量的图形化语言表示如图 9-1 所示。图 9-1a 给出一个基本的工具变量模型，假设 U 是不可观测变量，且 T、

Y、U中的误差项与Z无关。图 9-1b 是图 9-1a 的一个实例，描述了一项双盲随机试验的结构：Z表示药物分配（1：分配，0：不分配），T表示服用药物（1：是，0：否），Y表示治疗效果，U是影响服用药物和治疗结果的不可观测的混杂因素。

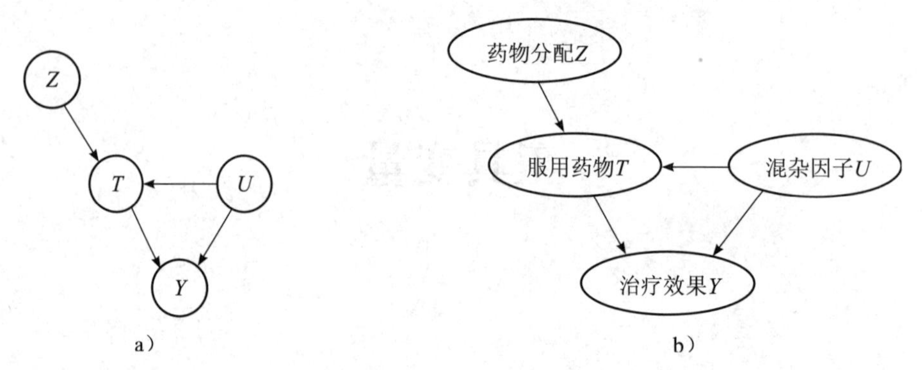

图 9-1 标准工具变量模型（Z是工具变量，U是影响T和Y的未观测到的混杂变量）

根据如图 9-1 所示的工具变量模型，工具变量的图形化定义如下：

（1）$Z \neg\perp T$（相关性，Z对T有因果影响）；

（2）$Z \perp Y|\{U,T\}$（排他限制性，Z对Y没有直接因果影响）；

（3）$Z \perp U$（外生性，Z和Y没有共同原因）。

如图 9-1 所示的工具变量模型和前门准则模型非常相似。在工具变量模型和前门准则模型中，T与Y之间的共同原因都不可观测。但是在前门准则模型中，可观测变量M介于T和Y之间；在工具变量模型中，T在工具变量Z和Y之间。混杂变量和工具变量之间的主要区别在于，工具变量不会直接影响Y，而混杂变量会直接影响Y。

在图 9-1 中，工具变量Z对T有直接因果影响（满足条件（1））。T和U阻塞了路径$Z \rightarrow T \leftarrow U \rightarrow Y$和$Z \rightarrow T \rightarrow Y$，使得从$Z$到$Y$的所有因果路径都经过$T$，因此$Z$仅通过$T$影响$Y$（满足条件（2））。我们不能仅通过查看$Z \perp Y|T$来测试条件（3）的有效性，因为$T$是一个对撞节点，给定$T$会打开路径$Z \rightarrow T \leftarrow U \rightarrow Y$。同时$U$和$Z$独立（因为$T$是对撞节点）（满足条件（3））。因此，变量$Z$是$T \rightarrow Y$的工具变量。

9.1.2 工具变量不等式

在观察性研究中，如果违反条件（2）或条件（3）中的任何一个，变量Z就不能成为有效的工具变量。根据条件（1）~条件（3）中的条件独立性以及图 9-1，$P(Y,T,U|Z)=P(Y|T,U)P(T|Z,U)P(U)$成立。由于$U$不可观测，计算$P(Y,T,U|Z)$必须从$P(Y|T,U)P(T|Z,U)P(U)$中边缘化掉$U$。因此，正如许多研究人员所指出的，工具变量方法的一个重大挑战是很难从观测数据中检验一个变量是否满足成为工具变量的三个条件。对于条件（1），研究人员可以以经验或从观测数据中验证Z与T的相关性（即检查$P(T=t|Z=z_1) \neq P(T=t|Z=z_2)(z_1 \neq z_2)$）。然而条件（2）和条件（3）是无法以经验验证的假设，例如我们无法证实Z对Y的影响有没有混杂偏差。为了解决这个问题，Pearl 根据T,Y和Z联合分布的观测数据提供了如下工具不等式[3]，作为在T是离散变量的

情况下检验变量 Z 是不是相对于 T 和 Y 的工具变量的必要条件：

$$\max_t \sum_y \{\max_z P(Y=y, T=t|Z=z)\} \leqslant 1 \tag{9-1}$$

式（9-1）是对 T,Y 和 Z 的联合分布的一组约束。如果违反工具不等式，则图 9-1 不是 T,Y 和 Z 对应的有效的工具变量模型。因此，当关于 T,Y 和 Z 的数据可用时，工具不等式可以作为检测工具变量的一种方法。工具不等式只是工具变量检测的必要条件。如果 Z 不满足上述不等式，则必然违反工具变量的三个条件。但是有可能存在 Z 违反工具变量的三个条件却不会破坏工具变量不等式。最近的研究工作 [4] 把四分体差分应用到寻找满足条件的工具变量。研究结果表明，四分体差分可以应用于线性情况与离散情况。研究者提出了一个方程来搜索两个或多个工具变量，无论这些变量是连续变量还是离散变量。

9.1.3 同质性与单调性

在图 9-1 中，假设我们想要一致地估计 T 对 Y 的平均因果效应，无论我们使用逆概率加权、分层还是匹配，我们都需要阻断后门路径 $T \leftarrow U \rightarrow Y$ 以及正确测量该后门路径中未观测到的变量 U，即确保处理者和未处理者之间的条件可交换性。如果变量 Z 满足上述工具变量的三个条件，那么即使 U 不可观测或我们没有找到阻断后门路径 $T \leftarrow U \rightarrow Y$ 的其他调整变量，我们是否可以利用工具变量估计 T 对 Y 的平均因果效应？实际上，上述条件（1）～条件（3）不足以确保利用工具变量可以有效估计处理变量 T 对结果变量 Y 的平均因果效应，还需要满足成为工具变量的第四个条件：同质性（Homogeneity）[5-6]。同质性条件是指每个单位接受处理 T 的结果 Y 都相同。例如，戒烟可能使曾经吸烟的人体重增加或降低，同质性条件要求戒烟使人群中的每个人增加（或减少）相同数量的体重。在不满足同质性条件时，利用工具变量估计的因果效应不等于群体的平均因果效应 $\mathbb{E}[Y_{t=1}]-\mathbb{E}[Y_{t=0}]$。

在实际应用中，同质性假设往往很难成立。例如，一些人在戒烟后会增加很多体重，一些人的体重可能很少增加，而其他人的体重甚至可能会减轻。因此，具有恒定效应的同质性假设一般情况下不容易满足。由于在许多情况下同质性条件是不可信的，工具变量方法能够有效估计平均因果效应的可信度遭受到了质疑。

这里我们考虑第五个条件：单调性（Monotonicity）[5-6]。再次考虑随机指标 Z，处理变量 T 和结果变量 Y 对应的双盲随机试验。对于试验中的每个个体，反事实变量 $T_{z=1}$ 的值是 1 或 0，即一个人被指定接受治疗（$z=1$），他将接受治疗（$T_{z=1}=1$）或拒绝治疗（$T_{z=1}=0$）；反事实变量 $T_{z=0}$ 定义为这个人被指定不接受治疗（$z=0$），他将不接受治疗（$T_{z=0}=0$）或接受治疗（$T_{z=0}=1$）。如果我们知道每个个体的两个反事实治疗变量 $T_{z=1}$ 和 $T_{z=0}$ 的值，我们可以将研究群体中的所有个体分为四个不相交的子群体。

（1）永远接受治疗者：无论被分配到哪个治疗组，将永远接受治疗的个体。即 $T_{z=1}=1$ 和 $T_{z=0}=1$ 的个体 。

（2）从不接受治疗者：无论被分配到哪个治疗组，都不会接受治疗的个体。即 $T_{z=1}=0$ 和 $T_{z=0}=0$ 的个体。

（3）依从者：被指定治疗时将接受治疗的个体，以及被指定不治疗时不接受治疗的个体。即 $T_{z=1}=1$ 和 $T_{z=0}=0$ 的个体。

（4）违抗者：被指定治疗时拒绝治疗，被指定不治疗时接受治疗的个体。即 $T_{z=1}=0$ 和 $T_{z=0}=1$ 的个体。

在这些子群体之间，如果我们观察到一个人被分配到 $z=1$ 并接受了 $T=1$ 的治疗，我们无法判断这个人是依从者还是永远接受治疗者。同理，如果我们观察到一个人被分配到 $z=1$ 并且接受了 $T=0$ 的治疗，我们也无法判断他是一个违抗者还是一个从不接受治疗者。对于违抗者，工具变量 Z 会降低 T 的值。当不存在违抗者时，即 $T_{z=1}\geqslant T_{z=0}$ 时，我们可以说存在单调性且单调性适用于所有个体。

考虑二值工具变量 Z，当不存在违抗者时，通常的因果效应估计等于依从者 $\mathbb{E}[Y_{t=1}-Y_{t=0}|T_{z=1}-T_{z=0}=1]$ 中的平均因果效应。一般情况下，Z 对 Y 的因果效应，即工具因果效应估计的分子是四个主要阶层中 Z 对 Y 的因果效应的加权均值：

$$
\begin{aligned}
\mathbb{E}[Y_{z=1}-Y_{z=0}]=&\mathbb{E}[Y_{z=1}-Y_{z=0}|T_{z=1}=1,T_{z=0}=1]P[T_{z=1}=1,T_{z=0}=1]+\\
&\mathbb{E}[Y_{z=1}-Y_{z=0}|T_{z=1}=0,T_{z=0}=0]P[T_{z=1}=0,T_{z=0}=0]+\\
&\mathbb{E}[Y_{z=1}-Y_{z=0}|T_{z=1}=1,T_{z=0}=0]P[T_{z=1}=1,T_{z=0}=0]+\\
&\mathbb{E}[Y_{z=1}-Y_{z=0}|T_{z=1}=0,T_{z=0}=1]P[T_{z=1}=0,T_{z=0}=1]
\end{aligned}
$$

在永远接受治疗者和从不接受治疗者中，Z 对 Y 的因果效应完全为零，因为 Z 对 Y 的因果效应完全是通过 T 来调节的，并且不管它们被分配到的 Z 值是多少，在这些子群体中 T 的值是固定的。此外，在单调性下不存在任何违抗者，那么上面的加权和被简化为

$$
\mathbb{E}[Y_{z=1}-Y_{z=0}]=\mathbb{E}[Y_{z=1}-Y_{z=0}|T_{z=1}=1,T_{z=0}=0]P[T_{z=1}=1,T_{z=0}=0] \qquad \text{（依从者）}
$$

但是在依从者中，Z 对 Y 的影响等于 T 对 Y 的影响（$Z=T$），即 $\mathbb{E}[Y_{z=1}-Y_{z=0}|T_{z=1}=1, T_{z=0}=0]=\mathbb{E}[Y_{t=1}-Y_{t=0}|T_{z=1}=1,T_{z=0}=0]$。因此，对依从者的影响是

$$
\mathbb{E}[Y_{t=1}-Y_{t=0}|T_{z=1}=1,T_{z=0}=0]=\frac{\mathbb{E}\left[Y_{z=1}-Y_{z=0}\right]}{P\left[T_{z=1}=1,T_{z=0}=0\right]}
$$

这是通常的工具变量估计，如果我们假设 Z 是随机分配的，因为随机分配意味着 $Z\perp\{Y_{t,z},T_z;z=0,1;t=0,1\}$。在这种联合独立性和一致性下，分子上的治疗效应 $\mathbb{E}[Y_{z=1}-Y_{z=0}]$ 等于 $\mathbb{E}[Y|Z=1]-\mathbb{E}[Y|Z=0]$，分母上的依从者的比例 $P(T_{z=1}=1,T_{z=0}=0)$ 等于 $P(T=1|Z=1)-P(T=1|Z=0)$。要了解为什么后一个等式成立，请注意永远接受治疗者的概率 $P(T_{z=0}=1)=P(T=1|Z=0)$，从不接受治疗者的概率 $P(T_{z=1}=0)=P(T=0|Z=1)$。因为在单调性下，不存在违抗者，所以依从者的比例 $P(T_{z=1}=1,T_{z=0}=0)$ 是剩余的 $1-P(T=1|Z=0)-P(T=0|Z=1)=1-P(T=1|Z=0)-(1-P(T=1|Z=1))=P(T=1|Z=1)-P(T=1|Z=0)$。

在观测性研究中，通常的工具变量估计值也可用于在无干扰的情况下对依从者效应进行估计。在满足单调性条件下，依从者平均因果效应（CACE）是一个子群体中的局部平均治疗效应（LATE），而不是整个人群中的全局平均因果效应。因此单调性下的工具变量方法无法确定一个群体的平均因果效应，只能在其依从者的子群体中确定，使得在单调性下对依从者治疗的平均因果效应的估计方法也存在争议。

由于工具变量的所有假设都是无法验证的，在无法获得因果效应的点估计和置信区间的情况下，估计因果效应的上限和下限是有用的。但是如果估计因果效应的上限和下限的间隔太宽，那么估计的因果效应也没有实际应用价值[2-5]。

9.2　工具因果效应估计

9.2.1　二值工具因果效应估计

经典的工具变量方法基于线性模型假设[5-6]。假设工具变量的三个基本条件成立，以图 9-1 为例，利用工具变量方法计算 T 和 Y 之间的因果效应时，我们一般假设 Y 是 T 和 U 的线性函数：

$$Y:=\delta T+\alpha_u U \tag{9-2}$$

假设 T、Y、Z 均为二值变量。由于 U 不可观测，无法通过 U 断 T 到 Y 的后门路径，因此 $\mathbb{E}[Y|T=1]-\mathbb{E}[Y|T=0] \neq \delta$，那么如何计算 T 对 Y 的因果效应？由于 Z 到 Y 没有后门路径，所以我们可以识别 Z 对 Y 的影响：

$$P(Y|\mathrm{do}(Z)=\mathbb{E}[Y|Z=1]-\mathbb{E}[Y|Z=0] \tag{9-3}$$

同样，我们可以识别 Z 对 T 的影响，即

$$P(T|\mathrm{do}(Z))=\mathbb{E}[T|Z=1]-\mathbb{E}[T|Z=0] \tag{9-4}$$

将 $Y:=\delta T+\alpha_u U$ 代入式（9-3），再利用 Z 和 U 相互独立的性质得到：

$$\begin{aligned}\mathbb{E}[Y|Z=1]-\mathbb{E}[Y|Z=0]&=\mathbb{E}[\delta T+\alpha_u U|Z=1]-\mathbb{E}[\delta T+\alpha_u U|Z=0]\\&=\delta(\mathbb{E}[T|Z=1]-\mathbb{E}[T|Z=0])+\alpha_u(\mathbb{E}[U|Z=1]-\mathbb{E}[U|Z=0])\\&=\delta(\mathbb{E}[T|Z=1]-\mathbb{E}[T|Z=0])+\alpha_u(\mathbb{E}[U]-\mathbb{E}[U])\\&=\delta(\mathbb{E}[T|Z=1]-\mathbb{E}[T|Z=0])\end{aligned}$$

由于 T 与 Z 条件不独立，因此分母不为零，所以我们可以得到求解 δ 的公式：

$$\delta=\frac{\mathbb{E}[Y|Z=1]-\mathbb{E}[T|Z=0]}{\mathbb{E}[T|Z=1]-\mathbb{E}[T|Z=0]} \tag{9-5}$$

对于二值型变量，$\mathbb{E}[T|Z=1]=P(T=1|Z=1)$，因此，我们利用观测数据来计算式（9-5）

中的条件期望，即可获得 $\hat{\delta}$ 的估计值：

$$\hat{\delta}=\frac{\frac{1}{n_1}\sum_{i:z_i=1}Y_i-\frac{1}{n_0}\sum_{i:z_i=0}Y_i}{\frac{1}{n_1}\sum_{i:z_i=1}T_i-\frac{1}{n_0}\sum_{i:z_i=0}T_i} \tag{9-6}$$

其中 n_1 是 Z=1 时的样本数，n_0 是 Z=0 时的样本数。

9.2.2 连续工具因果效应估计

当 Z 和 T 是连续变量时，我们仍然假设 T 与 Y 服从线性关系。下面我们介绍连续工具变量情况下的因果效应计算方法 [5-6]。首先，Z 对 Y 的协方差为

$$\mathrm{Cov}(Y,Z)=\mathbb{E}[YZ]-\mathbb{E}[Y]\mathbb{E}[Z] \tag{9-7}$$

然后代入 $Y:=\delta T+\alpha_u U$ 可得

$$\begin{aligned}\mathrm{Cov}(Y,Z)&=\mathbb{E}[(\delta T+\alpha_u U)Z]-\mathbb{E}[\delta T+\alpha_u U]\mathbb{E}[Z]\\&=\delta\mathbb{E}[TZ]+\alpha_u\mathbb{E}[UZ]-\delta\mathbb{E}[T]\mathbb{E}[Z]-\alpha_u\mathbb{E}[U]\mathbb{E}[Z]\\&=\delta(\mathbb{E}[TZ]-\mathbb{E}[T]\mathbb{E}[Z])+\alpha_u(\mathbb{E}[UZ]-\mathbb{E}[U]\mathbb{E}[Z)\end{aligned} \tag{9-8}$$

进一步可得

$$\mathrm{Cov}(Y,Z)=\delta\mathrm{Cov}(T,Z)+\alpha_u\mathrm{Cov}(U,Z) \tag{9-9}$$

由于 U 和 Z 独立，$\mathrm{Cov}(U,Z)=0$，可得

$$\mathrm{Cov}(Y,Z)=\delta\mathrm{Cov}(T,Z) \tag{9-10}$$

最后，根据 T 和 Z 的相关性假设，分母不等于零，因此标准工具因果效应估计量为

$$\delta=\frac{\mathrm{Cov}(Y,Z)}{\mathrm{Cov}(T,Z)} \tag{9-11}$$

因此我们得到以下的标准工具效应自然估计量：

$$\hat{\delta}=\frac{\widehat{\mathrm{Cov}}(Y,Z)}{\widehat{\mathrm{Cov}}(T,Z)} \tag{9-12}$$

式（9-12）的分子 Z 对 Y 的平均因果效应是意向处理效应，而分母 Z 对 T 的平均因果效应是对指定处理方式依从性的衡量。当完全符合依从性时（即 Z=1,T=1;Z=0,T=0），分母等于 1, T 对 Y 的影响等于 Z 对 Y 的影响。随着依从性降低（T 与 Z 的相关性减弱），分母开始接近 0，并且 T 对 Y 的影响变得大于 Z 对 Y 的影响。T 与 Z 的相关性越小，T

对 Y 的影响与 Z 对 Y 的影响之间的差异就越大。

当 Z 与 T 相关性较弱时，对应的工具变量 Z 也被称为弱工具变量 [5-6]。文献中一般对弱工具变量有两种相关但不相同的定义。第一个定义基于 Z-T 关联的真实值，即如果 Z-T 相关的真实值比较“小”，则该工具变量 Z 是弱工具变量。第二个定义基于 Z-T 关联的统计特性，即如果与观察到的 Z-T 关联相关的 F 统计量比较“小”（通常一般认为小于 10），则该工具变量 Z 是弱工具变量。一个与 T 弱关联的工具变量 Z 会导致因果效应估计的分母比较小，这样会极大地放大分子中的任何偏差（如因违反条件（2）和条件（3）而产生偏差的分子），从而产生潜在的非常大的估计偏差。如果因果效应估计的分母正好为零，那么在 T 和一个完全随机变量 Z 之间存在零关联，从而导致因果效应估计将是未定义的。另外即使在大样本中，弱工具变量也会给因果效应计算带来偏差。

9.3　条件工具变量

工具变量的排他限制性和外生性在统计学上是不可检验的 [3]，需要相应的领域知识来验证其合理性，因此在实践中，我们很难根据之前提出的三个条件找出对应的工具变量。而当外生性不成立时，我们能否应用工具变量方法估计因果效应？例如，Z 在图 9-2b 中不是外生的，因为在 Z 和 Y 之间存在变量 W。

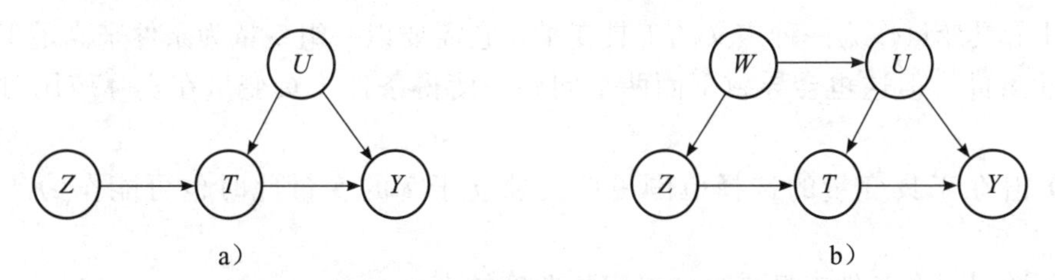

图 9-2　标准工具变量模型与条件工具变量模型

为了解决这个问题，本节介绍一种新的工具变量：条件工具变量（Conditioning Instrumental Variable）。Brito 等给出了条件工具变量 [7] 的图形化定义。

定义 9-1　条件工具变量　在一个因果图 G 中，如果存在一个 $\mathcal{W}$（变量或变量集合）满足以下条件，则变量 Z 被称为相对于 $T \rightarrow Y$ 的条件工具变量：

（1）$\mathcal{W}$ 包含 Y 的非后代变量；

（2）给定 $\mathcal{W}$ 时 Z 和 T 是 d- 连接的；

（3）$\mathcal{W}$ 在图 $G_{\backslash T \rightarrow Y}$ 中 d- 分离 Z 与 Y，其中图 $G_{\backslash T \rightarrow Y}$ 表示在图 G 中删除有向边 $T \rightarrow Y$ 后的有向无环图。

条件（3）不仅表示 Z 仅通过 T 影响 Y，而且除了 $\mathcal{W}$, Z 和 Y 没有共同的原因。图 9-2b 中的变量 Z 不满足标准工具变量的核心条件外生性和排他限制性，但是以 $\mathcal{W}$ 为条件集使得 Z 满足条件（1）～条件（3），因此，我们称 $\mathcal{W}$ 工具化了 Z 并称 Z 为条件工具变量。条件工具变量是工具变量方法的一般化。当图 G 中存在给定 $\mathcal{W}$ 的条件变量 Z 时，在连续变量情况下，T 对 Y 的因果效应通过 $\mathcal{W}$ 进行调节：

$$\frac{\mathrm{Cov}(Z,Y|\mathcal{W})}{\mathrm{Cov}(Z,T|\mathcal{W})} \tag{9-13}$$

其中 $\mathrm{Cov}(Z,Y|\mathcal{W})$ 表示 Z 和 Y 在给定集合 $\mathcal{W}$ 时的偏协方差。图 9-3 是条件工具变量的一个例子。要使用 Z 作为工具变量，我们应该以 F 为条件，而不应以 B 为条件。当控制 F 时，Z 和 T 相关，且同时在图 $G_{\backslash T\to Y}$ 中，控制变量 F 会阻断 Z 和 Y 之间的所有其他路径，因此 F “d- 分离” Z 和 Y。如果以 B 为条件，会打开路径 $Z\to B\leftarrow Y$，不满足条件（3）。

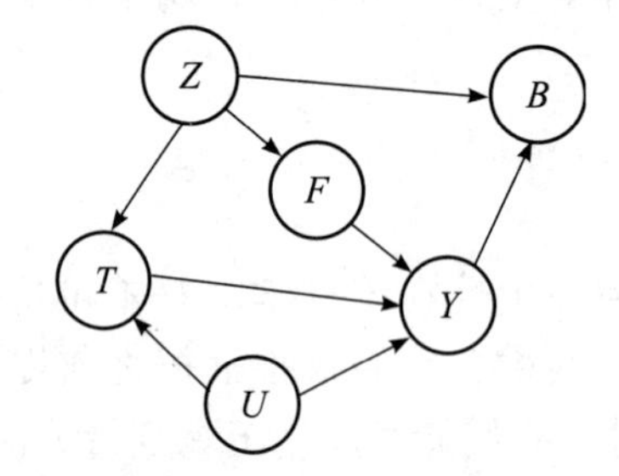

图 9-3　Z 是 $T\to Y$ 的条件工具变量

条件工具变量作为一种广义的工具变量，它需要以一组变量为条件来满足工具变量的外生性条件。但这也会导致下面两个问题，使得条件工具变量在实际应用时仍然存在困难。

（1）潜在工具变量的选择范围更广，独立于 T 的变量此时也可能作为条件工具变量。

（2）学习一个条件工具变量的时间复杂度较高。

例如，在图 9-4 中 Z_1 是标准工具变量。但是 Z_2 在 $\mathcal{W}$ 的条件作用下也可以是条件工具变量，因为即使 Z_2 和 T 最初是独立的，但在给定 $\mathcal{W}$ 后，它们变得相关。在给定 $\mathcal{W}$ 后在图 $G_{\backslash T\to Y}$ 中，Z_2 和 Y 条件独立。事实上，找出 $T\to Y$ 对应的条件变量集 $\mathcal{W}$ 是一个 NP 难问题。因此为了更加高效地寻找条件集 $\mathcal{W}$，可以限制 $\mathcal{W}$ 仅包含 Y 或者 Z 的祖先节点。基于这一动机，研究人员提出了祖先工具变量的概念 [8]。

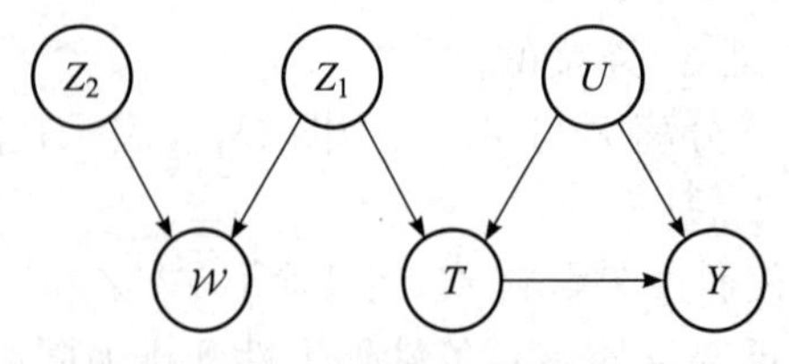

图 9-4　标准工具变量和条件工具变量

定义 9-2　祖先工具变量（Ancestral Instrumental Variable） 如果在图 G 中存在集合 $\mathcal{W}$ 满足以下条件，则 Z 是 $T\to Y$ 的祖先工具变量：

（1）$\mathcal{W}$ 由 Y 或 Z 的祖先节点组成且 $\mathcal{W}$ 不包含 Y 的后代节点；

（2）在给定 $\mathcal{W}$ 条件下，Z 与 T 相关；

（3）在图 $G_{\backslash T\to Y}$ 中，$\mathcal{W}$ 阻断 Z 和 Y 之间的所有路径。

这个定义表明祖先工具变量是条件工具变量的特例。此外，每个标准工具变量都是祖先工具变量（$\mathcal{W}$ 为空集）。同时只要存在条件工具变量，祖先工具变量也会存在，并且可以在多项式时间内找到祖先工具变量。然而有些条件工具变量不是祖先工具变量（图 9-4 中的 Z_2），因此祖先工具变量是一种受限版本的条件工具变量。当且仅当存在相对于 $T\to Y$ 的祖先工具变量时，相对于 $T\to Y$ 的条件工具变量 Z 存在，我们总是可以优先调整 $T\to Y$ 对应的祖先工具变量来计算因果效应。

9.4　识别工具变量

然而如何在图 G 中找到一个变量 Z 和一个集合 $\mathcal{W}$，使 Z 成为关于 $T\to Y$ 的条件工具变量呢？为解决这个问题，需要找到一个集合 $\mathcal{W}$ 以及 T 和 Z 之间的一条路径 π，使 $\mathcal{W}$ 能够 d- 分离 Y 和 Z 的同时不阻断 π。当我们知道 $\mathcal{W}$ 时找到 π 并不困难，同理知道 π 时也很容易就能找到 $\mathcal{W}$。但是同时寻找 $\mathcal{W}$ 和 π 会变得相当困难。此外如果存在许多这样的 $\mathcal{W}$，研究者更偏向于使用空集进行变量工具化。最近有很多研究提出了在图 G 中学习条件工具变量的有效算法 [8-10]。本节我们简要介绍一种利用最近分隔集（Nearest Separator）确定条件工具变量的方法。下面首先给出最近分隔集的定义 [8]。

定义 9-3　最近分隔集　对于给定的 Y 和 Z，如果满足以下两条，则 $\mathcal{W}$ 被称为 Y 和 Z 对应的最近分隔集：

（1）$(Z\perp Y|\mathcal{W})_G$；

（2）对于所有的 $X\in\mathcal{An}(Y\cup Z)\backslash\{Y,Z\}$ 以及道德图 $(G_{\mathcal{An}(Y\cup Z)})^m$ 中的任何连接 X 和 Z 的路径 π，如果存在 $\mathcal{W}$ 使得 $(Z\perp Y|\mathcal{W}')_G$ 且 $\mathcal{W}'$ 不阻断路径 π，那么 $\mathcal{W}$ 也不阻断路径 π。

道德图存在的意义是将有向图转换为无向图，在这里的道德图 G^m 指的是将图 G 中存在的有向边 $A\to B$ 转换为无向边 $A–B$；同时如果图 G 中存在 $A\to B, C\to B$ 且 A 和 C 不相连，那么添加无向边 $A–C$ 到图 G 中。祖先图 $G_{\mathcal{An}(Y\cup Z)}$ 是包含 Y 和 Z 的祖先节点以及祖先节点之间边的子图。

在图 9-5 中，$\{A,D\}$ 是 $\{Y,Z\}$ 的最近分隔集，而 $\{B,D\}$ 不是 $\{Y,Z\}$ 的最近分隔集。Zander 等 [8] 给出了一种高效的贪心算法来找到这样的一个最近分隔集，这个最近分隔集算法主要包括以下三个步骤。

步骤 1：令 $\mathcal{M}$ 为图 G 中所有可观测变量的集合，构造相应的道德图 $(G_{\mathcal{An}(Y\cup Z)})^m$，令 $\mathcal{W}=\varnothing$；

步骤 2：当 $(G_{\mathcal{An}(Y\cup Z)})^m$ 中存在从 Y 到 Z 的路径 $\pi=Y,V_1,\cdots,V_k,Z$，且 $k>1$，π 没有被 $\mathcal{W}$ 阻断，$\{V_1,\cdots,V_k\}\cap\mathcal{M}\neq\varnothing$时，重复 $\mathcal{W}:=\mathcal{W}\cup\{$ 路径 π 上的第一个可观测变量 $V_i\}$；

步骤 3：如果 $Z\perp Y|\mathcal{W}$，则返回最近分隔集 $\mathcal{W}$，否则返回空集。

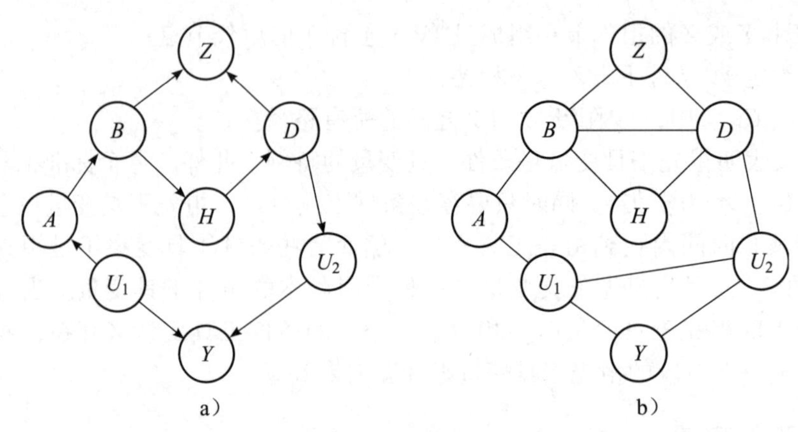

图 9-5　U_1 与 U_2 为隐变量的图 G 相应的道德图

在上述算法的步骤 1 中，根据图 G 构造出相应的道德图 $(G_{\mathcal{A}n(Y\cup Z)})^m$，同时令最近分隔集 $\mathcal{W}=\varnothing$；然后在 $(G_{\mathcal{A}n(Y\cup Z)})^m$ 中寻找从 Y 到 Z 的路径 $\pi=Y,V_1,\cdots,V_k,Z$，π 上至少包含一个可观测变量且没有被 $\mathcal{W}$ 阻断，此时将路径上的第一个节点纳入最近分隔集 $\mathcal{W}$ 中，然后重复步骤 2，直至 Y 和 Z 之间的所有路径都被 $\mathcal{W}$ 阻塞，最后得到最近分隔集 $\mathcal{W}$。

定理 9-1　给定节点 Y 和 Z，最近分隔集算法在 Y 和 Z 是 d- 分离的情况下能找到最近分隔集 $\mathcal{W}\subseteq\mathcal{A}n(Y,Z)$，否则返回空集。该算法的时间复杂度为 $O(p+q)$，其中 $p=|E|,q=|V|$。

在介绍了最近分隔集的概念以及寻找最近分隔集的方法后，Zander 等 [9] 给出一个祖先工具变量算法来检查给定的变量 Z 是不是一个祖先工具变量，该算法主要包括下面三个步骤。

步骤 1：从图 G 中移除 $T\rightarrow Y$ 得到图 $G_{\backslash T\rightarrow Y}$；

步骤 2：寻找 Y 和 Z 在图 $G_{\backslash T\rightarrow Y}$ 中的最近分隔集 $\mathcal{W}$；

步骤 3: 如果 $\mathcal{W}=\varnothing$、$\mathcal{W}\cap\mathcal{D}e(Y)\neq\varnothing$、$T\in\mathcal{W}$ 或 $(Z\perp T|\mathcal{W})_{G_{\backslash T\rightarrow Y}}$，则返回空集，否则返回 $\mathcal{W}$。

为了找到祖先工具变量，需要满足祖先工具变量的三个条件。首先从图 G 中移除边 $T\rightarrow Y$ 得到子图 $G_{\backslash T\rightarrow Y}$，然后利用最近分隔集算法寻找 Y 和 Z 在图 $G_{\backslash T\rightarrow Y}$ 中的最近分隔集 $\mathcal{W}$，如果 $\mathcal{W}=\perp$，则表明 Y 与 Z 之间不存在最近分隔集，在给定 $\mathcal{W}$ 时不独立，不满足条件（3）；同时如果 $\mathcal{W}\cap\mathcal{D}e(Y)\neq\varnothing$，则 $\mathcal{W}$ 包含了 Y 的子孙节点，不满足条件（1）；而如果 $(Z\perp T|\mathcal{W})_{G_{\backslash T\rightarrow Y}}$，则 Z 与 T 条件独立，不满足条件（2）。当上述情况不成立时，得到的 $\mathcal{W}$ 使得 Z 成为 $T\rightarrow Y$ 的祖先工具变量。

定理 9-2　给定图 G 中的节点 T，Y 和 Z，上述的祖先工具变量算法能够找到使 Z 成为 $T\rightarrow Y$ 祖先工具变量的条件集 $\mathcal{W}$（如果该条件集存在），否则返回空集。该算法的时间复杂度为 $O(p+q)$。

定理 9-2 表明，使用条件工具变量识别的因果效应与使用 do 演算计算出的因果效应一样。该算法的时间复杂度由最近分隔集算法决定，因此时间复杂度同样为 $O(p+q)$。

9.5 拓展阅读

虽然工具变量估计方法能够促进观察研究中的因果推断，但是工具变量的三个特定条件难以验证和满足以及时间序列数据等限制使得工具变量在计算机科学领域没有受到广泛关注。美国麻省理工学院的乔舒亚·安格里斯特教授以及斯坦福大学的吉多·因本斯教授"因为他们对因果关系分析的方法论贡献"共同获得 2021 年的诺贝尔经济学奖。安格里斯特教授和因本斯教授主要利用因果推断中的工具变量方法分析经济学领域的问题。另外一位获得诺贝尔经济学奖的卡德教授也致力于利用因果推断和工具变量研究劳动经济学。因此，近年来工具变量的研究逐渐引起了研究者的关注[11-18]。例如，Thams 等[12]在时间序列模型中考虑使用工具变量方法计算因果效应，Pfister 等[14]提出了稀疏因果效应工具变量，Kumor 等[15]提出了一种多项式时间复杂度的工具变量学习方法，Saengkyongam 等[13]提出了基于 HSIC 测试的工具变量识别方法，Xu 等[18]提出深度工具变量以及工具变量在机器学习领域的应用[19-20]等。更多的关于工具变量的方法请读者自行查阅相关文献。

参考文献

[1] WRIGHT P G. Tariff on animal and vegetable oils[M].New York：Macmillan Company, 1928.

[2] ANGRIST J D, IMBENS G W, RUBIN D B. Identification of causal effects using instrumental variables[J]. Journal of the American Statistical Association, 1996, 91(434): 444-455.

[3] PEARL J. Causality[M]. New York：Cambridge University Press, 2009.

[4] HENCKEL L. Graphical tools for efficient causal effect estimation[D].Zurich：ETH Zurich, 2021.

[5] NEAL B. introduction to causal inference (ICI): from a machine learning perspective[EB/OL].[2023-03-28]. https://www.bradyneal.com/causal-inference-course, 2022.

[6] HERNAN M A, ROBINS J M. Causal inference: what if [M]. Boca Raton: CRC Press, 2023.

[7] BRITO C, PEARL J. Generalized instrumental variables[C]// Proceedings of the Eighteenth Conference on Uncertainty in Artificial Intelligence (UAI-2022). 2002: 85-93.

[8] VAN-DER-ZANDER B, TEXTOR J, LISKIEWICZ M. Efficiently finding conditional instruments for causal inference[C]//Proceedings of the 24th International Joint Conference on Artificial Intelligence (IJCAI-2015). 2015:3243-3249.

[9] VAN-DER-ZANDER B, LIŚKIEWICZ M. On searching for generalized instrumental variables[C]// Proceedings of the 19th Artificial Intelligence and Statistics (AI Stats-2016). 2016: 1214-1222.

[10] VAN-DER-ZANDER B. Algorithmics of identifying causal effects in graphical models[D].Lübeck: University of Lübeck, 2020.

[11] KADDOUR J, ZHU Y, LIU Q, et al. Causal effect inference for structured treatments[C]// Proceedings of the 35th Advances in Neural Information Processing Systems (NeurIPS-2021). 2021:24841-24854.

[12] THAMS N, SØNDERGAARD R, WEICHWALD S, et al. Identifying causal effects using instrumental time series: nuisance IV and correcting for the past[J]. arXiv preprint arXiv, 2022: 2203.06056.

[13] SAENGKYONGAM S, HENCKEL L, PFISTER N, et al. Exploiting independent instruments: identification and distribution generalization[J]. arXiv preprint arXiv, 2022: 2202.01864.

[14] PFISTER N, PETERS J. Identifiability of sparse causal effects using instrumental variables[C]//The

38th Conference on Uncertainty in Artificial Intelligence (UAI-2022). 2022.

[15] KUMOR D, CINELLI C, BAREINBOIM E. Efficient identification in linear structural causal models with auxiliary cutsets[C]//Proceedings of the 37th International Conference on Machine Learning (ICML-2020). 2020: 5501-5510.

[16] KUMOR D, CHEN B, BAREINBOIM E. Efficient identification in linear structural causal models with instrumental cutsets[C]//Proceedings of the 33rd International Conference on Neural Information Processing Systems (NeurIPS-2019). 2019: 12477-12488.

[17] KANG H, LEE Y, CAI T, et al. Two robust tools for inference about causal effects with invalid instruments[J]. Biometrics, 2022, 78(1): 24-34.

[18] XU L, CHEN Y, SRINIVASAN S, et al. Learning deep features in instrumental variable regression[C]//Proceedings of the 8th International Conference on Learning Representations (ICLR-2020). 2020.

[19] LI J, LUO Y, ZHANG X. Causal reinforcement learning: an instrumental variable approach[J]. arXiv preprint arXiv, 2021: 2103.04021.

[20] WU A, KUANG K, LI B, et al. Instrumental variable regression with confounder balancing[C]// Proceedings of the International Conference on Machine Learning (ICML-2022). 2022: 24056-24075.

第四部分

因果结构学习方法

CHAPTER 10

第10章

组合优化因果结构学习

从前面的章节我们可以看出，在 Pearl 的因果效应计算框架下，利用 do 演算和后门准则计算因果效应的前提是有一个正确的因果结构，即 DAG。然而在实践中，我们往往只有观测数据，并没有相应的因果结构。因此，从观测数据中学习出对应的 DAG 成为因果效应计算的关键，如图 10-1 所示。近 30 年来，国内外学者们相继提出了多种因果结构学习算法。

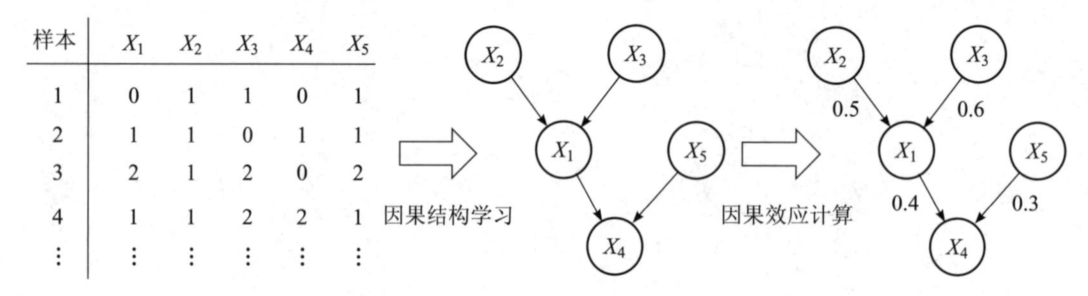

样本	X_1	X_2	X_3	X_4	X_5
1	0	1	1	0	1
2	1	1	0	1	1
3	2	1	2	0	2
4	1	1	2	2	1
⋮	⋮	⋮	⋮	⋮	⋮

图 10-1 因果结构学习过程概述

目前的因果结构学习算法主要分为两大类：组合优化因果结构学习和连续优化因果结构学习。在本章中，我们先介绍组合优化因果结构学习方法，该类方法根据学习策略的不同又可细化成两类，即限制优化学习方法和打分优化学习方法。限制优化学习方法是利用条件独立性测试从数据中学习出变量间的独立性和相关性关系，并根据变量之间独立性关系构建出相应的 DAG。然而，打分优化学习方法则利用打分函数在所有可能的图结构空间中搜索出一个与数据拟合程度最高的 DAG。

10.1 限制优化学习

10.1.1 理论基础

一个满足马尔可夫假设的 DAG 蕴含了一系列条件独立性假设，因此，一个数据集中变量之间的独立和依赖（或相关）关系可以由一个仅包含有向边的 DAG 表示。在第 1 章中介绍的忠实性假设表明：如果两个变量 V_i 和 V_j 在图 G 中被条件集 $\mathcal{Z}$ “d- 分离”，那么在给定 $\mathcal{Z}$ 的条件下，它们在联合概率分布 $P(\mathcal{V})$ 上条件独立，如下所示：

$$G: d-\text{sep}(V_i, V_j \mid \mathcal{Z}) \Rightarrow P(\mathcal{V}): V_i \perp V_j \mid \mathcal{Z} \tag{10-1}$$

式中 d-sep$(V_i,V_j|\mathcal{Z})$ 表示给定图 G，V_i 和 V_j 在 $\mathcal{Z}$ 的条件下被 d- 分离；$V_i \perp V_j|\mathcal{Z}$ 表示给定联合概率分布 $P(\mathcal{V})$，V_i 和 V_j 在 $\mathcal{Z}$ 的条件下独立。基于限制优化的因果结构学习方法通过在可观测数据上使用统计学里的条件独立性测试（Conditional Independence（CI）Test）方法来确定变量之间的条件独立或依赖关系，从而构建一个与数据背后隐含的分布一致的 DAG。这类 DAG 学习方法主要分为三步：①全局骨架构建；②识别 V- 结构并定向部分无向边；③使用 Meek 规则进行有向边的定向传播。上述的三个步骤分别由以下两个定理和一个规则来支撑。

定理 10-1[1-2] 在一个 DAG 中，在忠实性假设下，如果变量 V_i 和 V_j 之间存在一条有向边，那么给定任意一个集合 $\mathcal{Z} \subseteq \mathcal{V} \setminus \{V_i, V_j\}$，$V_i$ 和 V_j 条件不独立，即 $\neg V_i \perp V_j|\mathcal{Z}$ 成立。

例如，在图 10-2a 中，B 和 E 在由 $\mathcal{V} \setminus \{B,E\}=\{A,B,C,E\}\setminus\{B,E\}=\{A,C\}$ 产生的所有子集条件下都不独立，即 $\neg B \perp E|\varnothing$、$\neg B \perp E|\{A\}$、$\neg B \perp E|\{C\}$ 和 $\neg B \perp E|\{A,C\}$ 同时成立，那么节点 B 和 E 之间存在一条边。

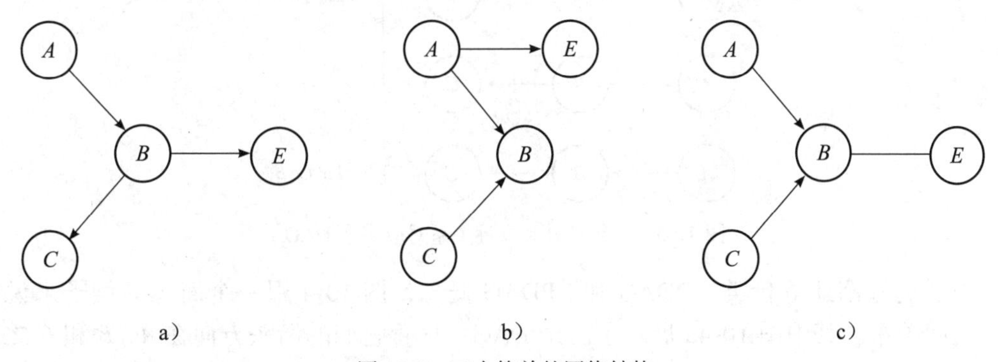

图 10-2 三个简单的网络结构

定理 10-2[1-2] 在一个 DAG 中，在忠实性假设下，当 $\{V_i,V_j\} \subseteq \mathcal{PC}(V_k)$ 且存在一个集合 $\mathcal{Z} \subseteq \mathcal{V} \setminus \{V_i,V_j\}$ 使得 $V_i \perp V_j|\mathcal{Z}$ 成立时，若 $V_k \notin \mathcal{Z}$，则 V_k 是 V_i 和 V_j 的共同孩子节点，即 $V_i \rightarrow V_k \leftarrow V_j$。

定理 10-2 中，$\mathcal{PC}(V_k)$ 表示变量 V_k 的父节点和孩子节点（Parents and Children）。例

如，在图 10-2b 中，因为 $\{A,C\} \subseteq \mathcal{PC}(B)$，且使得 A 和 C 独立的条件集为空集且不包含变量 B，即 $A \perp C|\{\}$ 和 $B \notin \{\}$ 同时成立，所以三元组 $A\text{–}B\text{–}C$ 被识别成一个 V- 结构：$A \to B \leftarrow C$。

规则 10-1[3] **Meek 规则**　假设图 G_0 是一个 DAG 的全局骨架（无向图），图 G_1 是已识别了图 G_0 中所有的 V- 结构，并对与 V- 结构相关的边进行定向后得到 PDAG。对图 G_1 中剩余的无向边进行定向操作时需要满足以下两个条件：①在图 G_1 中没有引入新的环；②在图 G_1 中没有产生一个新的 V- 结构。如果不满足上述两个条件之一，则该定向操作无效。

以图 10-2c 中未定向的无向边 $B\text{–}E$ 为例，如果是 $B \leftarrow E$，那么会形成两个新的 V- 结构：$A \to B \leftarrow E$ 和 $C \to B \leftarrow E$。因此方向 $B \leftarrow E$ 是不对的，而其相反方向 $B \to E$ 成立。

然而，限制优化学习方法仅仅通过上述两个定理和一个规则还不能得到一个完整的 DAG（即存在一些无法确定方向的边），这是因为存在一组独立性关系可能对应多个 DAG 的情况。如图 10-3 所示，A、B 和 C 三个节点可以形成四种开放式（非封闭）结构，其中三个结构的条件独立性关系都可用 $A \perp C|B$ 来表示。因此，基于限制优化的因果结构学习方法通常不会只生成唯一的 DAG，而是返回与数据中的变量独立性关系一致的 DAG 集，即等价类。Verma 等 [4] 研究表明，如果两个 DAG 具有相同的骨架和 V- 结构集，则它们属于相同的等价类，且使用部分有向无环图（Partially Directed Acyclic Graph，PDAG）来表示，该图混合了有向边和无向边。

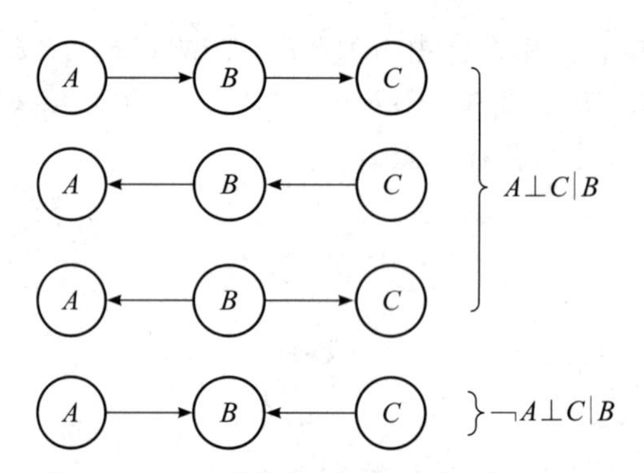

图 10-3　一组条件独立性关系对应多个 DAG

为了更好阐述等价类、PDAG 和 CPDAG 概念，图 10-4 用一个简单的例子来说明它们之间关系。其中图 10-4a 展示了三个 DAG，尽管它们的箭头方向在 A、B 和 C 之间有所不同，但它们具有相同的独立性关系（$B \perp C|A$），即它们属于同一个 DAG 等价类。图 10-4b 用一个 PDAG 来表示这三个 DAG 所对应的等价类，且该 PDAG 只包含了一个 V- 结构：$B \to E \leftarrow C$。这也表明 $B \to E \leftarrow F$ 和 $C \to E \leftarrow F$ 在 PDAG 中不是 V- 型结构。接着，我们根据规则 10-1 推断出一条新的有向边（$E \to F$），进而构建出一个完全的部分有向无环图（Complete Partially Directed Acyclic Graph，CPDAG），如图 10-4c 所示。PDAG 与 CPDAG 的区别在于：CPDAG 是基于 PDAG，利用规则 10-1 填充所有

其他能够被推断出的有向边而形成的。在使用 CPDAG 表示等价类时，CPDAG 中的有向边表示在所有等价 DAG 中有向边必须相同，而其中的无向边表示在所有等价 DAG 中该边可以任意定向。

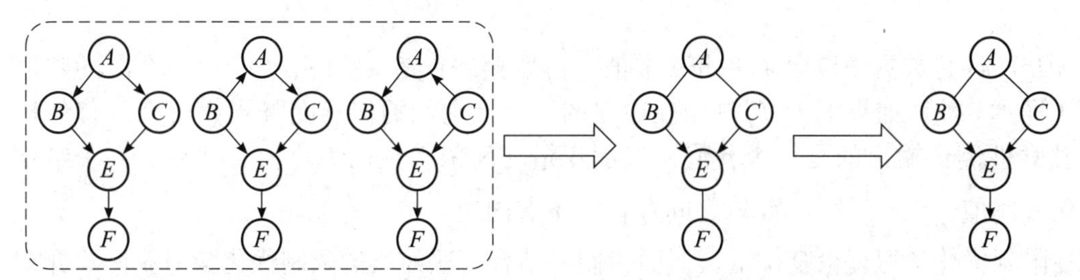

图 10-4　一个用于说明等价类、PDAG 和 CPDAG 概念的例子

在上述学习 DAG 的过程中，需要不断地利用条件独立性测试对变量之间的条件独立性关系进行判定，因此我们下面简要介绍一些常用的条件独立性测试方法。

1. 基于假设检验的条件独立性测试方法

对于离散数据，现有的因果结构学习算法一般采用 G^2 检验或 χ^2 检验 [1]，而对于连续高斯分布和非高斯分布数据，通常采用 Fisher Z 检验或基于核的（Kernel-Based）检验 [5]。这些检验方法一般先做出原假设 $H_0{:}V_i \perp V_j|Z$（即 V_i 和 V_j 在 Z 的条件下独立），以及与之对应的备选假设 $H_1{:}\neg V_i \perp V_j|Z$（即 V_i 和 V_j 在 Z 的条件下不独立），然后根据观测数据计算是否接受原假设 H_0，从而判断 V_i 和 V_j 在给定 Z 的情况下是否条件独立。如果 V_i 和 V_j 独立，则 V_i 和 V_j 之间不存在有向边连接。

2. 基于互信息的条件独立性测试方法

互信息（Mutual Information，MI）也是一种常用的方法 [6] 来确定变量间的相关性。对于变量 V_i 和 V_j，它们之间的互信息被表示为

$$\mathrm{MI}(V_i,V_j)=H(V_i)-H(V_i|V_j) \tag{10-2}$$

式（10-2）中 $H(V_i)$ 是 V_i 的熵值，$H(V_i|V_j)$ 是 V_i 关于 V_j 的条件熵值。若 $\mathrm{MI}(V_i,V_j)=0$，则表示 V_i 和 V_j 相互独立。$\mathrm{MI}(V_i,V_j)$ 越大，V_i 与 V_j 之间的相关性越强。因此，通过互信息条件独立测试方法来学习因果结构的思路是：首先假定初始的网络结构图为一个空图，即变量之间不存在任何边，然后计算每对变量 V_i 和 V_j 之间的互信息；接着根据 V_i 和 V_j 之间的互信息值来判断是否在它们之间添加一条边，即如果 $\mathrm{MI}(V_i,V_j)>\delta$（$\delta$ 为一个值很小的阈值且 $\delta \geqslant 0$），那么 V_i 和 V_j 之间添加一条边；否则不添加；最后通过多轮迭代学习出因果结构（DAG 结构）。

3. 似然比条件独立性测试方法

似然比条件独立性测试 [7] 是根据离散数据来计算变量 V_i 和 V_j 关于 Z 的似然度

$J(V_i,V_j|\mathcal{Z})$，进而确定它们之间的条件独立性。$J(V_i,V_j|\mathcal{Z})$ 的计算公式如下：

$$J(V_i,V_j|\mathcal{Z}) = 2\sum_{i=1}^{m}\sum_{j=1}^{p}\sum_{k=1}^{q} n(i,j,k)\ln\frac{n(i,j,k)n(:,:,k)}{n(i,:,k)n(:,j,k)} \quad (10\text{-}3)$$

式中 $n(i, j, k)$ 是数据中满足 V_i 取第 i 个值，V_j 取第 j 个值，$\mathcal{Z}$ 取第 k 个值组合时的数据案例（样本）数。如果 V_i 和 V_j 是相互独立的，那么它们的似然度服从 χ^2 分布。似然比条件独立性测试输出的是一个 p 值，表示变量之间依赖性的大小值。如果 p 大于给定的置信度阈值 χ_α^2，那么 V_i 和 V_j 之间存在一条有向边。

在限制优化学习理论基础上，下面我们将结合一些经典的限制优化学习算法，介绍这些算法的实现思路及其相关的衍生算法，让读者能更好地理解限制优化学习方法。

10.1.2 PC 算法

研究者们基于条件独立性测试思想提出了许多基于限制优化的因果结构学习方法，其中最为经典的是 Peter 和 Clark 提出的 Peter-Clark（简称 PC）算法 [8]。

如算法 10-1 所示，PC 算法的学习过程主要分为三个阶段：①首先基于条件独立性测试学习全局骨架；②然后通过识别 V- 结构来确定骨架中部分边的方向；③最后利用定向传播准则推断骨架中剩余边的方向。下面我们将对这三个阶段进行详细的描述。

第一阶段：全局骨架构建（第 2 ～ 12 行）。用 G_m 来表示图结构，算法从完全无向图 G_0 开始（此时 m=0），设条件集长度 k=0。

（1）顺序遍历节点集 $\mathcal{V}$ 中的每一个变量 V_i，对每一个 V_i 遍历无向图 G_m 中与 V_i 相邻节点集合 $\mathcal{N}e(V_i)$ 中的每一个变量 V_j 并执行：

① 遍历 $\mathcal{N}e(V_i)\backslash V_j$ 中子集长度为 k 的条件集合，若 V_i 和 V_j 在给定某个子集条件下独立，则从图 G_m 中删除 V_i 和 V_j 之间的边，同时执行 m=m+1，此时得到新的无向图 G_m，并记录下该子集，即割集 Sep(i, j)；

② 从 $\mathcal{N}e(V_i)$ 中选择下一个 V_j 继续执行①直到 $\mathcal{N}e(V_i)$ 中所有变量都被遍历一次。

（2）将 k 设为 k+1，执行（1），进行新一轮迭代，直到当 $k>n-2$ 时，算法停止迭代，此时的图 G_m 即为全局骨架图（无向图）。

需要特别注意的是：（1）PC 算法中的第 3 行设置的循环条件为 $k \leqslant n-2$。因为在含有 n 个变量的变量集合里进行 CI 测试所需要的条件集 $\mathcal{Z}$ 的大小一定满足条件 $|\mathcal{Z}| \leqslant n-2$ 且 $|\mathcal{Z}|=k$，所以 k 只能小于等于 $n-2$。（2）PC 算法中第 3 ～ 12 行代码通常会因为不存在一个 $\mathcal{Z}$ 满足 $|\mathcal{Z}|=k$ 而使得循环提前终止。具体来说，随着迭代地进行，k 不断地增大，与此同时图 G_m 中的边不断减少（即 $\mathcal{N}e(V_i)$ 的规模不断减小），因此在 $k>n-2$ 之前就会出现 $|\mathcal{N}e(V_i)\backslash V_j|<k$ 使得循环提前结束。

第二阶段：骨架 G_m 中的 V- 结构识别（第 14 ～ 18 行）。基于定理 10-2 以及阶段一中产生的割集 Sep(i,j) 来判断图 G_m 中是否存在 V- 结构。如果在一个未定向的三元组 V_i–V_j–V_k 的结构中，确定 V_i 和 V_k 的割集不包含 V_j，那么将其标识为 V- 结构

$V_i \rightarrow V_j \leftarrow V_k$，最终形成一个部分有向无环图（PDAG）。

第三阶段：定向传播（第 20 ～ 21 行）。依据规则 10-1，PC 算法使用了 Meek 规则进行定向传播。具体来说，在确定 PDAG 中无向边的方向时，需要保证这些边的定向不会在图 G_m 中产生新的 V- 结构或环。基于该规则，直到图 G_m 中没有更多的边可以定向，最终产生完全的部分有向无环图（CPDAG）。

算法10-1 PC算法

Input: D：数据集，$\mathcal{V}=\{V_1,V_2,\cdots,V_n\}$：节点集

Output: G：有向无环图（或完全的部分有向无环图）

---

1. /* 阶段一：全局骨架构建 */
2. 在节点集 $\mathcal{V}$ 上构建一个完全无向图 G_m，且当前 $m=0$；
3. **for** k 从 0 到 $n-2$ **do**
4.   **for** $V_i \in \mathcal{V}$ **do**
5.   **for** G_m 中每一个 $V_j \in \mathcal{N}e(V_i)$ **do**
6.   **if** $\exists\, \mathcal{Z} \subseteq \mathcal{N}e(V_i) \backslash V_j$ 满足 $|\mathcal{Z}|=k$ 且 $V_i \perp V_j | \mathcal{Z}$ **then**
7. $m=m+1$, 移除 V_i 和 V_j 之间的边且令新图为 G_m；
8. $\mathrm{Sep}(i, j) \leftarrow \mathcal{Z}$;
9.   **end**
10.   **end**
11.   **end**
12. **end**
13. /* 阶段二：V- 结构定向 */
14. **for** G_m 中所有潜在的 V- 结构 $V_i–V_j–V_k$ **do**
15.   **if** $V_j \notin \mathrm{Sep}(i, k)$ 且 $V_j \notin \mathrm{Sep}(k, i)$ **then**
16. $V_i \rightarrow V_j \leftarrow V_k$;
17.   **end**
18. **end**
19. /* 阶段三：定向传播 */
20. 利用 Meek 规则确定 G_m 中剩余边的方向；
21. 输出最后的 G_m；

为更详细地阐述 PC 算法的执行过程，图 10-5 结合一个具体例子来演示如何使用 PC 算法学习因果结构，其中图 10-5a 展示了数据背后隐含的真实因果结构。

第一阶段：PC 算法首先构建一个完全无向图 G，如图 10-5b 所示，然后根据定理 10-1，通过 CI 测试来判断节点之间的边是否存在。具体的执行过程如表 10-1 所示。

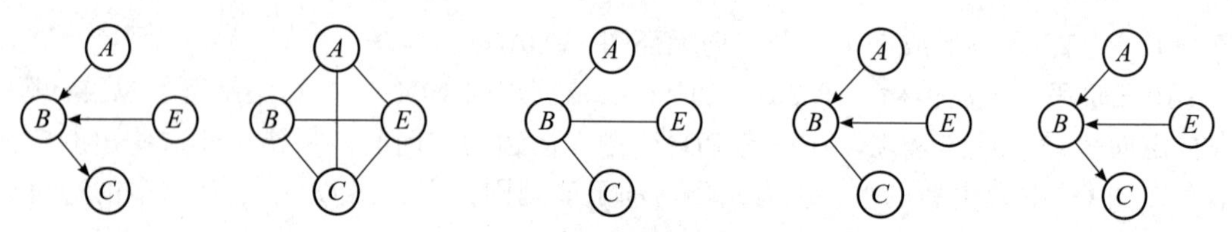

图 10-5　PC 算法学习过程演示图

（1）当 k=0 时，PC 算法对图 G 中所有相邻节点进行独立性测试。首先以 A 为目标变量，当前它的邻居变量有 B,C 和 E，且在空集条件下，A 与 B 不独立，A 与 C 不独立，只有 A 与 E 独立，即 $A \perp E|\varnothing$ 成立，因而 A 与 E 之间相连的边从图 G 中被移除，同时割集 Sep(A,E)=$\varnothing$ 被记录；然后以 B 为目标变量时，当前它的邻居变量有 A,C 和 E，且在空集条件下，因为它们与 B 都不独立，所以没有任何边被移除；其次以 C 为目标变量时，当前它的邻居变量有 A,B 和 E，且在空集条件下，因 C 与 A、C 与 B 以及 C 与 E 都不独立，所以没有任何边被移除；最后以 E 为目标变量时，当前它的邻居变量有 B 和 C，且在空集条件下因 E 与 B 以及 E 与 C 都不独立，所以没有任何边被移除。至此，条件集大小为 0（即空集）的 CI 测试全部测试完毕。

（2）当 k=1 时，PC 算法对图 G 中所有相邻节点进行独立性测试，但此时只考虑条件集大小为 1 时的独立性测试。首先以 A 为目标变量，当前它的邻居变量有 B 和 C，其中 A 与 B 在给定 C 的条件下相关，但是 A 与 C 在给定 B 的条件下是独立的，即 $A \perp C|B$ 成立，因而 A 与 C 之间相连的边从图 G 中被移除，同时割集 Sep(A,C)=B 被记录；然后以 B 为目标变量，当前它的邻居变量有 A,C 和 E，因 B 与 A 在由其他邻居变量组成的大小为 1 的子集条件下不独立、B 与 C 在由其他邻居变量组成的大小为 1 的子集条件下不独立以及 B 与 E 在由其他邻居变量组成的大小为 1 的子集条件下不独立，所以没有任何边被移除；接着以 C 为目标变量时，当前它的邻居变量有 B 和 E，其中 C 与 B 在给定 E 条件下不独立，但是 C 与 E 在给定 B 的条件下是独立的，因而 C 与 E 之间相连的边从图 G 中被移除，同时割集 Sep(C,E)=B 被记录；最后因为 E 只有一个邻居节点 B，不满足条件集大小为 1 的要求，故不测试从 E 出发的 CI 测试。至此，条件集大小为 1 的 CI 测试全部测试完毕。

（3）当 k=2 时，PC 算法继续对图 G 中所有相邻节点进行独立性测试，且此时只考虑条件集大小为 2 时的独立性测试。因为只有从 B 节点出发，邻居节点个数满足子集大小为 2，所以不考虑从其余节点出发的 CI 测试。以 B 为目标变量时，当前它的邻居变量有 A,C 和 E，由于 B 与 A 在由其他邻居变量组成的大小为 2 的子集条件下不独立、B 与 C 在由其他邻居变量组成的大小为 2 的子集条件下不独立以及 B 与 E 在由其他邻居变量组成的大小为 2 的子集条件下不独立，所以没有任何边被移除。至此，条件集大小为 2 的 CI 测试全部测试完毕。

（4）当 k=3 时，由于 $k>n-2$，即 3>2，所以整个骨架学习阶段终止，得到的全局骨架如图 10-5c 所示。

表10-1　PC算法构建全局骨架的实例演示表

迭代轮数	当前结构	CI 测试结果	描述	更新后结构
第一轮 k=0	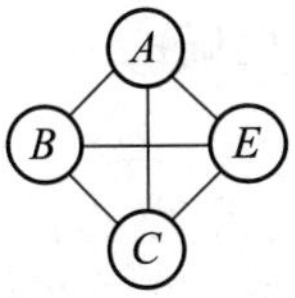	$\neg A \perp B\|\varnothing$	不删除任何边	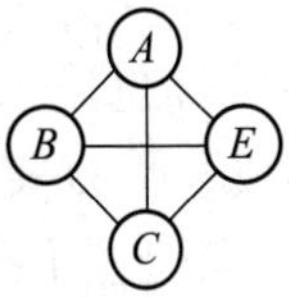
		$\neg A \perp C\|\varnothing$		
		$A \perp E\|\varnothing$	删除 A 与 E 之间的边	
	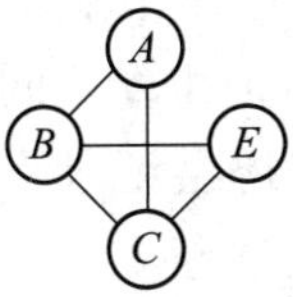	$\neg B \perp A\|\varnothing$	不删除任何边	
		$\neg B \perp E\|\varnothing$		
		$\neg B \perp C\|\varnothing$		
		$\neg C \perp A\|\varnothing$		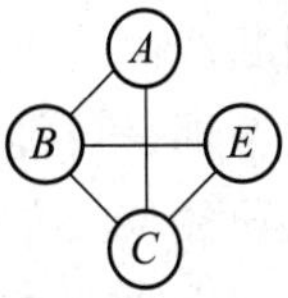
		$\neg C \perp B\|\varnothing$		
		$\neg C \perp E\|\varnothing$		
		$\neg E \perp B\|\varnothing$		
		$\neg E \perp C\|\varnothing$		
第二轮 k=1	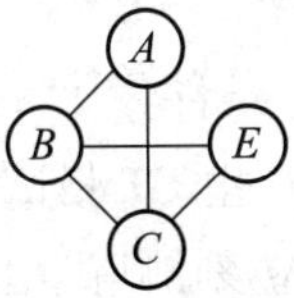	$\neg A \perp B\|C$		
		$A \perp C\|B$	删除 A 与 C 之间的边	
	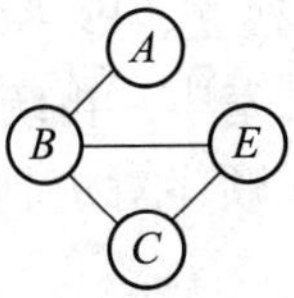	$\neg B \perp A\|E$	不删除任何边	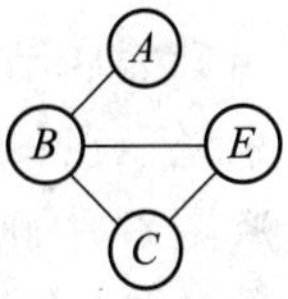
		$\neg B \perp A\|C$		
		$\neg B \perp C\|A$		
		$\neg B \perp C\|E$		
		$\neg B \perp E\|A$		
		$\neg B \perp E\|C$		
		$\neg C \perp B\|E$		
		$C \perp E\|B$	删除 C 与 E 之间的边	
第三轮 k=2	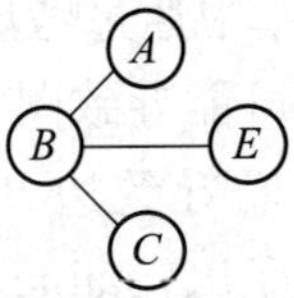	$\neg B \perp A\|C, E$	不删除任何边	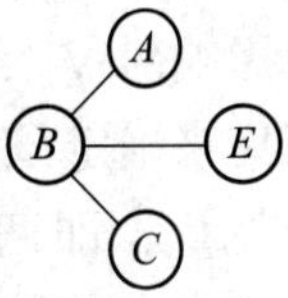
		$\neg B \perp C\|A, E$		
		$\neg B \perp E\|A,C$		

第二阶段：PC 算法首先寻找所有能形成 V- 结构的潜在三元组，即 $<A,B,E>$、$<A,B,C>$ 和 $<E,B,C>$。接着，通过定理 10-2 来判定这些三元组是否为 V- 结构，利用 V- 结构来实现对一些无向边的定向。例如，通过 PC 算法第一阶段记录的割集，我们发现 $A \perp E|\varnothing$ 和 $\neg A \perp E|B$ 同时成立，且 $B \notin \varnothing$，根据定理 10-2，$A \rightarrow B \leftarrow E$ 被标识成

一个 V- 结构。最后形成一个 PDAG，如图 10-5d 所示。

第三阶段： PC 算法利用 Meek 规则进行定向传播，保证图 G 中不能出现新的 V- 结构或环。例如，图 10-5d 中无向边 $B–C$，如果 C 指向 B（$C \to B$），那么会形成两个新的 V- 结构 $C \to B \leftarrow E$ 和 $C \to B \leftarrow A$，因而该方向不正确，正确的方向是 $C \leftarrow B$。最终形成一个 DAG，如图 10-5e 所示。

由上述例子可以看出，PC 算法的计算复杂度与图中每个节点的相邻节点个数相关。因此，该算法可以适应高维稀疏的因果结构学习。但它在学习高维稠密的因果结构时，会出现计算复杂度高的问题。同时，PC 算法效果依赖于节点处理的顺序。由于实际的观测数据中存在噪声或小样本问题，这使得条件独立性测试不一定可靠。而不可靠的条件独立性测试会导致错误地删除变量之间的边，可能对后续节点之间条件独立性的判断产生连锁错误。例如，在表 10-1 中，当 k=1 时，如果 A 和 B 之间的边被错误地删除，那么可能导致 A 与 C 之间的边无法被删除。此外，这还会记录下错误的割集，进而导致 V- 结构的识别错误问题并将影响更多无向边的方向推断。

为解决 PC 算法存在的问题，近些年，研究者提出许多 PC 算法的改进算法。例如，Colombo 等针对 PC 算法的执行结果依赖于节点处理顺序的问题，提出了 PC-stable 算法 [9] 以缓解这个问题。该算法的学习过程同样分为三个阶段。

第一阶段： 全局骨架构建。在原始 PC 算法中，在给定条件集大小的情况下，错误删除边会通过错误地减少后续 CI 测试中可用的条件集而产生 CI 测试的连锁错误。原始 PC 算法一旦检测到两个节点独立，其邻接的边就会被立刻删除。而 PC-stable 算法在给定 k 值下，先获取每个节点在当前图 G 下的邻居节点集合，只有当图 G 中每个节点与其邻居节点在给定条件集下把所有 CI 测试完成后再统一将图 G 更新为图 G'。具体来说，在每一轮 k 值固定的情况下，即使两个变量条件独立，PC-stable 算法也暂时不从图 G 中删除这两个变量之间的边，直到所有节点测试完毕，再统一更新图 G。与 PC 算法相比，PC-stable 算法解决了每一轮迭代中节点选择顺序对边删除的影响以及错误删除边产生的连锁错误问题。

第二阶段： V- 结构识别。原始 PC 算法会利用阶段一中找到的割集，以确定某个三元组是否为 V- 结构。鉴于原始 PC 算法在全局骨架构建阶段会产生错误的割集，进而影响对 V- 结构的识别，PC-stable 算法在三元组 $V_i–V_j–V_k$ 中通过考虑 V_i 和 V_k 的所有割集来确定该三元组是否为 V- 结构。同时错误的 CI 测试可能导致图 10-6 中定向冲突的发生，即两个 V- 结构：$A \to B \leftarrow F$ 和 $E \to F \leftarrow B$，进而导致边 $B–F$ 的定向冲突。原始的 PC 算法会根据节点处理顺序任意选择一个方向。而 PC-stable 算法用一个双向箭头来标记这个冲突的边。

第三阶段： 定向传播。此阶段和 PC 算法的第三阶段相同，故此处不再赘述。

从上述的三个学习阶段可以看出，PC-stable 算法与 PC 算法的主要区别在于构建全局骨架的方式不同。为更好地理解 PC-stable 算法对 PC 算法所做的改进，我们演示 PC-stable 算法在构建全局骨架时的执行过程，如表 10-2 所示。

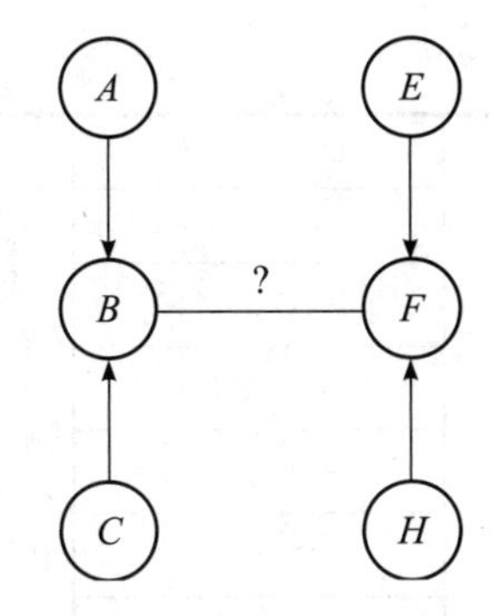

图 10-6 V- 结构定向冲突的例子

表10-2 PC-stable算法构建全局骨架的实例演示图

迭代轮数	当前结构	CI 测试结果	图更新情况	更新后结构
第一轮 k=0		$\neg A \perp B\|\varnothing$ $\neg A \perp C\|\varnothing$ $A \perp E\|\varnothing$ $\neg B \perp A\|\varnothing$ $\neg B \perp E\|\varnothing$ $\neg B \perp C\|\varnothing$ $\neg C \perp A\|\varnothing$ $\neg C \perp B\|\varnothing$ $\neg C \perp E\|\varnothing$ $E \perp A\|\varnothing$ $\neg E \perp B\|\varnothing$ $\neg E \perp C\|\varnothing$	A 和 E 在空集下独立，暂不删除任何边	
第一轮所有相邻节点间的独立性关系被检测完毕，依据割集，将统一删除边，于是 A 和 E 之间的边被删除				
第二轮 k=1		$\neg A \perp B\|C$ $A \perp C\|B$ $\neg B \perp A\|C$ $\neg B \perp A\|E$ $\neg B \perp C\|A$ $\neg B \perp C\|E$ $\neg B \perp E\|A$ $\neg B \perp E\|C$	A 与 C 在 B 条件下独立，C 与 E 在 B 条件下独立，暂不删除任何边	

（续）

迭代轮数	当前结构	CI 测试结果	图更新情况	更新后结构
第二轮 k=1	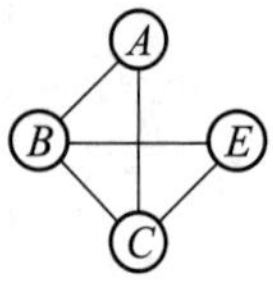	$C \perp A \mid B$ $\neg C \perp B \mid A$ $\neg C \perp B \mid E$ $\neg C \perp E \mid A$ $C \perp E \mid B$ $\neg E \perp B \mid C$ $E \perp C \mid B$	A 与 C 在 B 条件下独立，C 与 E 在 B 条件下独立，暂不删除任何边	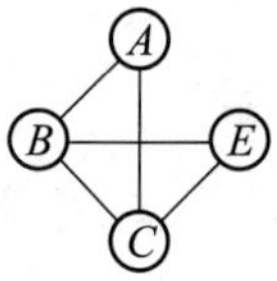
第二轮所有相邻节点间的独立性关系被检测完毕，依据割集，将统一删除边，于是 C 与 A 和 E 之间的边均被删除				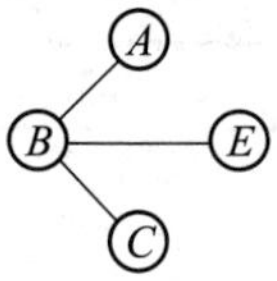
第三轮 k=2	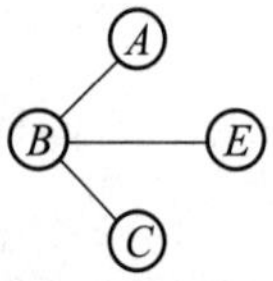	$\neg B \perp A \mid C,E$ $\neg B \perp C \mid A,E$ $\neg B \perp E \mid A,C$	不存在相邻节点独立情况	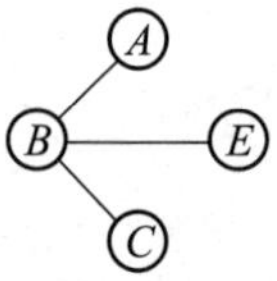
第三轮中所有节点间均不存在相邻节点独立情况，因此不删除任何边				

（1）当 k=0 时，PC-stable 算法对图 G 中所有相邻节点进行独立性测试。首先以 A 为目标变量，当前它的邻居变量有 B,C,E，且在空集条件下，A 与 B 不独立，A 与 C 不独立，只有 A 与 E 独立，即 $A \perp E \mid \varnothing$ 成立，但此时不会立即删除 A 与 E 之间相连的边，只记录割集 $\mathrm{Sep}(A,E)=\varnothing$；然后以 B 为目标变量时，当前它的邻居变量有 A,C,E，且在空集条件下，它们与 B 都是相关的，因而没有任何割集被记录；其次以 C 为目标变量时，当前它的邻居变量有 A,B,E，且在空集条件下，它们与 C 都是相关的，所以没有任何割集被记录；最后以 E 为目标变量时，当前它的邻居变量有 A,B 和 C，且在空集条件下，只有 E 与 A 独立，即 $E \perp A \mid \varnothing$ 成立，但此时不会立即删除 E 与 A 之间相连的边，只记录割集 $\mathrm{Sep}(E,A)=\varnothing$。至此，条件集大小为 0（即空集）的 CI 测试全部测试完毕，综合本轮的所有 CI 测试结果只有两个独立关系：$A \perp E \mid \varnothing$ 和 $E \perp A \mid \varnothing$。因此 A 与 E 在空集条件下被认为是独立的，A 与 E 之间的边被删除。

（2）当 k=1 时，PC-stable 算法同样对图 G 中所有相邻节点进行独立性测试，但此时只考虑条件集大小为 1 时的独立性测试。首先以 A 为目标变量，当前它的邻居变量有 B 和 C，其中 A 和 B 在给定 C 的条件下不独立，而 A 和 C 在给定 B 的条件下相互独立，即 $A \perp C \mid B$ 成立，但此时不会立即删除 A 与 C 之间相连的边，只记录割集 $\mathrm{Sep}(A,C)=B$；然后以 B 为目标变量，当前它的邻居变量有 A,C 和 E，因 B 与 A、C、E 在由其他邻居变量组成的大小为 1 的子集条件下都不独立，所以没有任何割集被记录；

接着以 C 为目标变量时，当前它的邻居变量有 A,B 和 E，且 C 与 A 在给定 B 的条件下相互独立，因而 C 与 A 在给定 E 的条件独立性不会被测试，此外 C 与 E 在给定 B 的条件下相互独立，但 PC-stable 算法当前不会立即删除 C 与 A 以及 C 与 E 之间相连的边，只记录割集 $\mathrm{Sep}(C,A)=B$ 和 $\mathrm{Sep}(C,E)=B$；最后以 E 为目标变量时，当前它的邻居变量有 B 和 C，且 E 与 C 在给定 B 的条件下是独立的，但此时不会立即删除 E 与 C 之间相连的边，只记录割集 $\mathrm{Sep}(E,C)=B$。至此，条件集大小为 1 的 CI 测试全部测试完毕，综合本轮的所有 CI 测试结果得到四个独立关系：$A \perp C|B$、$C \perp A|B$、$C \perp E|B$ 和 $E \perp C|B$。因此 C 与 A 以及 C 和 E 之间的边均被删除。

（3）当 k=2 时，PC-stable 算法继续对图 G 中所有相邻节点进行独立性测试，但此时只考虑条件集大小为 2 时的独立性测试。因为只有从 B 节点出发，邻居节点个数满足子集大小为 2，所以不考虑从其余节点出发的 CI 测试。以 B 为目标变量时，当前它的邻居变量有 A,C 和 E，因 B 与 A、C、E 在由其他邻居变量组成的大小为 2 的子集条件下都不独立，所以没有任何割集被记录。至此，条件集大小为 2 的 CI 测试全部测试完毕。综合本轮的所有 CI 测试结果没有得到任何独立关系，于是 PC-stable 算法不对图做任何修改。

（4）当 k=3 时，由于 $k>n-2$，即 3>2，所有节点出发的 CI 测试都无法满足条件集合大小为 3 的要求，因此骨架学习阶段停止迭代，得出最终骨架图。

由上可知，PC-stable 算法在低维数据环境（例如，节点数为 50，样本数为 1000）中的表现与 PC 算法相似；但在高维数据环境（例如，节点数为 1000，样本数为 50）下，与 PC 算法相比，PC-stable 算法会生成更准确的骨架，假阳性边（学到的骨架中不正确边）的数量会大大减少，因而对边的定向也更为准确。然而 PC-stable 算法产生的假阴性边（被错误删除的正确边）会增多，导致生成的全局骨架会更为稀疏。此外，PC-stable 算法在效率方面不如 PC 算法。由于执行更多的 CI 测试，PC-stable 算法比 PC 算法执行要慢 3% 到 13%。

最近，针对 PC-stable 算法在迭代过程中可能产生割集不一致的情况，进而影响因果结构学习的质量问题，Li 等人提出了基于骨架一致性和定向一致性的 PC-stable 改进算法 [10]（本书将该算法记为 PC-NIPS19）。该算法提出了一致集的定义（见定义 10-1），以减少节点间产生的虚假的条件独立性产生的错误割集，进而确保识别出的割集与真实图的一致性。

定义 10-1　一致集　给定一个含有变量集 $\mathcal{V}$ 的图 G，令变量 $V_i,V_j,V_k \subseteq \mathcal{V}$，那么 V_i 和 V_j 在图 G 中的一致集被定义为 $\mathrm{Consist}(V_i,V_j|G)=\{V_k \in \mathcal{Ne}(V_i)\backslash\{V_j\}\}$，且需要满足以下两个条件：（1）在图 G 中至少存在一条路径从 V_i 节点到 V_j 节点，该路径必须经过 V_k 节点。（2）V_k 在图 G 中不是 V_i 节点的孩子节点。如果图 G 是无向图，那么条件（2）始终成立。

下面我们将详细阐述 PC-NIPS19 算法，其学习过程同样分为三个阶段。

第一阶段：全局骨架构建（如图 10-7 所示）。PC-stable 算法虽然在构建全局骨架时消除了每一轮迭代中节点选择顺序对边删除的影响，但是无法解决在迭代过程中节点间割集不一致的问题。PC-NIPS19 算法首先从完全无向图出发，在 k=0（CI 测试的条件集为空集）时调用 PC-stable-skeleton 算法（PC-stable 算法中的第一阶段），并将学习到的全局骨架记为图 G_0。设初始迭代次数 i=1：

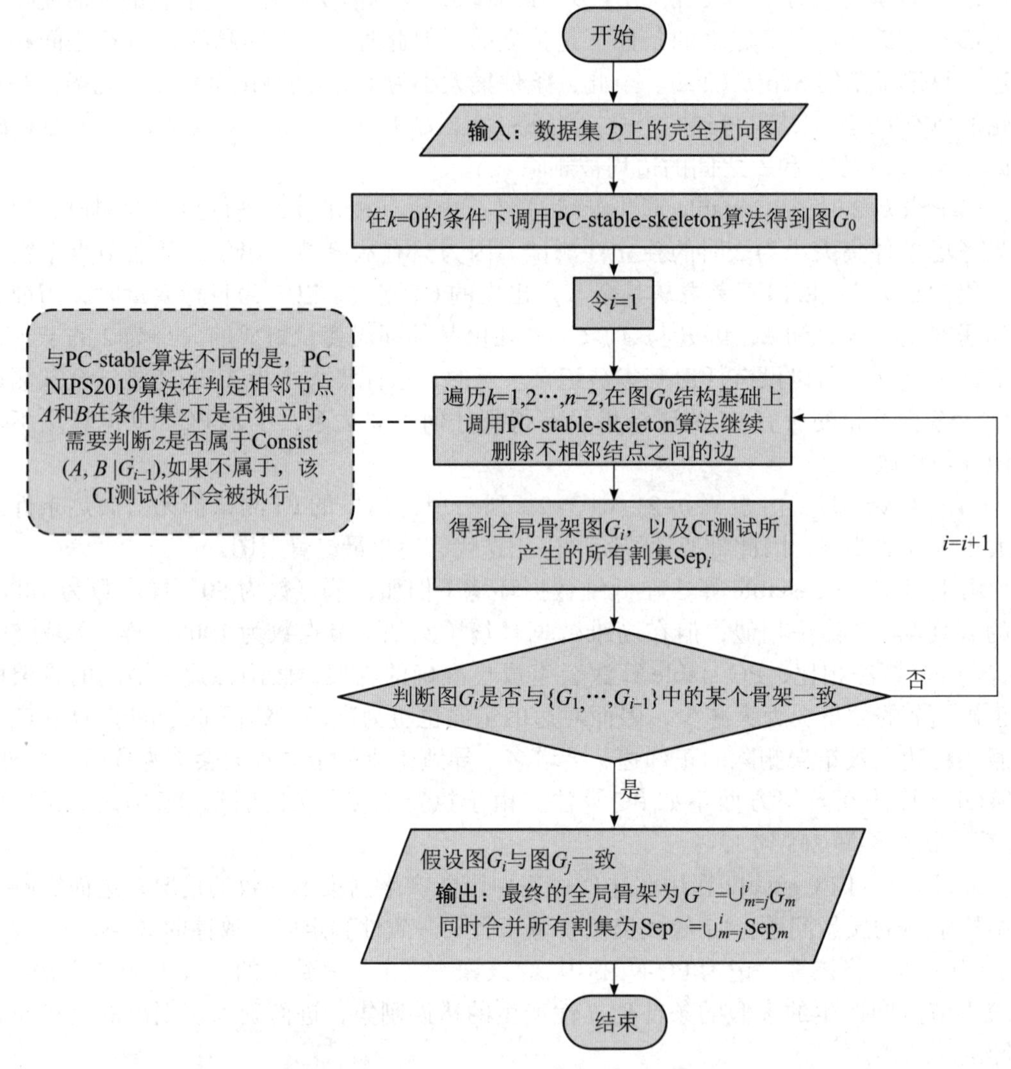

图 10-7　PC-NIPS19 算法全局骨架学习流程图

（1）在图 G_0 基础上，从 k=1 开始执行 PC-stable-skeleton 算法，直到 $k>n-2$ 算法停止迭代，将此执行结果记为图 G_i 及对应的所有割集集合 Sep_i。值得注意的是，与 PC-stable 算法不同，PC-NIPS19 算法在判定相邻节点之间是否独立时，增加了一致集检测的判定条件。具体来说，在判定当前节点 A 的邻居节点 B 在给定 Z 条件下是否独立之前，需要依据上一轮图 G_{i-1} 来判定 Z 是否满足一致集定义，即 Z 是否为 $\text{Consist}(A,B|G_{i-1})$ 的子集。如果满足一致集定义，那么 A 与 B 在给定 Z 下才会被执行条件独立性测试。否则，它们不会被测试。

（2）令 $i=i+1$，继续执行步骤（1），直到当前执行结果图 G_i 及对应的所有割集集合 Sep_i 与之前某一轮图 G_j（$j=1,\cdots,i-1$）及对应的所有割集集合 Sep_j 完全一致时，算法将停止迭代，通过合并 G_i 与 G_j 之间所有的骨架以及割集，得到最终全局骨架 $G^{\sim}$ 和对应的所有割集集合 $\mathrm{Sep}^{\sim}$。

第二阶段：V–结构识别。PC-NIPS19 算法采用与 PC-stable 算法相同的方式进行 V–结构定向。鉴于 PC-NIPS19 算法在第一阶段对迭代过程中割集一致性进行了验证，因而与 PC-stable 算法相比，它能更准确地判定三元组 V_i–V_j–V_k 是否为 V–结构。

第三阶段：定向传播。PC-NIPS19 算法采用与 PC-stable 算法相同的方式进行定向传播。因 PC-NIPS19 算法割集的一致性，所以 PC-NIPS19 算法在定向传播时，要比 PC-stable 算法准确。

为更好地理解 PC-NIPS19 算法对 PC-stable 算法所做的改进，我们演示了 PC-NIPS19 算法构建一致性全局骨架的执行过程，如表 10-3 所示。

表10-3　PC-NIPS2019算法构建全局骨架的实例演示图

迭代轮数	条件集大小	当前结构	是否符合一致集	CI 测试结果
初始阶段	$k=0$	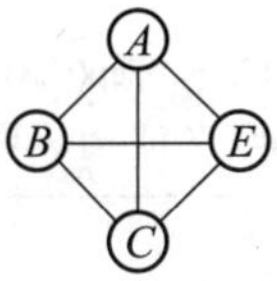 A B E C	\	$\neg A \perp B\mid\varnothing$
				$\neg A \perp C\mid\varnothing$
				$A \perp E\mid\varnothing$
				$\neg B \perp A\mid\varnothing$
				$\neg B \perp E\mid\varnothing$
				$\neg B \perp C\mid\varnothing$
				$\neg C \perp A\mid\varnothing$
				$\neg C \perp B\mid\varnothing$
				$\neg C \perp E\mid\varnothing$
				$E \perp A\mid\varnothing$
				$\neg E \perp B\mid\varnothing$
				$\neg E \perp C\mid\varnothing$
	依据割集，统一删除边，此时 A 和 E 之间边被删除。更新后的图结构为图 G_0			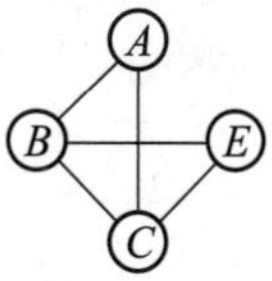 A B E C
$i=1$	$k=1$	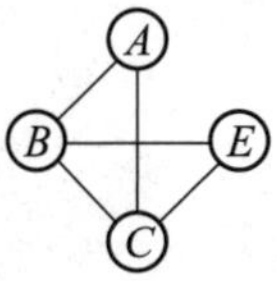 A B E C	$C \in \mathrm{Consist}(A,B\mid G_0)$	$\neg A \perp B\mid C$
			$B \in \mathrm{Consist}(A,C\mid G_0)$	$A \perp C\mid B$
			$C \in \mathrm{Consist}(B,A\mid G_0)$	$\neg B \perp A\mid C$
			$E \in \mathrm{Consist}(B,A\mid G_0)$	$\neg B \perp A\mid E$
			$A \in \mathrm{Consist}(B,C\mid G_0)$	$\neg B \perp C\mid A$
			$E \in \mathrm{Consist}(B,C\mid G_0)$	$\neg B \perp C\mid E$

（续）

<table>
<tr><th>迭代轮数</th><th>条件集大小</th><th>当前结构</th><th>是否符合一致集</th><th>CI 测试结果</th></tr>
<tr><td rowspan="14">i=1</td><td rowspan="9">k=1</td><td rowspan="9">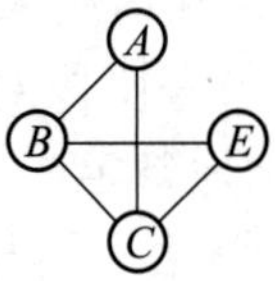</td><td>$A \in \text{Consist}(B,E|G_0)$</td><td>$\neg B \perp E|A$</td></tr>
<tr><td>$C \in \text{Consist}(B,E|G_0)$</td><td>$\neg B \perp E|C$</td></tr>
<tr><td>$B \in \text{Consist}(C,A|G_0)$</td><td>$C \perp A|B$</td></tr>
<tr><td>$A \in \text{Consist}(C,B|G_0)$</td><td>$\neg C \perp B|A$</td></tr>
<tr><td>$E \in \text{Consist}(C,B|G_0)$</td><td>$\neg C \perp B|E$</td></tr>
<tr><td>$A \in \text{Consist}(C,E|G_0)$</td><td>$\neg C \perp E|A$</td></tr>
<tr><td>$B \in \text{Consist}(C,E|G_0)$</td><td>$C \perp E|B$</td></tr>
<tr><td>$C \in \text{Consist}(E,B|G_0)$</td><td>$\neg E \perp B|C$</td></tr>
<tr><td>$B \in \text{Consist}(E,C|G_0)$</td><td>$E \perp C|B$</td></tr>
<tr><td colspan="3">依据割集，将统一删除边，此时 A 与 C 之间边以及 C 与 E 之间的边均被删除。更新后的图结构为图 G_1</td><td>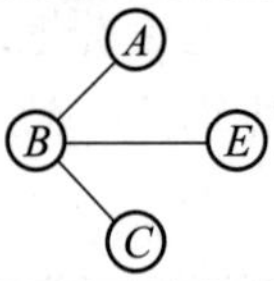</td></tr>
<tr><td rowspan="3">k=2</td><td rowspan="3">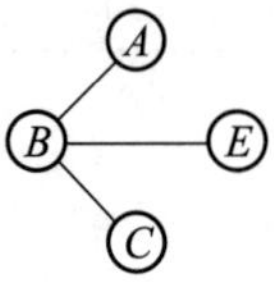</td><td>$C,E \in \text{Consist}(B,A|G_0)$</td><td>$\neg B \perp A|C,E$</td></tr>
<tr><td>$A,E \in \text{Consist}(B,C|G_0)$</td><td>$\neg B \perp C|A,E$</td></tr>
<tr><td>$A,C \in \text{Consist}(B,E|G_0)$</td><td>$\neg B \perp E|A,C$</td></tr>
<tr><td colspan="3">因不存在相邻节点独立情况，所以不删除任何边，保持图 G_1 不变。保存割集为
$\text{Sep}(A,C)=B$、$\text{Sep}(C,A)=B$、
$\text{Sep}(C,E)=B$ 和 $\text{Sep}(E,C)=B$</td><td rowspan="2">\</td></tr>
<tr><td rowspan="16">i=2</td><td rowspan="16">k=1</td><td rowspan="16">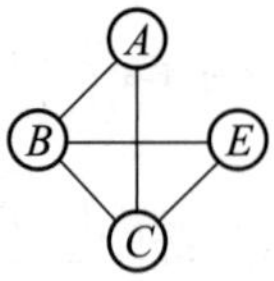</td><td>$C \notin \text{Consist}(A,B|G_1)$</td></tr>
<tr><td>$B \in \text{Consist}(A,C|G_1)$</td><td>$A \perp C|B$</td></tr>
<tr><td>$C \notin \text{Consist}(B,A|G_1)$</td><td rowspan="6">\</td></tr>
<tr><td>$E \notin \text{Consist}(B,A|G_1)$</td></tr>
<tr><td>$A \notin \text{Consist}(B,C|G_1)$</td></tr>
<tr><td>$E \notin \text{Consist}(B,C|G_1)$</td></tr>
<tr><td>$A \notin \text{Consist}(B,E|G_1)$</td></tr>
<tr><td>$C \notin \text{Consist}(B,E|G_1)$</td></tr>
<tr><td>$B \in \text{Consist}(C,A|G_1)$</td><td>$C \perp A|B$</td></tr>
<tr><td>$E \notin \text{Consist}(C,A|G_1)$</td><td rowspan="4"></td></tr>
<tr><td>$A \notin \text{Consist}(C,B|G_1)$</td></tr>
<tr><td>$E \notin \text{Consist}(C,B|G_1)$</td></tr>
<tr><td>$A \notin \text{Consist}(C,E|G_1)$</td></tr>
<tr><td>$B \in \text{Consist}(C,E|G_1)$</td><td>$C \perp E|B$</td></tr>
<tr><td>$C \notin \text{Consist}(E,B|G_1)$</td><td>\</td></tr>
<tr><td>$B \in \text{Consist}(E,C|G_1)$</td><td>$E \perp C|B$</td></tr>
</table>

（续）

<table>
<tr><th>迭代轮数</th><th>条件集大小</th><th>当前结构</th><th>是否符合一致集</th><th>CI 测试结果</th></tr>
<tr><td rowspan="5">i=2</td><td colspan="3">依据割集，将统一删除边，此时 A 与 C 之间边，C 与 E 之间的边均被删除。更新后的图结构为图 G_2</td><td> 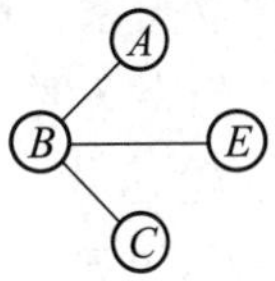</td></tr>
<tr><td rowspan="3">k=2</td><td rowspan="3"> 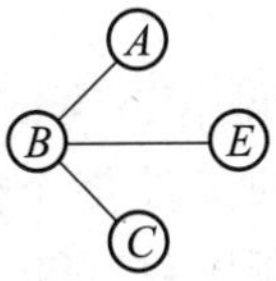</td><td>$C,E \notin \text{Consist}(B,A|G_1)$</td><td rowspan="4"></td></tr>
<tr><td>$A,E \notin \text{Consist}(B,C|G_1)$</td></tr>
<tr><td>$A,C \notin \text{Consist}(B,E|G_1)$</td></tr>
<tr><td colspan="3">因图 G_2 中相邻节点间 CI 测试的条件集都不满足一致集定义，所以保持图 G_2 不变。保存割集为
$\text{Sep}(A,C)=B$、$\text{Sep}(C,A)=B$、
$\text{Sep}(C,E)=B$ 和 $\text{Sep}(E,C)=B$</td></tr>
<tr><td colspan="5">因第二轮（i=2）得到的 G_2 及其割集与第一轮（i=1）得到的图 G_1 及其割集完全一致，因此算法停止迭代</td></tr>
</table>

（1）初始阶段，令 k=0，算法对全局骨架中所有相邻节点进行独立性测试，但此时不需要考虑 CI 测试的条件集是否满足一致集定义。首先以 A 为目标变量，当前它的邻居变量有 B,C 和 E，且在空集条件下，A 与 B 不独立，A 与 C 不独立，只有 A 与 E 独立，即 $A \perp E|\varnothing$ 成立，但此时不会立即删除 A 与 E 之间相连的边，只记录割集 $\text{Sep}(A,E)=\varnothing$；然后以 B 为目标变量时，当前它的邻居变量有 A,C 和 E，且在空集条件下，它们与 B 都是相关的，所以没有任何割集被记录；其次以 C 为目标变量时，当前它的邻居变量有 A,B 和 E，且在空集条件下，它们与 C 都是相关的，所以没有任何割集被记录；最后以 E 为目标变量时，当前它的邻居变量有 A,B 和 C，且在空集条件下，只有 E 与 A 独立，即 $E \perp A|\varnothing$成立，但此时不会立即删除 E 与 A 之间相连的边，只记录割集 $\text{Sep}(E,A)=\varnothing$。至此，初始阶段的 CI 测试全部测试完毕，综合本轮的所有 CI 测试结果得到两个独立关系：$A \perp E|\varnothing$和 $E \perp A|\varnothing$。因此 A 与 E 在空集条件下被认为是独立的，A 与 E 之间的边被删除，并将更新后的图结构记为图 G_0。

（2）第一轮迭代，i=1。

当 k=1 时，在图 G_0 的基础上调用 PC-stable-skeleton 算法来判断图 G_0 中相邻节点是否相互独立。由于在需要进行的 CI 测试中所有大小为 1 的条件集都满足图 G_0 上的一致集定义，所以所有 CI 测试都正常执行。综合本轮的所有 CI 测试结果得到四个独立关系：$A \perp C|B$、$C \perp A|B$、$C \perp E|B$ 和 $E \perp C|B$。因 $A \perp C|B$，所以即使 $E \in \text{Consist}(C,A|G_0)$，$A$ 与 C 在给定 E 条件下的独立性关系也不会被测试。根据上述独立关系，得出 A 与 C 在给定 B 的条件下和 C 与 E 在给定 B 的条件下都是独立的，故 C 与 A 以及 C 与 E 之间的边均被删除，并将更新后的图结构记为图 G_1。

当 k=2 时，在图 G_1 的基础上调用 PC-stable-skeleton 算法来判断图 G_1 中相邻节点是否相互独立。由于在需要进行的 CI 测试中所有大小为 2 的条件集都满足图 G_0 上的一致集定义，所以所有 CI 测试都正常执行。综合本轮的所有 CI 测试结果没有得到任何独立关系，故不对图做任何修改。

当 k=3 时，在图 G_1 中所有节点出发的边都无法满足子集大小为 3，因此算法停止本轮迭代，同时保存所有产生的割集：Sep(A,C)=B、Sep(C, A)=B、Sep(C,E)=B 和 Sep(E,C)=B。

（3）第二轮迭代，i=2。

当 k=1 时，同样在图 G_0 的基础上调用 PC-stable–skeleton 算法来判断图 G_0 中相邻节点是否相互独立。由于在需要进行的条件集个数为 1 的 CI 测试中只有四个 CI 测试的条件集满足图 G_1 上的一致集定义，所以只判断了 A 和 C 在给定 B、C 和 A 在给定 B、C 和 E 在给定 B 以及 E 和 C 在给定 B 时是否条件独立。综合本轮的所有 CI 测试结果得到四个独立关系：$A \perp C|B$、$C \perp A|B$、$C \perp E|B$ 和 $E \perp C|B$。因此 A 与 C 在给定 B 的条件下和 C 与 E 在给定 B 的条件下都被认为是独立的，C 与 A 以及 C 与 E 之间的边均被删除，并将更新后的图结构记为图 G_2。

当 k=2 时，在图 G_2 的基础上调用 PC-stable–skeleton 算法来判断图 G_2 中相邻节点是否相互独立。由于在需要进行的条件集个数为 2 的 CI 测试中所有条件集都不满足图 G_1 上的一致集定义，所以没有 CI 测试正常执行，本轮的图结构保持不变。

当 k=3 时，在图 G_2 上所有节点出发的边都无法满足子集大小为 3，因此算法停止本轮迭代，同时保存所有产生的割集：Sep(A,C)=B、Sep(C,A)=B、Sep(C,E)=B 和 Sep(E,C)=B。

最后，因为第二轮（即当 i=2 时）得到的图 G_2 及其割集与第一轮（即当 i=1 时）得到的图 G_1 及其割集完全一致，因此算法停止迭代。通过合并骨架图 G_1 和图 G_2 得到的最终全局骨架就是图 G_2。

PC-NIPS19 算法的文献中还提出了基于定向一致性的 PC-stable 改进算法，该算法和上述的 PC-NIPS19 算法在一致集的判定上是相同的。不同之处在于，PC-NIPS19 算法是在全局骨架结构上确认图及其割集一致性，而基于定向一致性的 PC-stable 改进算法是在定向传播之后的图结构上确认图及其割集一致性。在本书中，基于定向一致性的 PC-stable 改进算法不再详细赘述。

综上所述，PC-NIPS19 算法提出了一致集的概念，一定程度上确保了识别出的所有用于去除可疑边的分离集与真实图分离集之间保持一致。然而，该算法需要基于图 G_0 进行反复迭代并执行 PC-stable-skeleton 算法，以保证寻找到一致骨架结构，因而 PC-NIPS19 算法复杂度较高。

10.1.3　FCI 算法

上一节介绍的 PC 算法及其衍生算法都是基于因果充分性假设为前提。然而，在现实世界的应用中，如医学、流行病学和社会学，不能保证所有变量都可观测。

当因果充分性假设在数据集中不成立时，即观测数据中存在隐变量，那么如何学习到正确的因果结构呢？回答这个问题之前，我们先介绍 DAG 如何表示隐变量。如图 10-8 所示，假设该 DAG 中存在三个可观测变量 $\{V_1,V_2,V_3\}$ 以及两个隐变量 $\{L_1,L_2\}$。如果我们使用 PC 算法在可观测变量上学习因果结构，由于只有可观测变量 $\{V_1,V_2,V_3\}$ 的数据，那么可能学习到的 DAG 为 $V_1 \rightarrow V_2 \leftarrow V_3$。因此，当利用 DAG 表示隐变量时，我们首先必须知道数据中隐变量的数目，其次需要了解隐变量在 DAG 中的位置。然而在实际应用中，我们往往无法获取隐变量的位置及其数目信息。因此，在有隐变量存在的情况下，DAG 模型无法准确地表示可观测变量间的正确因果关系。

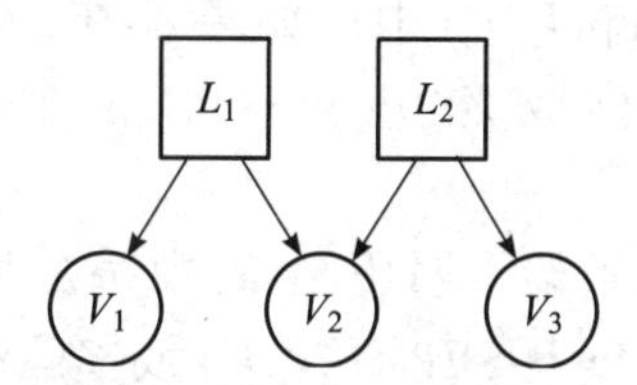

图 10-8　一个含有隐变量的 DAG

为了解决上述问题，Richardson 和 Sprites 介绍了祖先图模型的概念 [11]（详见第 1 章），该图模型利用双向边表示数据中存在的隐变量，不需要预先知道隐变量的数目及其在图中的位置。祖先图通过一种称为 m- 分离的图形标准来表示条件独立性关系，这类似于 DAG 的 d- 分离，并且当一个祖先图中不相邻节点具有被 m- 分离的性质时，这个祖先图被称为最大祖先图（MAG）。与 DAG 相似的是：（1）MAG 中每条缺失的边都对应于一个条件独立关系；（2）MAG 也存在等价类（即可观测变量间的一个独立性关系可能对应多个 MAG）且 MAG 的等价类由部分祖先图（PAG）表示。由于 MAG 可以在有隐变量存在的情况下表示出可观测变量间的因果关系，所以面向隐变量的因果结构学习表示可以转化为从数据中学习 MAG 的问题。

为了更好地理解面向隐变量的因果结构学习方法，我们将介绍其中经典的 FCI 算法 [1]，该算法是由 Sprites 等人提出的。FCI 算法的输出最初被定义为部分定向诱导路径图（POIPG），但它也可以被解释为 PAG。本书中，我们默认 FCI 算法的输出是一个 PAG。

FCI 算法是在 PC 算法的基础上提出的，该算法与 PC 算法之间区别如下：

（1）PC 算法使用 d- 分离原理来判断两个变量是否相邻，而 FCI 算法则利用的 m- 分离原理来判断。

（2）PC 算法只需要执行一次全局骨架学习阶段，而 FCI 算法需要执行两次全局骨架学习阶段，即先获取一个初始的全局骨架结构，然后再确定最终的全局骨架结构。

（3）PC 算法和 FCI 算法分别是在 DAG 语义和 MAG 语义上，利用 V- 结构和一些定向规则对全局骨架结构进行定向。

下面将对 FCI 算法进行详细的描述，该算法分为六个阶段。

第一阶段：构建完全无向图。在数据集中每两个变量之间都添加一条无向边 ∘–∘，并令得到的完全无向图为 G_0。

第二阶段：构建初始全局骨架。令 $k=0$。

（1）遍历图 G_0 中每个相邻的有序变量对 V_i 和 V_j，判断是否存在一个大小为 k 的集合 $Z \subseteq \mathcal{N}e(G_0,V_i)\backslash\{V_j\}$ 使得 V_i 和 V_j 被 m- 分离；如果存在，那么移除 V_i 和 V_j 之间的边，并将这个子集 Z 保存到割集 $\mathrm{Sep}(V_i,V_j)$ 中。

（2）令 $k=k+1$，继续执行（1）中的操作直到无法找到一个大小为 k 的条件集合 Z 进行 CI 测试。令本阶段结束时得到的全局骨架为图 G_1。

第三阶段：识别 V- 结构。遍历图 G_1 中每一个开放（非封闭）三元组 $\langle V_i,V_k,V_j \rangle$，判断 V_k 是否在 $\mathrm{Sep}(V_i,V_j)$ 和 $\mathrm{Sep}(V_j,V_i)$ 中；如果不在，那么将该三元组识别成一个 V- 结构，并将 $\langle V_i,V_k,V_j \rangle$ 定向成 $V_i{*}\rightarrow V_k \leftarrow{*}V_j$。令本阶段结束时得到的 PAG 为图 G_2。

第四阶段：构建最终全局骨架。遍历图 G_2 中每个相邻的变量对 V_i 和 V_j，判断是否存在一个子集 Z（$Z \subseteq \text{Possible-}\boldsymbol{D}\text{-SEP}(G_2,V_i,V_j)$ 或 $Z \subseteq \text{Possible-}\boldsymbol{D}\text{-SEP}(G_2,V_j,V_i)$，详见定义 10-2）使得 V_i 和 V_j 被 m- 分离；如果存在，那么移除 V_i 和 V_j 之间的边，并将这个子集 Z 保存到割集 $\mathrm{Sep}(V_i,V_j)$ 和 $\mathrm{Sep}(V_j,V_i)$ 中。在遍历完所有相邻的变量对后，将当前已经定向的边重新更改为 ∘–∘，即得到一个最终的全局骨架，并令本阶段结束时得到的全局骨架为图 G_3。值得注意的是，图 G_1 是图 G_3 的一个超集（$A \supseteq B$，则 A 是 B 的超集）。

第五阶段：重新识别 V- 结构。重复执行第三阶段，重新识别 V- 结构。

第六阶段：定向传播。利用 Zhang 等人在 2008 年总结的定向准则 R1 ～ R4[12] 对图中剩余边进行定向。

定义 10-2 Possible-*D*-SEP 令图 G 是一个 PAG，它的边类型有 ∘–∘、∘→和↔。在图 G 中两个变量 V_i 和 V_j 的 $\text{Possible-}\boldsymbol{D}\text{-SEP}(V_i,V_j)$ 被定义为 $V_k \in \text{Possible-}\boldsymbol{D}\text{-SEP}(G,V_i,V_j)$。当且仅当满足下列两个条件：（1）在 V_i 和 V_k 之间存在一条路径 p，使得在路径 p 上的每一条子路径 $\langle V_m,V_l,V_h \rangle$ 中 V_l 是这条子路径上的碰撞节点，或子路径 $\langle V_m,V_l,V_h \rangle$ 是一个三角结构。（2）V_k 位于 V_i 和 V_j 之间的某条路径上。

为了展示一个 PAG 中两个变量之间的 Possible-***D***-SEP 到底包含哪些变量，我们列举了一个例子，如图 10-9 所示。在该例中，我们可以得到 $\text{Possible-}\boldsymbol{D}\text{-SEP}(A,E)=\{B,F,I\}$ 和 $\text{Possible-}\boldsymbol{D}\text{-SEP}(E,A)=\{B,I,H\}$。具体来说，$B \in \text{Possible-}\boldsymbol{D}\text{-SEP}(A,E)$ 是因为：

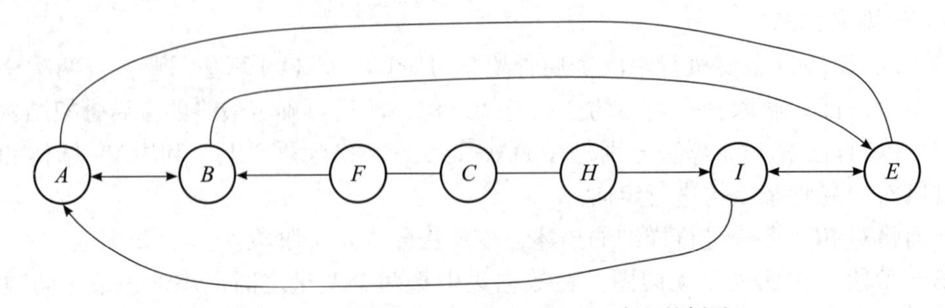

图 10-9 一个用于展示 Possible-***D***-SEP 定义的例子

（1）A 和 B 之间存在一条路径 $B \to E \leftrightarrow I$ 使得该路径上子路径〈B,E,I〉的中间节点 E 是子路径〈B,E,I〉上的碰撞节点，以及存在一条路径 $E \leftrightarrow I \to A$ 使得子路径〈E,I,A〉构成三角结构。

（2）B 位于 A 和 E 之间的路径上。同理，节点 F 和 I 也属于 Possible-$\boldsymbol{D}$-SEP(A,E)，并且 B,I 和 H 属于 Possible-$\boldsymbol{D}$-SEP(E,A)。

为更详细地阐述 FCI 算法的执行过程，图 10-10 结合一个具体例子来演示如何使用 FCI 算法学习因果结构，其中图 10-10a 展示了数据背后隐含的真实因果结构（L_1 和 L_2 均为隐变量）。

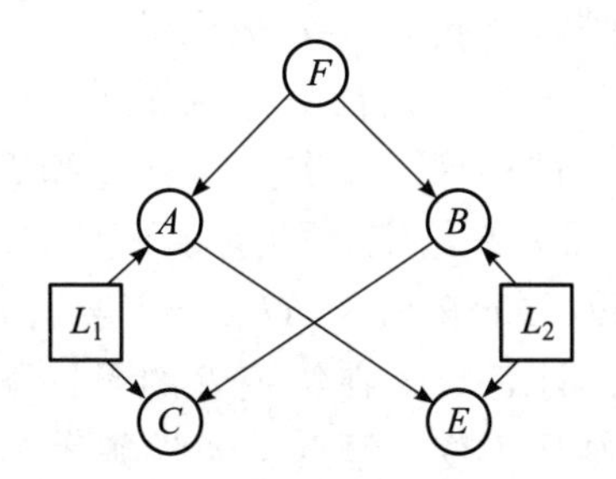

a）含有隐变量L_1和L_2的真实DAG

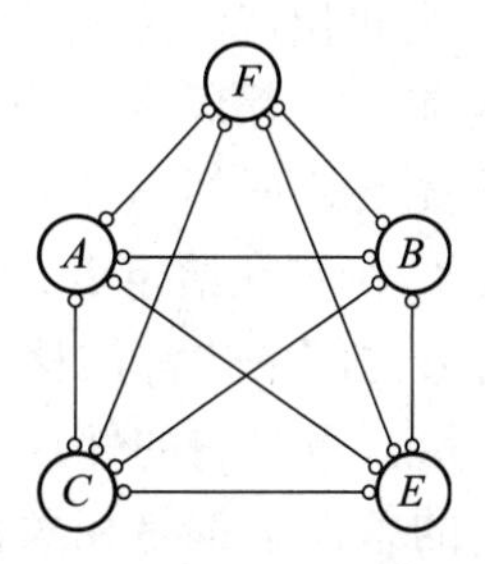

b）构建完全无向图

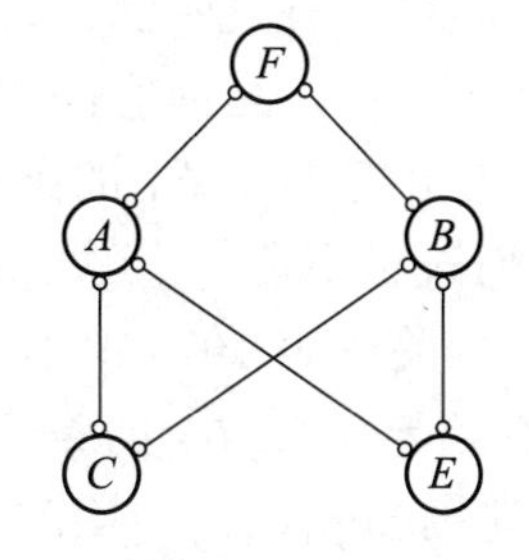

c）构建初始全局骨架

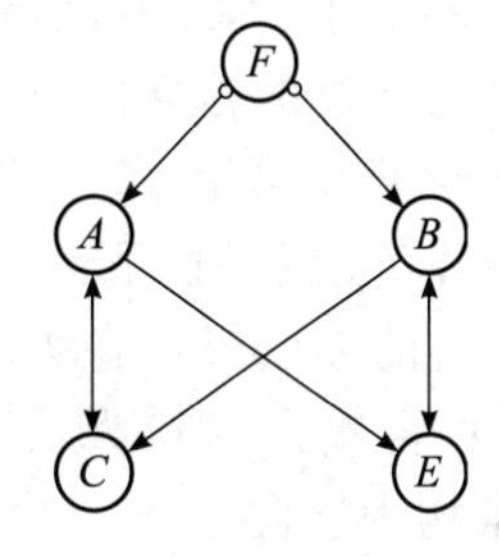

d）识别V–结构

图 10-10　FCI 算法学习过程演示图

第一阶段：FCI 算法首先构建一个完全无向图 G_0，如图 10-10b 所示。由于图 G_0 通过一个祖先图来表示，所以图 G_0 中每两个变量之间都有一条边 ∘–∘。

第二阶段：FCI 算法通过 CI 测试来判断可观测变量之间是否有边存在。具体的执行过程如表 10-4 所示。

（1）当 k=0 时，FCI 算法对图 G_0 中所有相邻节点进行独立性测试。首先以 A 为目标变量，当前它的邻居变量有 F,B,E 和 C，且在空集条件下，它们与 A 都相关，于是不对图结构做任何改变；然后以 B 为目标变量时，当前它的邻居变量有 A,C,E 和 F，且在空集条件下因 B 也与它的每一个邻居节点都相关（表 10-4 中不再展示相关 CI 测试结果），所以没有任何边被移除；其次以 C 为目标变量时，当前它的邻居变量有 A,F,B 和 E，且在空集条件下因 A 与 C、F 与 C、B 与 C 以及 E 与 C 都相关，所以没有任何边被移除；再次以 E 为目标变量时，当前它的邻居变量有 A,C,B 和 F，且在空集条件下因 E

也与它的每一个邻居节点都相关，所以没有任何边被移除（表 10-4 中不再展示相关 CI 测试结果）；最后以 F 为目标变量时，当前它的邻居变量有 A,C,E 和 B，且在空集条件下因 A 与 F、C 与 F、E 与 F 以及 B 与 F 都相关，所以没有任何边被移除。至此，条件集大小为 0（即空集）的 CI 测试全部测试完毕。

（2）当 k=1 时，FCI 算法同样对图中所有相邻节点进行独立性测试，但此时只考虑条件集大小为 1 时的独立性测试。首先以 A 为目标变量，当前它的邻居变量有 B,C,E 和 F，虽然 A 与 C 在给定 F（或 B 或 E）的条件下是相关的，且 A 与 F 在给定 C（或 B 或 E）的条件下也相关，但是 A 与 B 在给定 F 的条件下是独立的，即 $A \perp B|F$ 成立，因而 A 与 B 之间相连的边从图中被移除，同时割集 $\text{Sep}(A,B)=F$ 被记录；然后以 B 为目标变量，当前它的邻居变量有 F,C 和 E，因 B 与 F,C 和 E 在由其他邻居变量组成的大小为 1 的子集条件下都不独立，所以没有任何边被移除；其次分别以 C 和 E 为目标变量时，由于 C 和 F 在给定 B 的条件下独立且 E 和 F 在给定 A 的条件下独立，所以 C 与 F 以及 E 与 F 之间的边都被移除，同时割集 $\text{Sep}(C,F)=B$ 和 $\text{Sep}(E,F)=A$ 被记录；最后以 F 为目标变量，当前它的邻居变量只有 A 和 B，且 F 与 A 在给定 B 的条件下以及 F 和 B 在给定 A 的条件下都是相关的，所以保持图结构不变。至此，条件集大小为 1 的 CI 测试全部测试完毕。

（3）当 k=2 时，FCI 算法继续对图中所有相邻节点进行独立性测试，但此时只考虑条件集大小为 2 时的独立性测试。首先，以 A 为目标变量，当前它的邻居变量有 F,C 和 E，且 A 与 F 在给定 $\{C, E\}$ 的条件下、A 与 C 在给定 $\{F, E\}$ 的条件下以及 A 与 E 在给定 $\{C, F\}$ 的条件下都不独立，所以没有任何边被删除；其次，以 B 为目标变量，B 也与它的邻居节点在大小为 2 的条件集下都相关（表 10-4 中不再展示相关 CI 测试结果）；再次，以 C 为目标变量，因 C 与 E 在给定 $\{A, B\}$ 的条件下是独立的，因而从图结构中删除 C 与 E 之间的边，同时保存割集 $\text{Sep}(C,E)=\{A,B\}$；最后，以 F 和 E 为目标节点时，它们的邻居节点个数均为 2，在 CI 测试中无法生成子集大小为 2 的条件集，因此不考虑从它们出发的 CI 测试。至此，条件集大小为 2 的 CI 测试全部测试完毕。

（4）当 k=3 时，对图中所有相邻节点进行独立性测试，无论从哪个节点出发都无法生成子集大小为 3 的条件集进行 CI 测试，因此整个初始骨架学习阶段终止，得到的初始全局骨架图 G_1 如图 10-10c 所示。

第三阶段：FCI 算法首先在初始全局骨架图 G_1 上遍历所有的开放三元组，即 $<C, A, F>$、$<C, A, E>$、$<E, B, F>$、$<E, B, C>$、$<F, A, E>$、$<F, B, C>$、$<A, C, B>$、$<A, E, B>$ 和 $<A, F, B>$，紧接着判断这些开放三元组是否为一个 V- 结构。具体来说，由于 $A \notin \text{Sep}(C,F)=B$，所以 $<C, A, F>$ 被定向成一个 V- 结构：$C{*}\!\rightarrow A \leftarrow\!{*}F$；同理，因 $B \notin \text{Sep}(E,F)=A$，所以 $<E, B, F>$ 被定向成一个 V- 结构：$E{*}\!\rightarrow B \leftarrow\!{*}F$；因 $C \notin \text{Sep}(A,B)=F$ 且 $E \notin \text{Sep}(A,B)=F$，所以 $<A, C, B>$ 和 $<A, E, B>$ 被分别定向成两个 V- 结构：$A{*}\!\rightarrow C \leftarrow\!{*}B$ 和 $A{*}\!\rightarrow E \leftarrow\!{*}B$。最后形成一个 PAG 图 G_2，如图 10-10d 所示。

表10-4　FCI算法构建初始骨架的实例演示流程

条件集大小	当前结构	CI 测试结果	描述	更新后结构
k=0	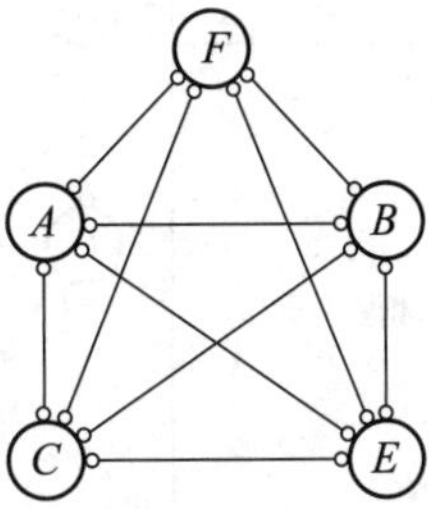	$\neg A \perp F\|\varnothing$	不删除任何边	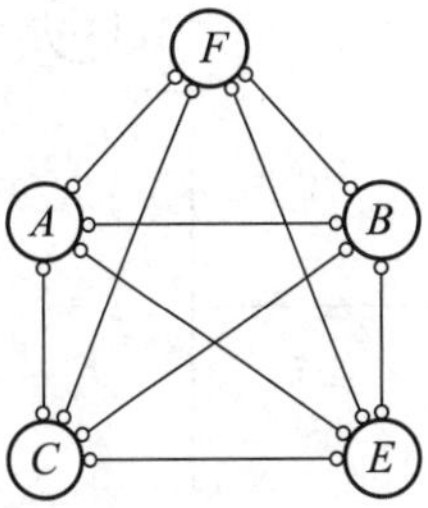
		$\neg A \perp B\|\varnothing$		
		$\neg A \perp E\|\varnothing$		
		$\neg A \perp C\|\varnothing$		
		$\neg C \perp A\|\varnothing$		
		$\neg C \perp F\|\varnothing$		
		$\neg C \perp B\|\varnothing$		
		$\neg C \perp E\|\varnothing$		
		$\neg F \perp A\|\varnothing$		
		$\neg F \perp C\|\varnothing$		
		$\neg F \perp E\|\varnothing$		
		$\neg F \perp B\|\varnothing$		
k=1		$\neg A \perp C\|\{F\}$		
		$\neg A \perp C\|\{B\}$		
		$\neg A \perp C\|\{E\}$		
		$\neg A \perp F\|\{C\}$		
		$\neg A \perp F\|\{B\}$		
		$\neg A \perp F\|\{E\}$		
		$A \perp B\|\{F\}$	移除 A∘–∘B	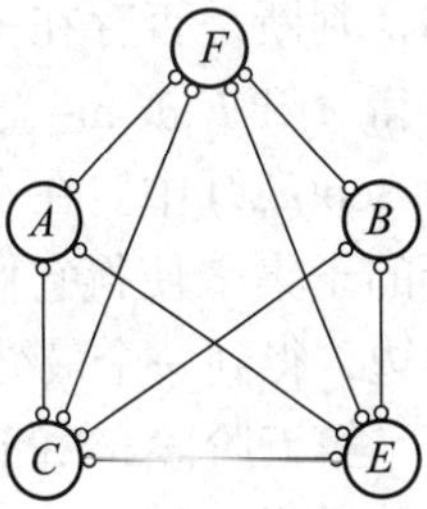
	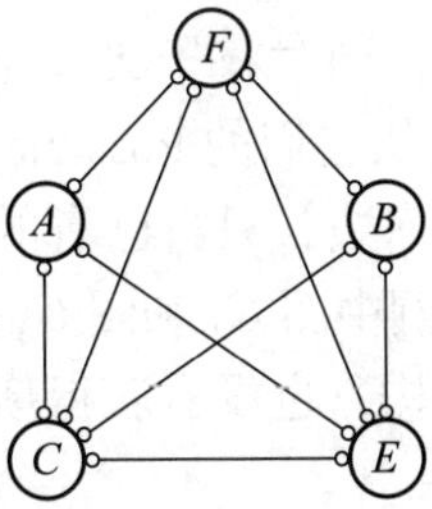	$\neg B \perp F\|\{A\}$	不删除任何边	
		$\neg B \perp F\|\{C\}$		
		$\neg B \perp F\|\{E\}$		
		$\neg B \perp C\|\{A\}$		
		$\neg B \perp C\|\{F\}$		
		$\neg B \perp C\|\{E\}$		
		$\neg B \perp E\|\{A\}$		
		$\neg B \perp E\|\{C\}$		
		$\neg B \perp E\|\{F\}$		

（续）

条件集大小	当前结构	CI 测试结果	描述	更新后结构
k=1	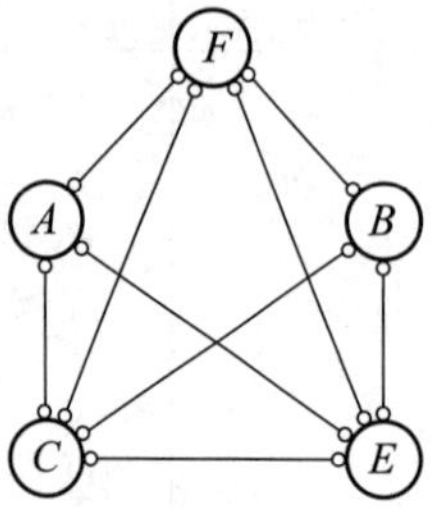	$C \perp F\mid\{B\}$ $E \perp F\mid\{A\}$	移除 C∘–∘F 移除 E∘–∘F	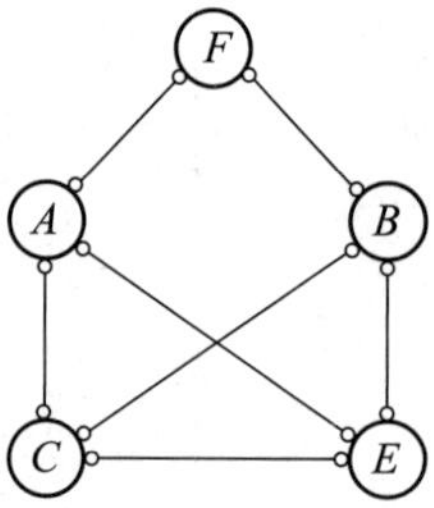
k=2	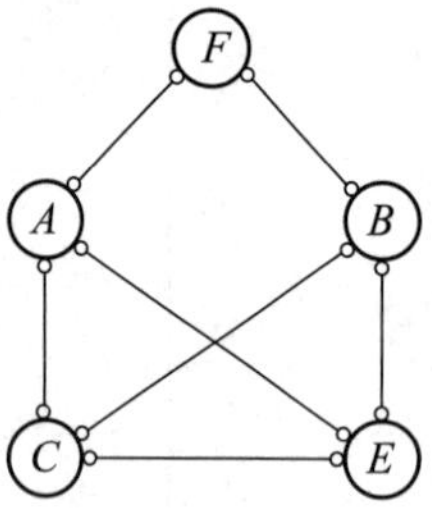	$\neg F \perp A\mid\{B\}$ $\neg F \perp B\mid\{A\}$ $\neg A \perp F\mid\{C,E\}$ $\neg A \perp C\mid\{F,E\}$ $\neg A \perp E\mid\{C,F\}$	不删除任何边	
		$C \perp E\mid\{A,B\}$	移除 C∘–∘E	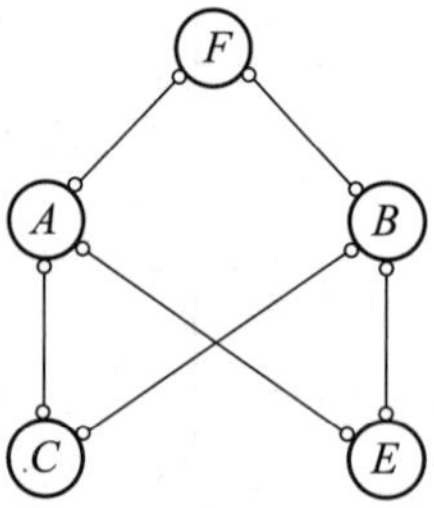

第四阶段： FCI 算法遍历图 G_2 中每个相邻的变量对，即（A，F）、（A，E）、（A，C）、（B，F）、（B，C）和（B，E），紧接着判断这些节点对能否被它们的 Possible-***D***-SEP 的子集 m- 分离。例如，判断是否存在一个子集 Z（$Z \subseteq$ Possible-***D***-SEP(G_2,A,F) 或 $Z \subseteq$ Possible-***D***-SEP(G_2,F,A)）使得 A 和 F 被 m- 分离；如果存在，那么删除边 A∘–∘F，同时将子集 Z 记录在 Sep(A,F) 和 Sep(F,A) 中。在本例中，因上述所有的变量对都不能从它们的 Possible-***D***-SEP 中找到新的子集 Z 使得它们被 m- 分离，于是本阶段不删除任何边，只将已有的有向边变成无向边，得到一个最终全局骨架图 G_3。值得注意的是，本例中图 G_1 和图 G_3 是相同的。

第五阶段： 由于在第四阶段中没有修改全局骨架结构，也没有获得新的割集，所以本阶段得到的 PAG 与第三阶段中得到的图 G_2 一样。

第六阶段： FCI 算法设计了四个定向规则来对前面得到 PAG 中剩余边进行定向，然而在本例中这四条规则不能再对图 10-10d 中的 PAG 定向更多的边，因此 FCI 算法最终得到的 PAG 即图 10-10d 中的 PAG。

针对 FCI 算法很多时候只能得到一个 PAG 问题，Zhang 等人额外设计了定向准则

R5 ～ R10[12] 来得到一个完全部分祖先图，即 CPAG。为了解决 FCI 算法对节点处理顺利敏感的问题，Colombo 和 Maatthuis 采用了 PC-stable 算法中使用的策略来修正 FCI 算法，以设计 FCI-stable 算法 [9]，从而消除了结果对节点排序的依赖性。当存在潜在变量和选择变量时，FCI-stable 算法常被用作评估学习的基准算法。

尽管 FCI 算法的名称中存在“ Fast”一词，但它确定的邻居变量集通常比 PC 算法所找到的邻居变量集要密集得多。为解决此问题，RFCI 算法 [13] 使用了与 PC 算法相同的方法，仅有一个全局骨架构建阶段并且在全局骨架构建阶段只考虑作为节点的父节点的条件集，而不像 FCI 算法有两个全局骨架构建阶段（即上述 FCI 算法的第二阶段和第四阶段）。为避免由于使用 PC 算法的骨架构建步骤而不是更精确的 FCI 算法的骨架构建步骤造成的定向错误，RFCI 算法还对 V– 结构识别阶段和 Zhang 等人提出的定向准则 [12] 进行了修改。然而当学习常规的图形时，RFCI 算法会产生与 FCI 算法相同的 PAG。当 FCI 算法和 RFCI 算法产生不同的结果时，RFCI 算法会产生含有额外边的 PAG。另一方面，因 CI 测试（尤其是高阶测试）的结果减少，使得 RFCI 算法在一些具有潜在变量的合成图、稀疏图、高维图中要快很多。

10.2　打分优化学习

10.2.1　基本思路

基于打分优化的因果结构学习方法包括评分函数和搜索策略两部分。评分函数用于评估在图的搜索空间中探索的每个图与样本数据的拟合程度；而搜索策略被用来在所有可能图的搜索空间中搜索到与数据拟合最好的因果结构。基于打分优化的因果结构学习可以表示为

$$\begin{cases}\max \operatorname{Score}(G, \boldsymbol{D}) \\ \text{s.t. } G \in \text{DAGs}\end{cases} \tag{10-4}$$

式中 Score(・) 为结构评分函数，$\boldsymbol{D}$ 为数据集，G 是一个有向无环图。于是，最优结构 $G^{\wedge}$ 表示为

$$G^{\wedge} = \arg\max_{G} \operatorname{Score}(G, \boldsymbol{D}) \tag{10-5}$$

评分函数的一个关键性质是它的可分解性，即一个图结构的分数可以分解为每个节点和其父节点的分数的总和：

$$\operatorname{Score}(G, \boldsymbol{D}) = \sum_{i} \operatorname{Score}\left(V_i | \mathcal{P}a^{G}(V_i), \boldsymbol{D}\right) \tag{10-6}$$

式中 $\mathcal{P}a^{G}(V_i)$ 表示图 G 中变量 V_i 的父节点集合。因此，在结构搜索中，我们只需要计算父节点发生变化的节点的分数，而不需要重新计算整个图结构的分数。

为了更加详细地演示评分函数的可分解性，我们给出一个实例，如图 10-11 所示。

图 10-11a、图 10-11b、图 10-11c 和图 10-11d 四个子图的分数基于式（10-6）被分别表示为

$$\text{Score}(G_{(a)},\boldsymbol{D})=\text{Score}(A,\boldsymbol{D})+\text{Score}(B|A,\boldsymbol{D})+\text{Score}(C|A,\boldsymbol{D}) \quad (10\text{-}7)$$

$$\text{Score}(G_{(b)},\boldsymbol{D})=\text{Score}(A,\boldsymbol{D})+\text{Score}(B|A,\boldsymbol{D})+\text{Score}(C|\{A,B\},\boldsymbol{D}) \quad (10\text{-}8)$$

$$\text{Score}(G_{(c)},\boldsymbol{D})=\text{Score}(A,\boldsymbol{D})+\text{Score}(B|A,\boldsymbol{D})+\text{Score}(C,\boldsymbol{D}) \quad (10\text{-}9)$$

$$\text{Score}(G_{(d)},\boldsymbol{D})=\text{Score}(A|C,\boldsymbol{D})+\text{Score}(B|A,\boldsymbol{D})+\text{Score}(C,\boldsymbol{D}) \quad (10\text{-}10)$$

在子图 10-11a 的基础上进行加边、减边和反向操作，我们并不需要重新计算整个图的分数。具体来说，根据式（10-7）和式（10-8），从子图 10-11a 到子图 10-11b，我们只需要计算 $\text{Score}(C|\{A,B\},\boldsymbol{D})$；根据式（10-7）和式（10-9），从子图 10-11a 到子图 10-11c，我们只需要计算 $\text{Score}(C,\boldsymbol{D})$；根据式（10-7）和式（10-10），从子图 10-11a 到子图 10-11d，我们只需要计算 $\text{Score}(A|C,\boldsymbol{D})$ 和 $\text{Score}(C,\boldsymbol{D})$。

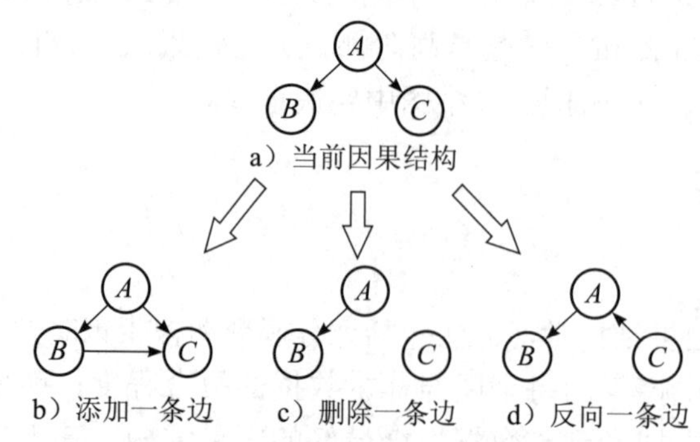

图 10-11 评分函数的可分解性演示

从上述例子我们可以发现：打分函数的可分解性极大地提高了计算效率。在式（10-6）中，如果 $\text{Score}(V_i|\mathcal{Pa}(V_i))>\text{Score}(V_i|\mathcal{Pa}'(V_i))$ 和 $\mathcal{Pa}(V_i)\subset\mathcal{Pa}'(V_i)$ 成立，那么 $\mathcal{Pa}'(V_i)$ 对于 V_i 来说不是最优的。

除了可分解性，打分函数的另一个性质为评分的等价性：如果一个图结构 G 与另一个图结构 G' 是等价的，那么 $\text{Score}(G,\boldsymbol{D})=\text{Score}(G',\boldsymbol{D})$。这个性质使得基于打分优化的因果结构学习算法和基于限制优化的因果结构学习算法一样，都会产生等价类。

打分优化学习的挑战在于如何从指数级的图结构搜索空间中找到得分高的因果结构，或理想情况下得分最高的因果结构。对于穷举式搜索来说，每个可能的图都会被考虑并评分，只有在数据中含有少量变量的问题中才具有可行性。因此，评分函数和搜索策略是影响打分优化学习算法的主要因素。

接下来，我们将先介绍不同类型的评分函数以及它们的特点，然后叙述经典的打分优化学习算法以及它们所采用的搜索策略。

10.2.2 评分函数

评分函数主要可以分为两类：贝叶斯评分函数与信息论评分函数。贝叶斯评分函数主要关注拟合度且允许引入先验知识；而信息论评分函数除了拟合度外，还明确考虑模型的复杂性来避免模型过拟合。下面我们将分别介绍贝叶斯评分函数和信息论评分函数。

1. 贝叶斯评分函数

贝叶斯评分函数返回以数据为条件的图的相对后验概率，同时考虑关于图形结构和依赖性参数的先验信息。对于离散数据，我们通常假设参数具有狄利克雷（Dirichlet）先验，从而得到完善的普通贝叶斯狄利克雷（Bayesian Dirichlet，BD）分数。该分数在一般形式下不会出现等价的分数[14]，它被定义为

$$S_{\mathrm{BD}}(G,\boldsymbol{D})=\log P(G)+\sum_{i=1}^{n}\left[\sum_{j=1}^{q_i}\left[\log\frac{\Gamma(N'_{ij})}{\Gamma(N_{ij}+N'_{ij})}+\sum_{k=1}^{r_i}\log\frac{\Gamma(N_{ijk}+N'_{ijk})}{\Gamma(N'_{ijk})}\right]\right] \tag{10-11}$$

式中 Γ 是一个 Gamma 函数；q_i 表示节点 V_i 的父节点的取值组合种类；r_i 表示节点 V_i 的可能的取值种类；i 是 n 个变量的索引；j 是 q_i 个取值组合的索引；k 是 r_i 个可能的取值的索引；N'_{ijk} 表示狄利克雷分布中的超参数取值且 $N'_{ij}=\sum_{k=1}^{r_i}N'_{ijk}$；$N_{ijk}$ 表示数据集 $\boldsymbol{D}$ 中，当节点 V_i 取第 k 个值同时它的父节点取第 j 个值组合时实例的数量，且 $N_{ij}=\sum_{k=1}^{r_i}N_{ijk}$；$P(G)$ 是特定图结构的先验概率，通常假定所有图的先验概率相同即 $\log P(G)=0$，因而该概率可以被忽略。于是，BD 评分只剩下后面一项，通常也被称为 CH（Cooper-Herskovits）评分。

$$S_{\mathrm{CH}}(G,\boldsymbol{D})=\sum_{i=1}^{n}\left[\sum_{j=1}^{q_i}\left[\log\frac{\Gamma(N'_{ij})}{\Gamma(N_{ij}+N'_{ij})}+\sum_{k=1}^{r_i}\log\frac{\Gamma(N_{ijk}+N'_{ijk})}{\Gamma(N'_{ijk})}\right]\right] \tag{10-12}$$

传统 BD 评分的缺点是，它要求用户分别指定每一个 N'_{ijk} 的值，这是不切实际的，因为我们无法预知狄利克雷分布中超参数合适的取值。特别地，当 BD 分数中的 $N'_{ijk}=1$ 时就是 K2 分数[15]，K2 分数也不会出现等价的分数，该分数将普通的 BD 分数简化为

$$S_{\mathrm{K2}}(G,\boldsymbol{D})=\log P(G)+\sum_{i=1}^{n}\left[\sum_{j=1}^{q_i}\left[\log\frac{(r_i-1)!}{(N_{ij}+r_i-1)!}+\sum_{k=1}^{r_i}\log(N_{ijk}!)\right]\right] \tag{10-13}$$

Heckerman 等人引入了具有分数等价特性的 BDe 分数[14]，其定义为

$$S_{\mathrm{BDe}}(G,\boldsymbol{D})=\log P(G)+\sum_{i=1}^{n}\left[\sum_{j=1}^{q_i}\left[\log\frac{\Gamma\left(N'\sum_{k=1}^{r_i}\theta'_{ijk}\right)}{\Gamma\left(N_{ij}+N'\sum_{k=1}^{r_i}\theta'_{ijk}\right)}+\sum_{k=1}^{r_i}\log\frac{\Gamma(N_{ijk}+N'\theta'_{ijk})}{\Gamma(N'\theta'_{ijk})}\right]\right] \tag{10-14}$$

式中 θ'_{ijk} 是指在先验分布中，当节点 V_i 取第 k 个值且其父节点取第 j 个值组合时的先验条件概率；N' 是等价样本量（Equivalent Sample Size，ESS），也被称为假想样本量（Imaginary Sample Size，ISS），表示我们对先验参数的信心程度。

最常用的贝叶斯评分函数是 BDeu 评分函数 [14,16]，它是 BDe 评分函数的一个特例。在 BDeu 分数中无论 i,j,k 取什么值，始终保持先验参数设置为 $\theta'_{ijk}=1/r_iq_i$。因此，BDeu 评分函数的计算公式被表示为

$$\mathrm{S}_{\mathrm{BDeu}}(G,\boldsymbol{D})=\log P(G)+\sum_{i=1}^{n}\left[\sum_{j=1}^{q_i}\left[\log\frac{\Gamma\left(\frac{N'}{q_i}\right)}{\Gamma\left(N_{ij}+\frac{N'}{q_i}\right)}+\sum_{k=1}^{r_i}\log\frac{\Gamma\left(N_{ijk}+\frac{N'}{r_iq_i}\right)}{\Gamma\left(\frac{N'}{r_iq_i}\right)}\right]\right] \tag{10-15}$$

BDeu 评分函数虽然具有分数等价特性，但是需要用户为 ESS 设置一个合适的值（即确定 N' 的值）。

2. 信息论评分函数

信息论评分函数旨在通过平衡拟合度和模型维度来避免过度拟合。最常用的评分包括 BIC（Bayesian Information Criterion）评分函数 [17]（也称为 MDL（Minimum Description Length）评分函数 [18]）、AIC（Akaike Information Criterion）评分函数 [19] 和 MIT（Mutual Information Test）评分函数 [20]。这些评分函数一般可以表示为

$$\mathrm{Score}(G,\boldsymbol{D})=\log\left[\hat{p}(\boldsymbol{D}|G)\right]-\Delta(\boldsymbol{D},G) \tag{10-16}$$

式中 $\log[\hat{p}(\boldsymbol{D}\mid G)]$ 表示图结构 G 与数据集 $\boldsymbol{D}$ 的拟合程度；$\Delta(\boldsymbol{D},G)$ 是一个惩罚图结构复杂性的函数。对于离散变量而言，$\log[\hat{p}(\boldsymbol{D}\mid G)]$ 被表示为

$$\log\left[\hat{p}(\boldsymbol{D}|G)\right]=\sum_{i=1}^{n}\sum_{j=1}^{q_i}\sum_{k=1}^{r_i}N_{ijk}\log\frac{N_{ijk}}{N_{ij}}=S_{\mathrm{LL}}(G,\boldsymbol{D}) \tag{10-17}$$

上述公式通过设置 $\Delta(\boldsymbol{D},G)=0$ 来消除维度惩罚，并使分数等于对数似然（Log-Likelihood，LL）分数 $S_{\mathrm{LL}}(G,\boldsymbol{D})$。因每增加一条额外的边都会增加 $S_{\mathrm{LL}}(G,\boldsymbol{D})$ 分数，所以这个分数适用于更稠密的图结构。

在 AIC 评分函数 [19] 中，复杂性惩罚 F 只是模型中自由参数的数量，其被定义为

$$F = \sum_{i=1}^{n} (r_i - 1)\, q_i \tag{10-18}$$

因此，AIC 评分函数被表示为

$$\mathrm{S}_{\mathrm{AIC}}(G, \boldsymbol{D}) = \mathrm{S}_{\mathrm{LL}}\left(G, \boldsymbol{D}\right) - F \tag{10-19}$$

因 AIC 分数代表较弱的惩罚，所以 AIC 评分函数更倾向于支持自由参数数量较高的图结构。相比之下，BIC 评分函数 [17] 被表示为

$$\mathrm{S}_{\mathrm{BIC}}(G, \boldsymbol{D}) = \mathrm{S}_{\mathrm{LL}}(G, \boldsymbol{D}) - \frac{\log N}{2} \bullet F \tag{10-20}$$

式中 N 为样本量。在 BIC 评分函数和 AIC 评分函数中，复杂度惩罚的影响会随着 N 的增长而减少。当样本容量足够大时，AIC 评分函数和 BIC 评分函数都能恢复数据背后隐含的图结构，但在样本容量有限时，它们是次优的。

最后，我们来介绍 De 等人提出的 MIT 分数 [20]，其公式被表示为

$$\mathrm{S}_{\mathrm{MIT}}(G, \boldsymbol{D}) = \sum_{i=1, \mathcal{P}a(V_i) \neq \varnothing}^{n} \left(2N \bullet \mathrm{MI}(V_i, \mathcal{P}a(V_i)) - \sum_{j=1}^{|\mathcal{P}a(V_i)|} \epsilon_{\alpha, l_{ij}} \right) \tag{10-21}$$

式中 $\mathrm{MI}(V_i, \mathcal{P}a(V_i))$ 是指变量 V_i 和它的父节点 $\mathcal{P}a(\dot{V}_i)$ 之间的互信息；$\epsilon_{\alpha,l_{ij}}$ 是变量 V_i 和它的一个父节点变量之间互信息的阈值。当 V_i 和这个父节点变量之间的互信息值低于该阈值时，我们认为该变量与这个父节点变量在给定其他父节点变量的条件下独立。$\epsilon_{\alpha,l_{ij}}$ 依赖于所选的统计显著性水平 α 和 l_{ij}，后者是基于父节点变量状态数的自由度数量。因此，这个分数可被看作是一个“混合”分数，因为它还涉及条件独立性测试的相关概念。De 等人通过实验得出：MIT 比 K2、BIC 和 BDeu 分数具有更好的结构精度和数据拟合 [20]。特别注意，MIT 分数具有可分解但不等价的性质。

与贝叶斯评分函数相比，信息论评分函数（不包括需要显著性水平 α 的 MIT 评分）客观且无先验参数，避免了敏感性问题。因此，当用户对目标网络的背景知识了解较少时，信息论评分函数可能是首选。

接下来，我们将介绍几个典型的基于打分优化的算法以及它们所采用的搜索策略和打分函数。

10.2.3　经典的打分优化学习算法

基于不同的搜索策略和打分函数，研究者们提出不同的基于打分优化的因果结构学习方法。然而，不同打分优化学习算法的主要区别在于搜索策略的不同。最基本的搜索策略是贪婪搜索算法，它从一个给定的初始图结构出发开始搜索，在搜索的每一步，首先利用搜索算子对当前图结构进行局部更新，得到一系列候选图结构，然后计算每个候选图结构的评分值，并将最优候选图结构与当前图结构比较。若最优候选

图结构的分值大，则以它为下一个当前图结构，继续搜索；否则，停止搜索并返回当前图结构。

GES（Greedy Equivalence Search）算法是一种基于贪婪搜索策略的经典打分优化学习算法[21]，该算法主要包括两个阶段，其主要思想描述如下。

第一阶段：前向搜索（Greedy Forward Search）。从一个随机生成的图 G 出发，GES 算法首先采用 BDeu 评分函数对这个初始图结构进行评分并记录得分，然后采用贪心等价搜索对初始图结构进行加边操作，得到一个新的图 G_1，接着对图 G_1 的等价类中的图结构分别进行评分并选取评分最大的图结构替代图 G_1，继续对图结构进行加边操作，重复上面的过程，直到图 G_1 的评分达到局部最大为止。

第二阶段：后向搜索（Greedy Backward Search）。该算法采用贪心等价搜索对第一阶段中得到的图 G_1 进行减边操作，得到一个图 G_2，然后对图 G_2 的等价类中的图结构分别进行评分，选取其中评分最大的图结构代替图 G_2，重复上面的过程，直到评分不再增加为止，这时算法终止。

值得注意的是，尽管 GES 算法所采用的贪婪搜索策略属于局部搜索，容易陷入局部最优，但它提供了一致性的保证，即当样本容量趋向于无穷大时，它能够返回最优图结构的概率会无限趋向于 100%，生成一个完全匹配数据中的所有条件独立性关系的 CPDAG。为进一步提升 GES 算法的学习效率，Ramsey 等人设计了 FGES（Fast Greedy Equivalence Search）算法[22]，该算法通过并行操作和缓存得分来优化 GES 算法。

虽然 GES 算法在样本容量趋向于无穷大时可以保证返回得分最高的图结构，但是这个条件往往过于苛刻，因为许多实际应用场景都无法满足这个条件。为了能够确保返回得分最高的图结构，研究人员将动态规划技术引入基于打分优化的因果结构学习中。动态规划搜索策略可以在样本容量较小的情况下，从理论上能够保证返回数据对应的最高得分图结构（即全局最优解）。下面我们将介绍如何利用动态规划技术学习因果结构学习。

动态规划是一种先把规模较大问题分解成若干规模较小的子问题，然后解决这些子问题，最后利用子问题的结果来解决规模较大问题的算法范式。Singh 和 Moore 将这一范式应用于因果结构学习，提出了 OptOrd 算法[23]。OptOrd 算法的主要思想是：每个 DAG 必须至少有一个汇聚节点（没有子节点的节点，也称为叶节点），因而任何包含节点集 $\mathcal{V}$ 的 DAG 都可以由一个汇聚节点 V_{sink} 和包含节点集 $\mathcal{V}-\{V_{\text{sink}}\}$ 的子 DAG 构建。因此，得分最高的图可以表示为一个递归关系，如下所示：

$$\text{score}_{\max}(\mathcal{V})=\text{score}_{\max}(\mathcal{V}-\{V_{\text{sink}}\})+\text{score}_{\max}(V_{\text{sink}}|\mathcal{Pa}(V_{\text{sink}})) \tag{10-22}$$

选择子 DAG 中的哪些节点作为汇聚节点的父节点 $\mathcal{Pa}(V_{\text{sink}})$ 不影响子 DAG 本身的分数，因而递归式中每个分数模块可以独立地最大化。此外，由于节点排序的末尾始终是汇聚节点，因此递归查找汇聚节点等同于一种遍历节点排序空间的方法。图 10-12 展示了动态规划如何利用这种递归关系来搜索一个最优 DAG。图中的每个方格代表由节点集 {1，2，3，4} 构成的可能的子 DAG。最优的 DAG 可以通过对这些方格进行深度优先搜索得到，具体的搜索过程如下所述。

（1）从顶部包含所有节点的 DAG 开始，沿着第一个蓝色箭头①向下移动到子 DAG{1,2,3}，留下节点 4 作为汇聚节点。在本例中，我们假设在子 DAG{1,2,3} 中使得节点 4 获得最高分数的父节点为 {1,2}，得分为 4。

（2）继续沿着蓝色箭头向下，确定使得每个汇聚节点得分最高的父节点，直到我们到达蓝色路径上的底部子 DAG{1}。这个蓝色的搜索路径表示节点排序 {1,2,3,4}，该路径对应的 DAG 显示在搜索路径的左边，其中同心虚线椭圆表示遇到的子 DAG，有向箭头表示为每个汇聚节点确定的得分最高的父节点。

（3）到达底部后，搜索返回到子 DAG{1,2}，然后为粉色路径打分。此时，{1,2} 下的所有搜索路径都已被跟踪，因此可以为子 DAG{1,2} 分配一个最大分数，{1,2} 下的路径永远不需要重新遍历，说明了这种方法具有"自修剪"性质。

如图 10-12 所示的红色搜索路径，OptOrd 算法保证找到得分最高的 DAG。值得注意的是，在 OptOrd 算法中使用的评分函数为 BDeu 评分函数。

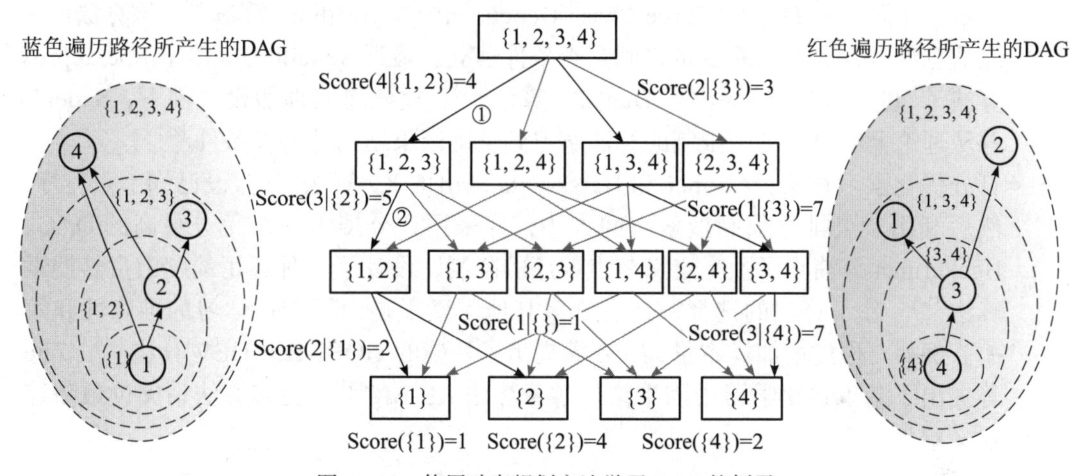

图 10-12　使用动态规划方法学习 DAG 的例子

为解决因评估指数级的解空间造成的动态规划效率低下问题，Yuan 等提出使用通用图算法 A* 来导航图 10-12 中的方格 [24]，以找到最佳加权路径。与上述的动态规划技术的相似之处在于，该算法通过 BIC 评分函数计算得到的最佳分数保持在当前到达的方格的子 DAG 中；不同之处在于，该算法还估计当前未探索的路径在给定当前到达的子 DAG 的前提下可获得的最佳得分。在任何时候，通用图算法 A* 都会从上到下探索并估计分数最高的路径，这就是所谓的"最佳优先（Best-First）"方法。理论上，通用图算法 A* 保证找到得分最高的路径，从而找到得分最高的 DAG，因而这种方法被证明比动态规划快好几倍。

除了上面介绍的利用贪婪搜索策略和动态规划搜索策略来实现打分优化学习外，研究者们还提出了许多进化计算算法（例如遗传算法（GA）、粒子群算法（PSO）、蚁群算法（ACO）等），用来解决因果结构学习问题 [25]。

与传统的贪婪搜索算法相比，进化计算算法具有高效的全局搜索能力以及简单且易实现的特点，适合用来解决复杂的、多态的以及非可微的问题，特别是梯度信息无法获取或者优化函数无法确定的组合优化问题。此外，与基于传统贪婪搜索的因果结构学习方法相比，基于进化计算的结构学习方法所学习到的结构评分一般较高，与真实结构的差异性更小，而且收敛性更好，能够在一定的迭代次数内收敛到较好的结构。

10.3　拓展阅读

本章主要介绍了限制优化学习方法和打分优化学习方法。由于篇幅的原因，本章只详细介绍一些经典的限制优化学习算法和打分优化学习算法。下面为读者简要地介绍更多的组合优化因果结构学习方法。

- 限制优化学习算法：Spirtes 等提出的 SGS（Spirtes-Glymour-Scheine）算法 [26] 为后续的限制优化学习算法提供了基础框架。经典的 PC 算法就是在该算法的基础上发展而来的，极大地提升了 SGS 算法的计算效率。为了减少统计测试次数，Cheng 等提出了 TPDA（Three-Phase Dependency Algorithm）算法 [6]，该算法使用互信息测试方法来判断变量之间是否条件独立。最近 Sondhi 等提出了 Rpc-approx 算法 [27] 和 Giudice 等提出了 Dual-PC 算法 [28]。放松忠实性假设条件下，Sadeghi 等从理论上给出了基于限制的算法学习到正确因果结构的假设条件 [29]。
- 打分优化学习算法：Cooper 和 Herskovits 提出的 K2 算法 [15] 假设已知节点排序，然后利用节点排序限制搜索空间大小，并采用评分搜索一个得分最高的 DAG。Heckerman 等消除了预先定义节点顺序的限制，设计了一种通用的爬山贪婪搜索算法 [14]。除了算法的选择，还有许多其他因素影响因果结构学习的准确性和效率。例如，通过增加样本量，Liao 等提出了精确的 GOBNILP-DEV 算法 [30]。Zhu 等提出了基于强化学习中因果结构学习算法 RL-BIC[31]。更多算法请阅读最新综述文章 [32]。

参考文献

[1] SPIRTES P, GLYMOUR C N, SCHEINES R, et al. Causation, prediction, and search[M].Cambridge : MIT press, 2000.

[2] PEARL J. Probabilistic reasoning in intelligent systems: networks of plausible inference[M]. Morgan kaufmann, 1988.

[3] MEEK C. Causal inference and causal explanation with background knowledge[C]//Proceedings of the eleventh conference on Uncertainty in Artificial Intelligence (UAI-1995). 1995: 403-410.

[4] VERMA T, PEARL J. Equivalence and synthesis of causal models[C]//Proceedings of the sixth annual conference on Uncertainty in Artificial Intelligence (UAI-1990). 1990: 255-270.

[5] ZHANG K, PETERS J, JANZING D, et al. Kernel-based conditional independence test and application in causal discovery[C]//27th conference on Uncertainty in Artificial Intelligence (UAI-2011). AUAI Press, 2011: 804-813.

[6] CHENG J, GREINER R, KELLY J, et al. Learning Bayesian networks from data: an information-

theory based approach[J]. Artificial Intelligence, 2002, 137(1-2): 43-90.

[7] RODRIGUES-DE-MORAIS S. Bayesian network structure learning with applications in feature selection[D]. Lyon, INSA, 2009.

[8] SPIRTES P, GLYMOUR C. An algorithm for fast recovery of sparse causal graphs[J]. Social science computer review, 1991, 9(1): 62-72.

[9] COLOMBO D, MAATHUIS M H. Order-independent constraint-based causal structure learning[J]. Journal of machine learning research, 2014, 15(1): 3741-3782.

[10] LI H, CABELI V, SELLA N, et al. Constraint-based causal structure learning with consistent separating sets[J]. Advances in neural information processing systems, 2019, 32.

[11] RICHARDSON T, SPIRTES P. Ancestral graph Markov models[J]. The annals of statistics, 2002, 30(4): 962-1030.

[12] ZHANG J. On the completeness of orientation rules for causal discovery in the presence of latent confounders and selection bias[J]. Artificial intelligence, 2008, 172(16-17): 1873-1896.

[13] COLOMBO D, MAATHUIS M H, KALISCH M, et al. Learning high-dimensional directed acyclic graphs with latent and selection variables[J]. The annals of statistics, 2012, 40(1): 294-321.

[14] HECKERMAN D, GEIGER D, CHICKERING D M. Learning Bayesian networks: the combination of knowledge and statistical data[J]. Machine learning, 1995, 20(3): 197-243.

[15] COOPER G F, HERSKOVITS E. A Bayesian method for the induction of probabilistic networks from data[J]. Machine learning, 1992, 9(4): 309-347.

[16] BUNTINE W. Theory refinement on bayesian networks[C]//Proceedings of the seventh conference on Uncertainty in Artificial Intelligence (UAI-1991). 1991: 52-60.

[17] SCHWARZ G. Estimating thedimension of a model[J]. Annals of statistics, 1978, 6(2): 461-464.

[18] LAM W, BACCHUS F. Learning Bayesian belief networks: an approach based on the MDL principle[J]. Computational intelligence, 1994, 10(3): 269-293.

[19] AKAIKE H. A new look at the statistical model identification[J]. IEEE transactions on automatic control, 1974, 19(6): 716-723.

[20] DE-CAMPOS L M, FRIEDMAN N. A scoring function for learning Bayesian networks based on mutual information and conditional independence tests[J]. Journal of machine learning research, 2006, 7(10): 2149-2187.

[21] CHICKERING D M. Optimal structure identification with greedy search[J]. Journal of machine learning research, 2002, 3(3): 507-554.

[22] RAMSEY J, GLYMOUR M, SANCHEZ-ROMERO R, et al. A million variables and more: the fast greedy equivalence search algorithm for learning high-dimensional graphical causal models, with an application to functional magnetic resonance images[J]. International journal of data science and analytics, 2017, 3(2): 121-129.

[23] SINGH A P, MOORE A W. Finding optimal Bayesian networks by dynamic programming[M]. Carnegie mellon university. center for automated learning and discovery, 2005.

[24] YUAN C, MALONE B, WU X. Learning optimal Bayesian networks using A* search[C]//Twenty-Second International Joint Conference on Artificial Intelligence (IJCAI-2011). 2011: 2186-2191.

[25] LARRANAGA P, KARSHENAS H, BIELZA C, et al. A review on evolutionary algorithms in Bayesian network learning and inference tasks[J]. Information sciences, 2013, 233:109-125.

[26] SPIRTES P, GLYMOUR C, SCHEINES R. Causality from probability[J]. Evolving knowledge in natural and artificial intelligence, 1990.

[27] SONDHI A, SHOJAIE A. The reduced PC-algorithm: improved causal structure learning in large random networks[J]. Machine learning research[J], 2019, 20(164), 1-31.

[28] GIUDICE E, KUIPERS J. The Dual PC algorithm for structure learning [C]//2022 international conference on Probabilistic Graphical Models (PGM-2022), 2022, 301-312.

[29] SADEGHI K，SOO T. Conditions and assumptions for constraint-based causal structure learning[J]. Machine learning research, 2022, 23:1-34.

[30] LIAO Z A, SHARMA C, CUSSENS J, et al. Finding all bayesian network structures within a factor of optimal[C]//Proceedings of the thirty-third AAAI conference on artificial intelligence (AAAI-2019), 2019, 33(01): 7892-7899.

[31] ZHU S, NG I, CHEN Z. Causal discovery with reinforcement learning[C]//International conference on learning representations (ICLR-2019). 2019.

[32] KITSON N K, CONSTANTINOU A C, GUO Z, et al. A survey of bayesian network structure learning[J]. Artificial intelligence review, 2023, 1-94.

CHAPTER 11

第 11 章

连续优化因果结构学习

最近研究者将机器学习领域的连续优化方法拓展到因果结构学习领域，进而提出了基于连续优化的 DAG 学习方法。相对于基于组合优化的 DAG 学习方法，连续优化方法直接对 DAG 对应的邻接矩阵进行整体优化，为因果结构学习提供了一种新的研究思路和方向。本章将介绍基于连续优化 DAG 学习的思路与方法。

11.1 连续优化方法

由第 10 章可知，打分优化方法可总结为

$$\begin{gathered}\max_{\boldsymbol{A}\in\mathbf{R}^{N\times N}} F(\boldsymbol{A}) \\ \text{s.t.}\ G(\boldsymbol{A})\in\text{DAGs}\end{gathered}\tag{11-1}$$

其中 $\boldsymbol{A}$ 为因果结构的邻接矩阵，$G(\boldsymbol{A})$ 为 $\boldsymbol{A}$ 所对应的有向无环图，DAGs 是所有可能的 DAG 组成的离散空间。当 $\boldsymbol{A}_{ij}\neq\mathbf{0}$ 时，可认为在图 G 中有一条有向边 $V_i\rightarrow V_j$，F 为打分函数。

打分优化方法能够在低维、简单的贝叶斯网络上取得较为理想的结果。然而，式（11-1）所解决的是一种典型的非凸优化问题，无法直接利用数值优化或神经网络等方法进行优化求解。为解决这个问题，学者们提出了一种连续优化方法 [1]：基于迹指数和增广拉格朗日的非组合优化结构学习（Non-combinatorial Optimization via Trace Exponential and Augmented lagRangian for Structure learning，NOTEARS）。该方法采用数值解法，将 DAG 学习问题转化为约束的数值优化问题，下面我们将介绍该方法。

11.1.1 模型构造

假设数据 $\boldsymbol{D}\in\mathbf{R}^{n\times N}$ 包含 n 个独立同分布的观测样本，其中每个观测样本由 N 个变量组成，即 $\mathcal{V}=\{V_1,\cdots,V_N\}$，而数据对应的总体分布为 $P(\mathcal{V})$。结构学习的任务是从所有

可能的 DAG 组成的离散空间中找出服从数据分布 $P(\mathcal{V})$ 的真实图 G。为避免在复杂的空间中进行搜索，连续优化方法引入结构等式模型（Structural Equation Model，SEM）的概念，以描述变量之间的关联及相互作用。形式上，SEM 由两个部分变量组成：

$$V_j = \boldsymbol{A}_j^{\mathrm{T}} \boldsymbol{V}_{-j} + U_j \tag{11-2}$$

其中 $\mathcal{V}_{-j}=\mathcal{V}\backslash\{V_j\}$ 是 $\mathcal{V}$ 中除变量 V_j 之外的其余变量组成的集合，$\boldsymbol{V}_{-j}$ 是与之对应的向量，U_j 是模型中的外生变量，此处体现为噪声变量，$\boldsymbol{A}_j$ 为系数向量。在这里，我们给出因果的定义：若系数向量中的 $\boldsymbol{A}_{ij}$ 等于 $\mathbf{1}$，则表示 V_i 对 V_j 有直接影响，因此 V_i 是 V_j 的直接原因。每一个 SEM 都与图形化的因果模型 G 相关联，图 G 中的节点表示 $\mathcal{V}$ 和 $\mathcal{U}$ 中的变量。如果在 SEM 中 V_i 是 V_j 的直接原因，那么图 G 中将有一条从 V_i 到 V_j 的有向边。为使读者更好地理解该模型的意义，我们在图 11-1 中展示了含有 5 个变量的因果结构。

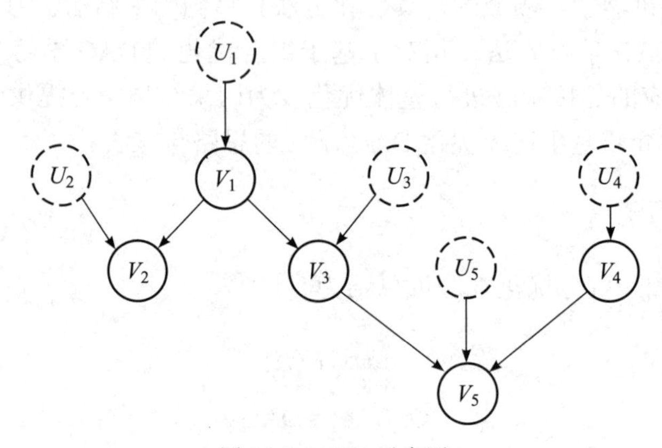

图 11-1　SEM 示意图

在图 11-1 中，V_2 的父节点为 V_1，根据 SEM，V_2 可由它的父节点 V_1 和噪声变量 U_2 生成：$V_2=aV_1+U_2$。与节点 V_2 不同的是，V_4 没有父节点，在生成其对应的数据时只需要用到对应的噪声变量 U_4：$V_4=U_4$。简言之，知道每个噪声变量的取值后，即可按照因果图中的拓扑顺序确定每一个变量的值。

11.1.2　权重邻接矩阵

在 SEM 中，邻接矩阵 $\boldsymbol{A}$ 的元素值非 0 即 1，仅仅表示变量间是否有一定的有向关系。为了用数值来表示变量间关系的大小和正负相关性，我们定义一个与之对应的权重邻接矩阵 $\boldsymbol{A}$。$\boldsymbol{A} \in \mathbf{R}^{N\times N}$ 表示由 N 个节点组成的有向图对应的权重邻接矩阵，其元素取值范围在 –1 到 1 之间，$\boldsymbol{A}_{ij} \neq \mathbf{0}$ 对应原本邻接矩阵中元素为 1 的情形，而 $\boldsymbol{A}_{ij}=\mathbf{0}$ 则对应原本邻接矩阵中元素为 0 的情形。通过这种方式，权重邻接矩阵可与 SEM 模型中的邻接矩阵相互对应并确定同样的图结构。需要注意的是，因为每个变量都不会成为自己本身的直接原因，所以对 $\forall i=1,\cdots,N$，必然有 $\boldsymbol{A}_{ii}=\boldsymbol{0}$。将变量间关系表示为权重邻接矩阵为接下来采用数值优化方法奠定了基础。

11.1.3　数值问题转化

通过上述权重邻接矩阵 $\boldsymbol{A}=[\boldsymbol{A}_1,\cdots,\boldsymbol{A}_N]$ 和结构等式模型 SEM，每一个变量 V_j 可以据此用其他变量生成：

$$V_j = \boldsymbol{A}_j^{\mathrm{T}}\boldsymbol{V} + U_j \tag{11-3}$$

其中，式（11-3）等价于用其余所有变量对 V_j 进行线性表示，展开后可表示为 $V_j = \boldsymbol{A}_{j1}^{\mathrm{T}}V_1 + \boldsymbol{A}_{j2}^{\mathrm{T}}V_2 + \cdots \boldsymbol{A}_{jN}^{\mathrm{T}}V_N$，并在此基础上添加噪声变量 U_j。根据该形式可以采用线性回归的方式来求解各项系数，因而需要求线性组合得到的新 V_j 和原始的真实 V_j 之间的重构损失，比如最小二乘损失。记 $\boldsymbol{V}=(V_1,\cdots,V_N)$ 为以各变量为元素的行向量，再对每个 V_j 求重构损失，即 $\left\|V_j - (\boldsymbol{A}_{j1}^{\mathrm{T}}V_1 + \boldsymbol{A}_{j2}^{\mathrm{T}}V_2 + \cdots \boldsymbol{A}_{jN}^{\mathrm{T}}V_N)\right\|_F^2$。此时对 $j=1,2,\cdots,N$ 进行整合，可以得到 $\|\boldsymbol{V}-\boldsymbol{V}\boldsymbol{A}\|_F^2$，即对每个变量进行线性回归并求总体的最小二乘损失。将每个变量对应的数据代入其中可以得到 $\|\boldsymbol{D}-\boldsymbol{D}\boldsymbol{A}\|_F^2$，整体的重构损失可表示为

$$l(\boldsymbol{A};\boldsymbol{D}) = \frac{1}{2n}\|\boldsymbol{D}-\boldsymbol{D}\boldsymbol{A}\|_F^2 \tag{11-4}$$

其中，最小二乘损失对于 SEM 中的噪声变量有着较好的兼容性，既可以适用高斯噪声，也可以适用非高斯噪声，以及高维有限样本的情形。如果将最小二乘损失降低到最小，那么我们将大概率得到真实的因果结构。

此外，由于现实世界中的图 G 往往是稀疏的，所以在求解最小二乘损失的同时，我们需要额外添加一个稀疏正则项 $\|\boldsymbol{A}\|_1=\|\mathrm{vec}(\boldsymbol{A})\|_1$，从而得到的损失函数为

$$F(\boldsymbol{A}) = l(\boldsymbol{A};\boldsymbol{D}) + \lambda\|\boldsymbol{A}\|_1 = \frac{1}{2n}\|\boldsymbol{D}-\boldsymbol{D}\boldsymbol{A}\|_F^2 + \lambda\|\boldsymbol{A}\|_1 \tag{11-5}$$

到目前为止，连续优化方法已将式（11-1）初步转化为有约束条件的数值优化问题：

$$\begin{gathered}\min_{\boldsymbol{A}\in\mathbf{R}^{N\times N}} F(\boldsymbol{A}) = l(\boldsymbol{A};\boldsymbol{D}) + \lambda\|\boldsymbol{A}\|_1 = \frac{1}{2n}\|\boldsymbol{D}-\boldsymbol{D}\boldsymbol{A}\|_F^2 + \lambda\|\boldsymbol{A}\|_1 \\ \text{s.t. } G(\boldsymbol{A}) \in \text{DAGs}\end{gathered} \tag{11-6}$$

然而，我们仍没有解决无环约束的问题。如果采用组合优化方法的无环约束方式，那么现有的数值优化方法将很难应用起来。为了将问题转化为便于使用数值优化方法解决的形式，这里提出了一种新的无环约束方法。

11.1.4　无环约束方法

通过式（11-6）我们可以发现，如果能将无环约束转化为一个与权重邻接矩阵 $\boldsymbol{A}$ 相关的等式，那么式（11-6）就可以转化为一个等式约束问题，从而可以利用很多成熟的数值优化方法来解决。因此，我们希望构造一个形如 $h(\boldsymbol{A})=0$ 的无环约束。理想情况下，函数 $h:\mathbf{R}^{N\times N}\rightarrow\mathbf{R}$ 应该满足如下四条性质：

（1）$h(\boldsymbol{A})=0$，当且仅当 $\boldsymbol{A}$ 是无环的；

（2）h 的值量化了图的无环性；

（3）函数 h 是光滑的；

（4）h 及其导数便于计算。

其中性质（2）提到的量化无环性表示：随着环的增多以及权重的提高，$h(\boldsymbol{A})$ 的值应随之增大。虽然有许多方法能够度量 $\boldsymbol{A}$ 到所有可能的 DAG 组成的离散空间之间的距离，从而来衡量矩阵 $\boldsymbol{A}$ 代表的有向图违背无环性的程度，以此来满足性质（2），但是它们往往会违反性质（3）和性质（4）。例如，函数 h 可以是有环路径上边的权重之和，但是其导数难以计算，违背了性质（4）。如果存在一个函数满足性质（1）～性质（4），那么就可以采用现有的数值优化方法对式（11-6）进行求解。

接下来将会介绍一种满足以上几点要求的无环约束的表示方式，该表示方式利用了矩阵的迹与图的无环性的关系，呈现出 $h(\boldsymbol{A})=0$ 的形式。为了便于读者理解该表示方式，我们先从图论与矩阵乘积的角度来解释无环性与矩阵的迹的关系。

假设有向图 G 中存在一个长度为 3 的环：$V_i\rightarrow V_j\rightarrow V_k\rightarrow V_i$，根据 11.1.2 节中的介绍可知，图 G 对应的权重邻接矩阵中，$\boldsymbol{A}_{ij},\boldsymbol{A}_{jk},\boldsymbol{A}_{ki}$ 均不为 $\mathbf{0}$。为了让矩阵元素均以正值出现，令 $\boldsymbol{B}=\boldsymbol{A}\circ\boldsymbol{A}$，则有 $\boldsymbol{B}_{ij}$，$\boldsymbol{B}_{jk}$，$\boldsymbol{B}_{ki}$ 均大于 $\mathbf{0}$（其中 $\circ$ 为哈达玛积，根据哈达玛积的定义可知，$\boldsymbol{B}_{ij}=\boldsymbol{A}_{ij}\times\boldsymbol{A}_{ij}\geqslant\mathbf{0},i,j=1,\cdots,N$）。

对两个矩阵进行矩阵乘积时，结果的第 i 行 j 列对应的元素是前一个矩阵的第 i 行与后一个矩阵第 j 列对应元素的乘积之和。即对矩阵乘积 $\boldsymbol{O}=\boldsymbol{P}\boldsymbol{Q}$，其乘法规则为 $\boldsymbol{O}_{ij}=\sum_k\boldsymbol{P}_{ik}\boldsymbol{Q}_{kj}$（读者们可以通过手动模拟回顾一下矩阵乘积，以便于理解）。

首先，对于 $\boldsymbol{B}^2=\boldsymbol{B}\cdot\boldsymbol{B}$。由矩阵乘积可知，$(\boldsymbol{B}^2)_{ik}=\sum_{m=1}^{N}\boldsymbol{B}_{im}\boldsymbol{B}_{mk}$。$\boldsymbol{B}_{ij},\boldsymbol{B}_{jk}>\mathbf{0}$，因此

$$(\boldsymbol{B}^2)_{ik}=\sum_{m=1}^{N}\boldsymbol{B}_{im}\boldsymbol{B}_{mk}=\boldsymbol{B}_{i1}\cdot\boldsymbol{B}_{1k}+\cdots+\boldsymbol{B}_{ij}\cdot\boldsymbol{B}_{jk}+\cdots+\boldsymbol{B}_{iN}\cdot\boldsymbol{B}_{Nk}\geqslant\boldsymbol{B}_{ij}\cdot\boldsymbol{B}_{jk}>\mathbf{0}$$

从这里可知，$(\boldsymbol{B}^2)_{ik}$ 的式子中存在元素 $\boldsymbol{B}_{ij}\cdot\boldsymbol{B}_{jk}$，因此 $V_i\rightarrow V_j\rightarrow V_k$ 的存在使得 $(\boldsymbol{B}^2)_{ik}$ 的值提高了 $\boldsymbol{B}_{ij}\cdot\boldsymbol{B}_{jk}$。同理，对于 $\boldsymbol{B}^3=\boldsymbol{B}\cdot\boldsymbol{B}^2$，必然有 $(\boldsymbol{B}^3)_{ii}>0$，并且 $V_i\rightarrow V_j\rightarrow V_k\rightarrow V_i$ 这个环使得 $(\boldsymbol{B}^3)_{ii}$ 的值增大了 $\boldsymbol{B}_{ij}\cdot\boldsymbol{B}_{jk}\cdot\boldsymbol{B}_{ki}$。通过同样的推导过程，可以得到 $(\boldsymbol{B}^3)_{jj}>\mathbf{0}$ 和 $(\boldsymbol{B}^3)_{kk}>\mathbf{0}$。此时，这个长度为 3 的环使 $(\boldsymbol{B}^3)_{ii}$，$(\boldsymbol{B}^3)_{jj}$，$(\boldsymbol{B}^3)_{kk}$ 的值均增大了 $\boldsymbol{B}_{ij}\cdot\boldsymbol{B}_{jk}\cdot\boldsymbol{B}_{ki}$，也就是矩阵 $\boldsymbol{A}$ 中这条路径上权重的平方的积，因而 $\boldsymbol{B}^3$ 对角线上必然会出现正数。下面给出一个简单的例子：假设有向图 G 仅有 3 个节点 V_i,V_j,V_k，且这 3 个节点形成一个长度为 3 的环 $V_i\rightarrow V_j\rightarrow V_k\rightarrow V_i$，图 G 中每条边的权重均为 $\sqrt{0.5}$，如图 11-2 所示。

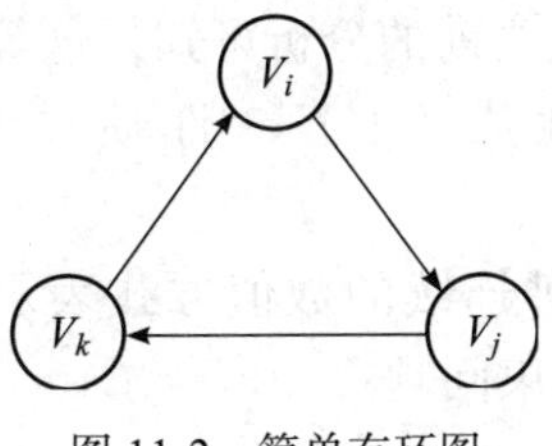

图 11-2　简单有环图

则有：

$$\boldsymbol{A}=\begin{pmatrix}0 & \sqrt{0.5} & 0\\ 0 & 0 & \sqrt{0.5}\\ \sqrt{0.5} & 0 & 0\end{pmatrix}\boldsymbol{B}=\begin{pmatrix}0 & 0.5 & 0\\ 0 & 0 & 0.5\\ 0.5 & 0 & 0\end{pmatrix}$$

$$\boldsymbol{B}^3=\begin{pmatrix}0 & 0.5 & 0\\ 0 & 0 & 0.5\\ 0.5 & 0 & 0\end{pmatrix}\begin{pmatrix}0 & 0.5 & 0\\ 0 & 0 & 0.5\\ 0.5 & 0 & 0\end{pmatrix}\begin{pmatrix}0 & 0.5 & 0\\ 0 & 0 & 0.5\\ 0.5 & 0 & 0\end{pmatrix}=\begin{pmatrix}0.125 & 0 & 0\\ 0 & 0.125 & 0\\ 0 & 0 & 0.125\end{pmatrix}$$

可见，$V_i \to V_j \to V_k \to V_i$ 这个长度为 3 的环使 $(\boldsymbol{B}^3)_{ii},(\boldsymbol{B}^3)_{jj},(\boldsymbol{B}^3)_{kk}$ 的值均增大了 $\boldsymbol{B}_{ij}\cdot\boldsymbol{B}_{jk}\cdot\boldsymbol{B}_{ki}=0.5\times0.5\times0.5=0.125$。

然后，通过对环的长度进行推广可以得出结论：如果图 G 中存在一个包含变量 V_i 的长度为 l 的环，那么必然存在长度为 $l+1$ 的变量序列 $V_i,V_j,\cdots,V_k,V_i$，这个序列中每个变量到后一变量都有一条有向边，从而有 $(\boldsymbol{B}^l)_{ii} \geqslant \boldsymbol{B}_{ij}\cdot\cdots\cdot\boldsymbol{B}_{ki}>\boldsymbol{0}$。换言之，矩阵中有长度为 l 的环必然导致 $\boldsymbol{B}^l$ 的迹，即 $\mathrm{tr}(\boldsymbol{B}^l)$ 大于 0。

接着，我们进行反向推导。对 $\boldsymbol{B}^l=\boldsymbol{B}\cdot\boldsymbol{B}^{l-1}$，如果 $(\boldsymbol{B}^l)_{ii}>\boldsymbol{0}$，那么必然存在 $j\neq i$，使 $\boldsymbol{B}_{ij}>\boldsymbol{0}$ 和 $(\boldsymbol{B}^{l-1})_{ji}>\boldsymbol{0}$。同理可知，因为 $(\boldsymbol{B}^{l-1})_{ji}>\boldsymbol{0}$，而 $\boldsymbol{B}^{l-1}=\boldsymbol{B}\cdot\boldsymbol{B}^{l-2}$，所以必然存在 $k\neq j$，使 $\boldsymbol{B}_{jk}>\boldsymbol{0}$ 和 $(\boldsymbol{B}^{l-2})_{ki}>\boldsymbol{0}$。由数学归纳法可知，必然存在一个长度为 $l+1$ 的变量序列 $V_i,V_j,\cdots,V_k,V_m,V_i$，这个变量序列满足 $\boldsymbol{B}_{ij}>\boldsymbol{0},\cdots,\boldsymbol{B}_{km}>\boldsymbol{0},\boldsymbol{B}_{mi}>\boldsymbol{0}$，因而图中存在长度为 l 的环 $V_i\to V_j\to\cdots\to V_k\to V_m\to V_i$。由此可以得出另一个结论：如果存在正整数 l 使得 B^l 的对角线上出现正值，即 $\mathrm{tr}(\boldsymbol{B}^l)>0$，那么图中必然存在长度为 l 的环。

经过上述分析可以得到，当且仅当 $\boldsymbol{B}^l$ 的对角线上存在正值，图 G 中存在长度为 l 的环，即 $\mathrm{tr}(\boldsymbol{B}^l)>0$。由此可以得到定理 11-1。

定理 11-1　令 $\boldsymbol{B}=\boldsymbol{A}\circ\boldsymbol{A}$，则矩阵 $\boldsymbol{A}\in\mathbf{R}^{N\times N}$ 对应的图 G 为有向无环图（当且仅当 $h(\boldsymbol{A})=\mathrm{tr}(\mathrm{e}^{\boldsymbol{B}})-N=0$）。其中 $\circ$ 为哈达玛积，$\mathrm{e}^{\boldsymbol{B}}$ 是 $\boldsymbol{B}$ 的矩阵指数，并且有：

$$\mathrm{tr}(\mathrm{e}^{\boldsymbol{B}})=\mathrm{tr}(\boldsymbol{I})+\mathrm{tr}(\boldsymbol{B})+\mathrm{tr}\left(\frac{\boldsymbol{B}^2}{2!}\right)+\mathrm{tr}\left(\frac{\boldsymbol{B}^3}{3!}\right)+\cdots \tag{11-7}$$

观察定理 11-1 可以发现，因为 $\mathrm{tr}(\boldsymbol{I})=N$ 恒成立，所以 $h(\boldsymbol{A})=\mathrm{tr}(\mathrm{e}^{\boldsymbol{B}})-N=0$ 等价于

$\mathrm{tr}(\boldsymbol{B}^i)=0, i=1,2,3,\cdots$。由定理 11-1 之前的分析可知，这等价于图 G 无环。

因此，函数 $h(\boldsymbol{A})$ 满足性质（1）～性质（4），并且可以求得其梯度为 $\nabla h(\boldsymbol{A})=(\mathrm{e}^{\boldsymbol{A}\circ\boldsymbol{A}})^{\mathrm{T}}\circ 2\boldsymbol{A}$。

通过定理 11-1，我们以一种连续的数值方式表示了无环约束。由此，式（11-6）所代表的问题可以转化为等式约束问题：

$$\begin{aligned}&\min_{\boldsymbol{A}\in\mathbf{R}^{N\times N}} F(\boldsymbol{A})\\&\text{s.t. } h(\boldsymbol{A})=0\end{aligned}\tag{11-8}$$

11.1.5　迭代优化

等式约束问题可以使用增广拉格朗日方法来解决。增广拉格朗日方法在原损失函数 $F(\boldsymbol{A})$ 上添加了 $h(\boldsymbol{A})$ 的二次惩罚项，ρ 是惩罚项系数。增广拉格朗日方法可以在不将惩罚项参数增加到无穷的情形下，通过以下无约束问题来近似等式约束问题的解：

$$\begin{aligned}&\mathrm{Dual}(\alpha)=\min_{\boldsymbol{A}\in\mathbf{R}^{N\times N}} L^{\rho}(\boldsymbol{A},\alpha)\\&L^{\rho}(\boldsymbol{A},\alpha)=F(\boldsymbol{A})+\frac{\rho}{2}|h(\boldsymbol{A})|^2+\alpha h(\boldsymbol{A})\end{aligned}\tag{11-9}$$

这个问题本质上是式（11-8）的对偶上升问题。它首先将原函数转化为带有拉格朗日乘子 α 的对偶函数，在将原问题转化为对偶问题后，算法的目标在于找到对偶问题的局部最优解 $\max_{\alpha\in\mathbf{R}}\mathrm{Dual}(\alpha)$。假设在给定 α 时，$\boldsymbol{A}_\alpha^*$ 是式（11-8）达到最小值时 $\boldsymbol{A}$ 的取值。由于对偶目标函数是一个关于 α 的线性函数，所以其关于 α 的导数为 $\nabla\,\mathrm{Dual}(\alpha)=h(\boldsymbol{A}_\alpha^*)$。因此可以通过双梯度上升过程来优化对偶目标函数 $\mathrm{Dual}(\alpha)$：

$$\alpha\leftarrow\alpha+\rho h(\boldsymbol{A}_\alpha^*)\tag{11-10}$$

推论 11-1　对于足够大的 ρ，当初始值 α_0 接近最优解 α^* 时，通过式（11-10）更新 α 可以线性收敛到 α^*。

增广拉格朗日方法的参数更新规则为

$$\begin{aligned}&\boldsymbol{A}^{k+1}=\underset{\boldsymbol{A}}{\operatorname{argmin}}\,L_{\rho^k}(\boldsymbol{A},\alpha^k)\\&\alpha^{k+1}=\alpha^k+\rho^k h(\boldsymbol{A}^{k+1})\\&\rho^{k+1}=\begin{cases}\eta\rho^k, & \left|h(\boldsymbol{A}^{k+1})\right|\geqslant\gamma\left|h(\boldsymbol{A}^k)\right|\\ \rho^k, & \text{其他}\end{cases}\end{aligned}\tag{11-11}$$

其中 $\eta>1$ 和 $\gamma<1$ 为微调参数。

下面对式（11-11）代表的迭代过程进行简单解释。首先，所要学习的有向无环图需要最大程度与数据拟合，因此需要优化最小二乘损失 $l(\boldsymbol{A};\boldsymbol{D})$，以便于契合数据的生成过程。而对于无环约束项，如果初始系数 α 和 ρ 很大，那么这两项在 $L^{\rho}(\boldsymbol{A},\alpha)$ 上占的比重就会过大，使梯度下降的过程优先满足无环性，从而影响到数据拟合的效果。对此，我们可以令无环约束的系数从一个较小的值开始不断提高，在每次提高的间隔中通过梯度下降的方法降低 $L^{\rho}(\boldsymbol{A},\alpha)$ 的值，由此可以达到优先满足数据拟合的效果，并逐渐确保无环。

在回归问题中，可以通过阈值处理来减少错误。因此，对于得到的权重邻接矩阵 $\boldsymbol{A}$，可根据一个预先设置的阈值，将矩阵中绝对值小于该阈值的元素置零，再将其转化为二元邻接矩阵与相应的图 G。

在 NOTEARS 的基础上，GOLEM[2] 方法对无环约束进行了改进，NOTEARS[3] 基于 KKT 条件对框架进行了优化，而 NOCURL[4] 采用两个精心设计的步骤提高了算法的效率，这些方法都取得了不错的效果。如果想要对 NOTEARS 及其后续工作进行更深入的了解，请参阅 11.6 节的拓展阅读。

11.2 从线性模型到神经网络

NOTEARS 方法默认变量间的关系符合简单的线性 SEM 模型，其做法与线性回归相似。当模型比较简单且变量之间的关系是线性关系时，11.1 节中的方法可以表现出很好的效果，但如果变量间关系比较复杂，呈现出非线性关系，那么这种模型就可能会得到错误的结果。

例 11-1 假设存在两个变量 X 和 Y，变量间满足以下关系：

$$Y=\sin(X)+U_X, U_X \sim N(0,1) \tag{11-12}$$

同时，$X \sim U(0,5\pi)$（此处 U 表示均匀分布）。根据式（11-12）可知，此处自变量为 X，而因变量为 Y。因此，Y 随 X 而改变，X 是 Y 的父节点，这两个节点所对应的图结构为 $X\rightarrow Y$。根据以上设定生成 2000 个独立同分布的随机样本，并将样本散点图和曲线 Y=sin(X) 绘制在图 11-3 中。如图 11-3 所示，随机抽样得到的散点图符合 Y=sin(X) 的关系并在该曲线附近上下波动。然而，使用 11.1 节所述方法学习两变量之间的关系，却会得到两变量间没有关系的结论。

根据式（11-4）、式（11-5）和式（11-9），可以将从该样本中进行 DAG 学习的问题总结为

$$\boldsymbol{A}=\underset{\boldsymbol{A}}{\operatorname{argmin}}\left(\frac{1}{2}((X-\boldsymbol{A}_{YX}Y)^2+(Y-\boldsymbol{A}_{XY}X)^2)+\lambda\|\boldsymbol{A}\|_1+\frac{\rho}{2}|h(\boldsymbol{A})|^2+\alpha h(\boldsymbol{A})\right) \tag{11-13}$$

其中，$\boldsymbol{A}_{XY}$ 为矩阵中所表示的 $X\rightarrow Y$ 的边的权重，矩阵中其余元素同理。由于无环约束的存在，$\boldsymbol{A}_{XX}$ 和 $\boldsymbol{A}_{YY}$ 代表的自环的权重（即 $X\rightarrow X$ 和 $Y\rightarrow Y$ 的权重，可以认为代表自环）将被优化为 0 或无限接近于 0，因此在式（11-13）中省略对应的项。可以看到，解决式（11-13）的问题等价于同时考虑三个问题：

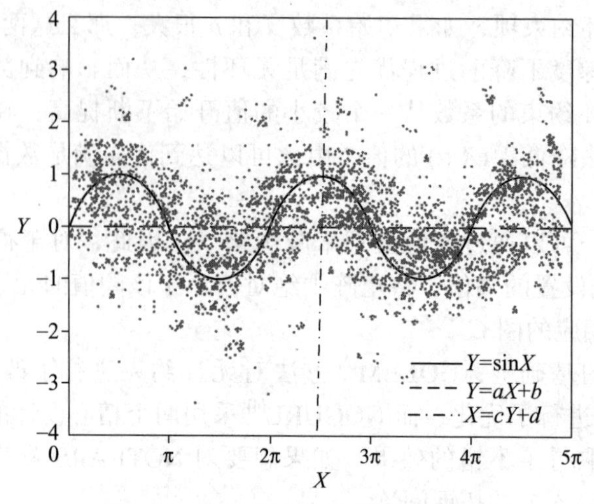

图 11-3　随机样本点与线性回归结果

（1）分别假设真实结构为 $X\to Y$ 和 $Y\to X$，分别进行线性回归，求各自的最小二乘损失并相加，并最小化重构损失；

（2）通过正则项 $\lambda\|\boldsymbol{A}\|_1$ 来使图保持稀疏，减少所学到的边的数量；

（3）通过无环约束来确保学到的矩阵对应的图无环。在正则项和无环约束项的影响下，不会出现 $X\to Y$ 和 $Y\to X$ 同时出现的结果，因此最终学到的图将是 $X\to Y$、$Y\to X$ 或空图。

分别假设 $Y=aX+b$（即默认 $X\to Y$）和 $X=cY+d$（即默认 $Y\to X$）进行线性回归，所得结果如图 11-3 中的虚线所示。其中，$Y=aX+b$ 和 $X=cY+d$ 的斜率的绝对值都非常小（其中第二条曲线以 Y 为自变量，应将 y 轴作为横轴来观察），接近于 0。于是，在最终得到的邻接矩阵 $\boldsymbol{A}$ 中，$\boldsymbol{A}_{XX}$ 和 $\boldsymbol{A}_{YY}$ 将因无环约束的关系被限制为 0，而 $\boldsymbol{A}_{XY}$ 和 $\boldsymbol{A}_{YX}$ 同样得到了接近于 0 的结果，与线性回归结果一致。因此，进行阈值筛选后，得到的邻接矩阵将是一个全 0 矩阵。因而，这种类似线性回归的方法认为，X 和 Y 的值互相影响很小。因此，11.1 节中的方法会得出 X 和 Y 之间没有直接因果关系的结论，所得到的有向无环图是一张空图。

由例 11-1 可知，11.1 节中变量之间呈线性关系的假设很容易被推翻。为了能适应更复杂的非线性情形，可以假设变量间存在更复杂的非线性关系，如 SCM 模型：

$$V_j = f_j(\mathcal{P}a^G(j), U_j),\ j = 1,\cdots,N \tag{11-14}$$

其中 $\mathcal{P}a^G(j)$ 表示图 G 中 V_j 的所有父节点，U_j 为服从标准正态分布的噪声变量。此处 f_j 表示 V_j 与其父节点之间存在的关系，该关系可能较为复杂，例如 $V_j=\cos(V_1)+V_2^2+V_3\times V_4/2+U_j$、$V_j=e^{V_1}-V_2^{V_3}+\sinh(V_4+U_j)$ 等，也可能没有一个很明确的表达式。在这里，V_j 的生成过程无法用一个简单的线性模型来表示，如果变量间不是单纯的正负相关的关系，却强行用线性方式求解，就可能像例 11-1 一样，得到错误的结果。

因为线性模型无法很好地拟合非线性的变量关系，所以我们需要一个更强大的工具来拟合变量间的数值关系，而这个工具在理想情况下应满足以下几点要求：

（1）拟合能力够强，能够模拟各种复杂的数值关系；

（2）不需要具体表达式，因此可以不做复杂的假设，直接使用；

（3）可以用简单的方法提取出变量间的数值关系，为无环约束和稀疏项做准备。

对此，神经网络这一工具恰好满足以上三点：

（1）随着隐藏层和隐藏单元数的增加，神经网络可以任意精度拟合任何函数；

（2）神经网络不需要具体表达式，本身可作为黑盒使用；

（3）通过提取神经网络权重或添加对应结构层，可表示变量间数值关系，并在无环约束和稀疏项的影响下通过梯度进行更新。

因此，神经网络非常适合用来拟合变量间的数值关系。

在 11.3 节中，我们将以一个使用多层感知机（Multi-Layer Perception，MLP）的简单方法为例，讲述神经网络学习 DAG 的过程，并通过这个简单的方法让读者们了解到神经网络方法的框架结构。

11.3　用 MLP 进行 DAG 学习

11.2 节说明了线性模型拟合变量间关系做法的局限性并引出了神经网络这一工具，而本节将介绍一个使用 MLP 拟合变量间关系的方法 NOTEARS-MLP[5]，该方法在 NOTEARS 的基础上，将生成模型从线性 SEM 改为 MLP，从而获得更强大的拟合能力。

11.3.1　多层感知机

多层感知机又称人工神经网络（Artificial Neural Network，ANN），包含输入层、输出层和隐藏层三个部分，其结构如图 11-4 所示。

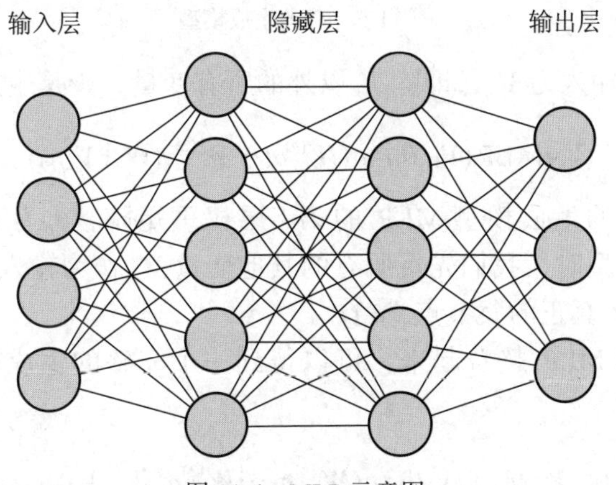

图 11-4　MLP 示意图

MLP 的每一层都会对输入进行一次线性变换，然后对所得到的结果用激活函数进行一次非线性变换，比如 ReLu 函数、sigmoid 函数、tanh 函数等。虽然 MLP 属于最简单的神经网络模型，但理论上，通过增加 MLP 的层数和每个隐藏层的神经元数量，可以达到以任意精度拟合任何函数的目的。

11.3.2 生成模型构建

由于 MLP 拥有很强大的拟合能力，我们可以假设变量间有更复杂的非线性关系，并用 MLP 对这些关系进行拟合，从而得到每个变量基于其父节点（直接原因）的真实生成机制。假设我们有样本 $\boldsymbol{D} \in \mathbf{R}^{n \times N}$，其中包含 n 个独立同分布的样本和 N 个变量 $\mathcal{V}=\{V_1,\cdots,V_N\}$。假设变量间的真实关系为

$$V_j=f_j(\mathcal{P}a^G(j),U_j),j=1,\cdots,N \tag{11-15}$$

其中 f_j 体现的是每个变量与其父节点之间的关系，我们用 MLP 对其进行拟合，而 U_j 表示服从正态分布的噪声变量。对此，我们针对每一个变量 V_j 构建一个 MLP 生成模型。为了简洁起见，此处我们省略偏置项，由此可以得到如图 11-5 所示的生成模型。

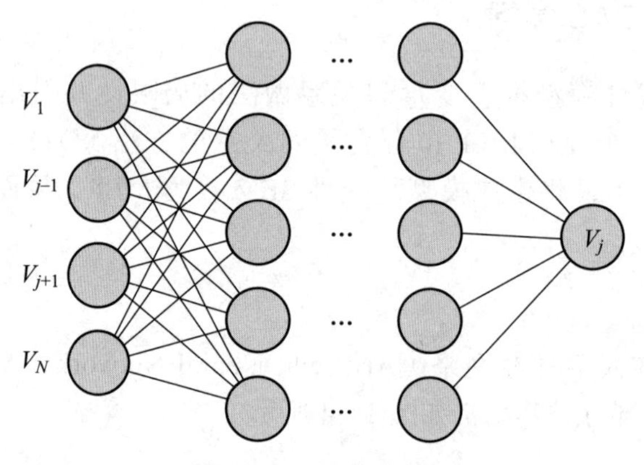

图 11-5 V_j 的生成模型

其中，输入层的输入为 $\mathcal{V}_{-j}$，即除 V_j 以外的所有变量，于是生成模型可以表示为

$$V_j=\mathrm{MLP}_j(\mathcal{V}_{-j},\theta_j)=\sigma(\boldsymbol{W}_j^{(h)}\sigma(\cdots\boldsymbol{W}_j^{(2)}\sigma(\boldsymbol{W}_j^{(1)}\mathcal{V}_{-j}))) \tag{11-16}$$

其中，$\boldsymbol{W}_j^{(k)}$ 为 V_j 的生成模型 MLP_j 的第 k 层权重矩阵，θ_j 为 MLP_j 的所有参数，σ 为激活函数。构建模型时，我们先将所有的其他变量 $\mathcal{V}_{-j}$ 作为输入，并在拟合优化的过程中，从 $\mathcal{V}_{-j}$ 中筛选出真正的父节点 $\mathcal{P}a^G(j)$。

接着，将所有的 MLP_j 整合起来，可以得到一个完整的生成模型，其表达式可以表示为

$$\boldsymbol{V}=\mathrm{MLP}(\boldsymbol{V},\theta)=\sigma(\boldsymbol{W}^{(h)}\sigma(\cdots\boldsymbol{W}^{(2)}\sigma(\boldsymbol{W}^{(1)}\boldsymbol{V}))) \tag{11-17}$$

其中，$\theta=(\theta_1,\cdots,\theta_N)$ 表示整个网络的参数。我们进而可以得出完整的生成模型，如图 11-6 所示。

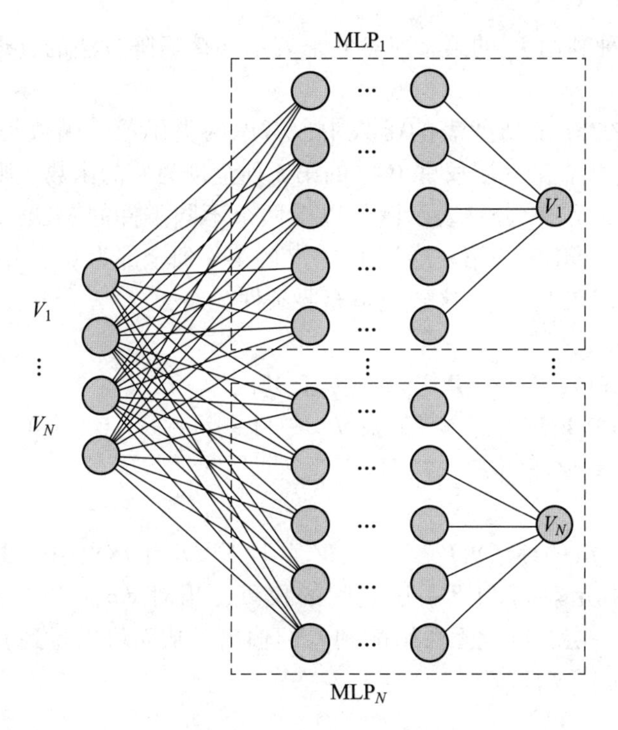

图 11-6　总体生成模型

构建完生成模型后，我们可以借此重构数据，并通过最小化重构损失来优化该模型。然而，因为图的邻接矩阵并没有直接体现在生成模型中，我们还需确定邻接矩阵的表示方式。

11.3.3　邻接矩阵表示

在邻接矩阵 $\boldsymbol{A}$ 中，对于每个元素 $\boldsymbol{A}_{ij}$，如果 $|\boldsymbol{A}_{ij}|>0$，就表示存在一条有向边 $V_i \rightarrow V_j$，反之则为 0，这体现出了 V_j 对 V_i 的依赖性，我们要在生成模型中表现出这种依赖性。以下将介绍一种简单的表示方法，该表示方法通过神经网络参数来体现这种依赖性，从而构建出所需的邻接矩阵。

如图 11-5 所示为 V_j 的生成模型，即 MLP$_j$。根据式（11-16）可知，输入层与第一层隐藏层之间边的权重为 $\boldsymbol{W}_j^{(1)}$，输入层的分量 V_k 与第一层隐藏层之间连接的边的权重为参数矩阵 $\boldsymbol{W}_j^{(1)}$的第 k 列。如果 $\boldsymbol{W}_j^{(1)}$的第 k 列全部为 0，那么 V_k 与第一层隐藏层之间的权重将全部为 0，V_k 的值就无法传递到下一层，因而，MLP$_j$ 的输出与 V_k 无关，因此由生成模型所得到的 V_j 与 V_k 独立。

综上所述，$\boldsymbol{W}_j^{(1)}$的第 k 列参数是否为 0 可用于表示 V_j 与 V_k 是否独立。因此，可令 $\boldsymbol{A}_{kj}=\|\boldsymbol{W}_j^{(1)}$的第 k 列参数 $\|_2$。换言之，$\boldsymbol{W}_j^{(1)}$的第 k 列参数的值可用于表示邻接矩阵中代表有向边 $V_k \rightarrow V_j$ 权重的元素。由此，我们可以通过神经网络参数来表示权重邻接矩阵。获取邻接矩阵表示方式后，即可采用 11.1 节中所述的方法，通过对神经网络参数所表示的邻接矩阵进行操作来达成施加无环约束的目的。

以下命题对这种利用 $\boldsymbol{W}$ 的第 k 列参数来表示邻接矩阵方法的合理性与正确性进行了阐述和证明。

命题 11-1[5]　在 MLP 所代表的函数中，考虑两类函数，函数类 $\mathcal{F}$ 代表输出与 V_k 独立的函数，而 $\mathcal{F}_0$ 代表第一层权重 $\boldsymbol{W}^{(1)}$ 的第 k 列全部为 0 的函数，则 $\mathcal{F}=\mathcal{F}_0$。

其中，函数类 $\mathcal{F}$ 和 $\mathcal{F}_0$ 分别表示满足以上两个不同条件的 MLP 生成模型。这个命题表示的是：对 $\forall j$，MLP_j 的第一层权重 $\boldsymbol{W}^{(1)}$ 的第 k 列全部为 0 这个条件对 MLP_j 的输出独立于 V_k，即不存在 $V_k \to V_j$ 这条边是充要条件。

证明：由命题描述可知

$\mathcal{F}=\{f \mid f(\boldsymbol{V})=\text{MLP}(\boldsymbol{V};\boldsymbol{W}^{(1)},\cdots,\boldsymbol{W}^{(h)}), f \text{ 独立于 } V_k\}$

$\mathcal{F}_0=\{f \mid f(\boldsymbol{V})=\text{MLP}(\boldsymbol{V};\boldsymbol{W}^{(1)},\cdots,\boldsymbol{W}^{(h)}), \text{对} \forall b \in \{1,\cdots,m_1\}, \text{有 } \boldsymbol{W}^{(1)}_{bk}=0\}$

要证明 $\mathcal{F}=\mathcal{F}_0$，只要证明 $\mathcal{F} \subseteq \mathcal{F}_0$ 且 $\mathcal{F}_0 \subseteq \mathcal{F}$。

$\mathcal{F}_0 \subseteq \mathcal{F}$:

对 $\forall f_0 \subseteq \mathcal{F}_0$，有 $f_0(\boldsymbol{V})=\text{MLP}(\boldsymbol{V};\boldsymbol{W}^{(1)},\cdots,\boldsymbol{W}^{(h)})$ 且对 $\forall b$ 有 $\boldsymbol{W}^{(1)}_{bk}=0$。此处，$\boldsymbol{W}^{(1)}_{bk}$ 表示的是 MLP 的输入层中元素 V_k 与下一层之间的权重，当对 $\forall b$，$\boldsymbol{W}^{(1)}_{bk}$ 全部为 0 时，V_k 的值将无法传递到下一层，也就无法影响到 f_0 的输出，从而可以得到 f_0 独立于 V_k，因此 $f_0 \in \mathcal{F}$，于是可以证得 $\mathcal{F}_0 \subseteq \mathcal{F}$。

$\mathcal{F} \subseteq \mathcal{F}_0$:

对 $\forall f \subseteq \mathcal{F}$，有 $f(\boldsymbol{V})=\text{MLP}(\boldsymbol{V};\boldsymbol{W}^{(1)},\cdots,\boldsymbol{W}^{(h)})$ 且 f 独立于 V_k。我们通过构造一个矩阵 $\widetilde{\boldsymbol{W}}^{(1)}$ 来说明 $f \in \mathcal{F}_0$，此时

$$f(\boldsymbol{V})=\text{MLP}(\boldsymbol{V};\widetilde{\boldsymbol{W}}^{(1)},\cdots,\boldsymbol{W}^{(h)}) \tag{11-18}$$

并且对 $\forall b \in \{1,\cdots,m_1\}$，$\widetilde{\boldsymbol{W}}^{(1)}_{bk}$ 为 0。

令 $\widetilde{\boldsymbol{V}}$ 为一个向量，其中 $\widetilde{V}_k=0$，当 $k' \neq k$ 时，$\widetilde{V}_{k'}=V'_k$。因为 $\widetilde{\boldsymbol{V}}$ 和 $\boldsymbol{V}$ 只有第 k 维不同，并且 f 独立于 V_k，所以我们可以得到：

$$f(\boldsymbol{V})=f(\widetilde{\boldsymbol{V}})=\text{MLP}(\widetilde{\boldsymbol{V}};\widetilde{\boldsymbol{W}}^{(1)},\cdots,\boldsymbol{W}^{(h)}) \tag{11-19}$$

现在定义 $\widetilde{\boldsymbol{W}}^{(1)}$，对于 $\forall b$，$\boldsymbol{W}^{(1)}_{bk}$ 为 0，但当 $k' \neq k$ 时，$\widetilde{\boldsymbol{W}}^{(1)}_{bk'}=\boldsymbol{W}^{(1)}_{bk'}$。此时，对任意 $s \in \{1,\cdots,m_1\}$，有：

$$\begin{aligned}(\widetilde{\boldsymbol{W}}^{(1)}\boldsymbol{V})_s &= \sum_{k'=1}^{N}\widetilde{\boldsymbol{W}}_{sk'}V_{k'} = \sum_{k'\neq k}\boldsymbol{W}_{sk'}V_{k'} \\ &= \sum_{k'=1}^{N}\boldsymbol{W}_{sk'}\widetilde{V}_{k'} = (\boldsymbol{W}^{(1)}\widetilde{\boldsymbol{V}})_s\end{aligned} \tag{11-20}$$

因此，$\widetilde{\boldsymbol{W}}^{(1)}\boldsymbol{V}=\boldsymbol{W}^{(1)}\widetilde{\boldsymbol{V}}$。结合式（11-19）可知

$$
\begin{aligned}
f(\boldsymbol{V}) &= f(\widetilde{\boldsymbol{V}}) \\
&= \mathrm{MLP}(\widetilde{\boldsymbol{V}};\boldsymbol{W}^{(1)},\cdots,\boldsymbol{W}^{(h)}) \\
&= \sigma(\boldsymbol{W}^{(h)}\sigma(\cdots\boldsymbol{W}^{(2)}(\boldsymbol{W}^{(1)}\widetilde{\boldsymbol{V}}))) \\
&= \sigma(\boldsymbol{W}^{(h)}\sigma(\cdots\boldsymbol{W}^{(2)}(\widetilde{\boldsymbol{W}}^{(1)}\boldsymbol{V}))) \\
&= \mathrm{MLP}(\boldsymbol{V};\widetilde{\boldsymbol{W}}^{(1)},\cdots,\boldsymbol{W}^{(h)})
\end{aligned} \tag{11-21}
$$

通过 $\mathcal{F}_0$ 的定义，可知 $\mathrm{MLP}(\boldsymbol{V};\widetilde{\boldsymbol{W}}^{(1)},\cdots,\boldsymbol{W}^{(h)})\in\mathcal{F}_0$。因此，$f\in\mathcal{F}_0$，于是可以证得 $\mathcal{F}\subseteq\mathcal{F}_0$，证毕。

11.3.4 训练优化

最后，通过求解重构数据与原始数据之间的最小二乘损失即可采用 11.1 节中的方法优化生成模型。与 11.1 节相比，此处所需优化的是神经网络的参数，而不是一个以显式方式定义的邻接矩阵，将重构数据和邻接矩阵按照本节方法进行替换，最后转化成的问题如下所示：

$$
\min_{\theta}\left(\frac{1}{n}\sum_{j=1}^{N}\left(l\left(V_j,\mathrm{MLP}_j\left(\mathcal{V}_{-j};\theta_j\right)\right)+\lambda\,\|\boldsymbol{W}_j^{(1)}\|_{1,1}\right)+\frac{\rho}{2}|h\left(\boldsymbol{A}(\theta)\right)|^2+\alpha\left|h\left(\boldsymbol{A}(\theta)\right)\right|\right) \tag{11-22}
$$

其中，θ 表示神经网络参数，此处邻接矩阵将由 θ 表示为 $\boldsymbol{A}(\theta)$，因为此处邻接矩阵并不是显式定义，而是通过 11.3.3 节所述的方式，用神经网络参数表示的。

仿照 11.1 节中的优化准则，我们可以得到这个方法的迭代规则：

$$
\begin{aligned}
\theta^k &= \underset{\theta}{\mathrm{argmin}}\,L_{\rho^k}\left(\theta,\alpha^k\right) \\
\alpha^{k+1} &= \alpha^k+\rho^k h\left(\boldsymbol{A}^k\right) \\
\rho^{k+1} &= \begin{cases}\eta\rho^k, \left|h\left(\boldsymbol{A}^k\right)\right|>\gamma\left|h\left(\boldsymbol{A}^{k-1}\right)\right| \\ \rho^k, \text{其他}\end{cases}
\end{aligned} \tag{11-23}
$$

得到优化完成的生成模型后，根据 11.3.3 节所得到的邻接矩阵的定义方式 $\boldsymbol{A}_{kj}=\|\,\boldsymbol{W}_j^{(1)}$ 的第 k 列参数 $\|_2$ 来从生成模型中提取出邻接矩阵，在进行阈值筛选后即可得到对应的有向无环图。

11.4 DAG-GNN

11.1 节介绍了一种使用 MLP 作为生成模型的方法并总结了神经网络学习 DAG 的基本框架，而本节我们将介绍一种使用图神经网络学习 DAG 的方法 DAG-GNN[6]，该方法使用了图神经网络来学习 DAG 的权重邻接矩阵，并将 DAG 学习问题转化为无环约束的数值优化问题，并从中得到真实的图结构。

11.4.1 问题转化

首先，我们的方法是使用深度生成模型拟合结构等式模型（Structural Equation Model，SEM）的一个广义情形。回顾 11.1 节可知，线性 SEM 可以写为

$$\boldsymbol{D}=\boldsymbol{A}^{\mathrm{T}}\boldsymbol{D}+\boldsymbol{U} \tag{11-24}$$

其中 $\boldsymbol{D}$ 为数据样本矩阵，$\boldsymbol{A}$ 为邻接矩阵，$\boldsymbol{U}$ 为噪声矩阵。当数据对应的变量集 $\mathcal{V}$ 中所有的变量按照拓扑排序时，矩阵 $\boldsymbol{A}$ 是严格上三角的，此时式（11-24）可以写为

$$\boldsymbol{D}=(\boldsymbol{I}-\boldsymbol{A}^{\mathrm{T}})^{-1}\boldsymbol{U} \tag{11-25}$$

式（11-25）可以被视为一种线性的特殊情形，其形式可以改写为一种通用形式 $\boldsymbol{D}=f_A(\boldsymbol{U})$，这是一种以特征 $\boldsymbol{U}$ 为输入，以返回值 $\boldsymbol{D}$ 为输出的图神经网络表示方式。由此，式（11-25）可以扩展为一种深度生成模型：

$$\boldsymbol{D}=f_2((\boldsymbol{I}-\boldsymbol{A}^{\mathrm{T}})^{-1}f_1(\boldsymbol{U})) \tag{11-26}$$

其中，f_1 和 f_2 为参数化函数，它们分别可以对 $\boldsymbol{U}$ 和 $\boldsymbol{D}$ 进行线性变换或非线性变换。如果 f_2 可逆，那么式（11-26）可以转换为 $f_2^{-1}(\boldsymbol{D})=\boldsymbol{A}^{\mathrm{T}}f_2^{-1}(\boldsymbol{D})+f_1(\boldsymbol{U})$，这可以视为式（11-24）的一个广义版本。

式（11-26）表示的深度生成模型可以看作为一个解码器，据此我们将学习 DAG 的问题转化为优化 $\boldsymbol{D}$ 的生成模型和学习权重邻接矩阵 $\boldsymbol{A}$ 的问题。

11.4.2 变分自编码器

给定样本 $\boldsymbol{D}^1,\cdots,\boldsymbol{D}^n$ 和 $\boldsymbol{U}$ 的分布的形式（例如，已知变量服从正态分布而均值方差未知），我们希望根据式（11-26）得到 $\boldsymbol{D}$ 的生成模型，并通过优化该生成模型得到所要求的邻接矩阵 $\boldsymbol{A}$。因为已知 $\boldsymbol{D}$ 的分布形式，所以通常可以采用最大似然的方法来求解邻接矩阵 $\boldsymbol{A}$，即最大化 $\log p(\boldsymbol{D})$，从而获取 $\boldsymbol{D}$ 的具体分布。但由式（11-26）可知，重构数据由 $\boldsymbol{U}$ 生成，因此重构数据的分布需要用 $\boldsymbol{U}$ 表示，其形式可表示为 $\log\int p(\boldsymbol{D}|\boldsymbol{U})p(\boldsymbol{U})\mathrm{d}\boldsymbol{U}$。因此，优化这个生成模型可以通过最大化以下的对数似然函数来实现：

$$\frac{1}{n}\sum_{k=1}^{n}\log p(\boldsymbol{D}^k)=\frac{1}{n}\sum_{k=1}^{n}\log\int p\left(\boldsymbol{D}^k|\boldsymbol{U}\right)p(\boldsymbol{U})\mathrm{d}\boldsymbol{U} \tag{11-27}$$

由于式（11-27）难以计算，因此需要使用专门用于重构数据的变分自编码器（Variational Auto-Encoder，VAE）来拟合生成机制，进而获得逼近真实分布的一个变分后验。

VAE 是一种生成模型，其目标是构建一个从隐变量 $\boldsymbol{U}$ 生成目标数据 $\boldsymbol{D}$ 的生成模型，其大体结构如图 11-7 所示。

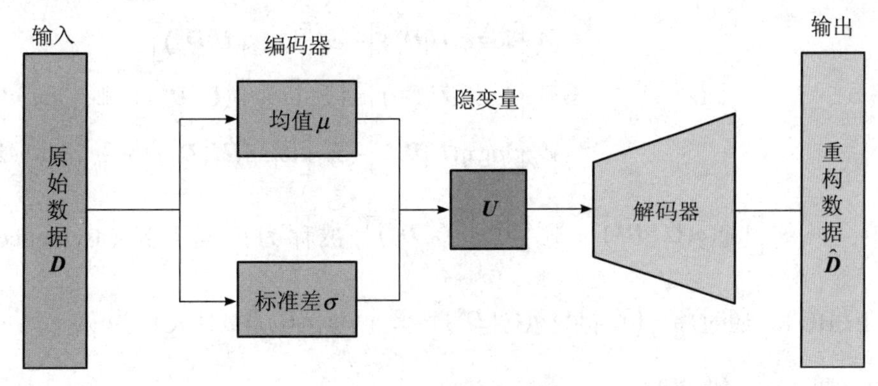

图 11-7 变分自编码器

首先，变分自编码器将输入的数据用编码器压缩到低维空间，其做法是由原始数据 $\boldsymbol{D}$ 经过编码得到隐变量 $\boldsymbol{U}$ 的分布所需的各项元素，比如正态分布所需的均值和标准差。然后，由得到的分布生成 $\boldsymbol{U}$。接着，由解码器将 $\boldsymbol{U}$ 还原得到重构数据 $\hat{\boldsymbol{D}}$，并通过缩小原始数据 $\boldsymbol{D}$ 与重构数据 $\hat{\boldsymbol{D}}$ 之间的重构误差来优化网络参数，最终得到 $\boldsymbol{D}$ 的生成模型。

假设这些样本服从分布 $p(\boldsymbol{D}^k|\boldsymbol{U})$，我们需要得到该分布，从而学习生成模型。在该分布中，$\boldsymbol{U}$ 的具体分布是必要的，但目前只能观测到数据 $\boldsymbol{D}$，因此需要利用 $\boldsymbol{D}$ 的数据推断出 $\boldsymbol{U}$ 的分布。使用贝叶斯定理，我们可以得到：

$$p(\boldsymbol{U}|\boldsymbol{D}^k)=\frac{P(\boldsymbol{U},\boldsymbol{D}^k)}{\int_{U}P(\boldsymbol{D}^k,\boldsymbol{U})\mathrm{d}\boldsymbol{U}} \tag{11-28}$$

然而，$\boldsymbol{U}$ 通常是高维的，式（11-28）右式分母上的积分非常难以计算，因此我们构建变分后验分布 $q(\boldsymbol{U}|\boldsymbol{D}^k)$ 来逼近真实分布 $p(\boldsymbol{U}|\boldsymbol{D}^k)$。对此，我们需要通过最小化两者的 KL 散度来缩小变分后验分布 $q(\boldsymbol{U}|\boldsymbol{D}^k)$ 和真实分布 $p(\boldsymbol{U}|\boldsymbol{D}^k)$ 之间的差距，从而获取可靠的 $q(\boldsymbol{U}|\boldsymbol{D}^k)$。

定义 11-1 Kullback-Leibler（KL）散度 给定两个概率分布 $p(x)$ 和 $q(x)$，则定义 $p(x)$ 和 $q(x)$ 的 KL 散度为 $p(x)$ 相对于 $q(x)$ 的熵：

$$D_{\mathrm{KL}}(p\,\|\,q)=\sum_{x}p(x)\log\frac{p(x)}{q(x)} \tag{11-29}$$

根据 KL 散度的定义，有：

$$\begin{aligned}D_{\mathrm{KL}}(q(\boldsymbol{U}\mid\boldsymbol{D}^k)\,\|\,p(\boldsymbol{U}|\boldsymbol{D}^k))&=\sum\left[q(\boldsymbol{U}|\boldsymbol{D}^k)\log q(\boldsymbol{U}|\boldsymbol{D}^k)-q(\boldsymbol{U}|\boldsymbol{D}^k)\log p(\boldsymbol{U}|\boldsymbol{D}^k)\right]\\&=\int q(\boldsymbol{U}|\boldsymbol{D}^k)\log\frac{q(\boldsymbol{U}|\boldsymbol{D}^k)}{p(\boldsymbol{U}|\boldsymbol{D}^k)}\mathrm{d}\boldsymbol{U}\\&=\int q(\boldsymbol{U}|\boldsymbol{D}^k)\log q(\boldsymbol{U}|\boldsymbol{D}^k)\mathrm{d}\boldsymbol{U}-\int q(\boldsymbol{U}|\boldsymbol{D}^k)p(\boldsymbol{U}|\boldsymbol{D}^k)\mathrm{d}\boldsymbol{U}\end{aligned} \tag{11-30}$$

$$
\begin{aligned}
&= \mathbb{E}_q\left[\log q(\boldsymbol{U}|\boldsymbol{D}^k)\right] - \mathbb{E}_q\left[\log p(\boldsymbol{U}|\boldsymbol{D}^k)\right] \\
&= \mathbb{E}_q\left[\log q(\boldsymbol{U}|\boldsymbol{D}^k)\right] - \left(\mathbb{E}_q\left[\log p(\boldsymbol{U},\boldsymbol{D}^k)\right] - \mathbb{E}_q\left[\log p(\boldsymbol{D}^k)\right]\right) \\
&= \mathbb{E}_q\left[\log q(\boldsymbol{U}|\boldsymbol{D}^k)\right] - \mathbb{E}_q\left[\log p(\boldsymbol{U},\boldsymbol{D}^k)\right] + \mathbb{E}_q\left[\log p(\boldsymbol{D}^k)\right]
\end{aligned}
$$

其中，$-\left(\mathbb{E}_q\left[\log(q(\boldsymbol{U} \mid \boldsymbol{D}^k)\right] - \mathbb{E}_q\left[\log p(\boldsymbol{U},\boldsymbol{D}^k)\right]\right)$ 被称为证据下界（Evidence Lower Bound，ELBO）。通过将 $-\left(\mathbb{E}_q\left[\log q(\boldsymbol{U} \mid \boldsymbol{D}^k)\right] - \mathbb{E}_q\left[\log p(\boldsymbol{U},\boldsymbol{D}^k)\right]\right)$ 表示为 L_{ELBO}^k 并转移到等号左边，可以进一步得到：

$$
D_{\text{KL}}(q(\boldsymbol{U} \mid \boldsymbol{D}^k) \,\|\, p(\boldsymbol{U} \mid \boldsymbol{D}^k)) + L_{\text{ELBO}}^k = \log p(\boldsymbol{D}^k) \tag{11-31}
$$

上式中，虽然 $p(\boldsymbol{D}^k)$ 是未知的，但因为 $\boldsymbol{D}^k$ 是已知的样本，所以 $\log p(\boldsymbol{D}^k)$ 是一个常量，因此 KL 散度和 ELBO 的和是定值，最小化 KL 散度可以等价于最大化 ELBO，其中

$$
L_{\text{ELBO}} = \frac{1}{n}\sum_{k=1}^{n} L_{\text{ELBO}}^k \tag{11-32}
$$

$$
\begin{aligned}
L_{\text{ELBO}}^k &= \mathbb{E}_q\left[\log p(\boldsymbol{U},\boldsymbol{D}^k)\right] - \mathbb{E}_q\left[\log q(\boldsymbol{U}|\boldsymbol{D}^k)\right] \\
&= \mathbb{E}_q\left[\log p(\boldsymbol{D}^k|\boldsymbol{U})\log p(\boldsymbol{U})\right] - \mathbb{E}_q\left[\log q(\boldsymbol{U}|\boldsymbol{D}^k)\right] \\
&= \mathbb{E}_q\left[\log p(\boldsymbol{D}^k|\boldsymbol{U})\right] + \mathbb{E}_q\left[\log p(\boldsymbol{U})\right] - \mathbb{E}_q\left[\log q(\boldsymbol{U}|\boldsymbol{D}^k)\right] \\
&= \mathbb{E}_q\left[\log p(\boldsymbol{D}^k|\boldsymbol{U})\right] - \left(\mathbb{E}_q\left[\log p(\boldsymbol{U}|\boldsymbol{D}^k)\right] - \mathbb{E}_q\left[\log p(\boldsymbol{U})\right]\right) \\
&= \mathbb{E}_q\left[\log p(\boldsymbol{D}^k|\boldsymbol{U})\right] - \int q(\boldsymbol{U}|\boldsymbol{D}^k)\log\frac{q(\boldsymbol{U}|\boldsymbol{D}^k)}{p(\boldsymbol{U})}\mathrm{d}\boldsymbol{U} \\
&= \mathbb{E}_q\left[\log p(\boldsymbol{D}^k|\boldsymbol{U})\right] - D_{\text{KL}}(q(\boldsymbol{U} \mid \boldsymbol{D}^k) \,\|\, p(\boldsymbol{U}))
\end{aligned} \tag{11-33}
$$

综上所述，问题已可以总结为：构造一个用 $\boldsymbol{U}$ 重构数据的模型，然后对重构数据和原始数据求 ELBO 损失，以获取准确的模型。但是，我们只有 $\mathcal{V}$ 对应的数据 $\boldsymbol{D}$ 而没有 $\boldsymbol{U}$ 的数据。这样一个重构数据——缩小重构损失的过程，符合 VAE 模型的求解过程，因此可以用 VAE 来实现。在 VAE 中，给定一个样本 $\boldsymbol{D}^k$，编码器（推理模型）将其编码成密度为 $q(\boldsymbol{U}|\boldsymbol{D}^k)$ 的隐变量 $\boldsymbol{U}$，然后由解码器（生成模型）从 $\boldsymbol{U}$ 中重构出密度为 $p(\boldsymbol{D}^k|\boldsymbol{U})$ 的 $\boldsymbol{D}^k$，其中解码器部分与我们前面所推断的用 $\boldsymbol{U}$ 重构数据的步骤相同。与式（11-26）中的解码器相对应，我们构造相应的编码器：

$$
\boldsymbol{U}=f_4((\boldsymbol{I}-\boldsymbol{A}^{\mathrm{T}})f_3(\boldsymbol{D})) \tag{11-34}
$$

其中 f_3 和 f_4 分别与 f_2 和 f_1 在概念上作用相反。因而，我们可以把重构数据的过程用 VAE 来实现。

11.4.3　模型构造

在构造好编码器和解码器后，我们进一步使用编码器 $\boldsymbol{U}=f_4((\boldsymbol{I}-\boldsymbol{A}^{\mathrm{T}})\boldsymbol{f}_3(\boldsymbol{D}))$ 构建推理模型，使用解码器 $\boldsymbol{D}=\boldsymbol{f}_2((\boldsymbol{I}-\boldsymbol{A}^{\mathrm{T}})^{-1}f_1(\boldsymbol{U}))$ 构建生成模型，最终得到如图 11-8 所示的 VAE 架构。为完成该架构，我们需要明确式（11-33）中的各项分布。为了简单起见，对于 $\boldsymbol{D}^k$ 和 $\boldsymbol{U}$，我们将其设为 $N\times m$ 的矩阵，并且隐变量 $\boldsymbol{U}$ 服从标准矩阵正态分布。

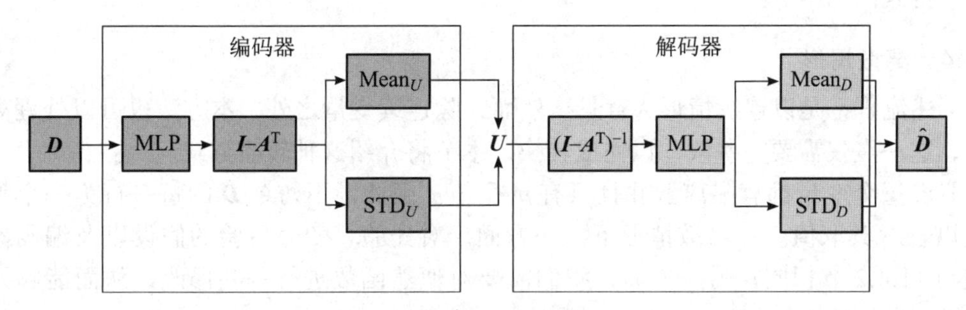

图 11-8　VAE 架构

1. 构建推理模型

令 f_3 为多层感知机，f_4 为恒等映射。同样，为了简便起见，将变分后验 $q(\boldsymbol{U}|\boldsymbol{D})$ 假设为一个均值为 $\mathrm{Mean}_U\in\mathbf{R}^{N\times m}$，标准差为 $\mathrm{STD}_{\boldsymbol{U}}\in\mathbf{R}^{N\times m}$ 的高斯分布，这两个参数可以由编码器获得，编码器的构造如下所示：

$$[\mathrm{Mean}_U|\log\mathrm{STD}_U]=(\boldsymbol{I}-\boldsymbol{A}^{\mathrm{T}})\mathrm{MLP}(\boldsymbol{D},\boldsymbol{W}^1,\boldsymbol{W}^2) \tag{11-35}$$

其中 $\mathrm{MLP}(\boldsymbol{D},\boldsymbol{W}^1,\boldsymbol{W}^2):=\mathrm{ReLU}(\boldsymbol{D}\boldsymbol{W}^1)\boldsymbol{W}^2$，$\boldsymbol{W}^1$ 和 $\boldsymbol{W}^2$ 为参数矩阵。

2. 构建生成模型

令 f_1 为恒等映射，f_2 为 MLP。同样地，$p(\boldsymbol{D}|\boldsymbol{U})$ 也服从均值和方差分别为 $\mathrm{Mean}_{\boldsymbol{D}}\in\mathbf{R}^{N\times m}$ 和 $\mathrm{STD}_{\boldsymbol{D}}\in\mathbf{R}^{N\times m}$ 的高斯分布，这两者可以由解码器获得，解码器构造如下所示：

$$[\mathrm{Mean}_{\boldsymbol{D}}|\log\mathrm{STD}_{\boldsymbol{D}}]=\mathrm{MLP}((\boldsymbol{I}-\boldsymbol{A}^{\mathrm{T}})^{-1}\boldsymbol{U},\boldsymbol{W}^3,\boldsymbol{W}^4)) \tag{11-36}$$

其中 $\boldsymbol{W}^3$ 和 $\boldsymbol{W}^4$ 为参数矩阵。

基于式（11-35）和式（11-36）可以得到，式（11-32）的 ELBO 中的 KL 散度项可以表示为

$$D_{\mathrm{KL}}\left(q(\boldsymbol{U}\mid\boldsymbol{D})\,\|\,p\left(\boldsymbol{U}\right)\right)=\frac{1}{2}\sum_{i=1}^{N}\sum_{j=1}^{m}\left(\mathrm{STD}_{\boldsymbol{U}}\right)_{ij}^{2}+\left(\mathrm{Mean}_{\boldsymbol{U}}\right)_{ij}^{2}-2\log\left(\mathrm{STD}_{\boldsymbol{U}}\right)_{ij}-1 \tag{11-37}$$

通过使用蒙特卡罗近似，可以将重构精度项表示为

$$\mathbb{E}_{q(\boldsymbol{U}|\boldsymbol{D})}\left[\log p\left(\boldsymbol{D}|\boldsymbol{U}\right)\right]\approx\frac{1}{L}\sum_{l=1}^{L}\sum_{i=1}^{N}\sum_{j=1}^{m}-\frac{\left(V_{ij}-\left(\mathrm{Mean}_{\boldsymbol{D}}^{(l)}\right)_{ij}\right)^{2}}{2\left(\mathrm{STD}_{\boldsymbol{D}}^{(l)}\right)_{ij}^{2}}-\log\left(\mathrm{STD}_{\boldsymbol{D}}^{(l)}\right)_{ij}-c \tag{11-38}$$

其中 c 为常数，$\mathrm{Mean}_{\boldsymbol{D}}^{(l)}$ 和 $\mathrm{STD}_{\boldsymbol{D}}^{(l)}$ 为解码器将蒙特卡罗样本 $\boldsymbol{U}^{(l)}\sim q(\boldsymbol{U}|\boldsymbol{D}),l=1,\cdots,L$ 作为输入得到的输出。

11.4.4 离散情形

上述流程都是以连续情形为背景。然而，除连续变量之外，本方法也可以处理离散变量，这一点仅需要一些改动以完成转换，本节将介绍这种转换方式。

假设每个变量都有限离散并且只有 m 个值。因此，不妨令 $\boldsymbol{D}$ 的每一行为一个独热向量以表示其取值。在离散情形下，一方面，对先验、变分后验的假设以及编码器的构造与 11.4.2 节相同；另一方面，我们需要对似然函数进行一些修改，从而能够处理变量的离散性质。

具体而言，假设 $p(\boldsymbol{D}|\boldsymbol{U})$ 服从因子分类分布，分类分布对应的概率矩阵为 $P_{\boldsymbol{D}}$，$P_{\boldsymbol{D}(i,:)}$ 对应第 i 个变量分别取 m 个值所对应的概率。为使解码器的输出满足 $P_{\boldsymbol{D}}$ 的概率形式，此处将 f_2 的恒等映射改为逐行的 softmax 函数：

$$P_{\boldsymbol{D}}=\mathrm{softmax}(\mathrm{MLP}((\boldsymbol{I}-\boldsymbol{A}^{\mathrm{T}})^{-1},\boldsymbol{U},\boldsymbol{W}^{3},\boldsymbol{W}^{4})) \tag{11-39}$$

相应地，对于 ELBO，KL 散度项与式（11-37）相同，但式（11-38）所示的重构项需要修改为：

$$\mathbb{E}_{q(\boldsymbol{U}|\boldsymbol{D})}\left[\log p(\boldsymbol{D}|\boldsymbol{U})\right]\approx\frac{1}{L}\sum_{l=1}^{L}\sum_{i=1}^{N}\sum_{j=1}^{m}\boldsymbol{D}_{ij}\log\left(P_{\boldsymbol{D}}^{(l)}\right)_{ij} \tag{11-40}$$

其中 $P_{\boldsymbol{D}}^{(l)}$ 为解码器将蒙特卡罗样本 $\boldsymbol{U}^{(l)}\sim q(\boldsymbol{U}\mid\boldsymbol{D}),l=1,\cdots,L$ 作为输入，解码后得到的输出。

11.4.5 无环约束改进

除构建模型，确定损失函数以外，为确保最终所得结果无环，还需要在解题过程中施加无环约束。11.1 节中已介绍了无环约束的一种数值表示方法，此处，我们介绍 DAG-GNN 对无环约束进行的改进。虽然 11.1 节中介绍的无环约束在数学上非常优雅，但矩阵指数在深度学习平台上不一定可用，因此对这种无环约束进行一下简化。为满足非负性，我们设 $\boldsymbol{B}$ 为 $\boldsymbol{A}$ 与自身的哈达玛积，即 $\boldsymbol{B}=\boldsymbol{A}\circ\boldsymbol{A}$。

定理 11-2 令 $\boldsymbol{A}\in\mathbf{R}^{N\times N}$ 为一个有向图对应的权重邻接矩阵（可能为负），则对任意的 $\alpha>0$，该有向图无环当且仅当下式成立：

$$\mathrm{tr}[(\boldsymbol{I}+\alpha\boldsymbol{A}\circ\boldsymbol{A})^{N}]-N=0 \tag{11-41}$$

最大化 ELBO 时，此处用式（11-41）作为等式约束。在计算 $(\boldsymbol{I}+\alpha\boldsymbol{B})^N$ 或者 $\mathrm{e}^{\boldsymbol{B}}$ 时，如果 $\boldsymbol{B}$ 的特征值较大，可能会遇到数值过大的问题，但是如果选择了一个好的 α，那么前者的问题将没有后者那么严重。

定理 11-3 对于某些 c，令 $\alpha=c/N>0$，那么对于任意复数 λ，有 $(1+\alpha|\lambda|)^N \leqslant \mathrm{e}^{c|\lambda|}$。

证明：

$$(1+\alpha|\lambda|)^N=\left(1+c\frac{|\lambda|}{N}\right)^N \tag{11-42}$$

对于给定的 c 和 $|\lambda|$，右边的等式是一个关于 N 的函数，这个函数关于正的 N 单调递增并且其极限为 $\mathrm{e}^{c|\lambda|}$。因此，对于任意有限的 $N>0$，有 $(1+\alpha|\lambda|)^N \leqslant \mathrm{e}^{c|\lambda|}$。

在实际操作中，α 将被当作超参数来处理，它的值的设定取决于 $\boldsymbol{B}$ 的最大特征值大小，这个值同样也是 $\boldsymbol{B}$ 的谱半径。因为 $\boldsymbol{B}$ 非负，根据 Perron-Frobenius 定理，它以 $\boldsymbol{B}$ 的最大行和为界。

11.4.6 训练优化

根据重构损失和无环约束，我们要解决的问题可以表示为

$$\begin{aligned}&\min_{\boldsymbol{A},\theta} f(\boldsymbol{A},\theta)\equiv -L_{\mathrm{ELBO}}\\&\text{s.t. } h(\boldsymbol{A})\equiv \operatorname{tr}\left[(\boldsymbol{I}+\alpha\boldsymbol{A}\circ\boldsymbol{A})^N\right]-N=0\end{aligned} \tag{11-43}$$

由此，我们得到了与式（11-8）相同的问题形式，只是损失函数和无环约束的表达式有所区别。此处，问题中的未知量包括邻接矩阵 $\boldsymbol{A}$ 以及神经网络参数 $\theta=\{\boldsymbol{W}^1,\boldsymbol{W}^2,\boldsymbol{W}^3,\boldsymbol{W}^4\}$，因为问题形式与式（11-8）相同，所以可以应用 11.1 节中提到的增广拉格朗日方法进行求解，于是该问题可转化为

$$L_c(\boldsymbol{A},\theta,\lambda)=f(\boldsymbol{A},\theta)+\alpha h(\boldsymbol{A})+\frac{\rho}{2}|h(\boldsymbol{A})|^2 \tag{11-44}$$

仿照 11.1 节中的优化准则，更新 $\boldsymbol{A}$，θ，λ，c 的步骤可总结为

$$\begin{aligned}&(\boldsymbol{A}^k,\theta^k)=\underset{\boldsymbol{A},\theta}{\operatorname{argmin}} L_{\rho^k}(\boldsymbol{A},\theta,\alpha^k)\\&\alpha^{k+1}=\alpha^k+\rho^k h(\boldsymbol{A}^k)\\&\rho^{k+1}=\begin{cases}\eta\rho^k, & |h(\boldsymbol{A}^k)|>\gamma|h(\boldsymbol{A}^{k-1})|\\ \rho^k, & \text{其他}\end{cases}\end{aligned} \tag{11-45}$$

在优化完成后即可得到权重邻接矩阵 $\boldsymbol{A}$ 与相应的有向无环图。

与 11.1 节不同的是，因为使用图神经网络来重构数据且显式定义了邻接矩阵，所以此处既要更新矩阵权重，又要更新神经网络参数。

11.5 对抗优化方法 SAM

本节我们将介绍一种基于生成对抗网络的因果结构学习方法 SAM[7]（Structural Agnostic Modeling）。

11.5.1 生成对抗网络

生成对抗网络（Generative Adversarial Network，GAN）是深度学习领域中一种重要的无监督式学习方法，在图像生成、风格迁移、数据增强等方面具有广泛的应用。GAN 由一个生成网络和一个判别网络组成，两个网络在优化过程中相互博弈，通过对抗学习来近似一些不可解的损失函数，避免了传统的生成模型在实际应用中的一些困难。具体而言，生成网络采样随机噪声 $\boldsymbol{U}$ 作为输入，其输出结果 $\widetilde{\boldsymbol{D}}$ 需要尽可能地模仿训练集中的真实样本 $\boldsymbol{D}$ 以欺骗判别网络。判别网络则是一个二分类网络，它的输入是训练集中的真实样本 $\boldsymbol{D}$ 和生成网络生成的样本 $\widetilde{\boldsymbol{D}}$，其目的是尽可能地将生成的样本从真实样本中分辨出来，如图 11-9 所示。在训练过程中，两个网络不断地进行对抗，调整各自的参数，最终达到判别网络无法有效区分真实样本 $\boldsymbol{D}$ 和生成样本 $\widetilde{\boldsymbol{D}}$ 的目的。

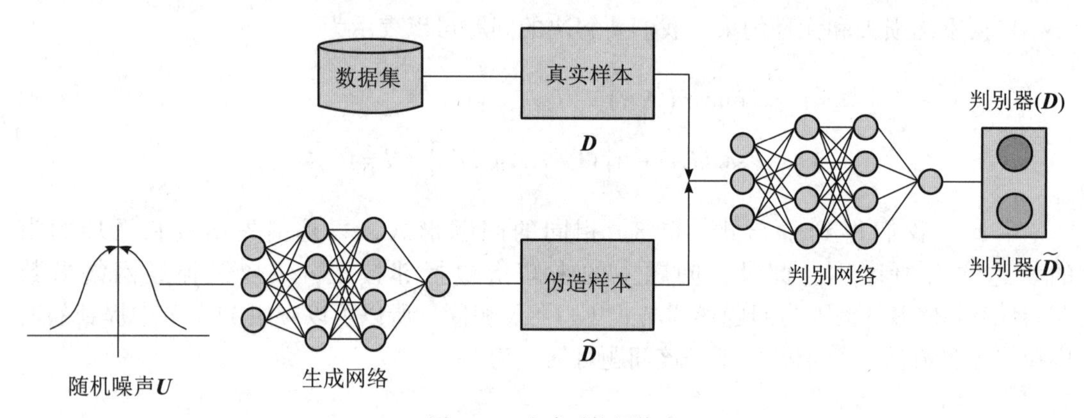

图 11-9 生成对抗网络

11.5.2 深度神经网络拟合因果机制

从生成对抗网络的优化过程中我们可以看出，其核心在于通过不断优化让判别网络无法准确区分生成样本 $\widetilde{\boldsymbol{D}}$ 和真实样本 $\boldsymbol{D}$。

$$V_j=f_j(\mathcal{P}a^G(j),U_j),U_j\sim N(0,1),j=1,\cdots,N \tag{11-46}$$

式（11-46）中的因果结构模型在给定变量 V_j 的父节点集合和外部噪声变量 U_j 后，可以生成对应 V_j 的数据。因此我们可以将对抗优化的思想和因果结构学习有机结合起来，采用多层感知机 $\hat{f}_j$ 来拟合每一个变量 V_j 对应的 f_j，其中变量 V_j 对应的生成网络 $\hat{f}_j$ 如图 11-10 所示。

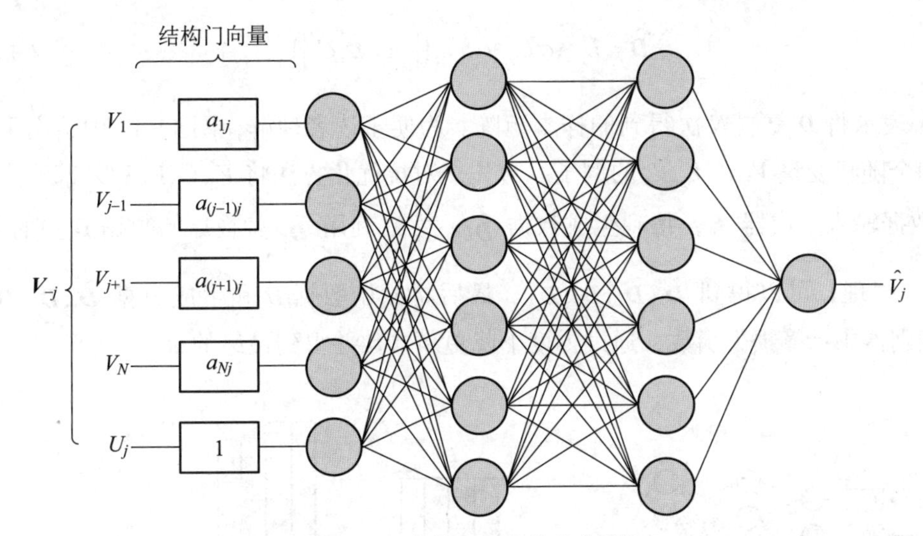

图 11-10　变量 V_j 对应的生成网络

从图 11-10 可以看出，在生成变量 V_j 的数据时，先根据 SCM 方程引入一个外部噪声变量 $U_j \sim N(0,1)$。再将原始数据 $\boldsymbol{D}$ 和一个二元的结构门向量 $a_j=[a_{1j},a_{2j},...a_{Nj}]$ 按元素相乘。若结构门向量中的某一个元素 a_{ij} 为 1，则变量 V_i 是变量 V_j 的直接原因，也就是说在真实样本对应的 DAG 中，V_i 是 V_j 的父节点。同时为了避免在 DAG 中产生环，将 $a_{ii},i=1,2,\cdots,N$ 设置为 0。最后将 N 个变量对应的结构门向量 a_j 组合起来得到的一个二元矩阵 $\boldsymbol{A}=[a_1,a_2,\cdots,a_N]$ 就是真实数据对应的 DAG。在初始化阶段，先将 $\boldsymbol{A}$ 初始化为一个除对角线全 0 外其余全 1 的二元矩阵，然后在算法执行过程中将 $\boldsymbol{A}$ 视作神经网络的参数进行优化，最后由给定的阈值得到 DAG。

具体来说，每一个 $\widehat{f_j}$ 都可以用一个含有 H 个隐藏层的 MLP 来实现，它的第 h 层由 n_h 个隐藏层单元构成。$\widehat{f_j}$ 可以表示为

$$\widehat{V_j} = \widehat{f_j}\left(\boldsymbol{V},U_j\right) = L_{j,H+1}\sigma L_{j,H}\cdots\sigma L_{j,1}\left(\left[a_j \sim \boldsymbol{V},U_j\right]\right) \tag{11-47}$$

其中 $a_j \sim \boldsymbol{V}$ 表示将结构门向量 a_j 和 $\boldsymbol{V}=(V_1,V_2,\cdots,V_N)^{\mathrm{T}}$ 按元素相乘，$[a_j \sim \boldsymbol{V},U_j]$ 是将 $a_j \sim \boldsymbol{V}$ 和 U_j 拼接而来的 $N+1$ 维向量。$L_{j,h}(\boldsymbol{V})=\boldsymbol{W}_{j,h}\cdot\boldsymbol{V}+b_{j,h}$ 是第 h 层的线性映射，$\boldsymbol{W}_{j,h}$ 是权重矩阵，$b_{j,h}$ 是偏差向量。第 j 个神经网络的参数为 $\theta_j:=\{(\boldsymbol{W}_{j,1},b_1),(\boldsymbol{W}_{j,2},b_2),\cdots,(\boldsymbol{W}_{j,H+1},b_{H+1})\}$。此时我们可以得到变量 V_j 的生成分布 $q(V_j|\mathcal{P}a^G(j),\theta_j)$，其中 $\mathcal{P}a^G(j)=\{i \in [1,2,\cdots N]$ s.t. $a_{i,j}=1\}$ 为变量 V_j 的父节点集合。

当真实数据中含有 N 个变量时，利用对抗学习的方式学习因果结构时需要独立地执行 N 次神经网络来生成数据，为了在 GPU 上对该过程进行并行计算，加快算法的优化速度，可以将 N 个生成神经网络堆叠起来作为第 3 个维度。此时，生成数据 $\widehat{\boldsymbol{D}}=\left(\widehat{\boldsymbol{D}}_1,\widehat{\boldsymbol{D}}_2,\cdots,\widehat{\boldsymbol{D}}_N\right)$ 为

$$\widehat{\boldsymbol{D}}=L_{H+1}\sigma L_H\cdots\sigma L_1\left(\left[\boldsymbol{A}\circ\bar{\boldsymbol{D}},\boldsymbol{U}\right]\right) \tag{11-48}$$

$\bar{\boldsymbol{D}}$ 表示将 $\boldsymbol{D}$ 复制 N 次得到的样本矩阵。为便于读者理解，图 11-11 中给出了一个含有四个随机变量 V_1,V_2,V_3,V_4 的例子。首先，对抗优化方法将 V_2,V_3,V_4 和外部噪声变量 U_1 的数据输入生成器 $\widehat{f}_1$，得到生成数据 $\widehat{\boldsymbol{D}}_1$。然后利用 $\widehat{\boldsymbol{D}}_1$ 替换原始数据 $\boldsymbol{D}$ 中的 $\boldsymbol{D}_1$ 得到 $\widetilde{\boldsymbol{D}}_1$。同理，可以得到 $\widetilde{\boldsymbol{D}}_1,\widetilde{\boldsymbol{D}}_2,\widetilde{\boldsymbol{D}}_3,\widetilde{\boldsymbol{D}}_4$。最后将原始数据 $\boldsymbol{D}$ 和生成数据 $\widetilde{\boldsymbol{D}}_1,\widetilde{\boldsymbol{D}}_2,\widetilde{\boldsymbol{D}}_3,\widetilde{\boldsymbol{D}}_4$ 输入判别器中计算损失函数，通过梯度下降更新参数并得到最终的 $\boldsymbol{A}$。

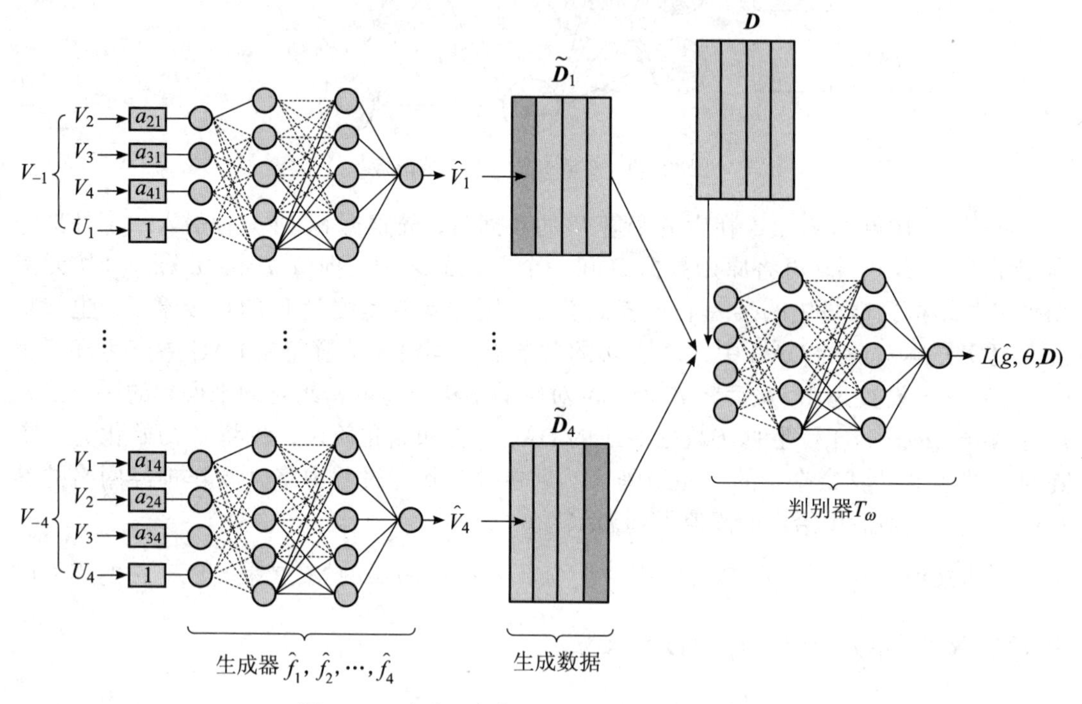

图 11-11 含有四个变量 $V_1,\cdots,V_4$ 的生成对抗网络

11.5.3 学习准则

在利用对抗优化方法学习 DAG 的过程中，通过最小化一个标准化的全局得分 $L(\hat{g},\theta,\boldsymbol{D})$ 来得到 DAG，$L(\hat{g},\theta,\boldsymbol{D})$ 权衡了模型的复杂度和数据拟合损失（对数似然）：

$$L\left(\hat{g},\theta,\boldsymbol{D}\right):=\frac{1}{n}\sum_{j=1}^{N}\text{Complex}(q(V_j|\mathcal{P}a^G\left(j\right),\theta_j)-\frac{1}{n}\sum_{j=1}^{N}\sum_{l=1}^{n}\log q(V_j^{(l)}|\mathcal{P}a^G(j),\theta_j) \tag{11-49}$$

式（11-49）中，$\hat{g}$ 是候选的 DAG，θ=[$\theta_1,\theta_2,\cdots$，θ_d] 是生成网络的参数，Complex ($q(V_j|\mathcal{P}a^G(j),\theta_j)$) 表示每一个因果机制 $\widehat{f}_j$ 的复杂度。具体来说，$\widehat{f}_j$ 的复杂度由结构复杂

度和功能复杂度组成，其中结构复杂度为结构门向量 a_j 的 L_0 范式，它通过限制 V_j 的父节点数目对 DAG 进行稀疏性约束，而功能复杂度采用 $\widehat{f_j}$ 的参数 θ_j 的 F 范数 $\|\theta_j\|_\mathrm{F}$ 来表示：

$$\|\theta_j\|_\mathrm{F}=\sum_{h=1}^{H+1}\|\boldsymbol{W}_{j,h}\|_\mathrm{F}+\sum_{h=1}^{H+1}\|b_{j,h}\|_\mathrm{F} \tag{11-50}$$

其中 $\|\boldsymbol{W}_{j,h}\|_\mathrm{F}=\sqrt{\sum_{\substack{1\leqslant k\leqslant n_h\\1\leqslant l\leqslant n_{h-1}}}|\boldsymbol{W}_{k,l}^{j,h}|^2}, \|b_{j,h}\|_\mathrm{F}=\sqrt{\sum_{1\leqslant k\leqslant n_h}|b_k^{j,h}|^2}$。因此可将模型复杂度定义为

$$\text{Complex}(q\left(V_j|\mathcal{P}a^G(j),\theta_j\right)=\lambda_s\left|\mathcal{P}a^G(j)\right|+\lambda_\mathrm{F}\|\theta_j\|_\mathrm{F} \tag{11-51}$$

$\lambda_s,\lambda_\mathrm{F}$ 为相对应的权重系数。

除 $\text{Complex}(q(V_j|\mathcal{P}a^G(j),\theta_j))$ 外，$L\left(\widehat{g},\theta,\boldsymbol{D}\right)$ 的另一个组成部分是数据拟合损失。当样本数量趋于无穷时，数据拟合损失项变为数据的对数似然期望值：

$$\lim_{n\to\infty}\frac{1}{n}\sum_{l=1}^{n}\log q(V_j^{(l)}\mid\mathcal{P}a^G(j),\theta_j)=\mathbb{E}_P\log q(V_j\mid\mathcal{P}a^G(j),\theta_j) \tag{11-52}$$

因为变量 $\widehat{V}_j$ 的生成过程只与其父节点 $\mathcal{P}a^G(j)$ 有关，所以 $q(V_j|\mathcal{P}a^G(j),\theta_j)=q(V_j|\boldsymbol{V}_{-j},\theta_j)$，将其代入原式得：

$$\begin{aligned}\lim_{n\to\infty}-\frac{1}{n}\sum_{l=1}^{n}\log q\left(V_j^{(l)}|\mathcal{P}a^G(j),\theta_j\right)&=\mathbb{E}_p\log\frac{1}{q\left(V_j\mid\boldsymbol{V}_{-j},\theta_j\right)}\\&=\mathbb{E}_p\log\frac{p(V_j\mid V_{-j})}{q\left(V_j\mid\boldsymbol{V}_{-j},\theta_j\right)}-\mathbb{E}_p\log p(V_j\mid\boldsymbol{V}_{-j})\\&=D_\mathrm{KL}[p(V_j\mid\boldsymbol{V}_{-j})\|q\left(V_j\mid\boldsymbol{V}_{-j},\theta_j\right)]+H(V_j\mid\boldsymbol{V}_{-j})\end{aligned} \tag{11-53}$$

综上所述，对抗优化方法将难以直接计算的数据拟合损失 $\sum_{l=1}^{n}\log q\left(V_j^{(l)}|\mathcal{P}a^G\left(j\right),\theta_j\right)$ 转化为 KL 散度和熵 H。具体地，$D_\mathrm{KL}[p(V_j|\boldsymbol{V}_{-j})\|q(V_j|\boldsymbol{V}_{-j},\theta_j)]$ 表示原始数据的条件分布 $p(V_j|\boldsymbol{V}_{-j})$ 和生成数据的条件分布 $q(V_j|\boldsymbol{V}_{-j},\theta_j)$ 之间的 KL 散度。

式（11-53）中，$H(V_j|\boldsymbol{V}_{-j})$ 表示的是原始数据的条件熵，它是一个常数，因此可以在优化过程中忽略，但是 $D_\mathrm{KL}(p\|q)$ 在连续数据下不容易计算和估计，此时可以通过 f-GAN 方法来对其进行近似。给定一个包含任意函数 $K:\mathbf{R}^N\to\mathbf{R}$ 的函数族 $\mathcal{K}$，则对于定义在 $\mathbf{R}^N$ 上的两个分布 p 和 q，Nguyen 等给出了 $D_\mathrm{KL}(p\|q)$ 的下界：

$$D_{\mathrm{KL}}[p\|q]\geqslant\sup_{K\in\mathcal{K}}\mathbb{E}_{\mathcal{V}\sim p(\boldsymbol{D})}\left[K(\boldsymbol{D})\right]-\mathbb{E}_{\mathcal{V}\sim q(\boldsymbol{D})}\left[e^{K(\boldsymbol{D})-1}\right] \tag{11-54}$$

根据神经网络的通用近似定理，设 $\omega\in\Omega$ 是神经网络的参数，可以用一个神经网络 $K_\omega:\mathbf{R}^N\to\mathbf{R}$ 来近似函数族 $\mathcal{K}$，得到 D_{KL} 的近似估计：

$$D_{\mathrm{KL}}^{\Omega}[p\|q]=\sup_{\omega\in\Omega}\mathbb{E}_{\mathcal{V}\sim p(\boldsymbol{D})}\left[K_\omega(\boldsymbol{D})\right]-\mathbb{E}_{\mathcal{V}\sim q(\boldsymbol{D})}[e^{K_\omega(\boldsymbol{D})-1}] \tag{11-55}$$

为了估计对抗优化方法中真实样本分布和生成样本分布的 KL 散度下界，给定每一个原始样本 $\boldsymbol{D}^{(l)}$，用 $\widetilde{f}_j^{(l)}\left(\boldsymbol{D}^{(l)},U_j^{(l)}\right)$ 来替换 $\boldsymbol{D}^{(l)}$ 中的第 j 列得到 $\widetilde{\boldsymbol{D}}^{(l)}$，其中 $U_j^{(l)}$ 采样自 $N(0,1)$。接下来，我们等价地用$\left[\widetilde{f}_j^{(\theta_j,\alpha_j)}\left(\boldsymbol{D}^{(l)},U_j^{(l)}\right),\boldsymbol{D}_{-j}^{(l)}\right]$来表示 $\widetilde{\boldsymbol{D}}_j^{(l)}$，最后用 $\widetilde{\boldsymbol{D}}_j$ 表示替换原始样本中第 j 列后得到的样本 $\sum_{l=1}^{n}\widetilde{\boldsymbol{D}}_j^{(l)},\widetilde{\boldsymbol{D}}=\bigcup_{j=1}^{N}\widetilde{\boldsymbol{D}}_j$ 为完整的数据集。相应地，第 j 个变量对应的 $D_{\mathrm{KL}}(p\|q)$ 为

$$\begin{aligned}&D_{\mathrm{KL}}^{\Omega_j}[p(V_j,\boldsymbol{V}_{-j})\|q(V_j,\boldsymbol{V}_{-j},\theta_j)]\\&=\sup_{\omega\in\Omega_j}\lim_{n\to\infty}\left(\frac{1}{n}\sum_{l=1}^{n}K_\omega^j(\boldsymbol{D}^{(l)})+\frac{1}{n}\sum_{l=1}^{n}\left[-\exp(K_\omega^j(\widetilde{\boldsymbol{D}}_j^{(l)})-1)\right]\right)\end{aligned} \tag{11-56}$$

对于式（11-56），对抗优化方法通过找出一个共享的 K_ω 来同时最大化 N 个不同变量对应的 $D_{\mathrm{KL}}^{\Omega_j}[p(V_j,\boldsymbol{V}_{-j})\|q(V_j,\boldsymbol{V}_{-j},\theta_j)]$，得到：

$$\begin{aligned}&\sum_{j=1}^{N}D_{\mathrm{KL}}^{\Omega}[p(V_j,\boldsymbol{V}_{-j})\|q(V_j,\boldsymbol{V}_{-j},\theta_j)]\\&=\sup_{\omega\in\Omega}\lim_{n\to\infty}\frac{1}{n}\sum_{j=1}^{N}\left(\sum_{l=1}^{n}K_\omega(\boldsymbol{D}^{(l)})+\sum_{l=1}^{n}[-\exp(K_\omega(\widetilde{\boldsymbol{D}}_j^{(l)})-1)]\right)\end{aligned} \tag{11-57}$$

不难发现 $p(V_j,\boldsymbol{V}_{-j})=p(\boldsymbol{V}_{-j})p(V_j|\boldsymbol{V}_{-j})$ 且 $q(V_j,\boldsymbol{V}_{-j},\theta_j)=p(\boldsymbol{V}_{-j})q(V_j|\boldsymbol{V}_{-j},\theta_j)$，那么有：

$$D_{\mathrm{KL}}[p(V_j,\boldsymbol{V}_{-j})\|q(V_j,\boldsymbol{V}_{-j},\theta_j)]=D_{\mathrm{KL}}[p(V_j|\boldsymbol{V}_{-j})\|q(V_j|\boldsymbol{V}_{-j},\theta_j)] \tag{11-58}$$

根据式（11-58）可得，$D_{\mathrm{KL}}(p\|q)$ 近似项为

$$\sup_{\omega\in\Omega}\left(\frac{N}{n}\sum_{l=1}^{n}K_\omega(\boldsymbol{D}^{(l)})+\frac{1}{n}\sum_{j=1}^{N}\sum_{l=1}^{n}[-\exp(K_\omega(\widetilde{\boldsymbol{D}}_j^{(l)})-1)]\right) \tag{11-59}$$

此时对抗优化方法的损失函数可定义为

$$F(\hat{g}^*,\theta^*,\boldsymbol{D}) = \min\left(\frac{\lambda_s}{n}\sum_{i,j}a_{i,j} + \frac{\lambda_F}{n}\sum_j \|\theta_j\|_F + \sup_{\omega\in\Omega}\left(\frac{N}{n}\sum_{l=1}^{n}K_\omega(\boldsymbol{D}^{(l)}) + \frac{1}{n}\sum_{j=1}^{N}\sum_{l=1}^{n}[-\exp(K_\omega(\widetilde{\boldsymbol{D}}_j^{(l)})-1)]\right)\right) \tag{11-60}$$

但是仅通过上式无法保证 DAG 的无环性，所以在上式中添加一个无环约束项 $\sum_{k=1}^{N}\frac{\mathrm{tr}(\boldsymbol{A}^k)}{k!}$，同时将 $\widetilde{\boldsymbol{D}}_j^{(l)}$ 等价地表示为 $\left[\widetilde{f}_j^{(\theta_j,\alpha_j)}(\boldsymbol{D}^{(l)},U_j^{(l)}),\boldsymbol{D}_{-j}^{(l)}\right]$，得到最终的损失函数项如下所示：

$$F(\hat{g}^*,\theta^*,\boldsymbol{D}) = \min\left(\sup_{\omega\in\Omega}\left(\frac{1}{n}\sum_{j=1}^{N}\sum_{l=1}^{n}[-\exp(K_\omega(\widetilde{f}_j^{(\theta_j,\alpha_j)}(\boldsymbol{D}^{(l)},U_j^{(l)}),\boldsymbol{D}_{-j}^{(l)})-1)] + \frac{N}{n}\sum_{l=1}^{n}K_\omega(\boldsymbol{D}^{(l)})\right) + \frac{\lambda_s}{n}\sum_{i,j}a_{i,j} + \frac{\lambda_F}{n}\sum_j\|\theta_j\|_{\mathrm{F}} + \lambda_D\sum_{k=1}^{N}\frac{\mathrm{tr}(\boldsymbol{A}^k)}{k!}\right) \tag{11-61}$$

其中 $\lambda_D \geqslant 0$ 为无环约束项的惩罚系数，虽然对抗优化方法为 DAG 学习提供了一种新的思路，但是它依然存在较多问题。首先，生成对抗网络存在训练不稳定的缺点。同时，为了采用反向传播和随机梯度下降方法训练网络，生成对抗网络要求损失函数在生成网络的参数上完全可微，这使得生成对抗网络难以生成离散数据。其次，对抗优化方法的损失函数难以计算，在推导损失函数的过程中采用了多次近似估计，难以保证结果的准确性。最后，虽然 SAM 在目标函数中添加了无环约束，但是它并没有继承 NOTEARS 的优化方法，从而导致无环性不能完全保证。

11.6 拓展阅读

连续优化方法已有一系列相对成熟的方法，如果读者对连续优化方法很感兴趣，可以根据表 11-1 进行一些拓展阅读，该表展示了 2018 年至今出现的一部分具有代表性的连续优化方法，这些连续优化方法的最终的目标都是获取一个完整的有向无环图。表 11-1 中的算法有的采用线性模型，有的采用神经网络模型，有的对算法的精度做了针对性的提高，有的对连续优化框架不合理之处做了改进，有的对算法的效率进行了很大的提升。具体的内容有待读者们自行通过论文进行了解。

表11-1　连续优化的DAG学习方法

算法	类型	算法	类型
NOTEARS[1]	线性模型	CGNN[8]	多层感知机
SAM[7]	生成对抗网络	DAG-GNN[6]	编码器
GAE[9]	编码器	CAN[10]	生成对抗网络

（续）

算法	类型	算法	类型
NO FEARS[3]	线性模型	GOLEM[2]	线性模型
SDI[11]	多层感知机	RL-BIC[12]	编码器
CASTLE[13]	多层感知机	GraN-DAG[14]	多层感知机
MCSL[15]	多层感知机	Varando[16]	线性模型
NOTEARS-MLP[5]	多层感知机	ICL[17]	生成对抗网络
LEAST[18]	线性模型	DARING[19]	多层感知机
NOCURL[4]	线性模型	D-VAE[20]	变分自编码机

参考文献

[1] ZHENG X, ARAGAM B, RAVIKUMAR P K, et al. DAGs with NOTEARS: continuous optimization for structure learning[C]// Proceedings of advances in the 32nd annual conference on Neural Information Processing Systems (NeurIPS-2018), 2018, 31: 9492-9503.

[2] NG I, GHASSAMI A E, ZHANG K. On the role of sparsity and DAG constraints for learning linear DAGs[C]//Proceedings of advances in the 34th annual conference on Neural Information Processing Systems (NeurIPS-2020), 2020, 33.

[3] WEI D, GAO T, YU Y. DAGs with No Fears: A closer look at continuous optimization for learning Bayesian networks[C]//Proceedings of advances in the 34th annual conference on Neural Information Processing Systems (NeurIPS-2020), 2020, 33: 3895-3906.

[4] YU Y, GAO T, YIN N, et al. DAGs with no curl: An efficient DAG structure learning approach[C]// Proceedings of the 38th International Conference on Machine Learning (ICML-2021), PMLR, 2021: 12156-12166.

[5] ZHENG X, DAN C, ARAGAM B, et al. Learning sparse nonparametricDAGs[C]// Proceedings of the 23rd international conference on Artificial Intelligence and Statistics (AISTATS-2020), PMLR, 2020: 3414-3425.

[6] YU Y, CHEN J, GAO T, et al. DAG-GNN: DAG structure learning with graph neural networks[C]// Proceedings of the 22nd international conference on Artificial Intelligence and Statistics (AISTATS-2019), PMLR, 2019: 7154-7163.

[7] KALAINATHAN D, GOUDET O, GUYON I, et al. Structural agnostic modeling: adversarial learning of causal graphs[J]. Journal of machine learning research, 23(219), 2022, 1-62.

[8] GOUDET O, KALAINATHAN D, CAILLOU P, et al. Learning functional causal models with generative neural networks[M]//Explainable and interpretable models in computer vision and machine learning. Springer, Cham, 2018: 39-80.

[9] NG I, ZHU S, CHEN Z, et al. A graph autoencoder approach to causal structure learning[J]. arXiv preprint arXiv:1911.07420, 2019.

[10] MORAFFAH R, MORAFFAH B, KARAMI M, et al. Causal adversarial network for learning conditional and interventional distributions[J]. arXiv preprint arXiv:2008.11376, 2020.

[11] KE N R, BILANIUK O, GOYAL A, et al. Learning neural causal models from unknown interventions[J]. arXiv preprint arXiv:1910.01075, 2019.

[12] ZHU S, NG I, CHEN Z. Causal Discovery with Reinforcement Learning[C]// Proceedings of the 7th International Conference on Learning Representations (ICLR-2019), 2019.

[13] KYONO T, ZHANG Y, VAN-DER-SCHAAR M. Castle: Regularization via auxiliary causal graph discovery[C]//Proceedings of advances in the 34th Neural Information Processing Systems (NeurIPS-2020), 2020, 33: 1501-1512.

[14] LACHAPELLE S, BROUILLARD P, DELEU T, et al. Gradient-based neural DAG learning[C]// Proceedings of the 7th International Conference on Learning Representations (ICLR-2019), 2019.

[15] NG I, ZHU S, FANG Z, et al. Masked gradient-based causal structure learning[C]//Proceedings of the 22nd SIAM international conference on Data Mining (SDM-2022), 2022: 424-432.

[16] VARANDO G. Learning DAGs without imposing acyclicity[J]. arXiv preprint arXiv:2006.03005, 2020.

[17] WANG Y, MENKOVSKI V, WANG H, et al. Causal discovery from incomplete data: a deeplearning approach[J]. arXiv preprint arXiv:2001.05343, 2020.

[18] ZHU R, PFADLER A, WU Z, et al. Efficient and scalable structure learning for Bayesian networks: algorithms and applications[C]//Proceedings of the 37th IEEE International Conference on Data Engineering (ICDE-2021), 2021: 2613-2624.

[19] HE Y, CUI P, SHEN Z, et al.DARING: differentiable causal discovery with residual independence[C]// Proceedings of the 27th ACM SIGKDD conference on Knowledge Discovery & Data Mining (KDD-2021), 2021: 596-605.

[20] ZHANG M, JIANG S, CUI Z, et al. D-VAE: A variational autoencoder for directed acyclic graphs[C]// Proceedings of advances in Neural Information Processing Systems (NeurIPS-2019), 2019, 1586-1598.

[21] VOWELS M J, CAMGOZ N C, BOWDEN R. D'ya like dags? a survey on structure learning and causal discovery[J]. ACM Computing Surveys, 2022, 55(4),1-36.

CHAPTER 12

第12章

局部因果结构学习

随着数据集中变量数目的增长，因果结构的解空间呈指数级增长，面向高维数据的全局因果结构学习是一个挑战性的任务。此外，在许多实践应用中，研究者往往仅对给定目标变量的局部因果结构感兴趣，如分类或回归任务。在这种情况下没有必要耗费大量的时间和资源学习一个全局因果结构。本章将介绍两类局部因果结构学习方法：基于限制的局部因果结构学习和基于打分的局部因果结构学习。这两类方法可以直接从数据中学习给定目标变量的局部因果结构，不需要学习整个因果结构。

12.1 基于限制的局部因果结构学习

基于限制的局部因果结构学习算法的主要思想如图 12-1 所示。以目标变量 Y 为例，其局部因果结构学习主要分为局部骨架学习和局部骨架定向两个步骤。一般情况下，Y 的局部骨架是 Y 的马尔可夫毯（Markov Blanket，MB）骨架（如图 12-1a）或父子节点（Parent and Child，PC）骨架（如图 12-1b），因此局部骨架学习的主要任务是学习目标变量 Y 的 MB 骨架或 PC 骨架。局部骨架定向的主要任务是首先通过识别局部骨架中的 V– 结构，然后结合 Meek 规则对局部骨架进行定向，进而获得目标变量的局部因果结构（如图 12-1c）。下面我们将详细介绍几个重要的局部骨架学习方法和局部骨架定向方法。

12.1.1 局部骨架学习

局部骨架学习是局部因果结构学习的关键步骤。一般情况下，目标变量的局部骨架是该目标变量的 MB 骨架或 PC 骨架，因此本节首先介绍两个重要的 PC 骨架学习算法，然后介绍 MB 骨架学习算法。

1. PC 骨架学习算法

现有的 PC 骨架学习算法主要采用后向学习策略和前向 – 后向学习策略。本节将分别介绍两个重要的 PC 骨架学习算法：PC-simple 算法 [1] 和 HITON-PC 算法 [2]。

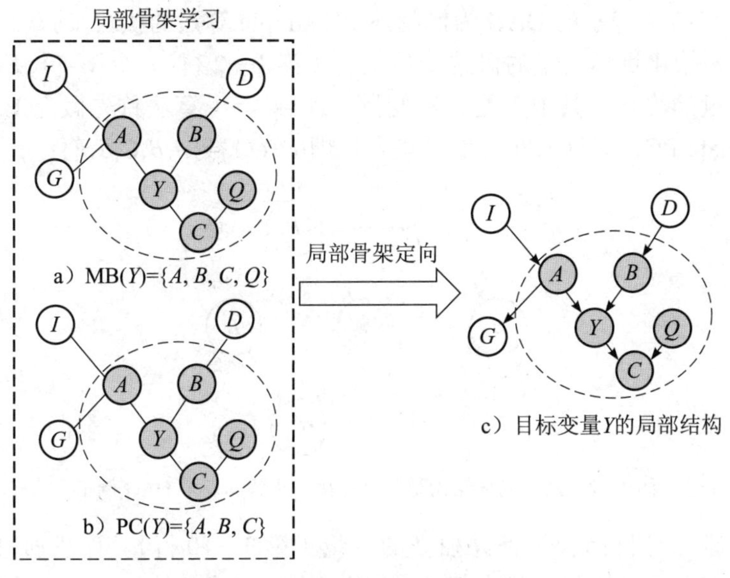

图 12-1 基于限制的局部因果结构学习步骤

（1）PC-simple 算法。

PC-simple 算法是一种基于后向策略的 PC 骨架学习算法，是第 10 章 PC 算法的简化版，其伪代码如算法 12-1 所示。该算法首先假定所有变量都是目标变量的父节点和孩子节点（第 1 ～ 2 行），然后通过条件独立性测试不断地删除与目标变量不相关的变量（第 3 ～ 10 行），最终得到目标变量的 PC 骨架变量集（第 11 ～ 12 行）。

算法12-1 PC-simple算法

Input: Y：目标变量，$\mathcal{V}=\{V_1,V_2,\cdots,V_n\}$：节点集
Output: $\mathcal{PC}(Y)$：目标变量的父节点和孩子节点集合

---

1. /* 第一步：假定 $\mathcal{V}$ 中每一个变量都是 Y 的候选 PC*/
2. $C\mathcal{PC}(Y)=\{V_1,V_2,\cdots,V_n\}$；
3. /* 第二步：通过 CI 测试从 $C\mathcal{PC}(Y)$ 中删除与 Y 独立的变量 */
4. **for** k 从 0 到 $n-2$ **do**
5.   **for** $C\mathcal{PC}(Y)$ 中的每一个变量 V_i **do**
6.   **if** $\exists\, \mathcal{Z}\subseteq C\mathcal{PC}(Y)\backslash V_i$ 满足 $|\mathcal{Z}|=k$ 且 $Y \perp V_i|\mathcal{Z}$ **then**
7.   将变量 V_i 从 $C\mathcal{PC}(Y)$ 中移除；
8.   **end**
9.   **end**
10. **end**
11. /* 第三步：输出 Y 的最终 PC 骨架变量集 */
12. $\mathcal{PC}(Y)=C\mathcal{PC}(Y)$；

下面以图 12-2 中展示的 DAG 为例阐述 PC-simple 算法的执行步骤。

第一步：初始化目标变量的候选变量集合（第 1—2 行）。令 $\mathcal{V}=\{Y,A,B,C,E,F\}$ 为数据集中所有变量的集合，其中 Y 是目标变量。PC-simple 算法首先假定 $\mathcal{V}\backslash Y$ 都是 Y 的候选 PC（Candidate PC，简称 CPC）变量集合，即 $CPC(Y)=\{A,B,C,E,F\}$。

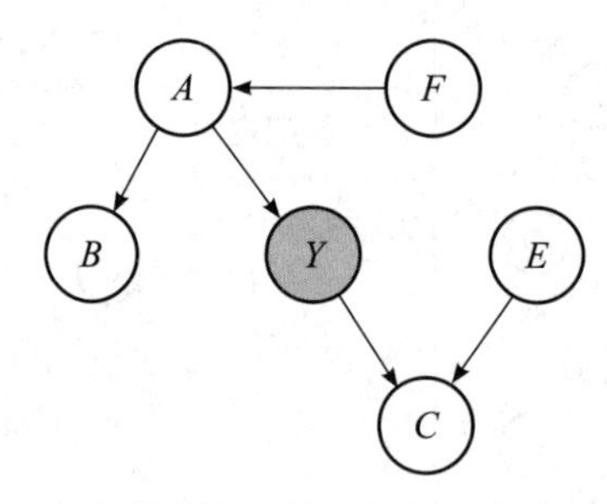

图 12-2　展示局部结构学习算法执行步骤的一个 DAG 例子

第二步：删除与目标变量条件独立的变量（第 3—10 行）。算法通过多轮 CI 测试来逐步删除与 Y 独立的变量，且在每轮 CI 测试中，保持条件集 $\mathcal{Z}$ 的大小不变的情况下穷举所有的条件集进行多次 CI 测试。随着每轮 CI 测试的进行，$CPC(Y)$ 中元素个数将不断减小。该步骤的具体执行过程如表 12-1 所示。

表12-1　演示PC-simple算法中第二步的执行过程

迭代轮数	检查变量	CI 测试结果	描述	$CPC(Y)$
第一轮（k=0）	A	$\neg A \perp Y \mid \varnothing$	保留 A	$\{A,B,C,E,F\}$
	B	$\neg B \perp Y \mid \varnothing$	保留 B	$\{A,B,C,E,F\}$
	C	$\neg C \perp Y \mid \varnothing$	保留 C	$\{A,B,C,E,F\}$
	E	$E \perp Y \mid \varnothing$	删除 E	$\{A,B,C,F\}$
	F	$\neg F \perp Y \mid \varnothing$	保留 F	$\{A,B,C,F\}$
第二轮（k=1）	A	$\neg A \perp Y \mid B$	保留 A	$\{A,B,C,F\}$
	A	$\neg A \perp Y \mid C$	保留 A	$\{A,B,C,F\}$
	A	$\neg A \perp Y \mid F$	保留 A	$\{A,B,C,F\}$
	B	$B \perp Y \mid A$	删除 B	$\{A,C,F\}$
	C	$\neg C \perp Y \mid A$	保留 C	$\{A,C,F\}$
	C	$\neg C \perp Y \mid F$	保留 C	$\{A,C,F\}$
	F	$F \perp Y \mid A$	删除 F	$\{A,C\}$

根据伪代码的第 6 行，k=2 时，因 $|CPC(Y)|-1=1<k$，所以算法终止迭代。

① 当 k=0 时，在空集条件下检测 Y 与 $CPC(Y)$ 中变量之间的独立性关系。当前 $CPC(Y)=\{A,B,C,E,F\}$，首先检测 Y 与 A 在空集条件下的独立性关系，得到 $\neg A \perp Y \mid \varnothing$，因而 A 被保留在 Y 的候选 PC 变量集合 $CPC(Y)$ 中；然后检测 Y 与 B 在给定空集条件下的独立性关系，得到 $\neg B \perp Y \mid \varnothing$，因而 B 被保留在 $CPC(Y)$ 中；其

次检测 Y 与 C 在给定空集条件下的独立性关系，得到 $\neg\ C \perp Y|\varnothing$，因而 C 被保留在 $CPC(Y)$ 中；再次检测 Y 与 E 在给定空集条件下的独立性关系，得到 $E \perp Y|\varnothing$，因而 E 被从 $CPC(Y)$ 中移除，此时 $CPC(Y)=\{A,B,C,F\}$；最后检测 Y 与 F 在给定空集条件下的独立性关系，得到 $\neg\ F \perp Y|\varnothing$，因而 F 被保留在 $CPC(Y)$ 中。本轮迭代结束时，$CPC(Y)=\{A,B,C,F\}$。

② 当 k=1 时，在给定子集 $Z \subseteq CPC(Y)\backslash V_i$ 大小为 1 的条件下，检测 Y 与 $CPC(Y)$ 中每一个变量 V_i 的独立性关系。当前 $CPC(Y)=\{A,B,C,F\}$，首先检测 Y 与 A 分别在给定变量 B、C 和 F 条件下的独立性关系，得到 $\neg\ A \perp Y|B$、$\neg\ A \perp Y|C$ 和 $\neg\ A \perp Y|F$，因而 A 被保留在 $CPC(Y)$ 中；然后检测 Y 与 B 分别在给定变量 A、C 和 F 条件下的独立性关系，得到 $B \perp Y|A$，因而 B 从 $CPC(Y)$ 中被移除，此时 $CPC(Y)=\{A,C,F\}$，进而后续不再需要计算 Y 与 B 分别在给定变量 C 和 F 条件下的独立性关系；接着检测 Y 与 C 分别在给定变量 A 和 F 条件下的独立性关系，得到 $\neg\ C \perp Y|A$ 和 $\neg\ C \perp Y|F$，因而 C 被保留在 $CPC(Y)$ 中；最后检测 Y 与 F 分别在给定变量 A 和 C 条件下的独立性关系，得到 $F \perp Y|A$，因而 F 从 $CPC(Y)$ 中被移除，此时 $CPC(Y)=\{A,C\}$，进而后续也不再需要计算 Y 与 F 在给定变量 C 条件下的独立性关系。本轮迭代结束时，$CPC(Y)=\{A,C\}$。

③ 当 k=2 时，根据算法 12-1 中第 6 行的判定条件，算法无法从 $CPC(Y)\backslash A=\{C\}$ 或 $CPC(Y)\backslash C=\{A\}$ 中找到一个大小为 2 的子集作为条件集进行独立性测试，因此算法终止迭代。

第三步：输出目标变量最终的 PC 骨架变量集（第 11 ～ 12 行）。当 $|Z|=|CPC(Y)|$ 时，算法执行终止，此时的 $CPC(Y)$ 就是 Y 的最终的 PC 变量集合，即 $CPC(Y)=PC(Y)=\{A,C\}$。

（2）HITON-PC 算法。

PC-simple 算法使用后向策略，初始假定目标变量的候选 PC 变量是除目标变量以外的所有变量，因而需要从这些候选 PC 变量集合中穷举所有子集作为 CI 测试的条件集，从而导致该类学习算法的计算效率较低。针对上述问题，研究人员提出了基于前向–后向策略的 HITON-PC 算法，以尽可能地减少 CI 测试次数，进而提升 PC 骨架的学习效率。

HITON-PC 算法的伪代码如算法 12-2 所示。该算法初始假定目标变量 Y 的候选 PC 变量集合 $CPC(Y)$ 是一个空集（第 1 ～ 2 行），然后在条件集为空集的情况下将所有与目标变量 Y 不独立的变量加入集合 Z 中，并对 Z 中的变量按照其与 Y 的相关度从高到低进行排序（第 3 ～ 7 行）。第 8 ～ 16 行执行前向–后向策略来更新目标变量 Y 的候选 PC 变量集合 $CPC(Y)$。具体来说，不断地将 Z 中相关度最高的变量添加到 $CPC(Y)$ 中（第 10 行，前向阶段），同时每当有一个新变量加入 $CPC(Y)$ 时立即对当前的 $CPC(Y)$ 中的变量进行修剪以删除目标变量 Y 的非 PC 变量（第 12 ～ 14 行，后向阶段）。通过前向阶段和后向阶段的交替执行，最后得到目标变量 Y 的 PC 变量集合（第 17 ～ 18 行）。

算法12-2 HITON-PC算法

Input: Y：目标变量，$\mathcal{V}=\{V_1,V_2,\cdots,V_n\}$：节点集
Output: $\mathcal{PC}(Y)$：目标变量的父节点和孩子节点集合

1. /* 第一步：假定 Y 的候选 PC 变量集合是一个空集 */
2. $\mathcal{CPC}(Y)=\varnothing$;
3. /* 第二步：筛选出 Y 的所有可能的 PC 变量并放入 $\mathcal{Z}$ 中 */
4. **for** 每一个变量 $V_i \in \mathcal{V}\backslash Y$ **do**
5. 　计算 V_i 在空集下与 Y 的独立性关系；
6. 　如果 V_i 与 Y 不独立则放到 $\mathcal{Z}$ 中并将 $\mathcal{Z}$ 中的变量按依赖度大小进行降序排序；
7. **end**
8. /* 第三步：执行前向 – 后向策略来更新 $\mathcal{CPC}(Y)$ */
9. **for** 每一个变量 $V_j \in \mathcal{Z}$ **do**
10. 　将 V_j 添加到 $\mathcal{CPC}(Y)$ 中；// 前向
11. 　**for** 每一个变量 $V_k \in \mathcal{CPC}(Y)$ **do**
12. 　　**if** $\exists\ \mathcal{Z}_1 \subseteq \mathcal{CPC}(Y)\backslash V_k$ 使得 $Y \perp V_k|\mathcal{Z}_1$ **then**
13. 　　　将 V_k 从 $\mathcal{CPC}(Y)$ 中移除；// 后向
14. 　　**end**
15. 　**end**
16. **end**
17. /* 第四步：输出最后 Y 的 PC 变量集合 */
18. $\mathcal{PC}(Y)=\mathcal{CPC}(Y)$;

为更好地理解 HITON-PC 算法执行流程，下面仍以如图 12-2 所示的 DAG 为例来阐述 HITON-PC 算法的执行步骤。

第一步（第 1 ～ 2 行）：与 PC-simple 算法不同，HITON-PC 算法初始时假定 $\mathcal{CPC}(Y)=\varnothing$。

第二步（第 3 ～ 7 行）：该算法分别计算变量 A,B,C,E,F 与 Y 在空集条件下的独立性关系，并按照它们与 Y 的相关度从高到低存储到集合 $\mathcal{Z}$ 中。因 $E \perp Y|\varnothing$ 而其余变量都与 Y 依赖，所以 E 并不能被加入 $\mathcal{Z}$ 中。假设当前 $\mathcal{Z}=\{F,A,C,B\}$，那么表明 F 与 Y 之间的相关度最高。

第三步（第 8 ～ 16 行）：执行前向 – 后向策略以更新 $\mathcal{CPC}(Y)$。首先在前向阶段（第 10 行），将 $\mathcal{Z}=\{F,A,C,B\}$ 中的变量逐个加入 $\mathcal{CPC}(Y)$ 中；然后在后向阶段（第 10 ～ 14 行），每当有一个新的变量加入 $\mathcal{CPC}(Y)$ 时，将立刻对 $\mathcal{CPC}(Y)$ 中的所有变量进行检测以判断是否存在与 Y 独立的变量，即 Y 的非 PC 变量。如果 $\mathcal{CPC}(Y)$ 中存在非 PC 变量，那么将其从 $\mathcal{CPC}(Y)$ 中删除。前向阶段和后向阶段交替执行直到遍历完 $\mathcal{Z}$ 中的所有变量。具体的执行过程，如表 12-2 所示。

表12-2 演示HITON-PC算法中第三步的执行过程

遍历 Z 中变量	前向阶段	$CPC(Y)$	后向阶段	描述	$CPC(Y)$
F	$F \to CPC(Y)$	$\{F\}$	$\neg F \perp Y\|\varnothing$	保留 F	$\{F\}$
A	$A \to CPC(Y)$	$\{F,A\}$	$\neg F \perp Y\|\varnothing$	保留 F	$\{A,F\}$
			$F \perp Y\|A$	删除 F	$\{A\}$
			$\neg A \perp Y\|\varnothing$	保留 A	$\{A\}$
C	$C \to CPC(Y)$	$\{A,C\}$	$\neg A \perp Y\|\varnothing$	保留 A	$\{A,C\}$
			$\neg A \perp Y\|C$	保留 A	$\{A,C\}$
			$\neg C \perp Y\|\varnothing$	保留 C	$\{A,C\}$
			$\neg C \perp Y\|A$	保留 C	$\{A,C\}$
B	$B \to CPC(Y)$	$\{A,C,B\}$	$\neg A \perp Y\|\varnothing$	保留 A	$\{A,C,B\}$
			$\neg A \perp Y\|C$	保留 A	$\{A,C,B\}$
			$\neg A \perp Y\|B$	保留 A	$\{A,C,B\}$
			$\neg A \perp Y\|\{C,B\}$	保留 A	$\{A,C,B\}$
			$\neg C \perp Y\|\varnothing$	保留 C	$\{A,C,B\}$
			$\neg C \perp Y\|A$	保留 C	$\{A,C,B\}$
			$\neg C \perp Y\|B$	保留 C	$\{A,C,B\}$
			$\neg C \perp Y\|\{A,B\}$	保留 C	$\{A,C,B\}$
			$\neg B \perp Y\|\varnothing$	保留 B	$\{A,C,B\}$
			$B \perp Y\|A$	删除 B	$\{A,C\}$

① 当遍历 Z 中第一个变量 F 时，首先在前向阶段将其添加到 $CPC(Y)$ 中，得到 $CPC(Y)=\{F\}$。然后在后向阶段判断 $CPC(Y)$ 中是否存在非 PC 变量，在检测变量 F 时得到 $\neg F \perp Y|\{CPC(Y)\backslash F\}$（即 $\neg F \perp Y|\varnothing$），因而 F 被保留在 $CPC(Y)$ 中。

② 当遍历 Z 中第二个变量 A 时，首先在前向阶段将其添加到 $CPC(Y)$ 中，得到 $CPC(Y)=\{F,A\}$。然后在后向阶段判断 $CPC(Y)$ 中是否存在非 PC 变量，在检查变量 F 时得到 $\neg F \perp Y|\varnothing$ 和 $F \perp Y|A$，因而 F 是一个非 PC 变量，并将其从 $CPC(Y)$ 中删除，此时 $CPC(Y)=\{A\}$；继续检测变量 A，得到 $\neg A \perp Y|\{CPC(Y)\backslash A\}$（即 $\neg A \perp Y|\varnothing$），因而 A 被保留在 $CPC(Y)$ 中。

③ 当遍历 Z 中第三个变量 C 时，首先在前向阶段将其添加到 $CPC(Y)$ 中，得到 $CPC(Y)=\{A,C\}$。然后在后向阶段判断 $CPC(Y)$ 中是否存在非 PC 变量，在检测变量 A 时得到 $\neg A \perp Y|\varnothing$ 和 $\neg A \perp Y|C$，因而 A 被保留在 $CPC(Y)$ 中；继续检测变量 C 时得到 $\neg C \perp Y|\varnothing$ 和 $\neg C \perp Y|A$，因而 C 也被保留在 $CPC(Y)$ 中。

④ 当遍历 Z 中第四个变量 B 时，首先在前向阶段将其添加到 $CPC(Y)$ 中，得到 $CPC(Y)=\{A,C,B\}$。然后在后向阶段判断 $CPC(Y)$ 中是否存在非 PC 变量，在检测变量 A 时得到 $\neg A \perp Y|\varnothing$、$\neg A \perp Y|C$、$\neg A \perp Y|B$ 和 $\neg A \perp Y|\{C,B\}$，因而 A 被保留在 $CPC(Y)$

中；继续检测变量 C 时得到 $\neg C \perp Y|\varnothing$、$\neg C \perp Y|A$、$\neg C \perp Y|B$ 和 $\neg C \perp Y|\{A,B\}$，因而 C 也被保留在 $\mathcal{CPC}(Y)$ 中；最后检测变量 B 时得到 $\neg B \perp Y|\varnothing$ 和 $B \perp Y|A$，因而 B 是一个非 PC 变量，将其从 $\mathcal{CPC}(Y)$ 中删除，此时 $\mathcal{CPC}(Y)=\{A,C\}$，并且后续也不再需要检查 Y 与 B 是否会分别在 C 和 $\{A,C\}$ 的条件下独立。

第四步（第 17 ～ 18 行）：输出目标变量最终的 PC 骨架变量集。当 $\mathcal{Z}$ 中所有变量被遍历后，得到 $\mathcal{CPC}(Y)=\{A,C\}$，因此 Y 最终的 PC 变量集合即 $\mathcal{CPC}(Y)=\mathcal{PC}(Y)=\{A,C\}$。

HITON-PC 算法通过交替执行前向阶段和后向阶段较好地控制了 $\mathcal{CPC}(Y)$ 的大小，从而减小了 CI 测试中条件集的大小和 CI 测试次数。因此，在样本容量有限的情况下，这种交替的前向 – 后向策略保证了 CI 测试结果的可靠性，与后向策略类算法相比，该策略在一定程度上提升了学习效率。

除了 HITON-PC 算法，MMPC（Max Min Parents and Children）算法 [3] 也是一种重要的基于前向 – 后向策略的 PC 算法。MMPC 与 HITON-PC 不同之处在于前向阶段和后向阶段不交替运行，以及前向阶段采用“最大 – 最小”策略从 $\mathcal{V}\setminus\mathcal{CPC}(Y)$ 中识别最可能的 PC 变量。具体来说，在前向阶段的每次迭代中，给定当前的 $\mathcal{CPC}(Y)$，对于每一个候选变量 V_i（$V_i \in \mathcal{V}\setminus\mathcal{CPC}(Y)$），MMPC 首先分别计算 V_i 和 Y 在 $\mathcal{CPC}(Y)$ 集合中所有可能子集的条件下的相关度，并在这些相关度中选择最小的相关度作为当前这轮迭代中 V_i 和 Y 的相关度；然后从所有候选变量 $V_i \in \mathcal{V}\setminus\mathcal{CPC}(Y)$ 中选出当前这轮迭代中与 Y 相关度最大且与 Y 条件不独立的变量添加到 $\mathcal{CPC}(Y)$ 中。在前向阶段，如果存在变量与 Y 条件独立，那么 MMPC 会丢弃这些变量并且以后都不会再将其视为 Y 的候选 PC 变量。在前向阶段运行结束后，MMPC 算法会执行与 HITON-PC 算法相似的后向阶段策略来删除 $\mathcal{CPC}(Y)$ 中的非 PC 变量。

2. MB 骨架学习算法

MB 骨架学习算法主要分为同步类学习策略和分治类学习策略两大类。本节将分别介绍两个重要的 MB 骨架学习算法：IAMB 算法 [4] 和 HITON-MB 算法 [2]。

（1）IAMB 算法。

IAMB（Incremental Association Markov Boundary）算法是一种同步类 MB 骨架学习算法。给定一个目标变量 Y，同步类 MB 骨架学习算法旨在同时发现 Y 的父亲变量、孩子变量和配偶变量，但该类算法在 MB 骨架学习期间没有区分 Y 的 PC（父子变量）和 Y 的配偶变量。如图 12-3 所示，同步类 MB 骨架学习算法也采用了前向 – 后向策略。在前向阶段，算法不断寻找目标变量 Y 的最有可能的 MB 变量并添加到候选 MB 集合 $\mathcal{CMB}(Y)$ 中。而在后向阶段，算法以当前整个候选集合 $\mathcal{CMB}(Y)$ 为条件集，不断从集合 $\mathcal{CMB}(Y)$ 中删除非 MB 变量，最终学习出 Y 的 MB。

IAMB 算法在前向阶段的每次迭代中选择一个变量 $V_i \in \mathcal{V}\setminus\mathcal{CMB}(Y)$ 添加到 $\mathcal{CMB}(Y)$，其中该变量 V_i 必须满足 $\neg V_i \perp Y|\mathcal{CMB}(Y)$ 且 V_i 与 Y 之间相关度最大的条件。依次执行上述步骤直到 $\mathcal{V}\setminus\mathcal{CMB}(Y)$ 中没有变量可以被添加到 $\mathcal{CMB}(Y)$，即 $\forall V_i \in \mathcal{V}\setminus\mathcal{CMB}(Y)$ 且 $V_i \perp Y|\mathcal{CMB}(Y)$ 成立。在后向阶段，算法将依次从 $\mathcal{CMB}(Y)$ 中删除非 MB 变量 V_j，其中 V_j 满足 $V_j \perp Y|\mathcal{CMB}(Y)\setminus V_j$ 的条件。

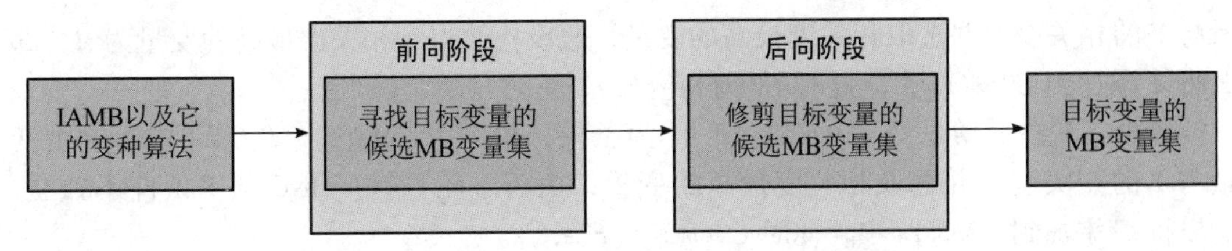

图 12-3　同步类 MB 骨架学习算法的框架图

为更好地理解 IAMB 算法执行流程，下面仍以图 12-2 中的 DAG 为例来阐述 IAMB 算法的执行步骤，如表 12-3 所示。

表12-3　IAMB算法的执行案例

阶段	检测变量	CI 测试结果	描述	$\mathcal{CMB}(Y)$
前向阶段 第一轮	A	$\neg A \perp Y\|\varnothing$	F 与 Y 的相关度最高将 F 添加到 $\mathcal{CMB}(Y)$ 中	$\{F\}$
	B	$\neg B \perp Y\|\varnothing$		
	C	$\neg C \perp Y\|\varnothing$		
	E	$E \perp Y\|\varnothing$		
	F	$\neg F \perp Y\|\varnothing$		
前向阶段 第二轮	A	$\neg A \perp Y\|F$	A 与 Y 的相关度最高将 A 添加到 $\mathcal{CMB}(Y)$ 中	$\{F,A\}$
	B	$\neg B \perp Y\|F$		
	C	$\neg C \perp Y\|F$		
	E	$\neg E \perp Y\|F$		
前向阶段 第三轮	B	$B \perp Y\|\{F,A\}$	只有 C 与 Y 相关，将 C 添加到 $\mathcal{CMB}(Y)$ 中	$\{F,A,C\}$
	C	$\neg C \perp Y\|\{F,A\}$		
	E	$E \perp Y\|\{F,A\}$		
前向阶段 第四轮	B	$B \perp Y\|\{F,A,C\}$	只有 E 与 Y 相关，将 E 添加到 $\mathcal{CMB}(Y)$ 中	$\{F,A,C,E\}$
	E	$\neg E \perp Y\|\{F,A,C\}$		
以 $\mathcal{CMB}(Y)$ 为条件，在 $\mathcal{V}\backslash\mathcal{CMB}(Y)$ 中没有变量与 Y 相关，因此前向阶段迭代结束				
后向阶段	F	$F \perp Y\|\{A,C,E\}$	从 $\mathcal{CMB}(Y)$ 中移除 F	$\{A,C,E\}$
	A	$\neg A \perp Y\|\{C,E\}$	保留 A 在 $\mathcal{CMB}(Y)$ 中	$\{A,C,E\}$
	C	$\neg C \perp Y\|\{A,E\}$	保留 C 在 $\mathcal{CMB}(Y)$ 中	$\{A,C,E\}$
	E	$\neg E \perp Y\|\{A,C\}$	保留 E 在 $\mathcal{CMB}(Y)$ 中	$\{A,C,E\}$
后向阶段中 $\mathcal{CMB}(Y)$ 里的每一个变量均被检验，因此后向阶段迭代结束				

第一阶段为前向阶段，首先初始化 $\mathcal{CMB}(Y)=\varnothing$ 且 $\mathcal{V}=\{A,B,C,E,F\}$。

在第一轮中，算法以 $\mathcal{CMB}(Y)=\varnothing$ 为条件，检测 $\mathcal{V}\backslash\mathcal{CMB}(Y)=\{A,B,C,E,F\}$ 中每一个变量与 Y 的相关度，并选取相关度最高且与 Y 不独立的变量。假设相关度最高且与 Y 不独立的变量为 F，那么将 F 添加到 $\mathcal{CMB}(Y)$ 中，此时 $\mathcal{CMB}(Y)=\{F\}$。

在第二轮中，算法以 $\mathcal{CMB}(Y)=\{F\}$ 为条件，检测 $\mathcal{V}\backslash\mathcal{CMB}(Y)=\{A,B,C,E\}$ 中每一个变

量与 Y 的相关度，并选取相关度最高的变量，假设检测得到相关度最高的变量为 A，那么将 A 添加到 $\mathcal{CMB}(Y)$ 中，此时 $\mathcal{CMB}(Y)=\{F,A\}$。

在第三轮中，算法以 $\mathcal{CMB}(Y)=\{F,A\}$ 为条件，检测 $\mathcal{V}\backslash\mathcal{CMB}(Y)=\{B,C,E\}$ 中每一个变量与 Y 的相关度，并选取相关度最高的变量，由于本轮只有变量 C 与 Y 条件不独立，所以将 C 添加到 $\mathcal{CMB}(Y)$ 中，此时 $\mathcal{CMB}(Y)=\{F,A,C\}$。

在第四轮中，算法以 $\mathcal{CMB}(Y)=\{F,A,C\}$ 为条件，检测 $\mathcal{V}\backslash\mathcal{CMB}(Y)=\{B,E\}$ 中每一个变量与 Y 的相关度，并选取相关度最高的变量，由于本轮只有变量 E 与 Y 条件不独立，所以将 E 添加到 $\mathcal{CMB}(Y)$ 中，此时 $\mathcal{CMB}(Y)=\{F,A,C,E\}$。

新一轮迭代时，算法以 $\mathcal{CMB}(Y)=\{F,A,C,E\}$ 为条件，$\mathcal{V}\backslash\mathcal{CMB}(Y)=\{B\}$ 中变量 B 与 Y 独立，因此前向阶段迭代结束。

第二阶段为后向阶段：依次检测 $\mathcal{CMB}(Y)=\{F,A,C,E\}$ 中的所有变量，删除 $\mathcal{CMB}(Y)$ 中的非 MB 变量。检测变量 F 时，得到 $F \perp Y|\{A,C,E\}$，F 从 $\mathcal{CMB}(Y)$ 中被移除，此时 $\mathcal{CMB}(Y)=\{A,C,E\}$；继续检测当前 $\mathcal{CMB}(Y)$ 中变量 A 时，得到 $\neg A \perp Y|\{C,E\}$，因而 A 被保留在 $\mathcal{CMB}(Y)$ 中，此时 $\mathcal{CMB}(Y)=\{A,C,E\}$；继续检测当前 $\mathcal{CMB}(Y)$ 中变量 C 时，得到 $\neg C \perp Y|\{A,E\}$，因而 C 被保留在 $\mathcal{CMB}(Y)$ 中，此时 $\mathcal{CMB}(Y)=\{A,C,E\}$；继续检测当前 $\mathcal{CMB}(Y)$ 中变量 E 时，得到 $\neg E \perp Y|\{A,C\}$，因而 E 被保留在 $\mathcal{CMB}(Y)$ 中，此时 $\mathcal{CMB}(Y)=\{A,C,E\}$。最终，前向阶段中 $\mathcal{CMB}(Y)$ 里的每一个变量均被检测，因而所有非 MB 变量均被移除，后向阶段迭代结束。

IAMB 算法在前向阶段使用了动态启发式变量选择方法，即每次选择相关度最大的变量到目标变量 Y 的候选 MB 集合 $\mathcal{CMB}(Y)$ 中。这种动态启发式使得属于 $\mathcal{MB}(Y)$ 的变量尽早进入 $\mathcal{CMB}(Y)$，并尽可能避免在前向阶段中加入较多的非 MB 变量到 $\mathcal{CMB}(Y)$。由于 IAMB 算法在进行条件独立性测试时，会将当前已选的整个 $\mathcal{CMB}(Y)$ 作为条件集来测试两个变量之间的独立性，所以该算法虽然极大地减少了条件独立性测试的数量并达到了较低的时间复杂度，但是这种较大的条件集使得每次独立性测试需要的数据样本数量与条件集的大小成指数级关系。当数据集的样本量不足够大时，算法中很多独立性测试是不可靠的，这使得 IAMB 算法无法学习到准确的 MB。

（2）HITON-MB 算法。

为了解决同步类 MB 骨架学习算法需要大样本量的问题，研究人员提出了以 HITON-MB 算法为代表的分治类 MB 骨架学习算法。这类方法将学习目标变量 Y 的 MB 问题分为两个子问题：①首先学习 Y 的父亲变量和孩子变量（即 $\mathcal{PC}(Y)$）；②然后学习 Y 的配偶变量（即 $\mathcal{SP}(Y)$）。对于子问题①，HITON-MB 使用了 HITON-PC 算法来学习 $\mathcal{PC}(Y)$。HITON-PC 算法在判定某个变量 V_i 是否为 $\mathcal{PC}(Y)$ 的候选成员时，利用 $\mathcal{PC}(Y)$ 的子集来代替使用整个 $\mathcal{PC}(Y)$ 作为条件集以检测变量之间的条件独立性关系，从而极大地减少了样本的需求量。

本书已在前面详细介绍了 HITON-PC 算法，下面将重点介绍 HITON-MB 算法的第二步，即学习 Y 的配偶变量，其伪代码如算法 12-3 所示。

第一步：学习 $\mathcal{PC}(Y)$（第 1 行）。调用 HITON-PC 算法来获得目标变量 Y 的父节点和孩子变量集合。

第二步：学习 $\mathcal{PC}(Y)$ 中所有变量的 PC（第 2 ～ 4 行）。继续调用 HITON-PC 算法来学习 $\mathcal{PC}(Y)$ 中每一个变量的父节点和孩子变量集合。

第三步：初始化 $\mathcal{SP}(Y)$ 和候选配偶变量集合 $\mathcal{Z}$（第 5 行）。算法将目标变量 Y 的配偶变量集合 $\mathcal{SP}(Y)$ 初始化为空集，同时将 Y 的候选配偶变量集合 $\mathcal{Z}$ 初始化为 $\mathcal{PC}(Y)$ 里所有变量的 PC 集的并集中除了 $Y\cup\mathcal{PC}(Y)$ 以外的剩余变量。

第四步：学习 $\mathcal{SP}(Y)$（第 6—12 行）。对于 $\mathcal{Z}$ 中的每一个变量 V_i，首先从第一步中已执行过的独立性测试，寻找出使得 V_i 和 Y 独立的条件集 Z；然后从 $\mathcal{PC}(Y)$ 中寻找一个 V_i 和 Y 的潜在共同孩子变量 V_j，使其满足 $V_i\in\mathcal{PC}(V_j)$；最后判断在给定 $\mathcal{Z}\cup\{V_j\}$ 的条件下 V_i 和 Y 是否独立，如果不独立，那么 V_i 被认为是 Y 的一个配偶变量，反之不是。

算法12-3　配偶变量集合学习算法

Input: Y：目标变量，$\mathcal{V}=\{V_1,V_2,\cdots,V_n\}$：节点集
Output: $\mathcal{SP}(Y)$：目标变量的配偶节点集合

1. $\mathcal{PC}(Y)\leftarrow$ HITON-PC(Y，$\mathcal{V}$);
2. **for** 每一个变量 $V_i\in\mathcal{PC}(Y)$ **do**
3. 　　$\mathcal{PC}(V_i)\leftarrow$ HITON-PC(V_i，$\mathcal{V}$);
4. **end**
5. 令 $\mathcal{SP}(Y)=\varnothing$，$\mathcal{Z}=\{\cup_{V_i\in\mathcal{PC}(Y)}\mathcal{PC}(V_i)\}\setminus\{\mathcal{PC}(Y)\cup\{Y\}\}$；
6. **for** 每一个变量 $V_k\in\mathcal{Z}$ **do**
7. 　　**if** $\exists$ $\mathcal{Z}_1$ 使得 $Y\perp V_k|\mathcal{Z}_1$ then %Z_1 在 HITON-PC 算法阶段求得
8. 　　　从 $\mathcal{PC}(Y)$ 中找一个变量 V_j 使其满足 $V_k\in\mathcal{PC}(V_j)$;
9. 　　　**if** $\neg\, Y\perp V_k|\mathcal{Z}_1\cup\{V_j\}$ **then**
10. 　　　　$\mathcal{SP}(Y)\leftarrow V_k$;
11. 　　　**end**
12. 　　**end**
13. **end**
14. 输出 Y 的配偶节点集合 $\mathcal{SP}(Y)$;

下面我们继续以图 12-2 中的 DAG 为例来描述在 HITON-MB 算法中寻找 Y 的配偶变量的执行步骤。

第一步：学习 Y 的父节点和孩子变量集合。HITON-MB 算法调用 HITON-PC 算法得到 $\mathcal{PC}(Y)=\{A,C\}$。

第二步：学习 $\mathcal{PC}(Y)$ 中所有变量的 PC。HITON-MB 算法继续调用 HITON-PC 算法去学习 $\mathcal{PC}(Y)$ 中变量 A 与 C 的父节点和孩子变量集合，并得到 $\mathcal{PC}(A)=\{B,F,Y\}$ 和 $\mathcal{PC}(C)=\{E,Y\}$。

第三步：初始化 $\mathcal{SP}(Y)$ 和候选配偶变量集合 $\mathcal{Z}$。HITON-MB 算法将 $\mathcal{SP}(Y)$ 初始化为空集，并将 Y 的候选配偶变量集合 $\mathcal{Z}$ 初始化为

$$
\begin{aligned}
\mathcal{Z} &= \left\{\cup_{Y \in \mathcal{PC}(Y)} \mathcal{PC}(Y)\right\} \setminus \left\{\mathcal{PC}(Y) \cup \{Y\}\right\} \\
&= \left\{\mathcal{PC}(A) \cup \mathcal{PC}(C)\right\} \setminus \left\{Y \cup \mathcal{PC}(Y)\right\} \\
&= \left\{B, E, F\right\}
\end{aligned}
$$

第四步：学习 $\mathcal{SP}(Y)$。HITON-MB 算法逐个判断 $\mathcal{Z}$ 中的每一个变量是否为 Y 的配偶变量。①判断变量 B，从表 12-2 中可得，使得 B 与 Y 独立的条件集为 $\{A\}$，且 A 是 B 和 Y 的潜在共同孩子变量，因 $Y \perp B|\{A\} \cup \{A\}$ 成立，所以 B 不是 Y 的一个配偶变量，此时 $\mathcal{SP}(Y)=\varnothing$。②判断变量 E，已知使得 E 与 Y 独立的条件集为空集，且 C 是 E 和 Y 的潜在共同孩子变量，因 $\neg\, Y \perp E|\{C\} \cup \varnothing$ 成立，所以 E 是 Y 的一个配偶变量，此时 $\mathcal{SP}(Y)=\{E\}$。③判断变量 F，已知使得 F 与 Y 独立的条件集为 $\{A\}$，且 A 是 F 和 Y 的潜在共同孩子变量，因 $Y \perp F|\{A\} \cup \{A\}$ 成立，所以 F 不是 Y 的一个配偶变量，此时 $\mathcal{SP}(Y)=\{E\}$。至此，$\mathcal{Z}$ 中的每一个变量都被考虑了一遍，HITON-MB 算法停止迭代，并得出唯一的配偶节点 E。

12.1.2　局部骨架定向

研究者们提出了很多基于限制的局部因果结构学习算法，如 CMB 算法 [5]、PCD-by-PCD 算法 [6]、MB-by-MB 算法 [7] 和 LCS-FS 算法 [8]。这些算法通常包括局部骨架学习和局部骨架定向两个阶段，其中局部骨架学习在 12.1.1 小节已详细阐述，因而在本小节我们仅阐述这些算法基于已有的局部骨架进行定向的策略。目前的局部骨架定向策略一般包括以下三个步骤。

第一步：初步定向。首先识别当前局部骨架 S_0 中已有的 V– 结构并对相关边进行定向，然后利用 Meek 规则对当前局部骨架中剩余无向边进行定向。如果上述过程能够将当前局部骨架中所有无向边定向，那么后面不再需要执行扩展 – 回溯过程，即不需要执行后续的第二步和第三步。

第二步：扩展定向。首先选择当前局部骨架 S_0 中不能确定方向的无向边中节点，然后利用局部骨架学习算法学习该节点的局部骨架（可能需要学习多个节点变量的局部骨架，这里假设只需要学出一个局部骨架并令它为 S_1），接着识别新得到局部骨架 S_1 中的 V– 结构，并结合 Meek 规则判断是否能够对 S_0 中未被定向的边进行定向。如果可以，那么扩展步骤结束；否则，继续进行局部骨架扩展直到第 n 次扩展能够使得 S_{n-1} 中在扩展路径上的边被定向出来或者无法进一步扩展。

第三步：回溯定向。假设在上述第二步中一共扩展了 n 次才终止，那么本步骤需要从 S_n 中已经定向的边开始回溯定向 S_{n-1} 中未定向的边，并继续基于 S_{n-1} 中已经定向的边回溯定向 S_{n-2} 中未定向的边，以此类推，直到 S_0 中未被定向的边被定向为止。

在实际场景下，由于当前局部骨架 S_0 中往往有多条无向边无法通过第一步来完成

定向，所以第二步和第三步中的扩展和回溯路线是多条的、复杂的。此外，如同全局结构学习算法会遇到等价类一样，现有的局部骨架定向算法即使全部执行完上述的第一步、第二步和第三步，也不一定能保证将 S_0 中所有无向边定向出来。

为更好地理解上述 CMB 算法和 PCD-by-PCD 算法等是如何基于局部骨架实现定向的，我们利用一个示例（如图 12-4 所示）来演示 CMB 算法和 PCD-by-PCD 算法等对局部骨架进行定向的过程，该定向过程主要包括以下三个步骤。

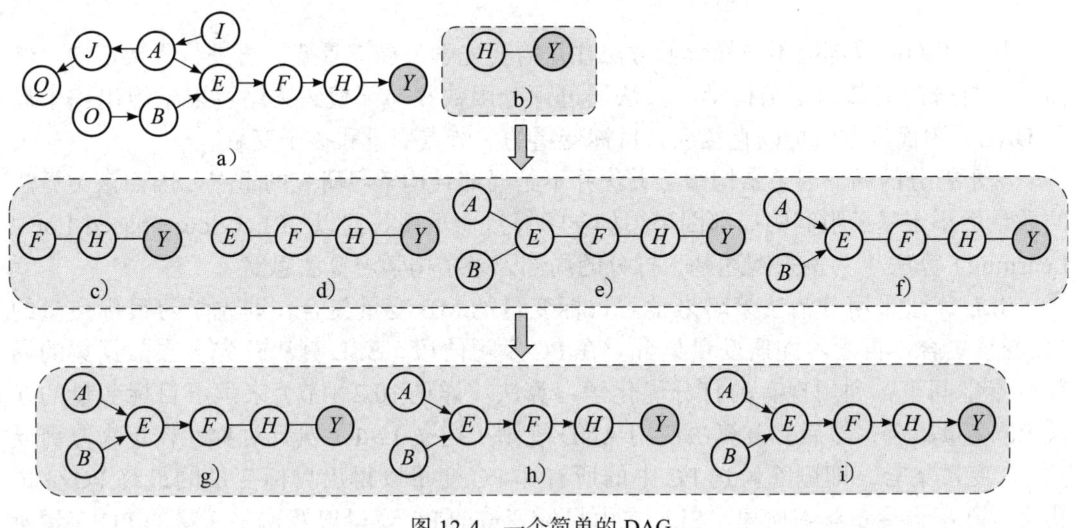

图 12-4　一个简单的 DAG

（灰色节点 Y 是目标节点）

第一步：初步定向。这些算法先学习出目标变量 Y 的局部骨架，如图 12-4b 所示。因当前局部骨架中不存在任何 V- 结构，故无法利用 Meek 规则对 H-Y 进行定向。

第二步：扩展定向。这些算法继续学习 H–Y 中节点 H 的局部骨架以扩展 Y 的局部骨架，扩展后的局部骨架如图 12-4c 所示，因当前局部骨架中依旧不存在任何 V- 结构，故也无法利用 Meek 规则对任何边进行定向；继续学习 F–H 中节点 F 的局部骨架，扩展后的局部骨架如图 12-4d 所示，但仍没有任何边可以被定向；继续学习 E–F 中节点 E 的局部骨架，扩展后的局部骨架如图 12-4e 所示，此时在当前局部骨架中识别出一个 V- 结构 $A \rightarrow E \leftarrow B$（如图 12-4f 所示），进而利用 Meek 规则对上一层局部骨架中的无向边 E–F 进行定向。至此，扩展定向步骤结束。

第三步：回溯定向。这些算法利用 Meek 规则对路径 E–F–H–Y 进行回溯定向。对于 E–F 而言，如果是 $F \rightarrow E$，那么会产生两个新的 V- 结构 $A \rightarrow E \leftarrow F$ 和 $B \rightarrow E \leftarrow F$，因而无向边 E–F 被推断为 $E \rightarrow F$，推断后的局部结构如图 12-4g 所示；对于 F–H 而言，如果是 $H \rightarrow F$，那么会产生一个新的 V- 结构 $E \rightarrow F \leftarrow H$，所以无向边 F–H 被推断为 $F \rightarrow H$，推断后的局部结构如图 12-4h 所示；对于 H–Y 而言，如果是 $Y \rightarrow H$，那么会产生一个新的 V- 结构 $F \rightarrow H \leftarrow Y$，所以无向边 H–Y 被推断为 $H \rightarrow Y$，推断后的局部结构如图 12-4i 所示。至此，目标变量 Y 的局部结构被定向完毕。

对于大型网络而言，如果仅仅需要学习出某个目标变量的局部因果结构，那么基于限制的局部因果结构学习方法比基于限制的全局因果结构学习方法在执行时间上要少得多。然而，现有基于限制的局部因果结构学习方法因需要扩展局部结构，导致需要学习多个变量的 MB 或 PC（甚至需要学习整个骨架）以识别出目标变量的原因和结果，因此，它们的时间复杂度常常无法控制。

12.2 基于打分的局部因果结构学习

基于限制的局部因果结构学习方法往往需要先学习局部骨架，再进行骨架定向。然而基于打分的局部因果结构学习方法通过评分函数和局部搜索策略可以学习出一个局部 DAG，因而该方法可以直接区分目标变量的父节点变量和孩子变量。

基于打分的局部因果结构学习方法并不是局部结构学习研究的重点，因而该类算法的数量远小于基于限制的局部因果结构学习算法。下面我们以 SLL（Score-based Local Learning）算法[9]为例来阐述基于打分的局部因果结构学习算法思路。

SLL 算法采用分治法策略来学习目标变量的 MB 变量集合，即先学习目标变量的 PC 变量集合，再学习配偶变量集合。在 PC 学习阶段，SLL 算法首先会在数据集的局部变量空间下，利用现有的打分优化学习算法（详见 10.2.3 节）来学习目标变量的候选 PC 变量集合；然后，该算法使用 AND 规则（定义 12-1）执行对称性校正来修剪候选 PC 变量集合，即删除候选 PC 中的所有非 PC 变量以得出目标变量的最终 PC 变量集合。在配偶变量学习阶段，SLL 在由目标变量的 PC 变量以及这些变量的 PC 变量所构成的并集变量空间下，将再次使用现有的打分优化学习算法来学习目标变量的配偶变量；然后，该算法使用 OR 规则（定义 12-2）执行对称性校正，以寻找丢失的配偶变量。

定义 12-1　AND 规则　在一个 DAG 中，如果变量 V_i 是变量 V_j 的父节点（即 $V_i \in \mathcal{PC}(V_j)$），那么 V_j 一定是 V_i 的孩子节点（即 $V_j \in \mathcal{PC}(V_i)$）。

定义 12-2　OR 规则　给定一个局部骨架学习算法和数据集来学习变量 V_i 和变量 V_j 的 PC 变量集合，如果变量 V_j 不在变量 V_i 的 PC 变量集合中（即 $V_j \notin \mathcal{PC}(V_i)$），但变量 V_i 在变量 V_j 的 PC 变量集合中（即 $V_i \in \mathcal{PC}(V_j)$），那么变量 V_j 仍被认为是变量 V_i 的一个正确的父节点或孩子节点（即 $V_i \in \mathcal{PC}(V_j)$ 和 $V_j \in \mathcal{PC}(V_i)$ 都成立）。

接下来，我们将详细阐述 SLL 算法流程，该算法共包括以下五个步骤。

第一步：寻找目标变量 Y 的候选 PC 变量，即 $\mathcal{CPC}(Y)$。令 $\mathcal{CPC}(Y)=\varnothing$，在每次迭代中，SLL 首先随机选择一个变量 $V_i \in \mathcal{V}\backslash\{Y \cup \mathcal{CPC}(Y)\}$ 并从 $\mathcal{V}$ 中移除 V_i；然后使用一个打分优化全局结构学习算法（如 10.2 节介绍的算法），以学习出在变量集合 $Y \cup \mathcal{CPC}(Y) \cup V_i$ 约束的变量空间下的一个局部 DAG；接着从该 DAG 中读取一个新的 $\mathcal{CPC}(Y)$。重复执行上述步骤的迭代过程，直到集合 $\mathcal{V}\backslash\{Y \cup \mathcal{CPC}(Y)\}$ 中的每一个变量都被选择过。

第二步：使用对称性检查（即 AND 规则）来修剪第一步中的 $\mathcal{CPC}(Y)$。SLL 使用第一步中的方法去学习 $\mathcal{CPC}(Y)$ 中每个变量 V_j 的 PC，即 $\mathcal{CPC}(V_j)$。如果存在 $Y \notin \mathcal{CPC}(V_j)$，那么 V_j 将从 $\mathcal{CPC}(Y)$ 中被移除。最后，SLL 算法得到了 Y 的 PC 变量集合，即 $\mathcal{PC}(Y)$。

第三步：识别 Y 的配偶变量。令 Y 的初始候选配偶变量集为空，即 $\mathcal{CSP}(Y)=\varnothing$，同时使用第一步的方法去寻找 $\mathcal{PC}(Y)$ 中每个变量的 PC 变量集合的并集，并将该并集记为 $\mathcal{Z}$。在每次迭代中，SLL 首先从 $\mathcal{Z}\backslash\{\mathcal{CPC}(Y) \cup Y\}$ 中随机选择一个变量 V_k，并在由 $\mathcal{CSP}(Y) \cup V_k \cup Y \cup \mathcal{CPC}(Y)$ 组成的变量空间下使用现有打分优化全局结构学习算法来学习一个局部 DAG；然后从该局部 DAG 中获取新的 $\mathcal{CSP}(Y)$。重复执行上述步骤的迭代过程，直到集合 $\mathcal{Z}\backslash\{\mathcal{CPC}(Y) \cup Y\}$ 为空。

第四步：通过对称性检查（即 OR 规则）来找回第三步中丢失的 Y 的配偶变量。SLL 对第三步中的候选配偶变量集执行对称检查。具体来说，对于 $\mathcal{V}\backslash\{\mathcal{PC}(Y) \cup \mathcal{CSP}(Y)\}$ 中的每一个变量 V_m，利用第三步的方法来学习 $\mathcal{CSP}(V_m)$，如果 $Y \in \mathcal{CSP}(V_m)$ 但 $V_m \notin \mathcal{CSP}(Y)$，那么基于 OR 规则，将 V_m 添加到 $\mathcal{CSP}(Y)$ 中。最后，SLL 算法得到了 Y 的配偶变量集合，即 $\mathcal{SP}(Y)$。

第五步：合并目标变量的 PC 变量和配偶变量。SLL 算法最终得到 $\mathcal{MB}(Y)=\mathcal{PC}(Y) \cup \mathcal{SP}(Y)$。

12.3　局部到全局的因果结构学习

研究者们受到了局部因果结构学习的启发，设计出一种新的全局因果结构学习思路，即局部到全局的因果结构学习。这类算法的主要学习思路为：首先学习数据集中每个变量的局部骨架结构；然后将各个变量局部骨架结构拼接成全局骨架结构；最后利用基于限制或基于打分的策略对全局骨架中的无向边进行定向。

下面我们将结合常用的 MMHC 算法 [10] 来详细地阐述局部到全局的因果结构学习方法，并介绍该类方法通常使用的对称性校正技术。

12.3.1　MMHC 算法

MMHC（Max-Min Hill Climbing）算法是一种经典的局部到全局的结构学习算法，其学习过程主要分为三步。

（1）局部骨架学习：学习数据集中每一个变量的 PC 变量集合。

（2）全局骨架构建：将所有变量的局部骨架拼接成一个全局骨架。

（3）全局骨架定向：使用基于打分的策略对全局骨架进行定向。

为更好地理解 MMHC 算法，我们以图 12-5 中的例子来演示 MMHC 算法的执行流程。

首先，使用 MMHC 算法调用 MMPC 算法（详见 12.1.1 小节中有关 PC 骨架学习算法的介绍）来学习数据集 D 中每个节点 V_i（i=1,2,3,4,5）的父节点和孩子节点集，即 $\mathcal{PC}(V_1)=\{V_2,V_3,V_4\}$、$\mathcal{PC}(V_2)=\{V_1\}$、$\mathcal{PC}(V_3)=\{V_1,V_5\}$、$\mathcal{PC}(V_4)=\{V_1\}$ 和 $\mathcal{PC}(V_5)=\{V_3\}$。

其次，MMHC 算法根据各个变量之间的关系（相邻或不相邻）构建起一个全局骨架结构（边的方向未确定）。具体来说，因 $V_1 \in \mathcal{PC}(V_4)$ 且 $V_4 \in \mathcal{PC}(V_1)$，根据 AND

规则，变量 V_1 和变量 V_4 之间构建一条无向边；因 $V_1 \in \mathcal{PC}(V_2)$ 且 $V_2 \in \mathcal{PC}(V_1)$，根据 AND 规则，变量 V_1 和变量 V_2 之间也构建一条无向边；同理，变量 V_1 和变量 V_3 以及变量 V_3 和变量 V_5 之间均构建一条边，并得到一个全局骨架结构。

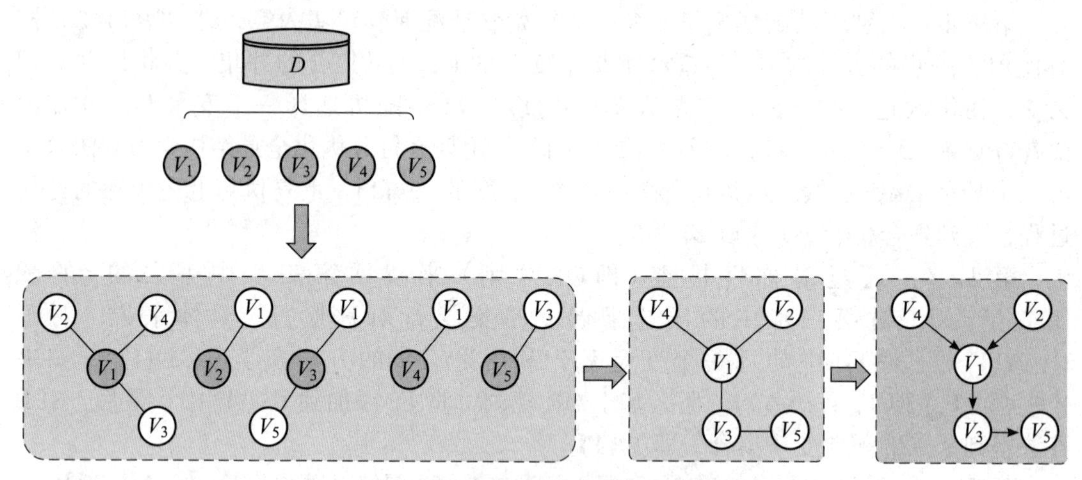

图 12-5　MMHC 算法执行流程图

最后，MMHC 算法利用爬山（Hill Climbing）搜索策略 [11] 对全局骨架进行不断地加边、减边，以及反向边的局部操作，同时对每一种可能的结构进行打分（即 BDeu 评分，详见 10.2.2 小节）并根据评分结果是否更佳来确定是否选择该操作，从而得到最终的全局因果结构。

MMHC 算法使用了基于限制的学习方法进行局部骨架学习，一定程度上降低了图的搜索空间大小，同时使用了基于打分的学习方法实现了全局骨架的精准定向。因此，MMHC 算法也被称为是一种混合优化学习算法。与其他全局因果结构学习方法相比，MMHC 算法在效率和准确性上都取得了较好的提升。

除了经典的 MMHC 算法以外，研究者们还提出了一些局部到全局的结构学习算法，例如 GGSL 算法 [12]。与 MMHC 算法不同的是，GGSL 算法初始会随机选择一个变量作为目标变量，然后利用打分优化局部结构学习算法去学习该变量的一个局部结构，接着该算法逐渐去扩大这个局部结构，直到整个全局 DAG 被学习出来。由于该算法中初始目标变量的选择会影响结构学习，所以 GGSL 算法会存在不稳定的问题。

12.3.2　对称性校正

数据集中常常会出现样本容量不足、噪声等问题，这会导致局部到全局的结构学习算法在拼接局部骨架时存在信息不对称的问题。

具体来说，在局部骨架学习阶段中一个节点 V_i 的 PC 变量集合包含了另一个节点 V_j，即 $V_j \in \mathcal{PC}(V_i)$。但是，$V_i$ 不属于 V_j 的 PC 变量集合，即 $V_i \notin \mathcal{PC}(V_j)$。因此，我们难以得出两个节点之间是否应该存在边连接，从而导致无法成功构建起一个全局骨架结构。在这种情况下，现有的局部到全局的结构学习算法通常使用 AND 规则（详见定义 12-1）和 OR 规则（详见定义 12-2）来解决局部骨架不对称的问题。例如，当 $V_j \in \mathcal{PC}(V_i)$ 和 $V_i \notin \mathcal{PC}(V_j)$ 情况出现时，如果利用 AND 规则，那么 V_i 和 V_j 之间不存在一条边；如果利用 OR 规则，那么 V_i 和 V_j 之间存在一条边。然而，仅仅通过 AND 规则和 OR 规则来解决局部骨架不对称的问题往往缺乏合理性。因我们预先不知道真实的因果结构，所以当局部骨架出现不对称问题时，无法选出合适的规则。

针对上述问题，Zhao 和 Ho 提出了一种新的对称性校正方法 [13]，该方法首先使用基于打分的局部因果结构学习算法重新学习信息不对称的两个节点的组合局部结构，然后根据基于打分的局部搜索过程是否生成包含该不对称边的图结构来决定是否包含信息不对称的边。总之，局部到全局的结构学习算法在全局骨架构建阶段，如果使用了合理的对称性校正会产生结构更精确、与数据拟合更好的图结构。

12.4　拓展阅读

本章主要介绍了局部因果结构学习方法，它的思想和策略大多是由组合优化因果结构学习方法演变而来。下面为读者简要地介绍更多的局部因果结构学习方法和局部到全局的因果结构学习方法。

- 基于限制的局部因果结构学习算法：GSMB 算法 [14] 是第一个在不学习全局因果结构的情况下学习某个感兴趣变量 MB 骨架（局部）的算法。IAMB 算法和 Inter-IAMB 算法 [15] 在 GSMB 算法基础之上采用启发式选择策略显著地提升了 MB 骨架学习精度。Borboudakis 等提出的 FBED^{K} 算法 [16] 对 IAMB 算法的前向阶段进行了加速。Pena 等提出了使用 AND 规则纠正候选 MB 变量的 PCMB 算法 [17]。STMB 算法 [18] 是从目标变量的 PC 变量以外的变量中寻找目标变量的配偶变量，这种策略避免了多次运行 PC 骨架学习算法，提升了分治类 MB 骨架学习方法的效率。当忠实性假设被违反时，数据集中目标变量的 MB 骨架可能不是唯一的。为此，研究者们已经进行了一些研究工作，以识别在该假设被违背的情况下的多个 MB 骨架，例如 KIAMB 算法 [17] 和 TIE* 算法 [19]。当因果充分性假设被违反时，Yu 等提出了 M3B 算法 [20] 来解决违反因果充分性的问题，并且该算法可以输出一个局部 MAG 骨架。Yu 等提出了 MCFS 算法 [21]，该算法通过利用因果不变性和互信息的概念，从多源非独立同分布数据中学习一个不变特征集。
- 基于打分的局部因果结构学习算法：S^2TMB 算法 [22] 采用了 STMB 算法学习目标变量配偶变量的思路。DMB 算法 [23] 是一种采用同步策略的基于打分的结构学习算法，该算法在一个受限搜索空间中通过贪婪搜索策略来进行局部结构更新。当忠实性假设被违反时，BSS-MB[24] 算法可以学习多个 MB 骨架，该算法是 KIAMB 算法的一种基于分数的变体，不能保证找到所有可能的 MB 骨架，并且在时间效率和学习精度方面，也没有显示出明显优于 KIAMB 算法或 TIE* 算法的优势。当因果充分性假设被违反时，LMB-CSEM[25] 是第一个在含有隐变量的 DAG 中学习 MB 骨架的算法。

- 局部到全局的因果结构学习算法：GS 算法 [14] 是 Margaritis 等人在 GSMB 算法基础上扩展而来的一种局部到全局的因果结构学习算法，该算法为后续的局部到全局的因果结构学习算法提供了一个基础框架。近些年，Wang 等提出了 EMIDGS 算法 [26]，该算法在干预目标未知的情况下能够在多个高维干预数据中学习出较为准确的全局因果结构。Ling 等设计了 PSL 算法 [27]，该算法能够学习数据集中某一个变量周围任意深度的局部结构。
- 特征选择是机器学习领域一种重要的数据预处理方法。在一个贝叶斯网络中，给定任意变量的马尔可夫毯，这个变量与其马尔可夫毯外的所有变量条件独立。根据这个性质，研究已经证明在独立同分布条件下，分类数据中类别属性的马尔可夫毯是特征选择的理论最优解 [28]。因此 MB 骨架学习算法是一种新颖的、可解释、鲁棒性的特征选择方法，已经在特征选择领域获得广泛关注 [29]。在非独立同分布数据条件下，研究已经表明类别属性的父节点（直接原因）是一组稳定、可迁移特征，局部因果结构学习为从非独立同分布数据中学习稳定、可迁移特征提供了有效方法 [21,30]。局部因果结构学习的主要算法代码可以参考开源软件网站 https://github.com/kuiy。

参考文献

[1] LI J, LIU L, LE T D. Local causal discovery with a simple PC algorithm[M]//Practical approaches to causal relationship exploration. Springer, Cham, 2015: 9-21.

[2] ALIFERIS C F, STATNIKOV A, TSAMARDINOS I, et al. Local causal and Markov blanket induction for causal discovery and feature selection for classification part I: algorithms and empirical evaluation[J]. Journal of machine learning research, 2010, 11(1): 171-234.

[3] TSAMARDINOS I, ALIFERIS C F, STATNIKOV A. Time and sample efficient discovery of Markov blankets and direct causal relations[C]//Proceedings of the ninth ACM SIGKDD international conference on Knowledge Discovery and Data Mining (KDD-2003). 2003: 673-678.

[4] TSAMARDINOS I, ALIFERIS C F. Towards principled feature selection: Relevancy, filters and wrappers[C]//International workshop on Artificial Intelligence and Statistics (AISTATS-2003). PMLR, 2003: 300-307.

[5] GAO T, JI Q. Local causal discovery of direct causes and effects[C]//Proceedings of the 28th international conference on Neural Information Processing Systems (NeurIPS-2015). 2015: 2512-2520.

[6] YIN J, ZHOU Y, WANG C, et al. Partial orientation and local structural learning of causal networks for prediction[C]//Causation and prediction challenge. PMLR, 2008: 93-105.

[7] WANG C, ZHOU Y, ZHAO Q, et al. Discovering and orienting the edges connected to a target variable in a DAG via a sequential local learning approach[J]. Computational statistics & data analysis, 2014, 77(C): 252-266.

[8] LING Z, YU K, WANG H, et al. Using feature selection for local causal structure learning[J].IEEE transactions on emerging topics in computational intelligence, 2020, 5(4): 530-540.

[9] NIINIMÄKI T, PARVIAINEN P. Local structure discovery in Bayesian networks[C]//Proceedings of the twenty-eighth conference on Uncertainty in Artificial Intelligence (UAI-2012). 2012: 634-643.

[10] TSAMARDINOS I, BROWN L E, ALIFERIS C F. The max-min hill-climbing Bayesian network structure learning algorithm[J]. Machine learning, 2006, 65(1): 31-78.

[11] HECKERMAN D, GEIGER D, CHICKERING D M. Learning Bayesian networks: the combination of knowledge and statistical data[J]. Machine learning, 1995, 20(3): 197-243.

[12] GAO T, FADNIS K, CAMPBELL M. Local-to-global Bayesian network structure learning[C]// International Conference on Machine Learning (ICML-2017). PMLR, 2017: 1193-1202.

[13] ZHAO J, HO S S. Improving Bayesian network local structure learning via data-driven symmetry correction methods[J]. International journal of approximate reasoning, 2019, 107: 101-121.

[14] MARGARITIS D, THRUN S. Bayesian network induction via local neighborhoods[C]//Proceedings of the 12th international conference on Neural Information Processing Systems (NeurIPS-1999). 1999: 505-511.

[15] TSAMARDINOS I, ALIFERIS C F, STATNIKOV A R, et al. Algorithms for large scale Markov blanket discovery[C]//FLAIRS conference. 2003, 2: 376-380.

[16] BORBOUDAKIS G, TSAMARDINOS I. Forward-backward selection with early dropping[J]. The journal of machine learning research, 2019, 20(1): 276-314.

[17] PENA J M, NILSSON R, BJÖRKEGREN J, et al. Towards scalable and data efficient learning of Markov boundaries[J]. International journal of approximate reasoning, 2007, 45(2): 211-232.

[18] GAO T, JI Q. Efficient Markov blanket discovery and its application[J]. IEEE transactions on cybernetics, 2016, 47(5): 1169-1179.

[19] STATNIKOV A, LEMEIR J, ALIFERIS C F. Algorithms for discovery of multiple Markov boundaries[J]. The journal of machine learning research, 2013, 14(1): 499-566.

[20] YU K, LIU L, LI J, et al. Mining Markov blankets without causal sufficiency[J]. IEEE transactions on neural networks and learning systems, 2018, 29(12): 6333-6347.

[21] YU K, LIU L, LI J, et al. Multi-source causal feature selection[J]. IEEE transactions on pattern analysis and machine intelligence, 2019, 42(9): 2240-2256.

[22] GAO T, JI Q. Efficient score-based Markov Blanket discovery[J]. International journal of approximate reasoning, 2017, 100(80): 277-293.

[23] ACID S, DE-CAMPOS L M, Fernández M. Score-based methods for learning Markov boundaries by searching in constrained spaces[J]. Data mining and knowledge discovery, 2013, 26(1): 174-212.

[24] MASEGOSA A R, MORAL S. A Bayesian stochastic search method for discovering Markov boundaries[J]. Knowledge-based systems, 2012, 35: 211-223.

[25] GAO T, JI Q. Constrained local latent variable discovery[C]//Proceedings of the twenty-fifth International Joint Conference on Artificial Intelligence (IJCAI-2016). 2016: 1490-1496.

[26] WANG Y, CAO F, YU K, et al. Efficient causal structure learning from multiple interventional datasets with unknown targets[C]//Proceedings of the thirty-sixth AAAI conference on artificial intelligence (AAAI-2022). 2022: 8584-8593.

[27] LING Z, YU K, LIU L, et al. PSL: an algorithm for partial bayesian network structure learning[J]. ACM Transactions on Knowledge Discovery from Data (TKDD), 2022, 16(5): 1-25.

[28] YU K, LIU L, LI J. A unified view of causal and non-causal feature selection[J]. ACM Transactions on Knowledge Discovery from Data (TKDD), 2021, 15(4), 1-46.

[29] YU K, GUO X, LIU L, et al. Causality-based feature selection: methods and evaluations. ACM computing surveys (CSUR), 2020, 53(5), 1-36.

[30] PETERS J, BÜHLMANN P, MEINSHAUSEN N. Causal inference by using invariant prediction: identification and confidence intervals. Journal of the royal statistical society: series B (statistical methodology), 2016, 78(5), 947-1012.

第五部分

因果结构未知情形下的因果效应估计

CHAPTER 13

第13章

基于CPDAG的因果效应估计

到目前为止，我们已经介绍了后门准则、前门准则以及工具变量来估计因果效应。但是现有的方法都是建立在因果结构（DAG）已知的条件下，而真实场景中的观测数据往往并没有对应的因果结构。在本章我们将介绍如何在因果结构未知的情况下，从实际观测数据中利用后门或前门准则估计因果效应。

13.1 基于全局 CPDAG 的因果效应估计

13.1.1 IDA 算法思想

实际观测数据对应的因果结构（DAG）是未知的。虽然我们可以利用前面章节介绍的因果结构学习方法从观测数据中学习出因果结构，但是这些算法往往返回的是 DAG 的马尔可夫等价类 CPDAG。即使我们假定因果结构学习算法返回的 CPDAG 是正确的，由于 CPDAG 中含有未定向的边，后门准则和 do 算子仍然无法处理这种含有无向边的因果结构。在本节中我们将首先介绍一种在 DAG 未知情形下的因果效应估计方法——IDA（Intervention calculus when the DAG is Absent）算法[1]。在使用 IDA 算法估计因果效应时，需要满足以下两条假设：

（1）$V_1,\cdots,V_N,Y$ 服从多元正态分布（又称高斯分布），且它是一个马尔可夫分布且忠实于真实的 DAG。

（2）$V_1,\cdots,V_N$ 具有相等的方差。

假设（1）中的高斯假设意味着 $\mathbb{E}(Y|S)$ 对于任何 $S\subseteq\{V_1,\cdots,V_N\}$ 都是线性的，因此根据第 5 章式（5-12），当 $Y\notin \mathcal{P}a(T)$ 时 T 对 Y 的因果效应为 γ_T。γ_T 是以 T 和 $\mathcal{P}a(T)$ 为自变量，Y 为因变量进行回归时 T 的回归系数。因此，当变量之间是线性关系且 DAG 已知时，我们首先可以从 DAG 中识别出 T 的父节点集合，再通过线性回归的方式来计算 T 对 Y 的因果效应。

IDA 算法的主要思想为：首先利用 PC 算法从观测数据中学习出因果结构 G 的马尔

可夫等价类 G^*，然后遍历 G^* 中的每一个可能的 DAG G_j，计算每一个变量 V_i 对 Y 的因果效应 $\theta_i=\{\theta_{ij}\}_{j\in\{1,\cdots m\}},i=1,2,\cdots,N$，得到一个表示变量间因果效应的有序集合 $\boldsymbol{\theta}$。在 IDA 算法中，我们假设 PC 算法学习出的 CPDAG 是正确的。基于这个 CPDAG，我们可以计算出可能的因果效应集并用一个多集来表示。多集和普通集合非常相似，唯一的区别是在多集中，元素的多样性很重要。在多集中，元素的多样性是指该元素在集合中出现的次数。显然集合 $\{a,b\}$ 和 $\{b,a\}$ 是相等的，而多集 $\{a,a\}$ 和 $\{a\}$ 不相等，因为在两个集合中 a 的多样性不同。

13.1.2　IDA 算法执行

在这一节中，我们将介绍 IDA 算法的细节，并用一个含有 5 个变量的实例来说明 IDA 算法的执行过程。

如图 13-1 所示，在 IDA 算法中，要计算处理变量 V_i 对结果变量 Y 的因果效应，那么首先给出一组观测数据，然后通过 PC 算法从该观测数据中学习出与该分布对应的 DAG 的等价类 CPDAG，假设这个等价类中存在 m 个不同的 DAG $G_1,\cdots,G_m$。对于等价类中的每一个 G_j，通过后门标准计算出 V_i 对 Y 的因果效应 $\theta_i=\{\theta_{ij}\}_{j\in\{1,\cdots,m\}},i=1,2,\cdots,N$。最后得出一个表示因果效应的 $N\times m$ 的矩阵 $\boldsymbol{\theta}$，$\boldsymbol{\theta}$ 的每一行对应一个 V_i，每一列对应等价类中的一个 DAG。因为等价类中 DAG 的顺序是任意的，所以 $\boldsymbol{\theta}$ 的列可以按任意顺序排列。IDA 算法的目标在于估计 $\boldsymbol{\theta}$。显然 $\boldsymbol{\theta}$ 包含的信息比 θ_i 更多，因为在 $\boldsymbol{\theta}$ 的每一列中的因果效应来自同一个 DAG。

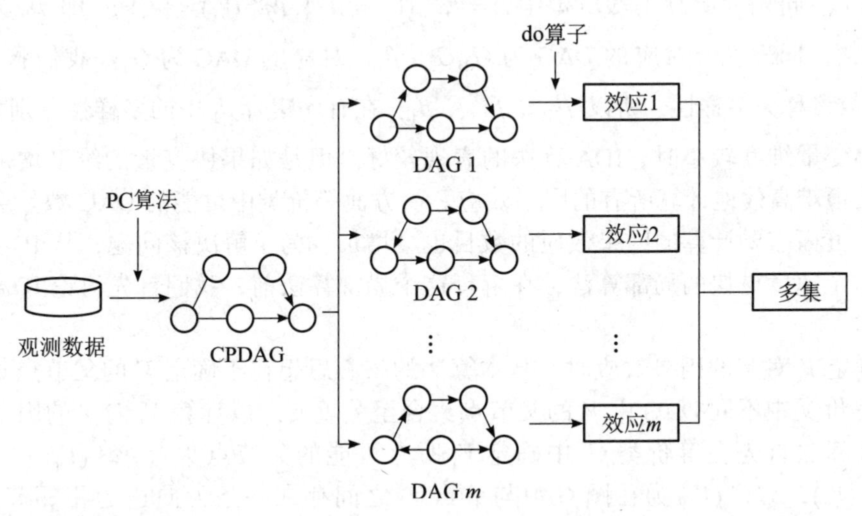

图 13-1　IDA 算法流程

在特殊情况下，θ_i 中的所有元素 $\theta_{ij}(j=1,2,\cdots,m)$ 都是相同的，此时 V_i 对因变量 Y 的因果效应是完全确定的。即使 θ_i 中存在不同的元素，它仍然包含有效的因果信息。例如，当 $j=1,2,\cdots,m$ 时 $\theta_{ij}\neq 0$，那么 V_i 必然对 Y 有因果效应。IDA 算法采用 θ_i 的最小绝对值 $\min_j|\theta_{ij}|$ 表示 V_i 对因变量 Y 的因果效应的下界，该下界表示处理变量对结果变量的

重要性。

我们通过计算图 13-2 中 V_1 对 Y 的因果效应 θ_1 来说明这个算法。首先，我们列出属于马尔可夫等价类 G^* 的所有 DAG，注意到 G 中包含三条无向边 $V_1–V_2,V_1–V_4$ 和 $V_2–V_3$，所以存在 8 种可能的定向方法，但是当 $V_1\rightarrow V_2,V_1\rightarrow V_4,V_2\leftarrow V_3$ 时会引入新的 V- 结构 $V_1\rightarrow V_2\leftarrow V_3$，导致得出的 DAG 不属于当前的等价类 G^*。所以在排除这些无效的 DAG 后得到属于等价类 G^* 的 G_1,G_2,G_3,G_4。接下来，对于 j=1,⋯,4，假设数据来自 G_j，计算出 V_1 对 Y 的因果效应 θ_{1j}，因此有

$$\begin{aligned}\theta_1=\{\theta_{11},\theta_{12},\theta_{13},\theta_{14}\}&=\left\{\beta_{1|\mathcal{P}a^{G_1}(V_1)},\beta_{1|\mathcal{P}a^{G_2}(V_1))},\beta_{1|\mathcal{P}a^{G_3}(V_1)},\beta_{1|\mathcal{P}a^{G_4}(V_1)}\right\}\\&=\left\{\beta_{1|\varnothing},\beta_{1|V_2},\beta_{1|V_2},\beta_{1|V_4}\right\}\end{aligned}\tag{13-1}$$

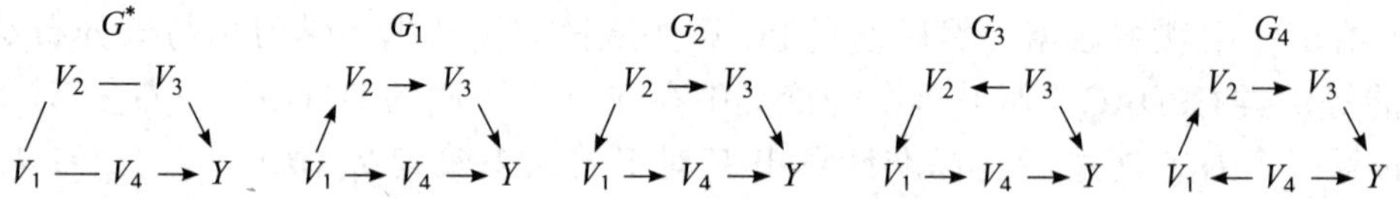

图 13-2 包含 G_1,G_2,G_3,G_4 的等价类

值得注意的是，V_1 的父节点在确定 V_1 对 Y 的因果效应时起着重要的作用，因为当试图确定一个变量对另一个变量的因果效应时，应该对该节点的父节点进行校正（参阅 5.2 节）。同时 $\mathcal{P}a^{G_1}(V_1)=\varnothing,\mathcal{P}a^{G_2}(V_1)=\mathcal{P}a^{G_3}(V_1)=\{V_2\},\mathcal{P}a^{G_4}(V_1)=\{V_4\}$，即 $\beta_{1|\varnothing}$ 对应的 DAG 为 G_1，同理 $\beta_{1|V_2}$ 对应的 DAG 为 G_2,G_3，$\beta_{1|V_4}$ 对应的 DAG 为 G_4。我们将 $\beta_{i|S}$ 对应的 DAG 数量称为多样性，所以 $\beta_{1|\varnothing}$，$\beta_{1|V_2}$，$\beta_{1|V_4}$ 在有序集合 θ_1 中的多样性分别为 1,2,1。

在协变量维度较小时，IDA 算法的表现较好。但是如果协变量的维度增加，那么 IDA 算法很难高效地计算所有的因果效应。一方面等价类中可能的 DAG 数量会显著增加，另一方面需要计算的因果效应的数目也会增加。为了解决该问题，从 IDA 算法衍生出了一个速度更快的局部算法，在解释这个局部算法前，我们首先讨论 IDA 算法的一个变体。

在确定 V_i 对 Y 的因果效应时，基本算法的核心思想在于确定 V_i 的父节点集合，因此找出等价类中不同 DAG 中 V_i 的父节点集合至关重要。以计算 V_1 对 Y 的因果效应为例，IDA 算法首先在等价类 G^* 中确定 V_1 所有可能的父节点集合 $\mathcal{P}a^{G^*}(V_1)\cup S$，其中 $S\subseteq \mathcal{SIB}^{G^*}(V_1)$，$\mathcal{SIB}^{G^*}(V_1)$ 为在图 G 中与节点 V_1 之间存在一条无向边的相邻节点集合。因为 V_1 可能的父节点集合由 G^* 中已知的父节点集合以及和 V_1 之间存在一条无向边的相邻节点的子集组成。在图 13-2 中，$\mathcal{P}a^{G^*}(V_1)=\varnothing$，$\mathcal{SIB}^{G^*}(V_1)=\{V_2,V_4\}$，所以 V_1 可能的父节点集合为$\varnothing,\{V_2\},\{V_4\},\{V_2,V_4\}$。我们规定利用 S 决定 V_1 和 $\mathcal{SIB}^{G^*}(V_1)$ 中的顶点之间的边的方向，S 中的节点都是 V_1 的父节点，$\mathcal{SIB}^{G^*}(V_1)\backslash S$ 中的节点都是 V_1 的子节点，将对应的 DAG 记作 $G^*_{S\rightarrow 1}$。对于每个集合 S，定义 $G^*_{S\rightarrow 1}$ 可扩展出的 DAG 数为 m_S。

如图 13-3 所示，我们以 $S=\{V_2\}$ 和 $S=\{V_4\}$ 为例来解释 m_S 这一概念和变体算法的思想。当 $S=\{V_2\}$ 时，根据 $G^*_{S\to 1}$ 的定义有 $V_1 \leftarrow V_2, V_1 \to V_4$，而 G^* 中剩余的无向边 $V_2–V_3$ 无论如何定向都不会引入环或者新的 V- 结构，所以当 $S=\{V_2\}$ 时 $m_S=2$。而当 $S=\{V_4\}$ 时有 $V_1 \to V_2, V_1 \leftarrow V_4$，在这种情形下无向边 $V_2–V_3$ 只能被定向为 $V_2 \to V_3$，因为将无向边 $V_2–V_3$ 定向为 $V_2 \leftarrow V_3$ 会引入新的 V- 结构 $V_1 \to V_2 \leftarrow V_3$，所以当 $S=\{V_4\}$ 时 $m_S=1$。同理可以得到当 $S=\varnothing,\{V_2\},\{V_4\},\{V_2,V_4\}$ 时，对应的 m_S 分别为 1,2,1,0。最后针对所有的 $S\subseteq \mathcal{SIB}^{G^*}(V_1)$，将其对应的具有多样性 m_S 的元素 $\beta_{1|\mathcal{P}a^{G^*}(V_1)\cup S}$ 添加到 θ_1 中。因此图 13-3 中 V_1 对 Y 的因果效应 $\theta_1=\{\beta_{1|\varnothing},\beta_{1|V_2},\beta_{1|V_2},\beta_{1|V_4}\}$。

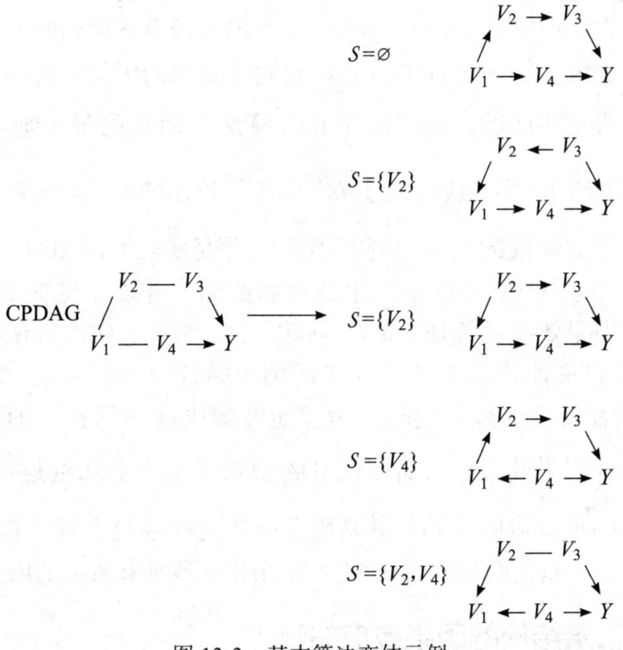

图 13-3　基本算法变体示例

从上述过程可以看出，变体算法给出了与基本算法完全相同的结果（唯一的区别是变体算法没有保持 $\boldsymbol{\theta}$ 的列结构，无法得知哪些因果效应来自相同的 DAG）。同时变体算法并不比基本的 IDA 算法快，因为新的瓶颈在于多样性 m_S 的计算，如果协变量的数量增加，变体算法也将很快变得不可行。

然而我们在计算因果效应时并不需要完整的 DAG，我们需要做的只是从 DAG 中找出 V_1 的父节点集合，接着通过回归计算得出因果效应。同时我们已经规定 $G^*_{S\to 1}$ 是指将 $S\subseteq \mathcal{SIB}^{G^*}(V_1)$ 中的节点全部作为 V_1 的父节点，那么只需要判断当前做法是否有效即可，如果当前做法有效，那么就利用当前的父节点计算相应的因果效应。

因此对变体算法稍加修改就可以得到一个速度更快的局部算法，局部算法用一个更简单的步骤替代了 m_S 的计算，它只需要检查 $G^*_{S\to1}$ 是否是局部有效的。而 $G^*_{S\to1}$ 不会包含一个以 V_i 为碰撞节点的V-结构意味着 $G^*_{S\to1}$ 是局部有效的。在图13-3中，当 $S=\varnothing,\{V_2\},\{V_4\}$ 时，$G^*_{S\to1}$ 是局部有效的；而当 $S=\{V_2,V_4\}$ 时，$G^*_{S\to1}$ 不是局部有效的，因为它引入了一个新的V-结构 $V_2\to V_1\leftarrow V_4$。最后当 $G^*_{S\to1}$ 局部有效时，我们将对应的元素 $\beta_{1|\mathcal{P}a^{G^*}(V_1)\cup S}$ 添加到一个表示因果效应的有序集合 θ_1^L 中，最后得到 $\theta_1^L=\left\{\beta_{1|\varnothing},\beta_{1|V_2},\beta_{1|V_4}\right\}$。

需要注意的是，对于图13-3中的CPDAG，虽然在有序集合 θ_1^L 和 θ_1 中各个元素的多样性可能是不同的，但是其中的元素是完全相同的，因为根据第5章式（5-11）可知，V_i 对 Y 的因果效应是以 V_i 和 $\mathcal{P}a(V_i)$ 为自变量，Y 为因变量进行回归时 V_i 的回归系数，所以对于具有相同父节点集合的不同DAG，通过它们计算出的因果效应是相同的，最终导致 θ_1^L 和 θ_1 的具体取值是相同的。同时由于IDA算法采用 θ_i 的最小绝对值 $\min_j|\theta_{ij}|$ 表示 V_i 对因变量 Y 的因果效应的下界，所以通过 θ_1^L 和 θ_1 计算出的因果效应是完全相同的。

总的来说，对于大规模的实际问题，预先获得变量之间的DAG是不现实的。因此IDA算法假设有一组从未知DAG中产生的观测数据，并基于这些数据估计因果效应，然而在这种情况下因果效应通常是不能唯一确定的。为此，IDA算法将等价类的估计和因果效应计算结合起来计算协变量 V_i 对 Y 的因果效应 $\theta_i,i=1,\cdots,p$，最后用 θ_i 的最小绝对值来表示不同变量的重要性。同时，为了能够解决高维问题，IDA算法采用一种高效的局部算法来估计因果效应。然而即便IDA算法的局部算法通过检查 $G^*_{S\to i}$ 是否是局部有效的来加速因果效应的计算，其基础还是建立在通过全局结构学习算法PC获得的一个CPDAG上。下面我们将介绍一种完全利用局部因果结构的因果效应计算方法。

13.2　基于局部因果结构的因果效应估计

13.2.1　总效应和直接效应

在上一节中，我们介绍了在DAG未知情形下从观测数据中估计总效应的方法——IDA算法。然而通常在观测性数据中估计因果效应时，不仅需要考虑处理变量对结果变量的总效应，还需要考虑处理变量对结果变量的直接效应。在本节中，我们将介绍一种利用局部因果结构计算总效应和直接效应的方法[2]。在给定一个已知的DAG的情况下，对于所有的 t，T 对 Y 的总效应被定义为

$$\mathrm{TE}(t;Y)=\frac{\partial\mathbb{E}[Y\mid\mathrm{do}(T=t)]}{\partial t}\tag{13-2}$$

当 T 是一个二元变量时，T 对 Y 的总效应定义为 $\mathbb{E}[Y|do(T=1)]-\mathbb{E}[Y|do(T=0)]$。$T$ 的父节点集合 $\mathcal{P}a(T)$ 是一个足以充分确定总效应的混杂因子集合。因此为了计算总效应，首先找出 $\mathcal{P}a(T)$，然后通过校正 $\mathcal{P}a(T)$ 估计总效应 TE($t;Y$)。对于由给定 DAG 和高斯噪声生成的高斯图模型，总效应 TE($t;Y$) 是用 T 和 $\mathcal{P}a(T)$ 回归拟合 Y 时 T 的系数 β_T:

$$\mathbb{E}\left[Y|T,\mathcal{P}a\left(T\right)\right]=\beta_0+\beta_T T+\beta_{\mathcal{P}a(T)}\mathcal{P}a\left(T\right) \tag{13-3}$$

其中 T 不是 Y 的子孙节点，当 T 是 Y 的子孙节点时，TE($t;Y$) 等于 0。为了区分 Y 在不同回归过程中 T 的系数，我们用不同的下标表示相应的条件集。例如，上述系数 β_T 用 $\beta_{T|\mathcal{P}a(T)}$ 来表示。

事实上，当一个变量的变化引起另一个变量的变化时，这种作用还有可能是通过中介变量产生的。当存在中介变量时，处理变量会对结果变量存在直接效应。令 Z 表示除 T 以外 Y 的所有父节点（$Z=\mathcal{P}a(Y)\backslash\{T\}$），在 do($Z=z$) 条件下，$T$ 对 Y 的受控直接效应被定义为

$$\mathrm{DE}(t;Y\mid z)=\frac{\partial\mathbb{E}[Y\mid \mathrm{do}\left(T=t,Z=z\right)]}{\partial t} \tag{13-4}$$

受控直接效应是在给定外部干预 do($Z=z$) 条件下 T 对 Y 的直接效应，此外部干预阻断了除 $T\rightarrow Y$ 之外 T 到 Y 的所有的有向路径。通常来说，DE($t;Y|z$) 是一个关于 t 和 z 的函数。而当 T 是一个二元变量，Z 是一个离散变量集时，T 对 Y 的受控直接效应可以被定义为 $\mathbb{E}[Y|do(T=1,Z=z)]-\mathbb{E}[Y|do(T=0,Z=z)]$。一般情况下，控制 Y 的父节点（不包括 T），也就控制了中介变量，从而阻断了 T 对 Y 的间接效应，可以得到 T 对 Y 的直接效应。集合 $Z=\mathcal{P}a(Y)\backslash\{T\}$ 可以阻断从 T 到 Y 的所有剩余的路径，因此在估计直接效应 DE($t;Y|z$) 时需要找出 $\mathcal{P}a(Y)$。和总效应 TE($t;Y$) 类似，在线性模型中 DE($t;Y$) 可以用系数 $\beta_{T|\mathcal{P}a(Y)}$ 来表示：

$$\mathbb{E}[Y\mid t,\mathcal{P}a\left(Y\right)]=\beta_0+\beta_{T|\mathcal{P}a(Y)}t+\beta_{Z|\mathcal{P}a(Y)}z \tag{13-5}$$

当估计处理变量对结果变量的直接效应时，必须找到一组中介变量集合，这些变量可以阻断除处理变量到结果变量的直接有向路径以外的所有因果路径。

13.2.2 等价类与链组件

为了准确地估计总效应和直接效应，我们需要找出处理变量和结果变量的父节点集合。在观测数据对应的 DAG 是已知的情况下，可以将处理变量的父节点集合视为混杂因子集合，而将结果变量的父节点集合视为中介变量集合，因此从观测数据中估计处理变量对结果变量的总效应和直接效应时，只需要找出对应的两组父节点集合。然而在没有先验知识的情况下，通常只能从观测数据中学习一组统计学上等价的 DAG。这

些等价的 DAG 构成了一个包含无向边的马尔可夫等价类 G^*（全局等价类），为了处理 G^* 中的无向边，我们首先介绍一个新的概念：链组件。

定义 13-1　链组件　在删除马尔可夫等价类中的全部有向边后得到的若干个互不连通的无向子图被称为链组件。

如图 13-4a 所示，在一个包含 8 个变量的马尔可夫等价类 G^* 中，删除有向边 $V_2 \to V_4, V_5 \to V_4, V_8 \to V_4$ 后得到的 4 个互不相连的无向子图 $V_4, V_5, V_1 - V_2 - V_3, V_6 - V_8 - V_7$ 为对应的链组件，如图 13-4b 所示。

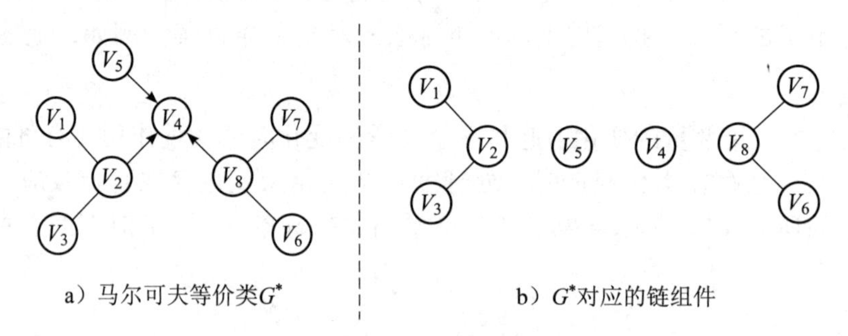

图 13-4　链组件

在本节中，我们不仅要找到处理变量对结果变量所有可能的总效应集合，还要找到处理变量对结果变量所有可能的直接效应集合，这相当于找出处理变量和结果变量所有可能的父节点集合。因此一种简单直观的方法是列举处理变量和结果变量所有可能的父节点集合，然后考虑处理变量父节点和结果变量父节点的笛卡儿积。该方法是 IDA 算法的一个简单扩展，因此称为扩展 IDA 的方法。虽然扩展 IDA 的方法考虑了处理变量父节点集合和结果变量父节点集合所有可能的组合方式，但是其中一些组合方式构成的 DAG 不属于该马尔可夫等价类。为了解决这个问题，基于链组件，研究者提出了一种直观的全局方法和一种局部方法，以找到在给定的马尔可夫等价类 G^* 中，一个处理变量对结果变量所有可能的总效应和直接效应。下面我们首先介绍全局方法。

13.2.3　基于链组件的全局方法

对于一个给定的 DAG，需要计算的是处理变量 T 对结果变量 Y 的因果效应对 $(\mathrm{TE}(t;Y),\mathrm{DE}(t;Y))$，那么一般情况下，全局方法可以分为以下四步：

（1）从观测数据中学习出一个马尔可夫等价类 G^*（包括所有变量）；

（2）列举等价类中的所有可能的 DAG；

（3）在每个 DAG 中找出 $\mathcal{Pa}(T)$ 和 $\mathcal{Pa}(Y)$；

（4）对于每个父节点集合对 $(\mathcal{Pa}(T),\mathcal{Pa}(Y))$ 估计因果效应对 $(\mathrm{TE}(t;Y),\mathrm{DE}(t;Y))$。

在利用全局算法找出所有可能的父节点集合对后，通过线性回归和最小二乘损失方法计算出总效应和直接效应。

然而我们的目标是确定 T 对 Y 的因果效应对，因此不需要对马尔可夫等价类 G^* 中所有的无向边定向。如图 13-5a 所示，给定一个马尔可夫等价类 G^*，根据全局算法的步骤（2），需要分别对 G^* 中的 4 条无向边 $K–T$、$Q–T$、$L–Y$、$F–H$ 进行定向得到所有可能的 DAG，但是只有图 13-5b 中无向边 $K–T$、$Q–T$ 和图 13-5c 中无向边 $L–Y$ 的定向结果会影响我们计算 T 对 Y 的因果效应对，图 13-5d 中 $F–H$ 的定向结果并不会影响我们计算 T 对 Y 的因果效应对。因此提出基于链组件的全局算法，只对含有 T 和 Y 的链组件进行局部定向，从而提高算法效率，该算法可以分为如下四步：

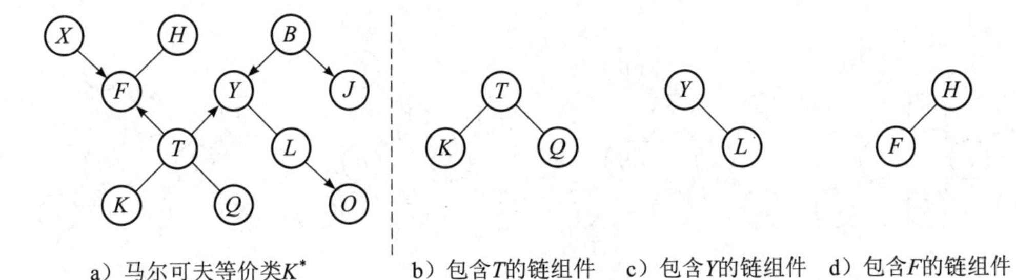

图 13-5　基于链组件的全局算法思想

（1）从观测数据中学习出全局马尔可夫等价类 G^*；

（2）确定节点 T 和 Y 的无向邻居集 $\mathcal{N}e(T)$ 和 $\mathcal{N}e(Y)$；

（3）遍历所有可能的方向配置 $(S(Y)\to Y, S(T)\to T)$ 并检查其有效性；

（4）返回所有有效的父节点集合对 $(\mathcal{P}a(T), \mathcal{P}a(Y))$。

在变体算法中用 $\mathcal{N}e(Y)$ 来表示 Y 的无向邻居节点集合，$S(Y)$ 为 $\mathcal{N}e(Y)$ 的子集，$S(Y)\to Y$ 表示将 $S(Y)$ 中的节点定义为 Y 的父节点，将 $\mathcal{N}e(Y)\backslash S(Y)$ 中的节点定义为 Y 的子节点，由此得到的图称为 $G^*_{S(Y)\to Y}$。如果在 G^* 中存在一个 DAG 和 $G^*_{S(Y)\to Y}$ 有着相同的有向边，那么称对应的 $S(Y)\to Y$ 是有效的。进一步地，假设 $S(T)$ 是 T 在 $G^*_{S(Y)\to Y}$ 中无向邻居节点集合的子集，$(S(Y)\to Y, S(T)\to T)$ 表示在 $G^*_{S(Y)\to Y}$ 中将属于 $S(T)$ 的节点定义为 T 的父节点，而将剩余的节点定义为 T 的子节点，得到的图称为 $G^*_{(S(Y)\to Y, S(T)\to T)}$。类似地，如果在 G^* 中存在一个 DAG 和 $G^*_{(S(Y)\to Y, S(T)\to T)}$ 有着相同的有向边，那么称对应的 $(S(Y)\to Y, S(T)\to T)$ 是有效的。

我们以图 13-6 为例，在图 13-6a 中给定马尔可夫等价类 G^* 和对应的 DAG G_1, G_2, G_3，回顾基于链组件的全局算法，我们首先学习出马尔可夫等价类 G^*，然后根据该算法中的步骤（2），得出在 G^* 中与 T 和 Y 相邻的无向边分别为 $\mathcal{N}e(T)=\{K,L\}$ 和 $\mathcal{N}e(Y)=\{H\}$。接着通过步骤（3）检查方向配置 $(S(Y)\to Y, S(T)\to T)$ 的有效性。如图 13-6b 所示，首先配置和 Y 相邻的无向边的方向，当 $S(Y)=\varnothing$ 时，那么对应的 $G^*_{\varnothing\to Y}$ 是有效的，因为存在一个 G_1，G_1 和 $G^*_{\varnothing\to Y}$ 具有相同的有向边 $Y\to H$；而如果 $S(Y)=\{H\}$，那么对应的 $G^*_{\{H\}\to Y}$ 是无效的，因为在 G_1, G_2, G_3 中均不存在相同的

有向边 $Y \leftarrow H$。因此接下来在 $G^*_{\varnothing \to Y}$ 中配置和 T 相邻的无向边的方向，同理，在检查 $(S(Y) \to Y, S(T) \to T)$ 的有效性时，可以得出 $G^*_{(\varnothing \to Y,\{K\} \to T)}, G^*_{(\varnothing \to Y,\{L\} \to T)}, G^*_{(\varnothing \to Y,\varnothing \to T)}$ 均有效，而 $G^*_{(\varnothing \to Y,\{K,L\} \to T)}$ 是无效的结论，因为 $G^*_{(\varnothing \to Y,\{K,L\} \to T)}$ 中产生了一个新的 V- 结构 $K \to T \leftarrow L$，且 G_1, G_2, G_3 中均不存在 $K \to T \leftarrow L$。

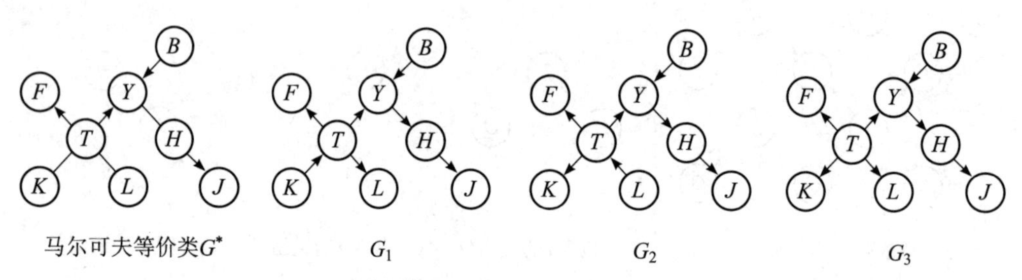

a）马尔可夫等价类G^*及其对应的DAG G_1，G_2，G_3

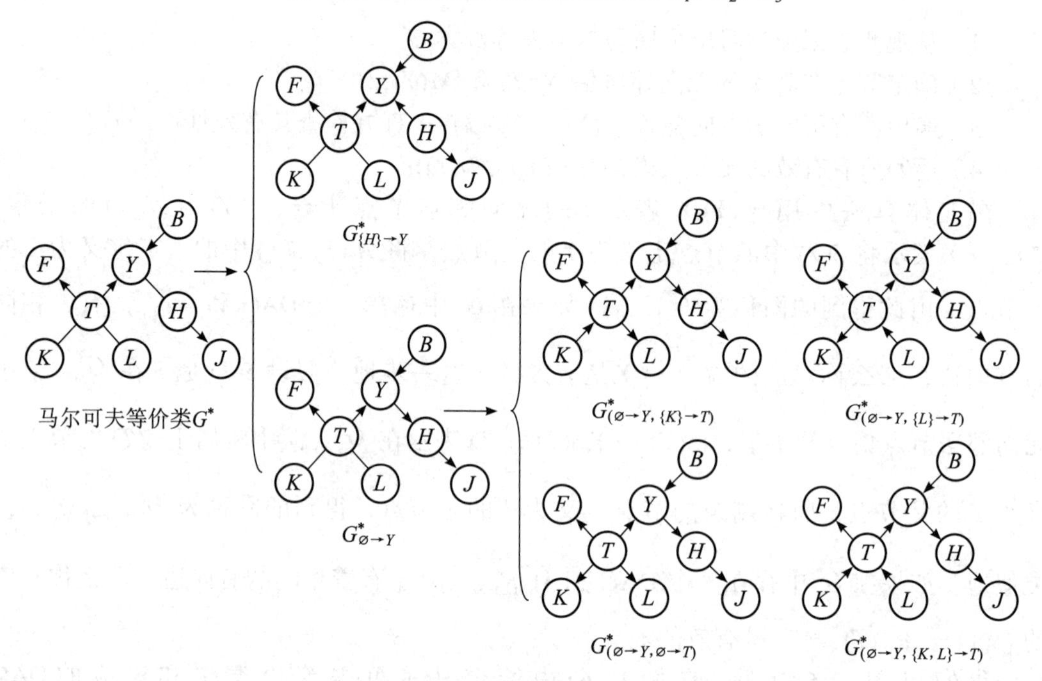

b）定向有效性判断

图 13-6　基于链组件的全局算法示例

如果 T 和 Y 之间有向边的方向已经固定或者 T 和 Y 之间没有边，那么 $G^*_{(S(Y) \to Y, S(T) \to T)}$ 和 $G^*_{(S(T) \to T, S(Y) \to Y)}$ 相同，表示最后得到的图不受 $S(Y) \to Y$ 和 $S(T) \to T$ 的顺序的影响。给定一个 G^*，基于链组件的全局算法首先通过遍历所有可能的 $(S(Y) \to Y,\ S(T) \to T)$ 分别给与 T, Y 相邻的无向边定向。然后该算法检查每次定向的有效性，最后输出在定向有效的情况下所有可能的父节点集合对。

基于链组件的全局算法虽然通过利用链组件分别对和 T,Y 相邻的无向边进行局部定向，减少了方向配置的次数，但是它总体上还是和 IDA 算法一样，依然需要学习出马尔可夫等价类 G^*。因为在该算法的步骤（3），需要检查每个方向配置的有效性。其做法是遍历马尔可夫等价类 G^* 中所有可能的 DAG，然后检查是否存在一个 DAG 和 $G^*_{(\mathcal{S}(Y)\to Y,\mathcal{S}(T)\to T)}$ 有着和 Y 或 T 相邻的相同有向边。在假设 G^* 中有 N 个节点，T 和 Y 对应的链组件中有 k 个节点的情况下，这种基于链组件的变体算法的最佳时间复杂度为 $O(k!)$，最差时间复杂度为 $O(N!)$。由此可见，在变量维度较高时，这种方法依然无法高效执行。因此在下一节我们将介绍一种新的局部算法。

13.2.4　基于链组件的局部方法

在这节中，我们将介绍一种局部方法计算马尔可夫等价类 G^* 中的 T 对 Y 的总效应和直接效应。该局部方法通过学习 T 和 Y 的链组件来估计 T 对 Y 的总效应和直接效应，从而避免了学习整个因果结构图。同时它采用了一种局部定理来检查连接 T 或 Y 的边的方向的有效性。在上一节中我们提出为了计算这些因果效应对，需要验证给定方向配置 $(\mathcal{S}(Y)\to Y,\mathcal{S}(T)\to T)$ 的有效性。对于 $\mathcal{S}(T)\to T$，IDA 算法给出了一个检验其有效性的局部准则如下：

引理 13-1[2]　对于马尔可夫等价类 G^* 中的节点 T，当且仅当 $\mathcal{S}(T)\to T$ 在 $G^*_{\mathcal{S}(T)\to T}$ 中没有引入新的 V- 结构时，方向配置 $\mathcal{S}(T)\to T$ 是有效的。

那么由此可以提出一种局部算法在两个方面改进基于链组件的全局算法，称为基于链组件的局部算法。该局部方法首先是学习包含 T 的链组件，然后在需要时再学习包含 Y 的链组件，当协变量维度不断增加时，这种方法比学习一个包含所有节点的 G^* 更加高效。其次，该方法提供了一个局部准则，它只依赖于 T 邻居上的链组件（如果需要还有 Y 的链组件）的子图，来检查方向配置 $(\mathcal{S}(Y)\to Y,\mathcal{S}(T)\to T)$ 的有效性。

现在我们介绍一种学习包含给定目标节点 T 的链组件的局部结构学习算法。我们用 $\mathcal{MB}(T)$ 表示节点 T 的马尔可夫毯[3]，在给定一个节点的 MB 时，该节点和剩下的所有节点相互独立，也就是 $T\perp V\backslash\mathcal{MB}(T)|\mathcal{MB}(T)$。假设 $\mathrm{ChComp}(T)$ 表示包含 T 的无向子图（即包含 T 的链组件）和围绕该无向子图的有向边组成的局部结构。以图 13-7 为例，$\mathrm{ChComp}(T)$ 由 T 的链组件 $K\text{–}T\text{–}Q$ 和围绕该链组件的有向边 $T\to F,T\to Y$ 组成。局部结构学习算法的目标是学习给定目标节点 T 的 $\mathrm{ChComp}(T)$。该算法首先考虑学习 $\mathcal{MB}(T)\cup T$ 的子图，理论上，MB 骨架学习算法可以学习出正确的和 T 相连的边以及以 T 为对撞节点的 V- 结构。然后该算法以 T 为起点，逐步扩展，直到所有无向边被有向边包围，最终学到的图一定包含 $\mathrm{ChComp}(T)$。

以图 13-8 为例，假设我们需要学习 $\mathrm{ChComp}(V_4)$，那么首先以 V_4 为起点，通过 MB 算法学习出局部结构 $\mathcal{MB}(V_4)\cup V_4=\{V_4,V_5,V_1,V_2\}$（图 13-8b），然后识别出以 V_4 为对撞节点的 V- 结构（图 13-8c），此时和 V_4 相邻的边中，$V_5\to V_4$ 和 $V_2\to V_4$ 都是有向边，因此不需要再向外扩展，而 $V_1\text{–}V_4$ 是和 V_4 相邻的无向边，因此再通过 MB 算法学

习出 $\mathcal{MB}(V_1) \cup V_1=\{V_4,V_6,V_1\}$，此时已经没有可以继续定向的边，所以停止迭代，得到 $\text{ChComp}(V_4)$（图 13-8d）。

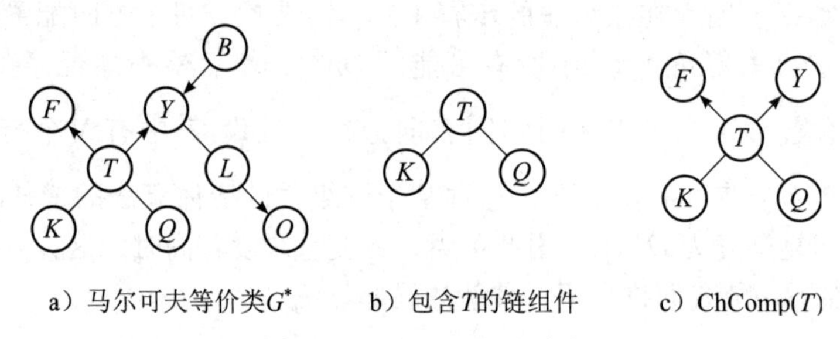

a）马尔可夫等价类G^*　　b）包含T的链组件　　c）$\text{ChComp}(T)$

图 13-7　$\text{ChComp}(T)$ 的定义

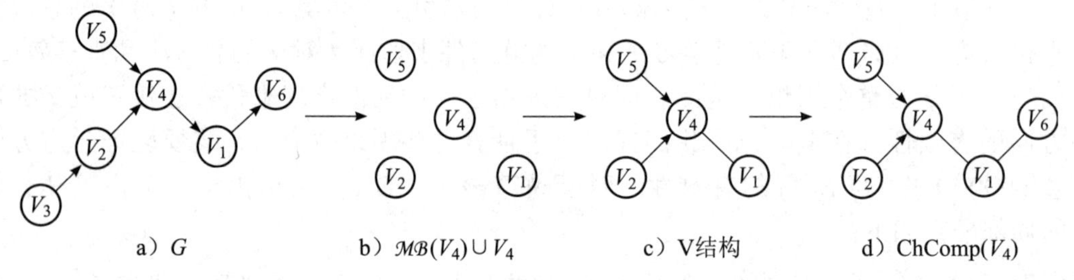

a）G　　b）$\mathcal{MB}(V_4)\cup V_4$　　c）V结构　　d）$\text{ChComp}(V_4)$

图 13-8　局部结构学习示例

推论 13-1　给定一个概率分布以及满足因果充分性假设和忠实性假设的DAG，假设所有的条件独立关系都得到了正确的检验，则局部结构学习算法得到的局部图由马尔可夫等价类 G^* 中包含节点 T 的链组件和链组件周围的有向边组成。

通过推论 13-1 可知，利用局部结构学习算法可以得到准确的 $\text{ChComp}(T)$。在给定局部结构 $\text{ChComp}(T)$ 的情况下，我们介绍估计 T 对 Y 的总效应和直接效应的局部方法。对于一个给定的 Y 和 $\text{ChComp}(T)$ 将会存在以下四种情况：

（1）$Y\to T$；

（2）$\text{ChComp}(T)$ 中不相邻的 T 和 Y 或者 Y 不在 $\text{ChComp}(T)$ 中；

（3）$T\to Y$；

（4）$T–Y$。

下面我们将分别讨论在这四种情况下估计 T 对 Y 的总效应和直接效应的方法。

对于情况（1），T 对 Y 没有任何总效应，也没有任何直接效应，所以 $\text{TE}(t;Y)=0$ 且 $\text{DE}(t;Y)=0$。

对于情况（2），因为 T 与 Y 不直接相邻，所以直接效应 $\text{DE}(t;Y)=0$。需要做的是找出 T 的全部有效父节点集合以计算 T 对 Y 的总效应。这时首先在 $\text{ChComp}(T)$ 中找出 T 的所有邻居 $\mathcal{Ne}(T)$，然后遍历 $\mathcal{Ne}(T)$ 的子集 $\mathcal{S}(T)$，通过引理 13-1 确定所有有效的局部结构，最后找出 T 所有可能的父节点集合 $\mathcal{Pa}(T)$。

对于情况（3），因为 $\text{ChComp}(T)$ 中存在 $T\to Y$，我们可以得出 T 和 Y 之间不存在无向路径的结论，因为 G^* 中不能存在部分有向环。

以图 13-9 为例，假设 T 和 Y 之间存在一条无向路径 $T–J–Q–Y$，那么在 ChComp(T) 中存在部分有向环 $T \rightarrow Y–Q–J–T$。显然无论怎样对 $Q–Y$，$J–Q$，$T–J$ 定向都会引入新的 V– 结构或者有向环。所以 T 和 Y 之间不存在无向路径，进一步地可以得知 T 和 Y 分别属于两个不同的链组件。下面的定理说明了如何在 T 和 Y 不包含在同一链组件中的情况下检查方向配置的有效性。

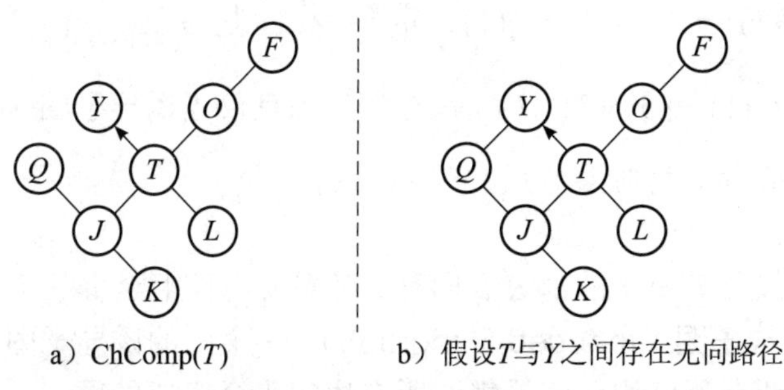

图 13-9　反证情况（3）下的 ChComp(T) 中不存在无向路径

定理 13-1[2]　假设 T 和 Y 是 G^* 中两个不同的节点。对于任何方向配置 $(S_1(Y) \rightarrow Y, S_2(T) \rightarrow T)$，如果 T 和 Y 分别属于两个不同的链组件，那么方向配置 $(S_1(Y) \rightarrow Y, S_2(T) \rightarrow T)$ 是有效的当且仅当两个方向配置 $S_1(Y) \rightarrow Y$，$S_2(T) \rightarrow T$ 分别都是有效的。

根据定理 13-1，对于 $T \rightarrow Y$ 这种情况，可以分别遍历所有有效的方向配置 $S_1(Y) \rightarrow Y$ 和 $S_2(T) \rightarrow T$，找出所有可能的父节点集合 $\mathcal{P}a(T)$ 和 $\mathcal{P}a(Y)$，最后组合出所有可能的父节点集合对 $(\mathcal{P}a(T), \mathcal{P}a(Y))$。

对于情况（4），此时 T 和 Y 在同一个链组件中，那么需要在当前链组件中检查方向配置 $(S(Y) \rightarrow Y, S(T) \rightarrow T)$ 的有效性。然而此时定理 13-1 的结论不再成立。也就是说，即使配置 $S(Y) \rightarrow Y$ 与 $S(T) \rightarrow T$ 分别都有效，配置 $(S(Y) \rightarrow Y, S(T) \rightarrow T)$ 也可能无效。因此，我们不能使用定理 13-1 来检验方向配置 $(S(Y) \rightarrow Y, S(T) \rightarrow T)$ 的有效性。下面我们通过例 13-1 来说明这一点。

例 13-1　考虑图 13-10a 中的 G^*，当我们分别将 $(W \rightarrow T)$ 和 $(\{Q,T\} \rightarrow Y)$ 两种方向配置应用于 G^* 时，得到的 DAG 分别如图 13-10b 和图 13-10c 所示，它们都是有效的，因为它们都没有生成任何新的 V– 结构或者有向环。但是当我们将 $(W \rightarrow T, \{Q,T\} \rightarrow Y)$ 应用于 G^* 时，得到的 DAG 如图 13-10d 所示，其中出现了一个有向环 $W \rightarrow T \rightarrow Y \rightarrow W$，因此该方向配置是无效的。

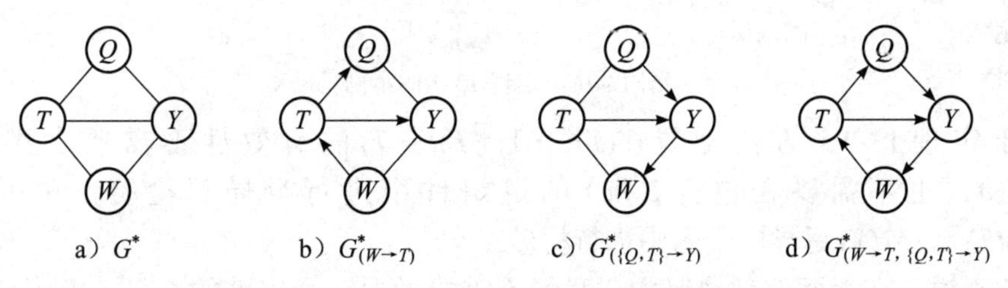

图 13-10　方向配置 $W \rightarrow T$ 和 $\{Q,T\} \rightarrow Y$ 相对于 G^* 分别有效，但（$W \rightarrow T, \{Q,T\} \rightarrow Y$）无效

对于情况（4），验证有效性的一个简单办法是，如果链组件中没有出现新的V-结构或者有向环，那么配置 $(\mathcal{S}(Y)\to Y,\mathcal{S}(T)\to T)$ 是有效的，然而这种准则在面对较大的链组件时不够高效。下面我们根据定理13-2给出一个检验 $(\mathcal{S}(Y)\to Y,\ \mathcal{S}(T)\to T)$ 有效性的局部准则。

定理 13-2[2] 假设 G^* 中有一条无向边 $T\text{–}Y$，令 $\mathcal{NeTy}=\mathcal{Ne}(T)\cup\mathcal{Ne}(Y)$，对于任何方向配置 $(\mathcal{S}(Y)\to Y,\mathcal{S}(T)\to T)$ 且 $T\in\mathcal{S}(Y)$，定义 G'_{NeTy} 为 $G^*_{(\mathcal{S}(Y)\to Y,\mathcal{S}(T)\to T)}$ 对 $\mathcal{NeTy}$ 的诱导子图，那么方向配置 $(\mathcal{S}(Y)\to Y,\mathcal{S}(T)\to T)$ 是有效的当且仅当诱导子图 G'_{NeTy} 满足：

（1）没有以 T 或者 Y 为对撞节点的V-结构；

（2）无有向环；

（3）对于每个包含 $T\to Y$ 的部分有向环，Y 需要与环上至少三个节点相邻。

定义 13-2　诱导子图（Induced Subgraph） 一个图的诱导子图是指由该图顶点的一个子集和该图中两个顶点均在该子集的所有边的集合组成的图。

从定义可以看出，诱导子图 G'_{NeTy} 为和 T,Y 相邻的节点和边构成的图的子图，即两个端点都包含在 $\mathcal{NeTy}$ 里的边构成的图。以图13-11a为例，图13-11a为马尔可夫等价类 G^*，因此 $\mathcal{NeTy}=\mathcal{Ne}(T)\cup\mathcal{Ne}(Y)=\{Y,Q\}\cup\{T,Q\}=\{Y,T,Q\}$，图13-11b是方向配置 $(\{T\}\to Y,\varnothing\to T)$ 对应的 $G^*_{(\{T\}\to Y,\varnothing\to T)}$，根据定理13-2中诱导子图的定义，得出的诱导子图如图13-11c所示，注意这个诱导子图里只有 T,Y 周围的边是有向边，其他都是无向边，因为在情况（4）下 $\mathcal{NeTy}$ 在一个链组件里。定理13-2中的第（1）、（2）条是为了防止 $(\mathcal{S}(Y)\to Y,\mathcal{S}(T)\to T)$ 中出现有向环或者V-结构，从而导致方向配置无效；而定理13-2中的第（3）条是指在如图13-11d所示的结构中，当存在包含 $T\to Y$ 的部分有向环且 Y 仅与环上的两个节点相邻时，Y 必须要再和某个 V 直接相连，因为该结构无论如何给 V_1 到 V_k 中的未定向节点定向，都会产生新的V-结构或者有向环。因此当 $(\mathcal{S}(Y)\to Y,\mathcal{S}(T)\to T)$ 有效时，Y 需要与环上至少三个节点相邻，如图13-11e所示。

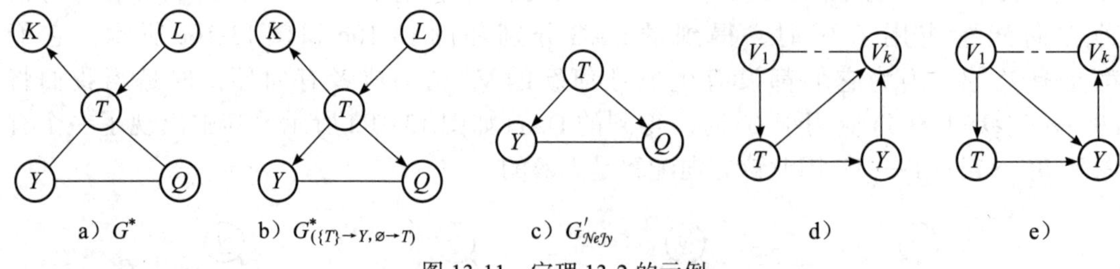

图13-11　定理13-2的示例

基于定理13-2，方向配置 $(\mathcal{S}(Y)\to Y,\mathcal{S}(T)\to T)$ 的有效性不需要在整个 G^* 中进行检验，也不需要在包含 T 和 Y 的链组件中进行半局部检验。它可以在由 $\mathcal{NeTy}=\mathcal{Ne}(T)\cup\mathcal{Ne}(Y)$ 诱导的子图中进行检验。

总的来说，在上面四种情况中，我们不需要学习一个完整的 G^*，一般情况下只需要学习一个 ChComp(T)，只有在情况（4）下需要再学习一个 ChComp(Y)。因此局部算法有两个主要优点：第一，它在估计 T 对 Y 的总效应和直接效应对时只需学习一个或两个链组件，而不用学习整个马尔可夫等价类 G^*；第二，它采用局部定理 13-2 检查连接 T 或 Y 的边的方向的有效性，而不是在链组件中半局部地检查所有无向边的定向有效性。

13.3 拓展阅读

近年来，在 IDA 算法基础，研究者提出一些新的改进方法。Nandy 等 [4] 提出了一种名为联合 IDA 的方法，将原始的 IDA 扩展到联合干预，使得新的算法能够处理多个干预同时存在条件下的因果效应估计问题。Perkovic 等 [5] 认为现有的因果效应估计方法都是针对 CPDAG 的，但是在实际过程中出现得更多的是最大 PDAG，因此他们针对最大 PDAG，利用 IDA 算法的框架来估计因果效应，同时说明了随着背景知识的增加，总效应的可识别性不断增加。Liu 等 [6] 考虑了 IDA 算法的效率问题，并在处理变量的所有可能的父节点集合中找到一个公共的集合，减去该集合不会影响后门调整的结果但能提高 IDA 算法的效率。Perkovic 等 [7] 提供了一个统一的协变量调整准则，它适用于四种不同的因果结构图——DAG、CPDAG、MAG、PAG，并为适用于 DAG 的调整准则提供了稳健性和完备性证明。Witte 等 [8] 证明了最优有效调整集是一个合适的潜在投影图中的结果节点的父集，它的一个重要的作用是通过协变量调整保留了与总效应估计相关的所有信息。Cheng 等 [9] 通过局部搜索来寻找校正集合的超集，实现了从含有隐变量的观测数据中估计因果效应。进一步地，Cheng 等 [9] 在有隐变量的情形下，利用 COSO 变量集实现了对因果效应的无偏和唯一估计。最近，Jung 等把 DML（Double Machine Learning）应用到因果效应计算领域，请感兴趣的读者阅读文献 [10-11]。

参考文献

[1] MAATHUIS M H, KALISCH M, BÜHLMANN P. Estimating high-dimensional intervention effects from observational data[J]. The annals of statistics, 2009, 37(6A): 3133-3164.

[2] LIU Y, FANG Z, HE Y, et al. Local causal network learning for finding pairs of total and direct effects[J]. J Mach Learn Res, 2020, 21: 148:1-148:37.

[3] YU K, GUO X, LIU L, et al. Causality-based feature selection: methods and evaluations[J]. ACM computing surveys (CSUR), 2020, 53(5): 1-36.

[4] NANDY P, MAATHUIS M H, RICHARDSON T S. Estimating the effect of joint interventions from observational data in sparse high-dimensional settings[J]. The annals of statistics, 2017, 45(2):647-674.

[5] PERKOVIC E, KALISCH M, MAATHUIS M H. Interpreting and using CPDAGs with background knowledge[C]//Proceedings of the 33rd conference on Uncertainty in Artificial Intelligence (UAI-2017). AUAI Press, 2017: ID: 120.

[6] LIU Y, FANG Z, HE Y, et al. Collapsible IDA: collapsing parental sets for locally estimating possible causal effects[C]//Proceedings of the 36th conference on Uncertainty in Artificial Intelligence (UAI-2020). PMLR, 2020: 290-299.

[7] PERKOVIC E, TEXTOR J, KALISCH M. Complete graphical characterization and construction of adjustment sets in markov equivalence classes of ancestral graphs[J]. Journal of machine learning research, 2018, 19:1-62.

[8] WITTE J, HENCKEL L, MAATHUIS M H, et al. On efficient adjustment in causal graphs[J]. Journal of machine learning research, 2020, 21: 246.

[9] CHENG D, LI J, LIU L, et al. Toward unique and unbiased causal effect estimation from data with hidden variables[J]. IEEE Transactions on Neural Networks and Learning Systems, doi: 10.1109/TNNLS.2021.3133337.

[10] JUNG Y, TIAN J, BAREINBOIM E. Estimating identifiable causal effects on markov equivalence class through double machine learning[C]//Proceedings of the 38th International Conference on Machine Learning (ICML-2021).2021,5168-5179.

[11] JUNG Y, TIAN J, BAREINBOIM E. Double machine learning density estimation for local treatment effects with instruments[C]//Proceedings of the 35th annual conference on Neural Information Processing Systems (NeurIPS-2021), 2021, 21821-21833.

推荐阅读

人工智能：原理与实践

作者：（美）查鲁·C. 阿加沃尔 译者：杜博 刘友发 ISBN：978-7-111-71067-7

本书特色

本书介绍了经典人工智能（逻辑或演绎推理）和现代人工智能（归纳学习和神经网络），分别阐述了三类方法：

基于演绎推理的方法，从预先定义的假设开始，用其进行推理，以得出合乎逻辑的结论。底层方法包括搜索和基于逻辑的方法。

基于归纳学习的方法，从示例开始，并使用统计方法得出假设。主要内容包括回归建模、支持向量机、神经网络、强化学习、无监督学习和概率图模型。

基于演绎推理与归纳学习的方法，包括知识图谱和神经符号人工智能的使用。

神经网络与深度学习

作者：邱锡鹏 ISBN：978-7-111-64968-7

本书是深度学习领域的入门教材，系统地整理了深度学习的知识体系，并由浅入深地阐述了深度学习的原理、模型以及方法，使得读者能全面地掌握深度学习的相关知识，并提高以深度学习技术来解决实际问题的能力。本书可作为高等院校人工智能、计算机、自动化、电子和通信等相关专业的研究生或本科生教材，也可供相关领域的研究人员和工程技术人员参考。

推荐阅读

模式识别

作者：吴建鑫 著 书号：978-7-111-64389-0 定价：99.00元

模式识别是从输入数据中自动提取有用的模式并将其用于决策的过程，一直以来都是计算机科学、人工智能及相关领域的重要研究内容之一。本书是南京大学吴建鑫教授多年深耕学术研究和教学实践的潜心力作，系统阐述了模式识别中的基础知识、主要模型及热门应用，并给出了近年来该领域一些新的成果和观点，是高等院校人工智能、计算机、自动化、电子和通信等相关专业模式识别课程的优秀教材。

自然语言处理基础教程

作者：王刚 郭蕴 王晨 编著 书号：978-7-111-69259-1 定价：69.00元

本书面向初学者介绍了自然语言处理的基础知识，包括词法分析、句法分析、基于机器学习的文本分析、深度学习与神经网络、词嵌入与词向量以及自然语言处理与卷积神经网络、循环神经网络技术及应用。本书深入浅出，案例丰富，可作为高校人工智能、大数据、计算机及相关专业本科生的教材，也可供对自然语言处理有兴趣的技术人员作为参考书。

深度学习基础教程

作者：赵宏 主编 于刚 吴美学 张浩然 屈芳瑜 王鹏 参编 ISBN：978-7-111-68732-0 定价：59.00元

深度学习是当前的人工智能领域的技术热点。本书面向高等院校理工科专业学生的需求，介绍深度学习相关概念，培养学生研究、利用基于各类深度学习架构的人工智能算法来分析和解决相关专业问题的能力。本书内容包括深度学习概述、人工神经网络基础、卷积神经网络和循环神经网络、生成对抗网络和深度强化学习、计算机视觉以及自然语言处理。本书适合作为高校理工科相关专业深度学习、人工智能相关课程的教材，也适合作为技术人员的参考书或自学读物。